はじめに

戦前、日本海軍艦艇に関する情報は、同海軍の公表する基本的な要目以外は入手できないという状況が常態であり、その実力を把握することは各国海軍の悩みの種の一つだった。そして、日本が軍縮条約を脱退した後には、要目どころか艦名や艦種すらも判明しないという情勢が終戦時まで続くこととなった。

その中で戦前期の米英海軍では、日本海軍の艦艇間・艦対陸上の通信の傍受や、限られた上に真偽不明な日本側の情報の取得に努め、同時に独自の情報網を持つ『ジェーン海軍年鑑』編集部が取得・公表した情報をも参考として、日本艦艇の実力を見極めようとした。だが、不確実な情報を元にした推論だけに、その内容は不正確となることが多々あり、時には笑い話にされるような、日本艦艇に対する不当とも言える低評価がなされることもあった。太平洋戦争開戦後もこの情勢はしばらく続き[illegible]戦開始後に取得された日本側の情報により、ある程[illegible]ることもあったが、取得した情報が逆に仇となっ[illegible]生じることも少なくなかった。

本書は太[illegible]艦艇が、戦前・戦時中及び戦後において、米英の海軍[illegible]ように見られていたかについて、取りまとめたも[illegible]読者の皆様が本書の内容を楽しんで頂ければ幸いに[illegible]

なお、単行[illegible]掲載時の記事を元として、誤記の修正及び加筆等を[illegible]以前と異なる部分が生じたことを、あらかじめお許[illegible]た。

本吉 隆

CONTENTS

第一章　戦艦／巡洋戦艦 — 5
金剛型巡洋戦艦／戦艦 ① — 6
金剛型巡洋戦艦／戦艦 ② — 14
金剛型巡洋戦艦／戦艦 ③ — 22
扶桑型・伊勢型戦艦 ① — 32
扶桑型・伊勢型戦艦 ② — 40
長門型戦艦 ① — 50
長門型戦艦 ② — 58
大和型戦艦 — 68

第二章　航空母艦 — 77
空母「赤城」「加賀」 ① — 78
空母「赤城」「加賀」 ② — 86
空母「蒼龍」「飛龍」 — 96
翔鶴型空母・空母「大鳳」 — 104
「龍驤」・瑞鳳型・千歳型・「龍鳳」・「鳳翔」・隼鷹型・雲龍型 — 114

第三章　巡洋艦 — 123
古鷹型・青葉型巡洋艦 — 124
妙高型・高雄型重巡洋艦 ① — 136
妙高型・高雄型重巡洋艦 ② — 144
妙高型・高雄型重巡洋艦 ③ — 152
最上型巡洋艦 — 162
利根型重巡・“幻の航空巡洋艦” — 172
五五〇〇トン型軽巡洋艦 — 182
「夕張」・阿賀野型・「大淀」・香取型 — 192

第四章　駆逐艦・その他小艦艇 — 201
特型駆逐艦 — 202
初春型・白露型・陽炎型・夕雲型・「島風」 — 212
秋月型・松型・峯風型・神風型・睦月型駆逐艦
甲型・乙型・丙型・丁型海防艦・敷設艦「沖島」 — 221

第五章　潜水艦 — 233
海大型・巡潜型・新巡潜型 — 234
新海大型・潜特型・巡潜甲型改二・潜高型 — 244

付録 — 253

主要参考資料

■民間出版資料

『Jane's Fighting Ships』:1906-07年版から1944-45年版までの各年版
(Sampson Low Marston & Co. Ltd発行の原版/ARCO Publishing Compaby,INC.の再版版の両者を使用)
『THE ENEMIES' FIGHTING SHIPS』(Jay Launer 著/Sheridan House Inc. 刊)
『THE HYBRYD WARSHIPS:THE AMALGAMATION OF BIG GUNS AND AIRCRAFT』(R.D. Layman and Stephen McLaughlin 著/Naval Institute Press 刊)
『THE SHIPS AND AIRCRAFT OF THE U.S. FLEET:FAHEY'S 1939/1941/1942/1944/1945 Editions』
(James C. Fahey 著/1939/1941/1942/1945版はNaval Institute Press刊の再版版、1944版はSHIPS AND AIRCRAFT発行の原版)
『U.S. BATTLESHIPS』(Norman Friedman 著/Naval Institute Press 刊)
『U.S. AIRCRAFT CARRIERS』(Norman Friedman 著/Naval Institute Press 刊)
『U.S. CRUISERS』(Norman Friedman 著/Naval Institute Press 刊)
『U.S. DESTROYERS』(Norman Friedman 著/Naval Institute Press 刊)
『U.S. SUBMARINS THROUGH 1945』(Norman Friedman 著/Naval Institute Press 刊)
『THE BRITISH BATTLESHIPS 1906-1946』(Norman Friedman 著/Seaforth Publishing 刊)
『BRITISH CARRIER AVIATION:THE Evolution of the Ships and their Aircraft』(Norman Friedman 著/Conway Maritime Press 刊)
『BRITISH CRUISERS Two World Wars and After』(Norman Friedman 著/Seaforth Publishing 刊)
『BRITISH DESTROYERS & FRIGATES:THE SECOND WORLD WAR AND AFTER』(Norman Friedman 著/Chatam Publishing 刊)
『BRITISH SUBMARINES IN TWO WORLD WARS』(Norman Friedman 著/Seaforth Publishing 刊)
『British Battleships of World War Two』(Alan Raven and John Roberts 著/Arms and Armour Press 刊)
『British Cruisers of World War Two』(Alan Raven and John Roberts 著/Naval Institute Press 刊)
『THE GRAND FLEET』(D.K. Brown 著/Naval Institute Press 刊)
『NELSON TO VANGUARD』(D.K. Brown 著/Naval Institute Press 刊)
『Royal Navy Strategy in the Far East 1919-1939』(Andrew Field 著/FRANK CASS 刊)
『The Eclipse of the BIG GUN:The Warship 1906-45』(Robert Gardner 編/Conway Maritime Press 刊)
『WARSHIP』(1989以降の各年版:Conway Maritime Press/Naval Institute Press/Osprey Publishing 刊)
『WITHOUT WINGS THE STORY OF HITLER'S AIRCRAFT CARRIER』(Stephen Burke 著/Trafford Publishing 刊)
『Graf Zeppelin Einziger Deutscher Flugzeugträger』(Ulrich H.-J.Israel 著/Koehlers Verlagsgesells 刊)
『伊四〇〇と晴嵐 全記録』(高木晃治、ヘンリー境田、ゲイリー・ニラ 著/学研 刊)

■一次資料関係

『ONI 42:AERIAL VIEWS OF THE SILHOUETTES OF JAPANESE NAVAL VESSELS 1936』
『ONI 41-42 Series:JAPANESE NAVAL VESSELS』(include booklets on each category:ONI 41-42I (Index)を含む1942/11~1944/12の各版)
『ONI 220-J/JE:GERMAN AND JAPANESE SUBMARINES AND THEIR EQUIPMENT (1944/4/13)』
『ONI 220-M:AXIS SUBMARINE MANUAL (1942)』
『ONI 222-J:A STATICAL SUMMARY OF THE JAPANESE NAVY (1944/7/20)』
『THE JAPANESE NAVY (1945/6)』
『FM 30-58:BASIC FIELD MANUAL:MILITARY INTELLIGENCE IDENTIFICATION OF JAPANESE NAVAL VESSELS (1941/12/29)』
『Technical Mission to Japan』の「Japanese Naval Gun」及び「Submarine」をはじめとする各種報告書
『U.S. ARMY-NAVY JOURNAL OF RECOGNITION』(1943/9~1945/8の各版)
以上をはじめとする各種海外一次資料を使用。
アジア歴史センター所蔵の日本艦艇に関する海外情報(海外新聞報道等を含む)
「大和ミュージアム」ライブラリ内「潜水艦くろしお/伊178潜(海大7型)比較調査資料」及び松本喜太郎資料内の回想資料及び米海軍発信情報記録等

第一章

戦艦／巡洋戦艦

Battleship/Battlecruiser

明治末から大正初め、日本海軍は英ヴィッカーズ社の技術支援を得て金剛型巡洋戦艦を建造、それを足掛かりに、扶桑型、伊勢型、長門型戦艦を建造・保有するに至った。これらの戦艦／巡洋戦艦は戦前において英米によく知られており、中でも米海軍の戦備に大きな影響を及ぼしている。本章ではこれらの戦艦／巡洋戦艦に対する英米での評価、さらに、日本海軍が建造した大和型戦艦に関する英米における情報取得について解説する。

昭和9年（1934年）8月28日、第二次改装の完了後に公試を行う金剛型戦艦「榛名」

初出一覧

金剛型巡洋戦艦／戦艦 ①	ミリタリー・クラシックス	VOL.61
金剛型巡洋戦艦／戦艦 ②	同	VOL.62
金剛型巡洋戦艦／戦艦 ③	同	VOL.63
扶桑型・伊勢型戦艦 ①	同	VOL.75
扶桑型・伊勢型戦艦 ②	同	VOL.76
長門型戦艦 ①	同	VOL.57
長門型戦艦 ②	同	VOL.58
大和型戦艦		書き下ろし

金剛型巡洋戦艦／戦艦①

『ジェーン年鑑』に見る〝世界最強の巡洋戦艦〟

日本海軍が戦艦を含む大型艦の建造を国外に頼っていた時期を脱却し、国内での建造を開始した後も、英国の造船業者から日本海軍に対する試案の提示がなされていた。その中で、筑波型や伊吹型といった大型装甲巡洋艦の建造が実施されていること、さらなる大型艦の建造も検討されていることが、海外でも知られるようになる。そこで英国の造船業者は、日本海軍からの要求も受ける形で、これに見合った試案を提示している。

本稿の主題である金剛型の試案が最終決定した1910年（明治43年）には、日本海軍が出来得れば、当時、英海軍が整備中のライオン級巡洋戦艦に近い能力を持つ艦の整備を実施することを検討しており、アームストロング社やヴィッカーズ社から試案が提示されていることも話題となっていた。

ただし、日本海軍がこの時点で次期の大型装甲巡洋艦（巡洋戦艦）を建造し、技術導入を図るパートナーとして、既にヴィッカーズ社を選定済みであることや、ヴィッカーズ社が日本海軍の要求に沿う形で各種の試案をまとめていたことは、日本側の情報守秘の要求もあり、対外的には漏らされていなかった。実際に、一番艦「金剛」の竣工年に出された1913年（大正2年）版の『ジェーン年鑑』からも、一般に流れていた本型の情報が限定的だったことが窺い知れる。

これによれば、進水式等で排水量と船体規模の情報は出されたようで、排水量は2万7500トン、全長は約214・6m、幅は約28mと、概ね正確な数字が記載されている。兵装も14インチ（35・6㎝）45口径砲8門、副砲の6インチ（15・2㎝）50口径砲16門という情報は正しく、その配置も基本的に正確なものとなっている。

ただし、21インチ（53・3㎝）径の水中魚雷発射管については、8門搭載とされたという情報も正確なものの、発射管の位置についての言及はない。また、対水雷艇用の補助砲の情報は14ポンド（76・2㎜）砲16門と、装備と搭載門数共々怪しいものとなっていた（実艦は40口径8㎝／実口径7・6㎝砲8門。日本の40口径8㎝砲は、英海軍の分類では12ポンド砲の系列に属する）。

船体形状も写真が既に出ていた艦なので、艦の上側の様相は概ね正確だが、下は恐らくライオン級を念頭に描いたらしく、似てはいるが、艦首の水線下形状を含めて「何かが違う」感じのあるものとなっていた。装甲に関する記載もかなり怪しく、主水線装甲は10インチ（254㎜）、その上部の補助装甲は7インチ（178㎜）、主水線装甲帯から艦の前後端に伸びる水線補助装甲は4インチ（102㎜）といずれも実艦より厚くされている。水平装甲も、艦内の甲板装甲を全部足したのに等しい約64㎜とされており、唯一正しいのは10インチとされた砲塔の装甲部分だけだった。

機関型式もパーソンズ式の4軸艦とカーチス式の「3軸艦」と正しい情報と誤情報が併記され、カタログ性能は機関出力6万8000馬力で27ノットを発揮可能と、当たらずとも遠からずという感じの記載がなされていた。燃料搭載量は何故か石炭のみが常備1000トン、満載4000トンとされているが、これは前者が重油の量であるのを間違えて記載した可能性がある（実艦は最大で重油1000トン、石炭が4000トン。常備が石炭のみで1100トン）。

以下は蛇足だが、『ジェーン年鑑』は「金剛」「比叡」「榛名」のひらがなによる艦名表記を記しているが（「霧島」は未記載）、これが「こんが」「ひえ」「はうな」とすべて誤表記になっていた。これは英米人にとっての日本語の難しさを端的に示す例として挙げられるだろう。

なお、『ジェーン年鑑』で金剛型のひらがな艦名表記は以後も迷走を続け、全艦が正しい表記となるのは、「ひえ」表記の後に一時期消えていた「比叡」の表記が復活した1920年代に入って以降のこととなる。

　艦名表記はさておいて、この『ジェーン年鑑』記載の金剛型の性能を英国の巡洋戦艦と比較すると、砲力は同等以上であり、装甲防御は勝ると評価されており（水線装甲の評価はライオン級がａａだったに対し、金剛型はａａａとされた。さらに主要区画の防御は、英の弩《ド》級戦艦と同等のａａａａ評価とされた）、速力が若干劣るが、攻防性能は同等かそれ以上と見做されていたことが窺える。

　この頃はドイツの巡洋戦艦（大巡洋艦）の性能把握が防御力を含めて完全ではなかったため（当時、ドイツの最新巡洋戦艦「デアフリンガー」は、砲力では実艦通りにライオン級に劣り、実際には大幅に勝る装甲防御はライオン級と大差ないと見られていた）、『ジェーン年鑑』で示される額面上の性能からすると、金剛型はドイツの巡洋戦艦にも勝る艦でもあり、「砲力は英海軍最新の巡洋戦艦と同等以上、装甲防御は英独の巡洋戦艦より重厚で、なおかつ速力は英の巡洋戦艦に1ノット劣る程度」という、「世界最強の巡洋戦艦」とも言える存在として認知されることになった。そして、このような強大な艦が、第一次大戦前から同大戦2年目の春までに4隻が就役したことにより、日本海軍の戦力は一大向上を果たしたと、海外で受け取られることにもなった。

戦艦の欧州派遣を巡る日米海軍に見られた差異

　第一次大戦の開戦後、強大なドイツ海軍と対峙していた英海軍では、乾坤一擲《けんこんいってき》の艦隊決戦だけでなく、大西洋での通商路保護を実施することも考慮して、さらなる艦隊決戦用の巡洋戦艦兵力の強化が望まれていた。

　そして、同盟国の日本で、『ジェーン年鑑』では「世界最強」扱いの有力な巡洋戦艦である金剛型4隻が遊兵状態になっているように思われたことから、英海軍は英政府経由で日本政府に対し、金剛型の売却もしくは借用、もしくは日本海軍の

1915年（大正4年）4月24日、神戸港における巡洋戦艦「榛名」。神戸川崎造船所における竣工（同年4月19日）直後に撮影された艦姿。

金剛型巡洋戦艦「金剛」（竣工時）
常備排水量:27,500トン、満載排水量:32,200トン、全長:214.6m、幅:28m、吃水:8.4m、主缶:水管缶（重油・石炭混焼缶）36基、主機/軸数:蒸気タービン2基/4軸、機関出力:64,000hp、速力:27.5ノット、航続力:14ノットで8,000浬、兵装:35.6cm（14インチ）45口径連装砲4基8門、15.2cm（6インチ）50口径単装砲16基、53cm（18インチ）水中魚雷発射管8門、装甲厚:舷側（水線部）203mm、舷側（上部）152mm、甲板32mm、主砲塔前盾254mm、乗員:1,201名

『ジェーン海軍年鑑』でも金剛型の比較対象とされている、英海軍のライオン級巡洋戦艦。写真は二番艦の「プリセス・ロイヤル」。

ライオン級巡洋戦艦
常備排水量:26,270トン、満載排水量:29,680トン、全長:213.4m、幅:27m、吃水:8.4m、主缶:水管缶（重油・石炭混焼缶）42基、主機/軸数:蒸気タービン2基/4軸、機関出力:70,000hp、速力:27ノット、航続力:10ノットで5,610浬、兵装:34.3cm（13.5インチ）45口径連装砲4基8門、10.2cm（4インチ）50口径単装砲16基、53cm（18インチ）水中魚雷発射管2門、装甲厚:舷側（水線部）229mm、舷側（上部）152mm、甲板25.4～31.8mm、主砲塔前盾229mm、乗員:1,250名（戦時）

手で金剛型を欧州へ派遣し、英艦隊の指揮下に入ることの是非についての検討が要請されたという。

日本海軍はこれに対して、「売りませんし貸しもしません」という旨の回答をしたと言われているが、その後も英海軍は諦めず、1917年末以降には「英国に『扶桑』もしくは金剛型2隻を派遣してもらい、大艦隊（グランド・フリート）の指揮下には入らず、あくまで日本海軍の指揮下で、進出の可能性があるドイツの巡洋戦艦への対処を含む北大西洋の通商路保護を実施すること」を要請している。だが、日本海軍はこれも断り、その代役を英海軍から打診された米海軍が受け、超弩級艦を含む戦艦3隻からなる米第6戦艦戦隊の派遣が行われる（この米の第6戦艦戦隊は、既に大艦隊に派遣されていた英第6戦艦戦隊（※）の所属艦とは別に派遣が行われている）。

このように、第一次大戦における欧州への戦艦派遣に関する対応は、日米間で差異が見られた。結果、それまで互いに仮想敵扱いしていた英米の外交関係は一変する。英国は米国を「決戦兵力である戦艦ですら、欧州まで派遣してくれた」重要な同盟国として認識し、一方の米国でも、欧州派遣の見返りとして当時の最新技術と戦術を惜しげもなく開陳してくれた英国を、やはり同盟国と見做すようになる。

この両者の関係改善は後の世界情勢に大きな影響を与えるが、その遠因の一つが金剛型にあることは覚えておいても良いだろう。

このような政治絡みの話が進む中、第一次大戦中には海外で金剛型についてより詳細な情報が明らかになったようで、『ジェーン年鑑』の艦の性能についての記載が変化する。例えば、第一次大戦後に刊行された1919年（大正8年）版の記載によれば、兵装は補助砲が12ポンド砲8門になったことで概ね正確となり、水中発射管の位置も示されるようになっていた。装甲の表記も、水線装甲が8インチ（203㎜）、前後の水線補助装甲が3インチ（76㎜）とされたことを含めて、大概の部位は正確な表記となった。

一方で、主砲塔の側面装甲が英のライオン級と

（※）英国に派遣された米海軍の第9戦艦戦隊所属艦が、大艦隊の英第6戦艦戦隊を構成している。

同じ9インチ（229㎜）とされたこと（実際は254㎜）、艦首の補助装甲帯が実艦より短くされたことなど、誤りも散見される。機関関係も汽缶は「カンセイ（「艦政本部式」か?）」を搭載する「比叡」以外がヤーロー缶を搭載すること、主機械はカーチス式のタービンを積む「榛名」以外の3隻がパーソンズ式のものを搭載しているなど、正確な記載となっている。また、軸数もパーソンズ式／カーチス式搭載艦すべてが4軸表記となり、燃料搭載量や機関出力、速力表記も日本側の公称となっている。さらに機関出力と速力の関係についても、「金剛」が公試で出力4万1800馬力で25ノット、7万8000馬力で27・3ノットを発揮、加えて「榛名」が8万2000馬力で27・77ノット、「霧島」が8万馬力で27・54ノットを発揮したという、日本側の記録に基づく数値が出ているなど、かなり詳細な情報が『ジェーン年鑑』の編集部に伝わったことを窺わせる記載がなされている。

ちなみに、1920年（大正9年）版には金剛型に関する「非公式情報による」付記事項が記されており、「金剛型の主砲はヴィッカーズ式のものだが、日本建造の3隻のものは日本で製造された」「（英の巡洋戦艦のように）水線下弾火薬庫部に追加装甲が張られている」等の微妙な間違いもあるが、契約時に充分な艦の安定性を持たせることが要求された等の興味深い内容も付記されている。

英米海軍を悩ませた金剛型巡洋戦艦対策

第一次大戦後、英米の両海軍は共に日本海軍を仮想敵としての戦備を開始する。その中で、英海軍は金剛型に対抗する巡洋戦艦兵力を一定数保持しており、これとの戦闘は特に問題はないと考えていた。英海軍ではこの時期、「タイガー」以前の竣工艦は退役させる方針だったようだが、15インチ（38・1㎝）砲搭載の巡洋戦艦3隻と13・5インチ砲搭載艦1隻は残るので、兵力的には日本と対等以上のものを確保できた。

対して米海軍は、議会と米海軍上層部の「決戦兵力は戦艦と、偵察巡洋艦を兼ねる大型駆逐艦だけで良い」という合理主義的発想が災いして、装甲巡洋艦及びその発展型の巡洋戦艦という艦種の価値が認められず、その整備を実施することがなかなかできなかった。ようやく1919年に海軍の作戦部が「来たるべき対日戦への対処として、日本海軍の巡洋戦艦に対抗可能な兵力整備は喫緊の問題」としたこと、英海軍から大型高速の水上戦闘艦を持たないままでは、金剛型に対抗するのが困難であることを含めて、巡洋戦艦整備の必要を説かれたこともあり、ようやく議会と海軍上層部も折れて、レキシントン級巡洋戦艦の整備が承認された。これは金剛型の存在が、この時点で脅威と受け取られていたことを良く示している。

この時期には、金剛型は間もなく第一期艦齢を務め上げて、第二線兵力となる予定だったが、1922年（大正11年）2月のワシントン海軍軍縮条約締結により、一転、日本海軍の主力艦として活動を継続することとなる。その中で、将来的に3隻となる予定の金剛型に対して、英海軍では同数の巡洋戦艦を保持することができたため、これへの備えは手当できると考えられた。一方で同条約の結果、整備途上のレキシントン級6隻をすべて失った米海軍では、以後、多年にわたって、将来の対日戦において金剛型の跳梁《ちょうりょう》をどうやって抑えるかが作戦部の頭痛の種となった。

1920年代初めの時期には、金剛型の追加情報は特に得られなかったようで、『ジェーン年鑑』ではカタログ性能については、1919年版／1920年版の表記が長く使用され続けており、これは第一次改装工事を最初に終えた「榛名」が艦隊に復帰した年の1928年（昭和3年）版でも変わっていない。

ただしその中でも、『ジェーン年鑑』は日本の海軍省が出す公式写真に写る金剛型各艦を参考にして、掲載する識別用の艦艇図版を着々と改正しており、これのお陰もあって、海外でも金剛型の前檣がだんだんと立派になっていく様が、早期に把握されていた。

日本海軍は英国による金剛型巡洋戦艦の欧州派遣要請を断ったが、米海軍は多数の戦艦を欧州方面へ派遣している。写真は、欧州へ派遣された第9戦艦部隊の旗艦も務めた「ニューヨーク」。

英海軍の13.5インチ砲搭載巡洋戦艦「タイガー」。本艦は金剛型を参考に建造されたとの説があるが、実際にはアイアン・デューク級戦艦の巡洋戦艦版として建造されたと言われている。

巡洋戦艦「タイガー」
常備排水量:28,430トン、満載排水量:35,710トン、全長:214.6m、幅:27.6m、吃水:8.7m、主缶:水管缶（重油・石炭混焼缶）39基、主機/軸数:蒸気タービン2基/4軸、機関出力:85,000hp、速力:28ノット、航続力:10ノットで4,650浬、兵装:34.3cm（13.5インチ）45口径連装砲4基8門、15.2cm（6インチ）45口径単装砲12基、53cm（18インチ）水中魚雷発射管4門、装甲厚:舷側（水線部）229mm、舷側（上部）152mm、甲板25.4〜38.1mm、主砲塔前盾229mm、乗員:1,109〜1,200名

金剛型巡洋戦艦／戦艦②

『ジェーン年鑑』に見る金剛型第一次改装後

『ジェーン年鑑』に曰く、日本海軍の「1911年型巡洋戦艦」こと金剛型の第一次改装の実施が海外で知られたのは、1929年~1930年の日本側の公表写真で、「榛名」の姿が劇的に変わったことが判明した時だった。ロンドン条約締結の翌年となる1931年（昭和6年）版の『ジェーン年鑑』では、「榛名」の特記事項として、「バルジが追加された」「速度が1ノット以上低下した」「煙突は重油専焼缶用の排煙を受け持つもの以外は撤去された（注：2本煙突になったことの理由として挙げているものとも思われる）」等、それなりに改装の正しい情報が伝わっていたことを示す内容が記載されている。また既に「金剛」「霧島」が同様の改装を実施していることも、合わせて示されていた。

艦の要目については、兵装面は日本側の公称値と大きな差異はなく、排水量も日本側の公称に沿って通常言われる数値が記載されている。速力も26ノットと概ね日本側の公試値に近い数字が表記されていた。艦の外形も海軍省公表写真が相応に出されていたこともあり、掲載図版も外形面で特に大きな間違い等は見られない。ただし船体幅だけは、バルジ設置後の詳細が分からなかったようで、明らかに誤った数字が記されている（約29ｍ）。

装甲配置と装甲厚は、垂直側に関してはワシントン条約の規定により、装甲増厚が禁止されていたことを受けてか、以前の「大体合っているが、一部違うところがある」数値がそのまま使用されていた。一方、「改装で排水量が3000トン増大した」主要因として挙げられた水平装甲部は、実際の改装時に追加された装甲の中では、厚い部類に属する102㎜装甲が水平部全域に張り足されたことにされたため、甲板部の総合計装甲厚は約172㎜と、当時の戦艦で最も分厚い水平装甲を持つ艦の一つと見做される格好となった。機関の改正については「新型の艦本式缶が搭載された」とは記されたが、缶数の変化については記載が無い。燃料搭載量は重油のみで4500トンと、重油のみ搭載の第一次改装時の数値と比べれば、低い数字が記載されている（日本側の記録では5100～6300トン）。ただ、練習戦艦改装後の「比叡」の石炭搭載量がこれに近いので、あるいはこれが誤って伝えられたのかも知れない。なお、『ジェーン年鑑』が改装後の本型を重油専焼扱いとしているのは、この時期に混焼缶搭載の戦艦の汽缶を専焼化している動きがあるので、これが海外にも伝わっていたことを示すものやも知れないが、詳細は分からない。

ロンドン条約で練習戦艦に転籍された「比叡」については、年鑑から扱いが消えていることも特筆事項であろう。これは当時の同年鑑の、基本的に「第一線艦艇として運用されている艦のみを記す」という編集方針に沿ったものだと思われ、その結果、日本ではこの時期同様に練習任務に使用されていることが明記されているが、艦籍上は第一線艦艇扱いの旧式装甲巡洋艦が掲載されているにも関わらず、「比叡」の扱いが消えるという珍事が起きた格好となった。

『ジェーン年鑑』に見る金剛型第二次改装後

この後、本型の情報はあまり得られなかったようで、『ジェーン年鑑』の1933年（昭和8年）版では、要目や記載には大きな変化は特に見られないが、何故か「金剛」だけが改装後も船体幅を拡幅していないという謎の記載が増えた。また練習戦艦として改装を完了した「比叡」の写真が掲載される一方で、相変わらず「第一線艦」ではないためか、要目等は一切触れられていない。

その一方で、1936年（昭和11年）発行の米海軍の艦艇識別帳では、防御等は一切記載なしで、速力が25ノット扱いとされていること、またこの時期、米海軍では本型の艦種符号を当時の米海軍の正式に合わせて、「ＣＣ」（Capital Cruiserの略）と記載されている等が目を引く。さらに、英米で「比叡」が練習艦ではなく他艦同様に「ＣＣ」扱いとなっていることと、掲載されている艦型図から、「榛名」「金剛」「霧島」には実施もしくは途上だった第二次改装の実施が米英では知られていなかったことも把握できる。

これに対して、翌年発行された１９３７年版の『ジェーン年鑑』では、１９３５～36年に掛けて、第一線艦として現役にある「榛名」「金剛」「霧島」の3隻に対しては、近代化改装が実施されたことが記されている。これは１９３５年に海軍省公表写真で「榛名」の第二次改装後の写真が出たことによるものと思われるが、この時期はこれ以外に第二次改装後の本型の写真入手が出来なかったらしく、艦の詳細が良く分からなかったのか、艦型図は第一次改装時の物がそのまま使用されている。

要目面は、兵装は高角砲の換装・増備がきちんと示されていることを含めて、第二次改装の内容が相応に反映されているが、対空機銃の装備が正確でないことや、魚雷発射管がなお残されているとされるなど、不正確な面も見受けられる。ただし対空機銃については「（搭載機銃の詳細は分からないが、）連装型の機銃の装備が行われている」と、強化が進められていることは触れられている。他方、排水量や機関出力、速力といった項目は旧来の通りで、外形が変化したことは把握されたが、第二次改装の細かい内容については全く情報が得られていないことが良く分かる。防御面も詳細は触れられていないが、「水中防御の強化や、対空戦闘能力の強化が図られている」という前者は明らかな間違いだが、後者はまあ正しい、という注記もなされていた。

さらにこの年度では、練習任務に置かれていた「比叡」も、「現在再就役のために兵装の再装備中」として、艦の要目が記載された。時期が時期だけに当然、練習戦艦時代の要目が記されているが、１９３３年に実施された高角砲の換装等の内容はしっかりと把握されていたようで、12・7㎝高角

第一次改装工事の完了を前にした1928年（昭和3年）5月25日、公試運転中の「榛名」。煙突は3本から2本となり、前檣楼も近代化されている。本艦は同型艦の中で最初に第一次改装が実施された。

金剛型戦艦「金剛」（第一次改装後）
基準排水量:29,330トン、常備排水量:31,800トン、全長:214.6m、幅:31.02m、吃水:8.65m、主缶:ロ号艦本式水管缶（重油専焼）10基（大型6基、小型4基）、主機/軸数:パーソンズ式直結タービン2基/4軸、機関出力:64,000馬力、速力:26ノット、航続力:14ノットで10,000浬、兵装:45口径35.6cm連装砲4基8門、50口径15.2cm単装砲16基、40口径7.6cm単装高角砲7基、7.7mm単装機銃3基、53.3cm水中魚雷発射管4門、装甲厚:主砲塔前盾254mm、主砲塔側面254mm、主砲塔天蓋152mm、司令塔254mm、舷側（水線部）203mm、舷側（上部）152mm、最上甲板32mm、上甲板25mm、中甲板19mm、下甲板102mm＋19mm（2番砲塔付近）、乗員:不明

1933年（昭和8年）、練習戦艦時代の「比叡」。4番砲塔や舷側装甲が撤去され、汽缶減少により第一煙突は細い。重量が減った分、吃水も浅くなっている。

砲及び7・6㎝高角砲各4門装備であることが示されている。

第二次改装後の金剛型の情報や写真が、公式・非公式を通じてほとんど得られていないのは、1939年（昭和14年）版の『ジェーン年鑑』でも、第二次改装後の艦の写真は公式写真が「榛名」と、1938年に英艦が撮影した「霧島」の写真のみで、「比叡」は練習戦艦時代、第一次改装時の「霧島」の写真も掲載されていることなどからも窺える。艦のデータ等も特に以前と変化していないが、「比叡」が第一線艦艇として再就役したのは既定事項扱いとして、「ただしこの情報は確認が取れていない」という注記がなされているのは興味深い。

金剛型と米英海軍の戦備

さてここで少し趣向を変えて、両大戦間の米英海軍が、金剛型をどのように考えていたかを見てみよう。1930年代に来たるべき対日作戦案となる「オレンジ計画」の検討を進めていた米海軍では、海軍大学で様々な図上演習を行うが、その中で日本海軍の構成兵力で「最重要」扱いとなったのが、「金剛」「榛名」「霧島」の巡洋戦艦3隻の運用法の研究だった。米海軍では「巡洋戦艦」という艦種は、「最終決戦」の時まで温存される艦隊主力の戦艦とは用法が異なる艦で、艦隊決戦時には空母・巡洋艦を含む偵察艦隊の中核として艦隊前衛の支援に当たり、敵の同種部隊の撃破や、主力艦同士の決戦時に戦艦隊を支援する兵力として活動、主力艦同士の決戦時には敵戦艦との交戦だけでなく、味方の水雷戦隊等の軽快艦艇の部隊が、敵の主力部隊を護衛する巡洋艦以下の警戒幕を突破するのを容易とするため火力支援を行うなど、その機動性を活かして艦隊前方に出ることを含めて、ありとあらゆる局面で使用される艦と見ていた。また、かつての装甲巡洋艦の主任務であった敵通商路への通商破壊戦実施や、その逆に通商破壊戦に出てきた敵の巡洋戦艦及びそれ以下の艦艇と交戦することなども、作戦上要求される艦と見做された。

　このような構想を日本海軍の立場で検討した米海軍の作戦立案者は、金剛型がこれらの任務で使用された場合、米側には巡洋戦艦が存在しないために交戦の矢面に重巡以下の艦艇を当てるしかないが、砲力と防御力に勝る金剛型との交戦で勝利を収めることは、米の巡洋艦にとっては極めて難しく、これにより艦隊決戦の前哨戦となる高速艦艇で編成される偵察艦隊（日本では第二艦隊が相当）同士の交戦で、米側が一方的に不利となると考えられることになる。そして金剛型に抗する攻防力を持つが劣速の戦艦を偵察艦隊に配するのは、偵察艦隊の機動性を阻害するので非現実的であり、さらに戦艦を決戦兵力から除いて、偵察艦隊や通商路保護任務に充当するのも、日米の決戦兵力における米側の兵力優位を自ら捨てることになるので現実的でないと考えられた。

　この問題を解決するには、米海軍作戦部が「巡洋戦艦の整備は１９１９年以降、継続しての喫緊の問題」と称したように、偵察艦隊の行動を阻害しない機動力を持つ高速戦艦か巡洋戦艦の配備しかない、と考えられる。そしてこれは１９３７年春に第二次改装後の金剛型の速力が30ノット超となった、という未確認情報が出たこと、日本海軍がこれの代艦として整備する戦艦に同様の速力を持たせることが考慮されたこと、さらに欧州各国の戦艦の高速化が進んだこともあって、最終的に「新型戦艦に対抗可能な攻防力を持ち、空母に随伴可能で、かつ高速化された可能性がある金剛型にも限定的な機動性優位を見込める速力を持つ」というアイオワ級戦艦の整備に繋がった。なお、二大洋艦隊整備法案通過前、アイオワ級の整備数が４隻とされたのは、「現在第一線にある金剛型３隻、及びその後継艦が全数出動する」事態となっても対処可能な実働艦数確保が大きな理由の一つに挙げられている（この決定には、同時期米海軍にも「比叡」が現役復帰のための近代化改装を実施中という情報が入っているので、これが影響した可能性もある）。

　対して英海軍では、ロンドン条約後も金剛型と同等かそれ以上の戦術価値を持つ「フッド」「レパルス」「レナウン」の巡洋戦艦3隻を保持していたこともあり、1930年代中期までは、来るべき対日戦で金剛型への対処は特に問題視はしていなかった。だが1930年代後半に欧州情勢の変化で独海軍が仮想敵となると、英海軍は本国、地中海、極東配備予定の艦隊兵力の見直しを行わざるを得なくなる。第二次大戦開戦直前の検討では、1944年時期には本国艦隊に巡洋戦艦3隻を全て組み込まざるを得ず、この時期に金剛型や新型艦を含めて10隻の高速戦艦／巡洋戦艦を持つ日本海軍に対しては、英の東洋艦隊は高速戦艦のライオン級2隻を持つのみ、と明らかな兵力不均衡が発生することが予測された。対日戦を考慮して、1939年に「ヴァンガード」とその同型艦の整備計画の検討が開始されたのは、このような東洋艦隊の兵力量の問題を解決することを念頭に置いたもので、その検討の中で英海軍に、英の巡洋戦艦同様になお退役しないで第一線に留まると見做されていた金剛型の存在が影響を与えたことも事実である。

このように第二次大戦前に米英両海軍の戦艦の戦備計画に少なからぬ影響を与える存在だった金剛型は、太平洋戦争開戦直前の1941年（昭和16年）でも、第二次改装後の確定情報はほとんど得られていない状況が続いていた。その中でロンドン条約での戦艦の規定に基づく想定艦齢に達した「金剛」と「比叡」は練習艦として使用されているとも報じられたが、なお「比叡」の戦列復帰のための改装実施がなされた可能性が指摘され続けていたことを含めて、この両艦も第一線艦にあると見做されていたようで、特に練習艦で分けることなく、「榛名」「霧島」と合わせた4隻全艦が同一の項で扱われていた。

かくして米英の両海軍は、本型についてはこのような不完全な情報を元にその運用法と対処を考慮する形で、太平洋戦争開戦を迎えることになった。

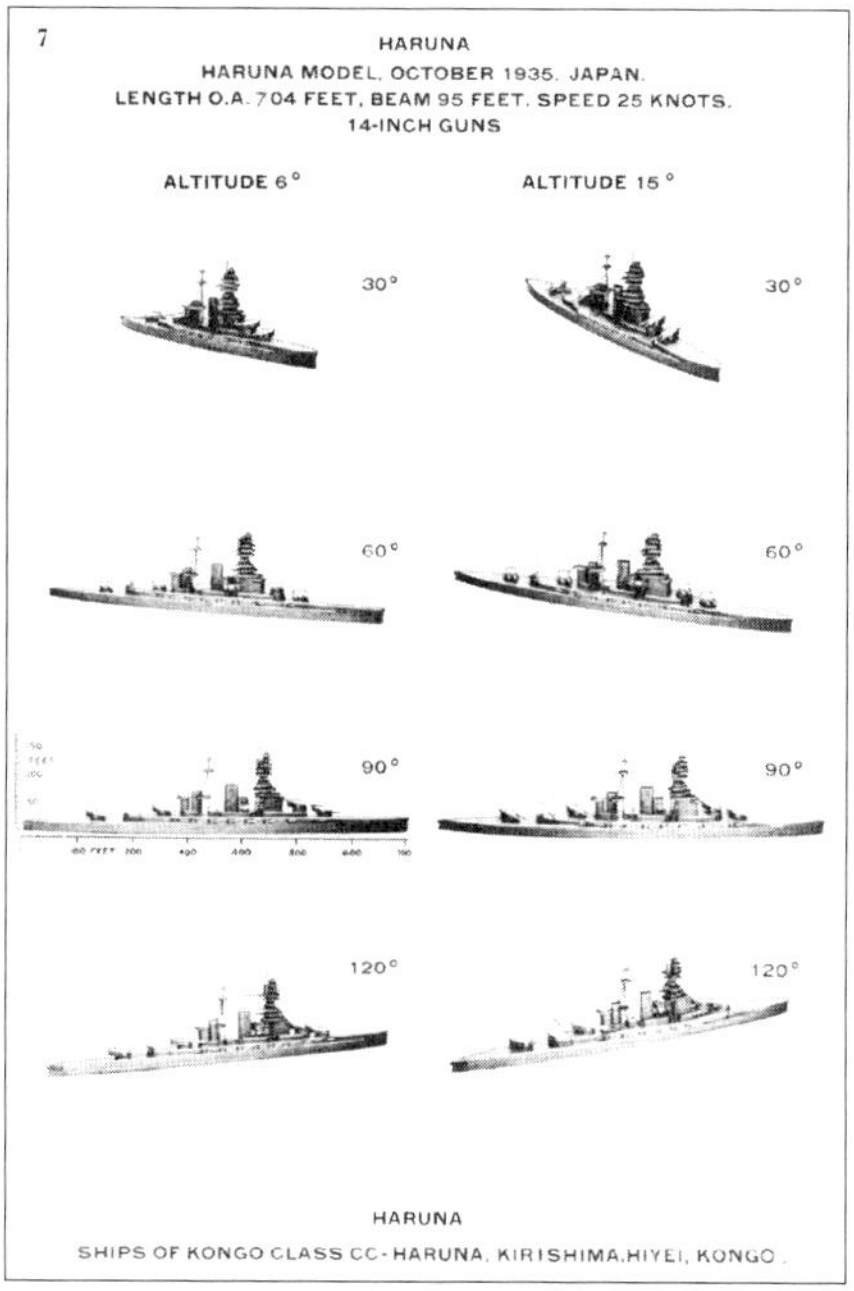

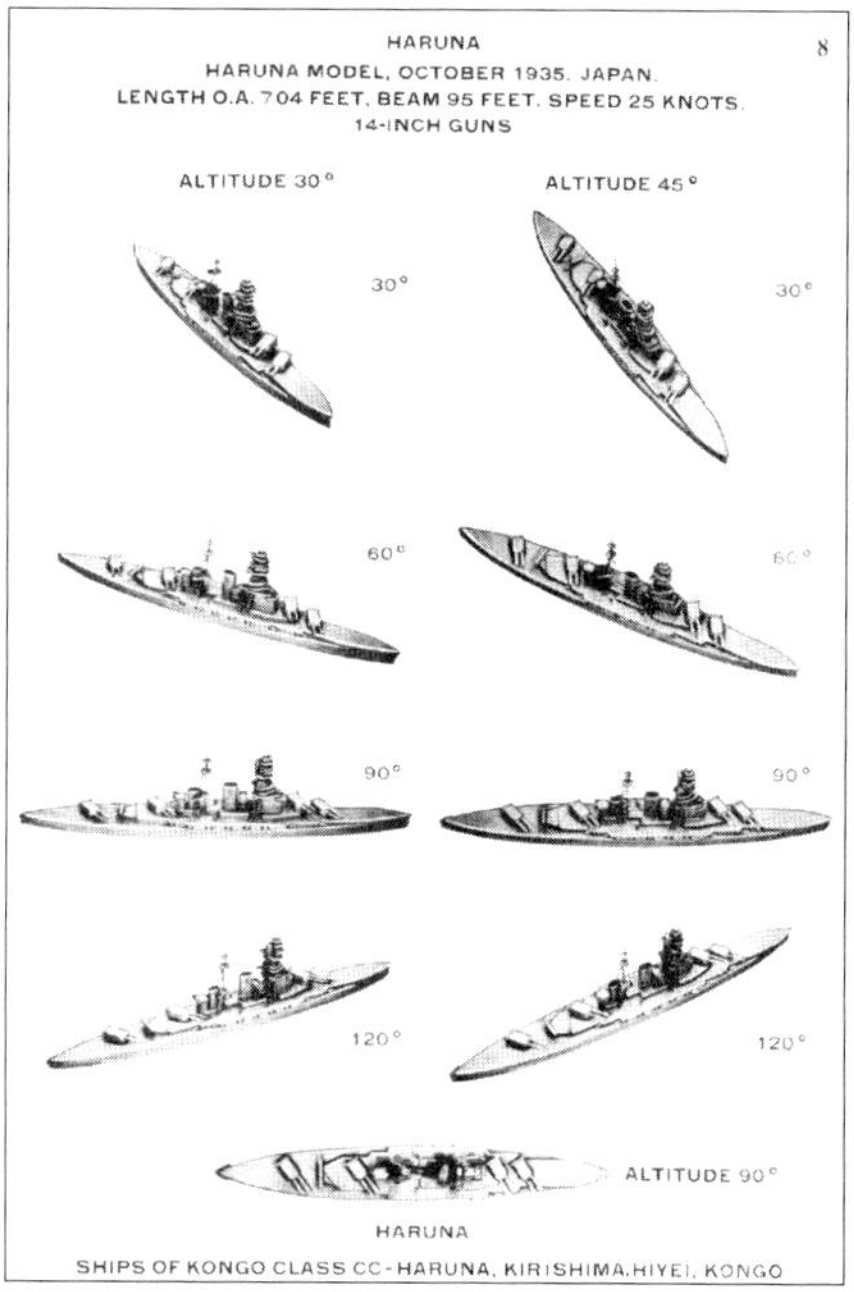

1936年発行、米海軍識別帳に見られる「榛名」。1934年（昭和9年）より開始された第二次改装の内容は反映されておらず、全長は改装前の704フィート（約214.6m／実施は改装により222m:約728フィートへ延長）とされ、速力は25ノット（改装後は30ノット）とされている。

同じく1936年発行の米海軍識別帳に掲載された「榛名」。艦種はCC（Capital Cruiser）とされている。同時期の『ジェーン年鑑』で練習艦であり第一線の艦ではないと見なされている「比叡」が同型艦として扱われている点が目を引く。

金剛型巡洋戦艦／戦艦③

太平洋戦争開戦劈頭の〝榛名型戦艦〟

太平洋戦争開戦直後、米側の戦時報道により、金剛型のうち1隻の艦名が一挙に米国内で知られることになる。1941年（昭和16年）12月11日、米陸軍省の発表により真珠湾攻撃に参加した艦艇の一部、また日本艦隊等の広報写真が出された際に、前日のフィリピンでの戦闘で、フィリピンを基地とするB‐17が恐らく日本戦艦の「榛名」を撃沈したという報が写真付きで出された。

この「日本戦艦撃沈」の報道は当時、良いニュースに飢えていた米国内で直ちに広まったが、ある新聞では掲載時に陸軍省の報道にあった「Haruna」を「Hiranuma」と誤って掲載するという誤報道がなされた。これにより米陸軍省が一貫してB‐17が爆撃したのは「榛名」と報じていたにも関わらず、この誤報道の話が一人歩きして、「戦意高揚のため実在しない戦艦ヒラヌマを沈めたという報道を出した」という誤解が伝わることとなり、一部の戦史マニアの間では現在に至るまで語り継がれ続けている状況にある。

「榛名」を巡っては、第二次大戦における米軍最初のヒーローも誕生した。B‐17機長のコリン・ケリー大尉は、ルソン島アパリ地区で対地支援の艦砲射撃を実施していた〝榛名型戦艦〟を発見、これに命中弾を与えて損傷させたとされる。このB‐17は帰途に就いた直後、上空直援の零戦隊の攻撃で機体に重大な損傷を受けたが、ケリー大尉は最後まで機を見捨てずに他の乗員6名を脱出させ、自身は機の爆発により戦死を遂げた。劇的な最期を遂げたケリー大尉は、米軍最高位の勲章である議会名誉勲章をはじめとする高位の勲章を受勲することとなった。

これら一連の騒動の結果、「榛名」の名が海外で一般にも知られるようになったのである。

ガダルカナル島方面水上戦における金剛型

米海軍は開戦後、通信情報等で日本の戦艦隊のうち、金剛型は開戦前に「最大これだけ出てくる」と考えられていた4隻が、すべて第一線艦として活動していることを察知した。そして、元巡洋戦艦の金剛型が、戦前の予想通りに「決戦兵力となる戦艦としてだけでなく、巡洋艦を含む高速水上艦隊と共に活動する巡洋戦艦として運用が行われている」ことを、ミッドウェー海戦時の南雲機動部隊に本型が随伴していたことで、完全に確信するに至った。

これを受けて米海軍では、空母戦で両軍の高速水上艦隊が交戦する際、戦前の検討と同様、米側に戦艦が付随していないと不利になると判断する。このため、ガダルカナル島進攻作戦の開始時より、米空母部隊に新型戦艦のノース・カロライナ級やサウス・ダコタ級を充当して、その対処とする措置を執った。だが、両級は高速空母部隊と協同作戦を実施するには速力が不足で、空母部隊側から「足手まとい」として歓迎されざる存在ともなり、結局、これはアイオワ級の就役まで改善されることはなかった。

続いて、ガ島戦時の最後の空母戦となった南太平洋海戦では、日本側が航空優勢を取った場合、金剛型戦艦と巡洋艦以下の高速艦艇で構成された大規模な水上艦隊が米艦隊へと突撃してくることが改めて確認されることにもなる。さらに「金剛」「榛名」以下の挺身砲撃隊が、その機動力を活かして狭いガ島泊地内へと突入、短時間で多数の主砲弾を叩き込み、ガ島飛行場を火の海として作戦継続困難としたことは、米側を大きく驚愕させることになった。

特にこの挺身砲撃でガ島飛行場の航空機用燃料と弾薬のほとんどが焼尽してしまい、以後の航空継戦能力を大きく制約したことは、砲撃前にガ島の米軍に流れていた戦局についての楽観的なムードを完全に吹き飛ばし、砲撃後に「我々はこの飛行場を維持できるか分からない」という悲観的で重苦しい空気がガ島の米軍全体に流れるなど、大きな精神的衝撃も与えている（ガ島で挺身砲撃を受けたある米海兵隊員は、これが太平洋戦争中で唯一「我々は戦争に負ける」と思った時だったという回想を残している）。

この挺身砲撃により、日本海軍が必要とあれば、巡洋戦艦的用法で運用される金剛型を狭小な水域での夜戦にも投じてくるということが米側にも認識され、南太平洋海戦以降になると、金剛型の阻止のため、新型戦艦で構成された巨砲部隊を備えとしてガ島水域に配する措置も執られた。

そして、挺身砲撃から約1カ月後の第三次ソロモン海戦では、米の水上艦隊は金剛型2隻を含む大規模な日本の水上艦隊と、実際に夜戦で砲火を交えることにもなった（第三次ソロモン海戦）。この、米側では通例ガダルカナル海戦と呼ばれる海戦では、最初の第一夜戦では幸運もあって「比叡」を沈めることができたが、海戦の経緯は米側が危惧したように、重巡以下の艦艇は戦艦と至近距離で交戦した場合、相応の損害を与えうるが、戦闘不能及び沈没に至らしめることは困難であり、逆に護衛艦艇との交戦を含めて、米側に多大な損害が生じてしまうことが確認されることになった。対して第二夜戦では、新型戦艦であれば金剛型を圧倒できることが改めて確認できただけでなく、同海戦での「霧島」の喪失と、以後の米戦艦「ワシントン」の行動により日本水上艦隊が撤退、輸送船団も潰滅したことで、ガ島を巡る日米の戦闘における日本軍の敗北を示す象徴的な事例となった。この第二夜戦は米戦艦の記録の中で最大の勝利の一つとしても伝えられることにもなった。

なお、以下は蛇足だが、第一夜戦の際に駆逐艦「ステレット」の砲術長は、目標とした「比叡」について、「目標、あのエンパイア・ステート・ビルのような艦橋を持つ戦艦！」と宣言したという逸話がある。これは米側でも、「比叡」の艦橋が他の日本戦艦の「パゴダ・マスト」とは異なるものに見えたという証言となっている。

米海軍の得た金剛型の情報

第二次改装を終え、面目を一新した戦艦「榛名」。第二次改装を実施して機関を強化した金剛型は速力30ノット以上を発揮する“高速戦艦”として太平洋戦争に臨んだ。

金剛型戦艦（第二次改装後）
基準排水量:31,720トン、全長:222.05m、幅:31.0m、吃水:9.60m、主缶:ロ号艦本式水管缶（重油専焼）8基、主機/軸数:艦本式ギヤード・タービン4基/4軸、機関出力:136,000馬力、速力:30.3ノット、航続力:18ノットで9,800浬、兵装:35.6cm45口径連装砲4基、15.2cm50口径単装砲14基、12.7cm40口径連装高角砲4基、25mm連装機銃10基、装甲厚:舷側203m＋25mm、甲板83mm、主砲塔前盾254mm、搭載機:水偵3機、乗員:1,437名

ワシントン・ロンドン海軍軍縮条約の失効後、練習戦艦から戦艦に復帰した「比叡」（写真は1939年12月5日撮影）。本艦は大和型戦艦のテストベッドとして塔型艦橋を採用したことから、他の金剛型と艦橋形状が異なっていた。

他方、金剛型の情報について『ジェーン年鑑』は相変わらずだったが、米海軍の識別帳では戦時中に数度の改訂を受けている。

例を挙げていくと、いまだ本型4隻が揃っていた時期の1942年11月に出された「日本艦艇識別帳（ONI41‐42）」では、戦前に英海軍が撮影した「金剛」「霧島」「榛名」の写真を入手できたこともあり、外見面では二番煙突や飛行甲板部等を含めて、所々の形状に差異はあるものの、実際の金剛型に近い形の図版及び模型が掲載されている。

ただしこの時点で、「比叡」の外見が他の3艦と異なっていたことは判明しておらず、また、艦のデータも副砲の数や搭載数は正確だったが、主砲や副砲の仰角や射程等のデータは不正確な上に、既に廃止された40口径8cm高角砲（短7・6cm単装高角砲）が「変更された可能性あり」としつつも掲載され、速力も戦前のデータが使用されているなど、艦の実態を明確にするには至っていない。

また、機関出力は7万8000馬力と、竣工時期の過負荷時の数値が記載されていた。ただしこの時期には艦隊側を含めて、「高速の大型艦隊型空母に随伴していることから見ても、金剛型は戦前の情報のように30ノットの発揮が可能なのでは？」という疑惑がさらに高まっていた。

その後、マリアナ沖海戦直後の1944年7月に出された「日本海軍に関する統計情報（ONI‐222J）」では、より情報の改訂が図られた。この中では艦の全長・幅は変化しなかったが、主砲の射程は以前より若干延伸され（ただし、29・2kmと実際の数値＝35・45kmよりなお短い）、副砲の射程は約19・5kmに対して米側数値は約19・2kmと概ね正確となり、また例の8cm高角砲を除けば、第二次改装完了時の数値が掲載されていた副砲や高角砲の数値も、「恐らく変更されている」との注記が付けられるなど、正確性はより増している。

機関出力の表記は6万4000馬力で、最高速力は計画26ノット、最大27ノットとされたが、これも「恐らく30ノットの発揮が可能」と注記がなされた。航続力も公式値は10ノットで7370浬だが、「9000浬の航続力を持つ」とされるなど、性能の上方修正が図られている。

加えて、装甲厚の表記は以前から変化せず、装甲防御について「耐弾性能は（戦艦としては）標準以下」とされたが、水中防御は「とても良好（バルジ装備）」で、応急能力も「良い」とされるなど、防御面でも相応の評価がなされた格好となっていた。

太平洋戦争末期の金剛型

さて、ガ島戦末期以降の米艦隊では、南太平洋海戦及びガ島挺身砲撃、第三次ソロモン海戦の結果もあり、「日本艦隊は高速艦同士の戦闘で、必要になれば金剛型を巡洋艦以下の艦艇と協同する巡洋戦艦扱いで突入させてくる」ということが、確定情報扱いとなった。そして、日本海軍最後の水上戦闘となったサマール沖海戦では、米艦隊はこれを再度強烈に思い知らされる。

この海戦で「金剛」が重巡洋艦群と共に米護衛空母部隊に接近、主砲と副砲で空母及び護衛の駆逐艦を撃ち据えたことや、マリアナ沖海戦での損傷による速力低下のため、「金剛」に追随できなかったものの、「榛名」も「大和」「長門」より前方に出て、別部隊である「タフィ2」を発見し砲撃を加えてきたことは、日本艦隊に追われた米艦隊の将兵、そして日本艦隊の攻撃阻止を行った護衛空母の航空団の搭乗員たちに強い印象を与えた。

同海戦では、以前の情報の影響もあって、米護衛空母部隊の護衛駆逐艦より、実際には他艦と交戦した艦でも、「『金剛』に砲撃を受けた」「『金剛』と交戦した」という報告が多数出されていることから、これは窺い知ることができる。

米海軍が1945年6月に発行した「日本海軍（ONI‐222J）」では、金剛型は既に残存艦が「榛名」のみとなっていることが明記された。レイテ沖海戦時の写真映像から高角砲が4基から6基に増備されたことが記される一方で、副砲の数は14門、8cm高角砲の装備も継続して示され、機銃の数も正しくなく、艦の性能も基本的に以前のデータをそのまま表記するなど、この時期でもいまだ金剛型の完全な情報は掴めなかったことが窺える。

その一方で艦の評価はさらに詳細に記され、「第一次大戦時の最強の英巡洋戦艦『タイガー』によく似ている」本型は、大戦間の改装で各種の能力を向上させたが、装甲防御は不十分である、また、本型の高速性能は米の新型戦艦の就役により、部分的にその優位を無効化されているとの表記が示されていた（この「部分的」の意味は、米の27ノット程度の中速型新型戦艦では、30ノット艦と推測される金剛型の速力優位は完全に消せなかったという意味と推測する）。そして、これが米海軍が公式に示した金剛型に対する最終評価となっている。

なお、『ジェーン年鑑』の1944・45年版では、この時期の残存艦が「呉地区への空襲で損傷したが、恐らく修理中」の「榛名」だけとなったことは示されていたが、艦のデータは米海軍等から得られなかったようで、戦前のものがなお使用されていた。

戦後における金剛型

戦後、米側で公式情報に基づく戦記が出されるようになると、「ガ島挺身砲撃の旗艦として在ガ島の米海兵隊の心胆を寒からしめ、サマール沖海戦では沈んだ空母以下の米艦艇4隻にすべて損害を与えた艦」であるとされたことを含めて、日本の戦艦の中でも最も活動・活躍した艦として、「金剛」は一定の知名度を得ることになった（近年の研究で、サマール沖海戦の「ジョンストン」の最初の損傷については、「金剛」ではなく「大和」の射撃であると見做されているが）。

そして現在も「戦艦としては防御力不足だが、巡洋艦以下の高速艦艇と協同作戦が可能な巡洋戦艦として活動しうる速力を持つ」という、米海軍の最終評価に基づく艦の性能評価がなされ、「実戦で米軍に大きな損害を与えた」と見做されている「金剛（KONGO）」の艦名は、太平洋戦争における日本戦艦を代表するものとして扱われることになった。

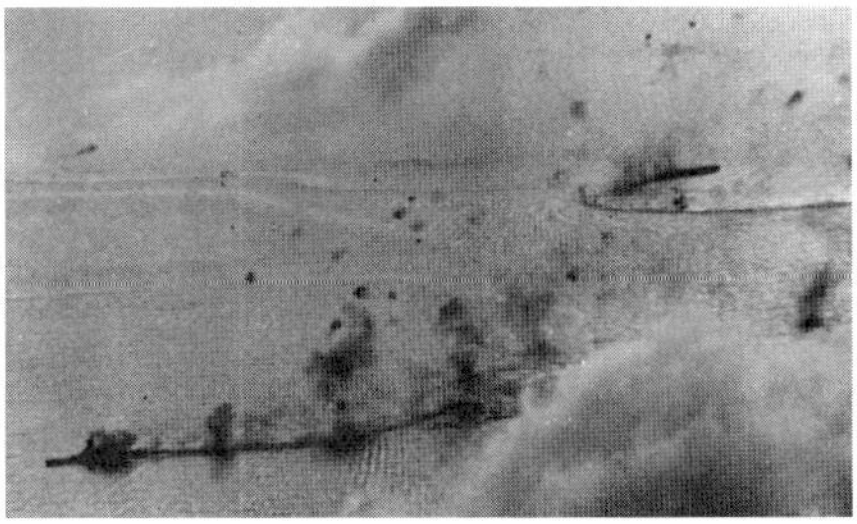

マリアナ沖海戦時、米空母艦載機の攻撃下にある金剛型戦艦の「金剛」または「榛名」(写真左下)。

1945年(昭和20年)7月24日および28日の呉軍港空襲で攻撃を受ける「榛名」。この攻撃で「榛名」を大破着底せしめ、米海軍は“宿敵”金剛型をすべて葬り去ることができた。

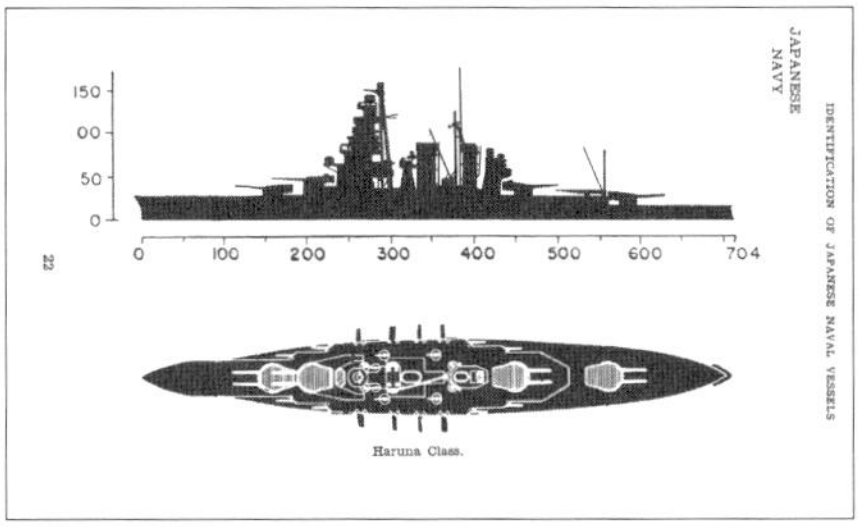

1941年発行・米海軍識別帳に見られる「榛名型」の記述。第二次改装で実施された後部艦橋やカタパルトの設置は反映されているが、全長は変わらず704フィート、速力は26ノットとされている。「比叡」の再武装が報告されている旨が記載されているが、非公式情報とされ、速力は18ノットのままとなっている。

IDENTIFICATION OF JAPANESE NAVAL VESSELS

Battleships
Haruna Class
(4 ships)

HARUNA
KIRISHIMA
KONGO (Employed as seagoing training ship)
HIYEI (Employed as seagoing training ship)
Description: Displacement: 29,330 tons (standard).
Length: 704 feet (over-all).
Beam: 92 to 95 feet.
Draft: 27.5 feet (maximum).
Speed: 26 knots (HIYEI 18 knots).
Guns: 8—14-inch.
16—6-inch.
8—5-inch AA.
4—machine guns.
4—landing.
Torpedo tubes: 4—21-inch (submerged).
Aircraft: 3.　Catapults: 1.

Speed note: HIYEI, demilitarized for training purposes, reported to be in hand for rearmament, but this is not officially admitted.

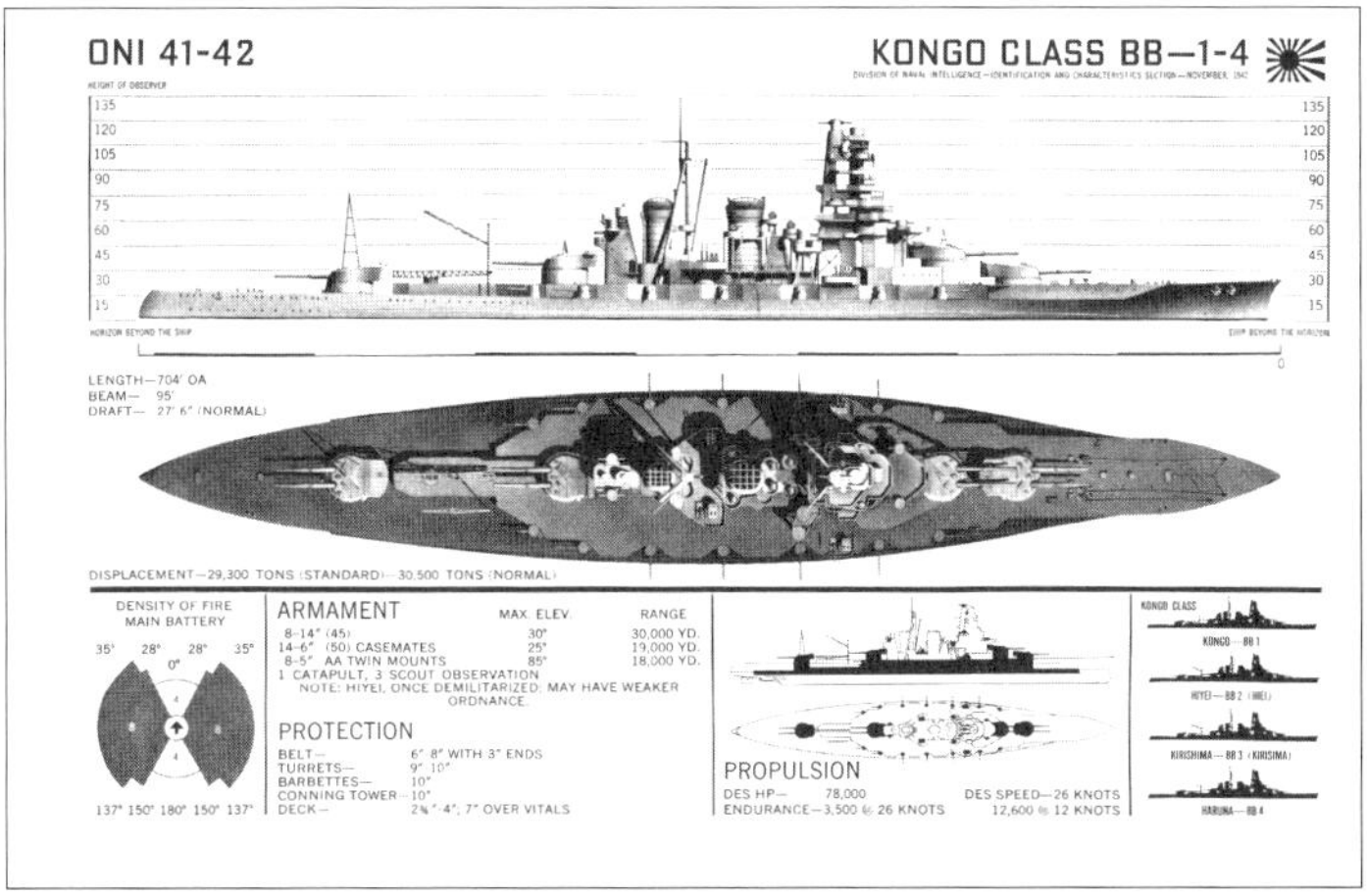

1942年11月発行「日本艦艇識別帳(ONI41-42)」に掲載された金剛型戦艦は、艦の外見は概ね正確となった。第二次改装で実施された主砲(14インチ)の最大仰角引き上げ(43度。記述は30度)、同じく副砲(6インチ)の最大仰角引き上げ(30度。記述は25度)は把握されていなかったようだ。

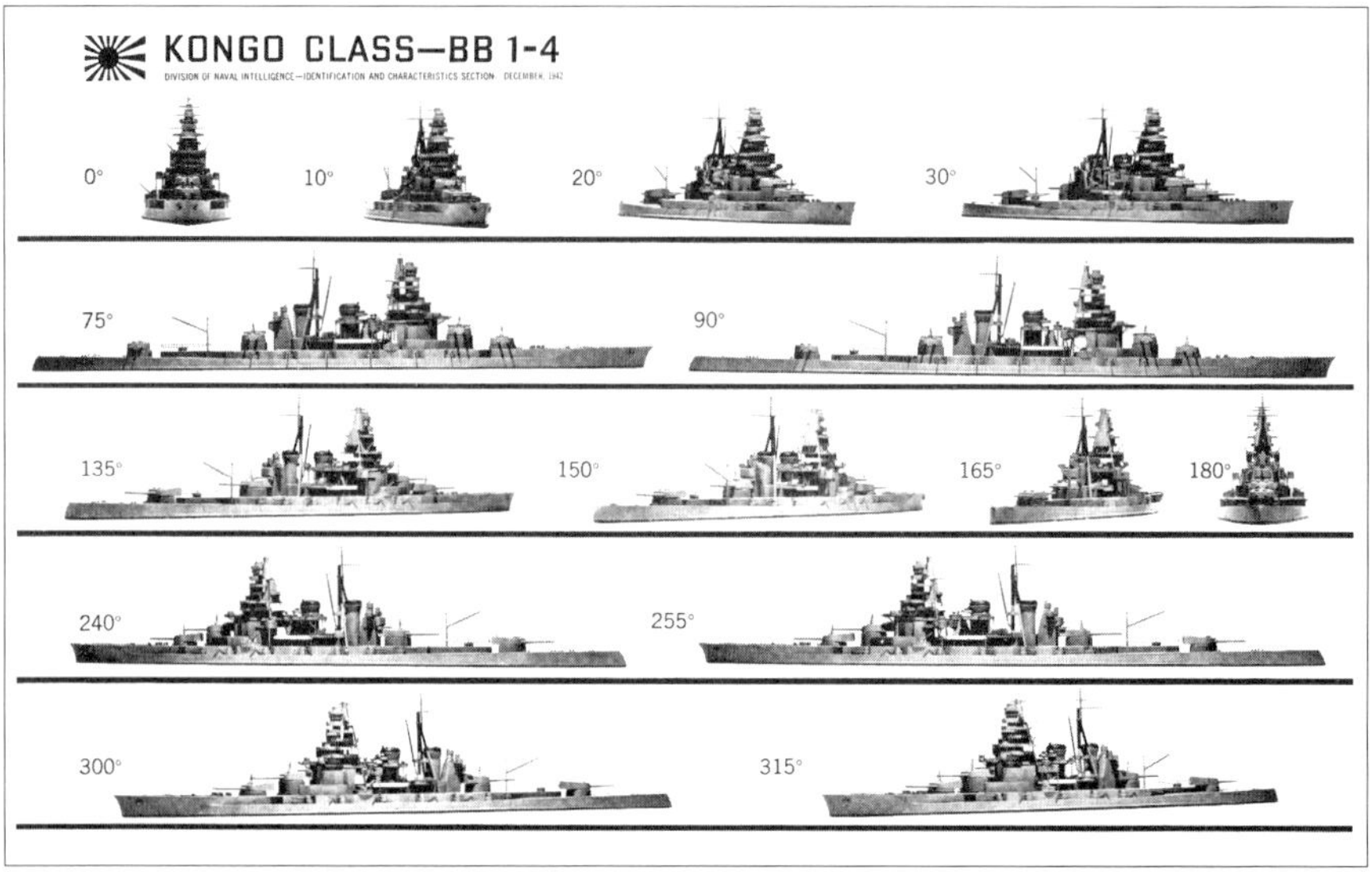

「日本艦艇識別帳（ONI41-42）」掲載の、金剛型戦艦の模型を用いた各角度の写真。艦の外見は概ね正確となったが、「比叡」が練習戦艦から大改装され、塔型艦橋の搭載を含め、他の三艦と明らかに異なる外見となったことは判明していなかった。

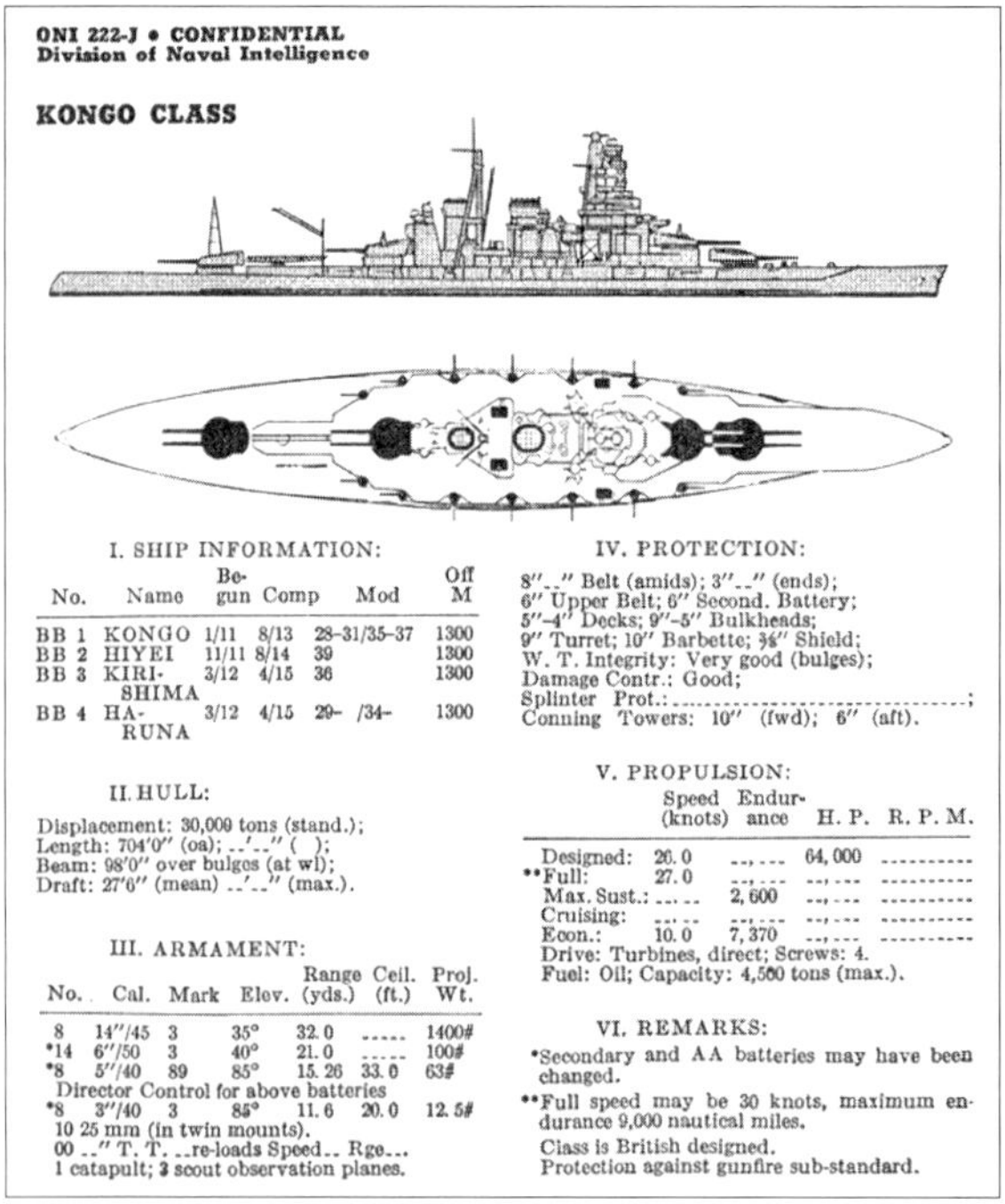

ONI 222-J • CONFIDENTIAL
Division of Naval Intelligence

KONGO CLASS

I. SHIP INFORMATION:

No.	Name	Be-gun	Comp	Mod	Off M
BB 1	KONGO	1/11	8/13	28–31/35–37	1300
BB 2	HIYEI	11/11	8/14	39	1300
BB 3	KIRI-SHIMA	3/12	4/15	36	1300
BB 4	HA-RUNA	3/12	4/15	29– /34–	1300

II. HULL:

Displacement: 30,000 tons (stand.);
Length: 704′0″ (oa); ..′..″ ( );
Beam: 98′0″ over bulges (at wl);
Draft: 27′6″ (mean) ..′..″ (max.).

III. ARMAMENT:

No.	Cal.	Mark	Elev.	Range (yds.)	Ceil. (ft.)	Proj. Wt.
8	14″/45	3	35°	32.0	.....	1400#
*14	6″/50	3	40°	21.0	.....	100#
*8	5″/40	89	85°	15.26	33.0	63#
Director Control for above batteries						
*8	3″/40	3	85°	11.6	20.0	12.5#

10 25 mm (in twin mounts).
00 ..″ T. T. ..re-loads Speed.. Rge...
1 catapult; 3 scout observation planes.

IV. PROTECTION:

8″..″ Belt (amids); 3″..″ (ends);
6″ Upper Belt; 6″ Second. Battery;
5″–4″ Decks; 9″–5″ Bulkheads;
9″ Turret; 10″ Barbette; ⅜″ Shield;
W. T. Integrity: Very good (bulges);
Damage Contr.: Good;
Splinter Prot.: ....;
Conning Towers: 10″ (fwd); 6″ (aft).

V. PROPULSION:

	Speed (knots)	Endur-ance	H. P.	R. P. M.
Designed:	26.0	..,...	64,000	....
**Full:	27.0	..,...	..,...	....
Max. Sust.:	....	2,600	..,...	....
Cruising:	....	..,...	..,...	....
Econ.:	10.0	7,370	..,...	....

Drive: Turbines, direct; Screws: 4.
Fuel: Oil; Capacity: 4,500 tons (max.).

VI. REMARKS:

*Secondary and AA batteries may have been changed.
**Full speed may be 30 knots, maximum endurance 9,000 nautical miles.
Class is British designed.
Protection against gunfire sub-standard.

1944年7月発行「日本海軍に関する統計情報（ONI-222J）」における金剛型。この時点で「比叡」「霧島」は戦没しているが、4隻の艦名が記されている。右下の注釈には、副砲および高角砲が更新されている、速力が30ノット・航続距離が9,000浬（実際は18ノットで9,800浬）である可能性が指摘されている。

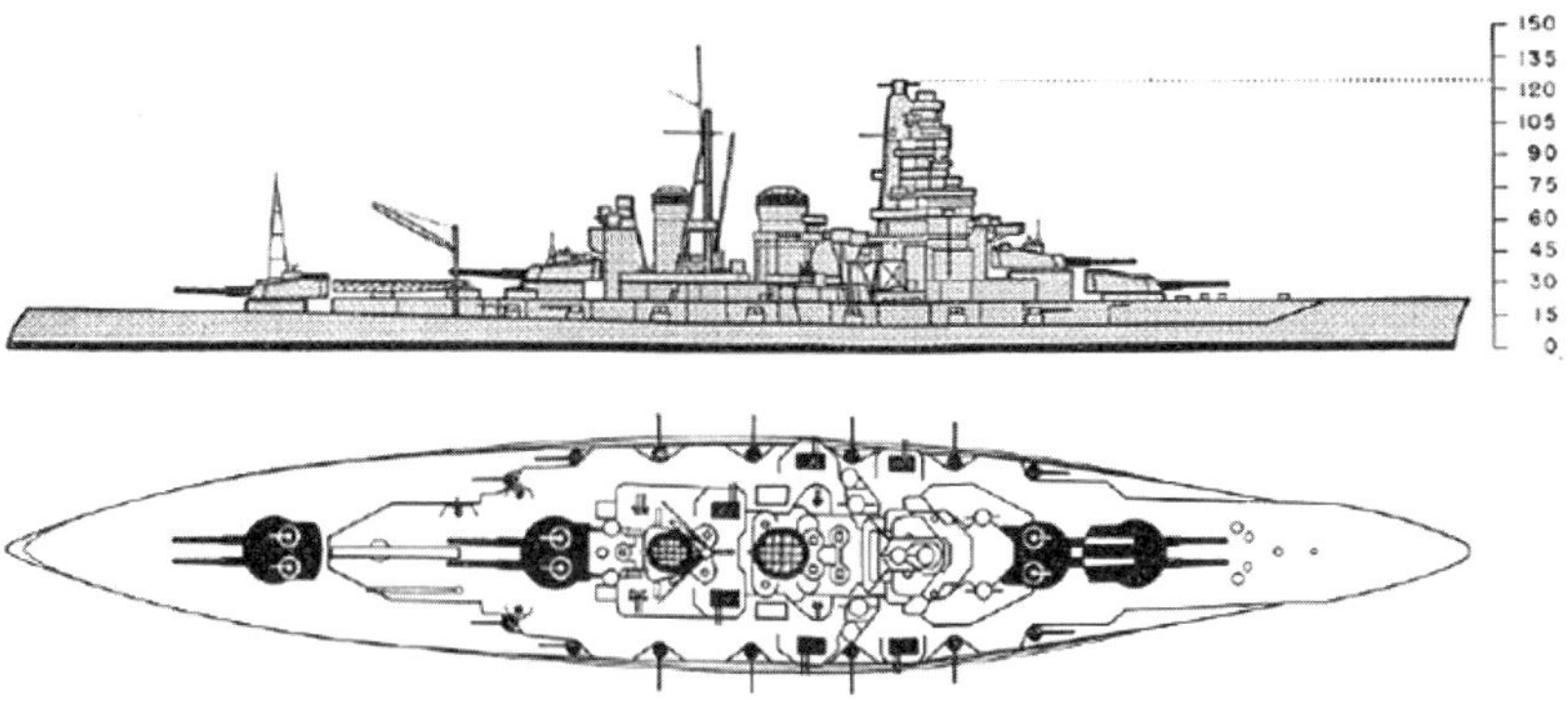

BB—Battleships—KONGO Class

BB 4—Haruna

Begun—March 1912
Completed—April 1915
Modernized—1929, 1934
Complement—1,250

Dimensions

Displacement: 30,000 tons (stand.).
Length: 704′ 0″ (oa).
Beam: 98′ 0″ over bulges (at water line).
Draft: 27′ 6″ (mean); ..′ ..″ (max.).

Armament

No.	*Cal.*	*Mark*	*Elev.*	*Range (yds.)*	*Ceil. (ft.)*	*Proj. (lbs.)*
8	14″/45	41	35°	32,000	......	1,400
14	6″/50	3	30°	21,000	......	100
12	5″/40	89	85°	15,000	35,000	45
Director Control for above batteries						
8	3″/40	3	75°	12,000	25,000	14.5

10 25 mm (in twin mounts);
1 catapult; 3 scout observation planes.

Protection

8″ Belt (amidships); 3″ (ends);
6″ Upper Belt; 6″ Secondary Battery;
5″-4″ Decks; 9″-5″ Bulkheads;
9″ Turret; 10″ Barbette; ¾″ Shield;
10″ Conning Towers (fwd); 6″ (aft).
Splinter Protection: ....
Watertight Integrity: Very good (bulges).
Damage Control: Good.

Propulsion

	Speed (knots)	*Endurance (miles)*	*HP*	*RPM*
Designed:	26.0	.....	64,000	....
*Full:	27.0	......	......	....
Max. Sust:	......	2,600	......	....
Cruising:	......	......	......	....
Economical:	10.0	7,370	......	....

Drive: Turbines, direct; Screws: 4.
Fuel: Oil; Capacity: 4,500 tons (max).

Notes

*Full speed may be 30 knots, maximum endurance 9,000 nautical miles.

1945年6月発行「日本海軍」(ONI-222J)における金剛型戦艦の記述では、残存艦が「榛名」のみであることが明らかになっている。「榛名」はレイテ沖海戦後の改装で副砲を8門に減じ、12.7cm連装高角砲を4基から6基に増備、25mm機銃は99挺（三連装24基、連装2基、単装23基）搭載しているが、高角砲の増備のみが反映されている。

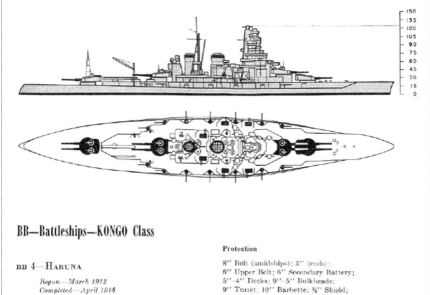

扶桑型・伊勢型戦艦 ①

扶桑型・伊勢型建造前の各社試案の影響

弩《ド》級戦艦の登場時期、軍艦建造に必要な造兵・造船・造機の各技術で行き詰まりとなっていた日本海軍が、新型艦艇の建造に必要となる各種の新技術のみならず、設計の参考となる各種試案の提示を海外企業から取得していたのは良く知られている。

弩級戦艦・超弩級艦の設計案も、金剛型試案の売り込みが開始された直後より、英国のヴィッカース社（以下、毘社）とアームストロング社（以下、安社）から、日本海軍向けに弩級・超弩級戦艦の試案が提案されており、現在、海外ではこれらの試案が扶桑型及び伊勢型の設計に大きな影響を与えたと考えられている。

扶桑型の設計については、毘社が１９０７年（明治40年）に提案した船体中心線上に30・5cm三連装砲塔6基（18門）を搭載する排水量２万４２５０トンの試案である第３２３案や、１９１０年に提案された排水量２万６０００トンの34・3cm連装砲塔6基（12門）、副砲に15・2cm砲12門を搭載する「戦艦X」試案（速力23ノット）と、これを改正した「戦艦Y」試案が大きな影響を与えたと見なされている。

また同様に、１９１１年（明治44年）秋に安社が提出した、連装砲塔6基を艦の前後に2基ずつ、二番煙突を挟んで前後に各1基を梯型配置とした35・6cm砲12門搭載の７１４案と、同一の主砲兵装だが、主砲塔を艦の前後と煙突後方の中央部に各2基を配する７４０案は、前者が扶桑型、後者が伊勢型の設計の参考とされたと見られている。

扶桑型・伊勢型竣工時における海外の反応

金剛型の建造に引き続いて、日本が超弩級艦の国内整備を開始したことは、早期から海外でも知れ渡っており、進水後に主兵装と副兵装、全長（205・2m）と排水量が公表されたことと、竣工前に大型の完成模型が公開されていたこともあって、艦容も竣工前から概略が把握されている状態にあった。

ただし、日本側が出した情報はそれのみであったため、海外では未確認情報を含めて、その実力を探る術が取られた。『ジェーン海軍年鑑』を例に取ると、実艦進水前の1913年（大正2年）版では、排水量が計画3万トンであることに加え、機関関連では汽缶は宮原缶で機関出力は4万5000馬力という表記がなされたが、これ以外には情報は全く記載されていない。

対して「扶桑」進水直後の1914年版では、進水済みの「扶桑（Fu-so）」の他、同型艦3隻が建造もしくは計画中とされ、要目関係は常備排水量が正確となり、機関出力が公称の4万馬力に訂正された等はあるが、主機械の供給先は毘社で、パーソンズ製のものが搭載される旨の記載があるなど、不正確な情報も記載されていた。

一方、第一次大戦後に出された1919年（大正8年）版になると、すでに全艦が竣工していた扶桑型・伊勢型共に、より詳細な情報が掲載されるようになっていた。

まず扶桑型については、表記が垂線間長になった船体長及び船体幅は正確な数字となっており（192・02m×28・65m）、常備排水量も以前と同様に正確で、兵装も主砲・副砲・外膅《がいとう》砲・高角砲・機銃・魚雷発射管まで正確な表記がなされていた。装甲防御は、主装甲は最厚330㎜（別箇所には305㎜表記もある）、上部装甲帯229㎜、補助装甲帯端部102㎜、甲板38㎜～51㎜、砲塔前面305㎜、砲郭部152㎜、司令塔305㎜と、正確ではないがおおむね近似する、実艦よりやや強力な装甲を持つ艦と見なせる数字が並んでいる。機関型式は宮原缶24基、ブラウン・カーチス式タービンによる4軸艦で、機関出力4万馬力、速力22・5ノットと公称に沿った数字と共に、機関出力4万6500馬力で23ノットを発揮したという、公試時成績までおおむね正しく記載されているのが目を引く。また、燃料搭載量も「山城」の公式数字通り（石炭４０００トン、重油１０００トン）で、日本側資料にない常備１０００トンの数字が記載されていた。

すでに公試時の写真が出ていたので、おおむね正鵠《せいこく》を得た艦型図が掲載されていた伊勢型についても、進水後・竣工後に海軍省から一定の情報が出されたこともあり、船体規模の数値は正確で（垂線間長１９５・02ｍ×船体幅28・65ｍ）、兵装も副砲が14㎝砲20門搭載とされたことを含めて、扶桑型同様に正確な記載がなされている。

一方で装甲防御は基本的に扶桑型と同様の表記で、扶桑型より装甲配置の改正がなされた伊勢型では、主砲塔の装甲厚こそ正確になったが、扶桑型より乖離が多い数字となっている。機関関係は汽缶が艦本式とされたこと、主機が「伊勢」はブラウン・カーチス式だが「日向」はパーソンズ式であるなど、正確な情報も記載される一方で、出力と速力は公称通り、燃料搭載量は扶桑型と同じとされたので、実艦とは若干相違が生じた格好となった。

なお、本型の注記では、扶桑型と比べて水平防御が大幅に改善されたこと、以前の艦より燃料弾薬及び各種補給物資の搭載がより迅速にできるように機構改善が図られたという、恐らくは誤伝に基づく情報が記されているが、魚雷及び機雷に対する水中防御改善が図られたという正しい情報も記載されている。これらの情報は、英海軍をはじめとする『ジェーン年鑑』の主要な情報源で、この時期の両型については、相応に詳細な情報取得に成功していたことを窺わせる。

扶桑型に対する英米海軍の評価

艦の要目面である程度、信憑性がある情報が把握されていたこともあり、この時期、海外でも両型には相応に正確な評価が下されることになる。実際に英海軍では、英国の当時の主力かつ最新の戦艦だったクィーン・エリザベス級及びR級戦艦に、砲の威力や要目で劣る面はあるが充分に抗す

大正4年（1915年）8月24日、竣工前の全力公試を行う扶桑型戦艦「扶桑」（竣工は同年11月8日）。

扶桑型戦艦（新造時）
常備排水量:30,600トン、満載排水量:35,900トン、全長:205.2m、幅:28.65m、平均吃水:8.69m、主缶:宮原式水管缶（重油・石炭混焼）24基、主機/軸数:ブラウン・カーチス式直結タービン2基/4軸、機関出力:40,000馬力、最大速力:22.5ノット、航続力:14ノットで8,000浬、兵装:35.6cm45口径連装砲6基、15.2cm50口径単装砲16基、短7.6cm単装砲4基、53.3cm水中魚雷発射管6門、装甲厚:舷側305mm、甲板34+31mm、主砲塔前盾280mm、主砲塔天蓋76mm、司令塔305mm、乗員:1,193名

昭和2年（1927年）、広島湾における伊勢型戦艦「伊勢」。

伊勢型戦艦（新造時）
常備排水量:29,990トン、満載排水量:31,260トン、全長:208.1m、幅:28.65m、吃水:8.8m、主缶:ロ号艦本式水管缶（重油・石炭混焼）24基、主機/軸数:ブラウン・カーチス式（日向はパーソンズ式）直結タービン4基/4軸、機関出力:45,000馬力、最大速力:23ノット、航続力:14ノットで9,680浬、兵装:35.6cm45口径連装砲6基、14cm50口径単装砲20基、短7.6cm単装砲4基、53.3cm水中魚雷発射管6門、装甲厚:舷側305mm、甲板53〜64mm、主砲塔前盾305mm、司令塔305mm、乗員:1,360名

る能力がある艦であり、その前に整備された34・3㎝砲艦（※）よりは勝る面が多いと評された。

一方、米海軍では、その主力をなしていた35・6㎝砲12門搭載の戦艦に対して劣る面もあるが、おおむね対抗できる艦だと評価されている。また、速力の高い伊勢型は、米戦艦に対して戦術的機動性の優位を限定的に発揮できる可能性があるとして、その面では注意が必要と考えられていたことが伝えられている。

ちなみに、この時期、英国で扶桑型の砲力と装甲防御力、速力が相応のものと見なされていたことは、1917年末に英米間の大西洋を横断する兵力船団輸送が活発化した際、これを阻止すべく独巡洋戦艦が大西洋に進出して通商破壊戦を実施する可能性が否定できないことから、その対処として、能力的に独巡洋戦艦と同等以上に戦いうる艦と考えられた金剛型2隻と共に「扶桑」の派遣が日本に要請されたことからも窺い知れる（なお、これが第一次大戦時における、英国からの最後の日本戦艦の大西洋派遣要請となった）。

だが、この「日本海軍がその派遣した兵力を、自らの指揮の下で動かす」のが前提とされた要請も、日本側の拒否により実現には至らず、米海軍がその代わりに超弩級及び弩級戦艦合計3隻を英本土に派遣することになった。

この日米の対応差は、第一次大戦後の英国における日本の地位低下に影響する、大きな要因の一つとなっている。

扶桑型戦艦の大改装に至るまで

この後も一定の情報が得られたものと見えて、『ジェーン年鑑』では1920年（大正9年）版より、日本戦艦の装甲配置図を記載するようになる。これは各部位の装甲厚がおおむね正確か近い数字であり、伊勢型の方が扶桑型より主水線装甲帯の適用範囲が広いことが示される等、首肯できる内容も含まれるが、垂直部装甲の適用範囲が異なり、水平装甲の厚みも伊勢型では実艦の倍とされるなど、誤りも少なくないものだった。

だがこれは「日本の戦艦の装甲配置」を知れる

（※）34.3㎝（13.5インチ）砲10門搭載のオライオン級、キング・ジョージV世級（初代）、アイアン・デューク級戦艦を示す。

数少ない資料として、一般に広く伝えられることにもなり、21世紀初頭に一次資料の公開閲覧が容易になるまで、これを元とした装甲配置図が日本でも一般的に信じられ続けたように、後世にまで大きな影響を及ぼすことになった。

その中で両型は、主装甲帯の装甲厚が以前より薄い（330㎜→305㎜）と見なされたこと、適用範囲が意外と狭いとして、以前の予測より垂直側の耐弾防御性能が低いとも思われるようにもなるが、英米での評価は「自国の同時期計画の戦艦に対して、対抗可能な戦艦」というものから変化することはなかった。

この時期になると、実際の数値よりは低いが、伊勢型が公試で計画値より若干高い速力性能（23・3ノット）を発揮したことが報じられており、『ジェーン年鑑』の1924年版になると、『扶桑』と『山城』では、若干最高速力が異なる」「『山城』の汽缶は一部が艦本式では」といった誤情報も追加されるなど、情報の混乱が起きているのが窺える。だが、日本側でも検討が始められていた「水雷防御能力改善のためのバルジ追加」を含めた能力向上のための近代化改装が予定されているなど、まだこの時期には相応の情報収集ができたことも窺わせる記載がなされている。

この時期には艦容を把握できる写真が海外でも比較的容易に入手できたこともあり、1928年（昭和3年）版では1923年（大正12年）以降に行われた改装により、4艦共に前檣の檣楼化及び前部煙突への烏帽子《えぼし》（ファンネルキャップ）の追加等が行われて、外見的変化が生じたことが把握されると共に、射撃関連艤装の追加及び改善が行われたことが確認されている。さらに、改装により主砲の遠距離砲戦対応を含む各種の砲戦能力が以前より向上している等、正鵠を得た類推が英米を含む各国でなされるようにもなっていた。

大改装後の「扶桑」に対する評価

その一方で、1930年（昭和5年）に開始された「扶桑」の大改装は、日本側がその関連情報を秘匿したことから、「扶桑」が大改装を終えた

1933年（昭和8年）にようやく把握された。日本側の情報秘匿は、改装完了後に発刊された同年度の『ジェーン年鑑』では、オスカー・パークスの手になる想像図と不鮮明な写真に加えて、大改装後の艦容図が掲載される一方で、要目面はすべて大改装前と一緒とされたことからも窺える。

それでも、基部拡大をはじめとする前部艦橋の大改正、カタパルトの設置や後部艦橋への高角砲座の新設等は把握されており、また、外見からは分からない「汽缶は新型の艦本式8基に換装された」「詳細は不明だが、（水平防御改善のための）装甲追加や、（バルジ等の）対魚雷抗堪性能の改善のための構造物設置」「恐らく主砲の最大仰角は、以前の25度からより増大された」等も記されるなど、大改装で実施された各種改正とそれによる艦の能力改善について、海外でも断片的だが情報が取れていたことが窺われる内容が記されている。

そして、断片的とはいえ「扶桑」の改装の情報が海外に伝わったことは、英海軍をして相応の衝撃として受け止められる。英海軍では、扶桑型と伊勢型が実施したと思われる内容の改装を受けた場合、同様の改装を実施した同格の二級がこれに対抗可能な能力を持てるや否やが検討されることになり、最終的にクィーン・エリザベス級は主砲戦闘能力の大幅な向上及び主缶・主機械換装を含む大規模な改装を実施すれば、扶桑型・伊勢型と同等以上の攻防走性能を付与できると見なされるが、艦が小型なR級では、攻防性能はともかく両型に対抗できる速力性能は付与できないと結論されるに至った（R級戦艦が大改装実施後に発揮可能な速力は22ノットが上限と推測された）。

この結果を受けて、英海軍ではR級の大規模近代化改装を取り止め、第二次ロンドン条約下での新型戦艦の建造推進を決定するなど、戦艦兵力整備の計画見直しが図られている。

これは当時、日本海軍を第一の仮想敵としていた英海軍から、大改装後の「扶桑」が決戦兵力として相応の脅威と見なされていたことを示す例と言えるだろう。

図版／おぐし篤

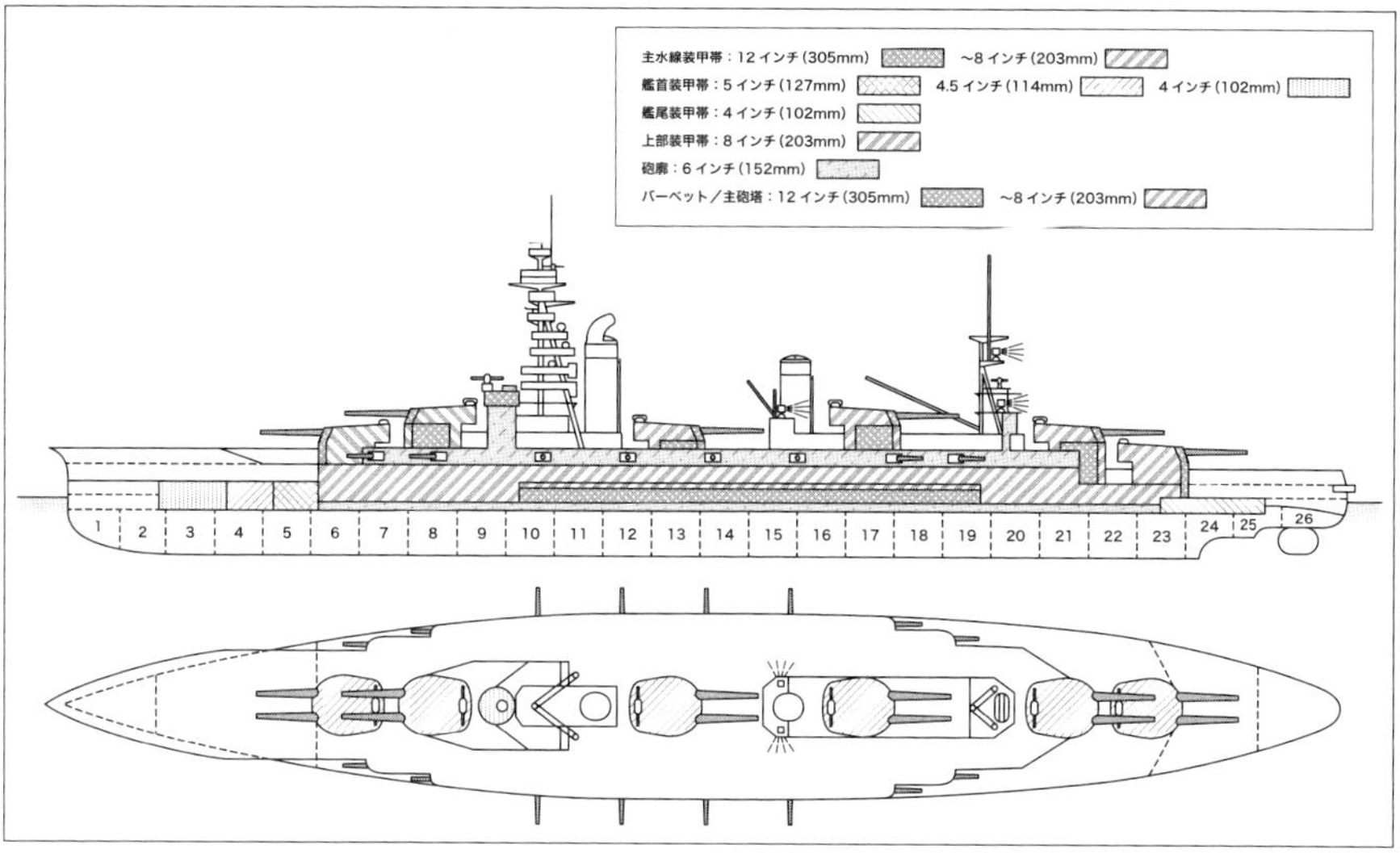

1928年版『ジェーン海軍年鑑』の記述に基づく、扶桑型戦艦の装甲配置。実際の扶桑型では、水線部の主装甲帯（305㎜）の適用範囲は機関区画のみで、一番砲塔前端～機関区画前端の水線部と機関区画後端～六番砲塔側部の水線部には229㎜（9インチ）の装甲が施されている。

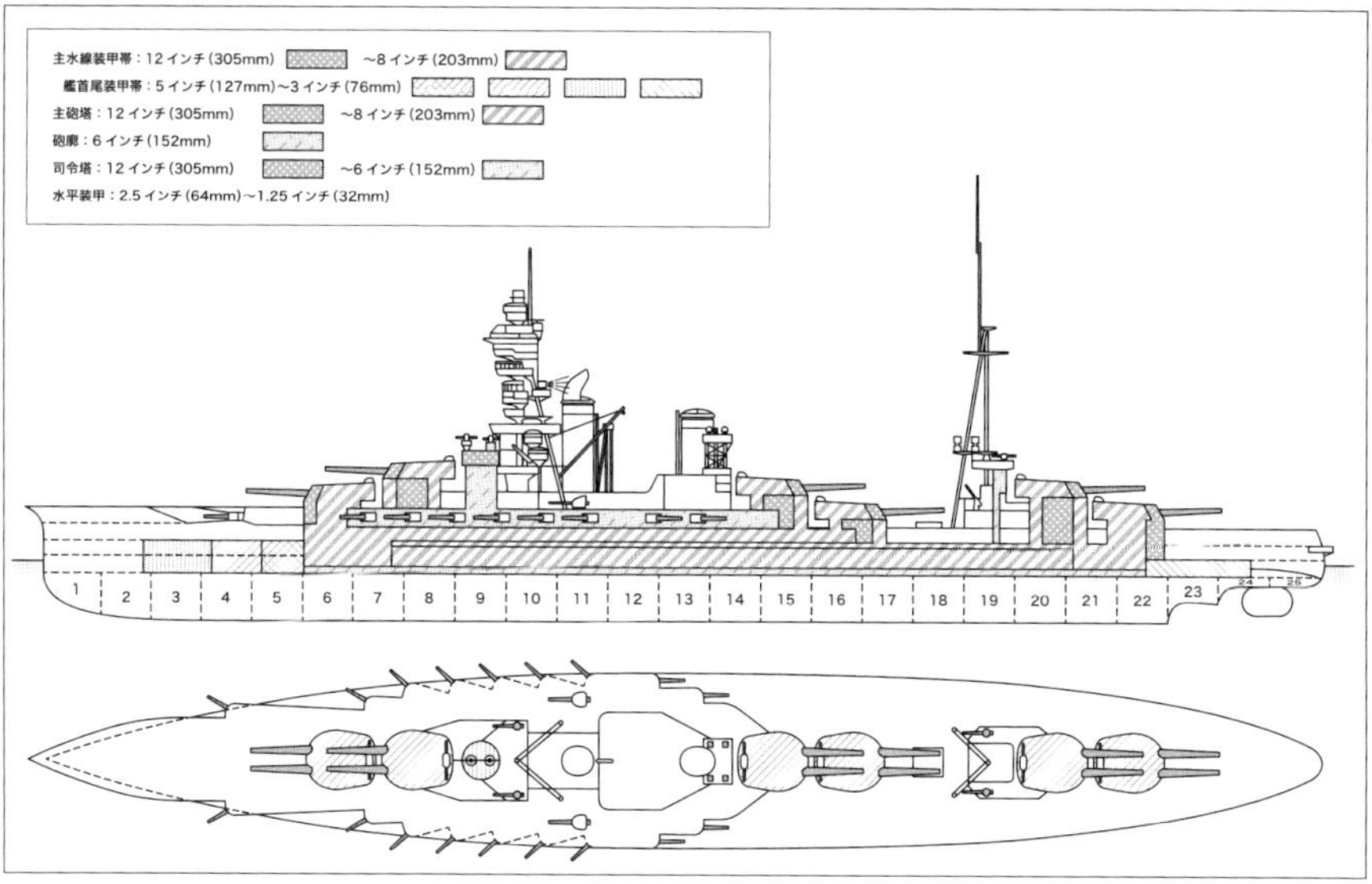

上図と同様、1928年版『ジェーン年鑑』に基づく、伊勢型戦艦の装甲配置。扶桑型と比べ、主水線装甲帯の適用範囲が二番砲塔から五番砲塔へ拡大されている。扶桑型では記載されていない水平装甲は64㎜～32㎜とあるが、実際の大改装前の伊勢型は下甲板32㎜（＋25㎜×3）であった。

扶桑型・伊勢型戦艦②

太平洋戦争直前の扶桑型・伊勢型に関する情報取得

海外各国では「扶桑」の大改装が判明した後、「山城」及び伊勢型もその対象となることは予測こそしていたが、しばらくの間は「扶桑」の改装後の要目を含めて、これらの艦に関する情報を入手することはできなかった。これは1936年（昭和11年）に出された米海軍の識別帳で、「扶桑」の識別模型は大改装後を模しているが、要目は以前のままなことと、伊勢型は模型が改装前最終時の艦容で、要目がやはり以前同様であることからも窺える。

しかし、1934年（昭和9年）に「扶桑」の広報写真が出たのを皮切りとして、以後、1936年に「山城」、伊勢型の改装が完了した翌年には「伊勢」「日向」の写真も公開されたことで、「扶桑」と「山城」の改装後の艦容に大きな差異があることを含めて、これらの艦の艦容が海外でも把握されることになった。

また、各艦の公表写真が比較的鮮明であったことから、それを元にして改正点を探る努力も進められた。実際に改装直後に「伊勢」の改装後の写真を入手して、1937年（昭和12年）版に早くも掲載した『ジェーン年鑑』では、扶桑型の対空機銃数が実艦より多い26挺装備となっている等もあるが、扶桑型・伊勢型共に高角砲は新型の12.7cm連装高角砲4基へ更新されたこと、伊勢型の甲板部装備の副砲が撤去された（ただし、改装直前の18門表記）こと等が反映されていた。

だが、写真だけでは外見的変化以外は把握できないのも確かで、改装時に実施された水中発射管の撤去を把握していないことを含めて、それ以外の要目は変化していなかった（蛇足だが、この時期に日本のローマ字表記がヘボン式から訓令式に変わったのを受けて、「扶桑」のローマ字表記は「ＦＵＳＯ」から「ＨＵＳＯ」に変化した）。

以後も太平洋戦争開戦時まで、両型の詳細なデータが得られない状況が続いており、これは１９４１年（昭和16年）12月に米陸軍省が発行した日本艦艇識別帳に記された両型の要目が『ジェーン年鑑』と同一であることからも窺える。ただ、両型の中でも改装後に中国方面で行動を実施した艦については、米英側で写真を撮影できたこともあり、伊勢型の後甲板への航空艤装搭載等を含めて、少しずつだが情報の収集がなされていた（なぜか『ジェーン年鑑』では、伊勢型の後甲板への航空機搭載が判明した後も、改装後の図版で航空艤装を示すことはしなかったが）。

ちなみにこの時期、英海軍では改装後の扶桑型・伊勢型は、大改装後のクィーン・エリザベス級戦艦に相当する存在と見ており、伊勢型の航空戦艦改装後は別として、戦時中もこの見方が続いていた。

太平洋戦争突入後の両型の情報

このような状況だったため、太平洋戦争開戦後に米海軍では、日本海軍の決戦兵力を構成する両型について、改めて情報収集に努めることになる。

１９４２年（昭和17年）10月に米海軍が出した識別帳（ＯＮＩ41‐42）掲載の扶桑型（米軍はヘボン式なので「ＦＵＳＯ」表記であった）では、艦の要目は以前と変わらず、兵装の表記でも主砲の最大仰角が低く（実艦の43度に対して30度）、副砲の門数が竣工時と同様であるなど、詳細な情報は入手できていないのが窺えるが、水平防御の強化が図られたことは推測しており、水平装甲の表記が51㎜～１７８㎜（主要部最厚）と、実艦以上に強化されたものと判定していた。また、「扶桑」と「山城」の艦容の差は無視できなかったようで、「扶桑」はＢＢ5、「山城」はＢＢ6として識別帳の項目を分割して、両艦の識別模型の映像を表示する措置も執っている。

伊勢型の項も艦の基本要目は竣工時と変わらな

いが、「伊勢」「日向」で後檣トップの配置が異なること、副砲の門数が16門と正確になるなど、この時点で扶桑型より得られた情報が多かったと思わせる表記がなされている。特に水平装甲の表記は、38㎜～171㎜（主要部最厚。本型の弾火薬庫部で一般的に言われる135㎜厚の部分は167㎜厚）と、実艦の数値に近似したものとなり、航続性能も12ノットで1万2600浬、23ノットでは4200浬と、それなりの数値が出されたことも、注目に値する点だろう（昭和19年／1944年の日本側資料に示される本型の燃料消費率と、戦艦時代の燃料搭載量から類推すると、伊勢型の航続力は24ノットで約3840浬、22ノットで約5040浬）。

なお、1942年12月には日本艦艇の外見的特色を示す資料が出されるが、日本戦艦独特の艦橋形状を示す戦艦の戯画が、この両型を元にしたと思われるものとなっているのも、扶桑型・伊勢型での特筆事項と言えるかも知れない（253ページ参照）。

大戦後半の扶桑型・伊勢型への評価

1943年（昭和18年）秋以降、米軍進攻により日本の防衛圏が崩壊していくにつれて、両型の情報も一層の積み上げが行われていく。その例と言えるのがマリアナ進攻後の1944年（昭和19年）7月20日に発行された「日本海軍に関する統計的概要（ONI‐222J）」であり、この中で扶桑型の情報は、船体サイズや排水量は旧来の情報のままだが、最大幅は「バルジを含まない」として、大改装で大型のバルジが追加されたことが反映された。また、兵装装備数も対空機銃装備を含めて開戦時の本型に準拠した数字とされ、さらに「副砲及び対空火器の数は変化していると思われる」という注記がなされてもいる（この時期には主砲や副砲の最大仰角の情報も変更されたが、例によって間違っている）。

装甲防御は主砲前盾がやや厚く（305㎜）、水平装甲が過大な面がある（114㎜～178㎜）など、実艦より有力な装甲を持つと見なされてい

遠距離砲戦に対応した主砲・副砲の仰角引き上げや水平防御の強化、カタパルト設置等の改正が施された、大改装後の「扶桑」。昭和8年（1933年）5月10日撮影の写真。

扶桑型戦艦「扶桑」（太平洋戦争開戦時）
基準排水量:34,700トン、公試排水量:39,154トン、全長:212.75m、幅:30.78m（水線部）、平均吃水:9.69m、主缶:ロ号艦本式缶（重油専焼）4基、ハ号艦本式缶（重油専焼）2基、主機/軸数:艦本式ギヤード・タービン4基/4軸、機関出力:75,000馬力、最大速力:24.7ノット、航続力:16ノットで11,800浬、兵装:35.6cm45口径連装砲6基、15.2cm50口径単装砲14基、12.7cm40口径連装高角砲4基、25mm連装機銃8基、装甲厚:舷側305mm、甲板99mm、主砲塔前盾280mm、主砲塔天蓋152mm、司令塔305mm、搭載機:水偵3機、乗員:1,396名

伊勢型戦艦はミッドウェー海戦での四空母喪失に伴い、五番・六番主砲塔を撤去して飛行甲板を備えた「航空戦艦」に改装された。写真は昭和18年（1943年）8月24日に撮影された改装後の「伊勢」。

伊勢型戦艦（「伊勢」航空戦艦時）
常備排水量:35,350トン、満載排水量:38,676トン、全長:219.62m、幅:33.83m、平均吃水:9.03m、主缶:ロ号艦本式缶（重油専焼）8基、主機/軸数:艦本式ギヤード・タービン4基/4軸、機関出力:80,000馬力、最大速力:25.3ノット、航続力:16ノットで9,449浬、兵装:35.6cm45口径連装砲4基、12.7cm40口径連装高角砲8基、25mm三連装機銃31基、同単装機銃11基、12cm28連装噴進砲6基、装甲厚:舷側305mm、甲板167mm、主砲塔前盾305mm、主砲塔天蓋152mm、司令塔356mm、搭載機:22機、乗員:1,376名

たようで、速力は23ノット表記だが、注記で「改装時に汽缶と主機械を換装して、25ノットを発揮可能とされたと見られる」とされるなど、総じて実艦と同等の攻撃力と速力を持ち、若干優良な装甲防御を持つ艦だと見なされていたのが窺える表記となっている。また、水中防御についても、バルジの設置により「非常に優良」で、応急能力も「優良」と、この面でも高い評価がなされていた。

本型の水中防御と応急能力の評価は、後のスリガオ海峡海戦において、多数の魚雷を受けた「山城」がなかなか沈まずに戦闘を継続し続けたこともあって、海外では現在概ね肯定されている。また、「山城」の最期の状況は、「卓越した」とされた応急術と共に、海外で戦時中の日本軍艦を「なかなか沈まないタフな艦だった」と評価する際の実例の一つとして挙げられることが多い。

伊勢型も同様に艦のサイズ等は旧来の情報を元としてバルジの設置が行われたことが示されており、一方で扶桑型では旧来同様だった排水量も基準3万4000トンと、実艦より軽量だが改装で排水量が増大したことが示された。その他の面でも、兵装表記が開戦時準拠となり、装甲防御は1942年10月と同じ表記のままだが、水中防御や応急術は扶桑型と同様の高い評価がなされている。さらに速力も、機関出力8万1386馬力で最大25・5ノットを発揮可能と、実艦同様の数値とされているのは注目すべき点だろう。

一方で燃料搭載量は扶桑型・伊勢型共々4500トンとされ、航続力は扶桑型より伊勢型の方が若干高いものとされている（10ノットで扶桑型8500浬／伊勢型9000浬、全速で扶桑型4650浬／伊勢型4700浬。この燃料搭載量は「十八改装」後の伊勢型に近いので、何かしらの典拠があった可能性がある）。

また、伊勢型の記載では、この時点で「艦尾の主砲塔を撤去して飛行甲板を装備しており、艦上機18機の搭載が可能。発艦用のカタパルト1基を搭載している」旨の航空戦艦改装について触れられていることも注目すべき点と言える。

「航空戦艦」伊勢型の評価

同資料では確報ではなかった伊勢型の航空戦艦改装の情報が正しいことが判明したのは、エンガノ岬沖海戦で「伊勢」「日向」両艦の艦容が把握できる航空写真が得られた後のこととなる。なお、同海戦での伊勢型は、米艦には存在しない特異な外見と共に、卓越した回避運動の実施と、噴進砲の効果もあって「熾烈を極める対空砲火を浴びせかけてきた」ことで、攻撃に参加した米海軍搭乗員からは大いに注目を集めたと言われている。

なお、レイテ進攻後の1944年12月に日本艦艇に対する追加情報が出された時、さらに資料が得られたのか、伊勢型の水線長が213・4mと実艦通りの記載となった。だが、この際になぜか基準排水量は3万2000トンとより不正確な数字となっている。

英米に存在しない「航空戦艦」が日本に実在することが報じられたことは、それなりに海外では話題となったようで、これに対して利根型の回（第三章）で記すように、「ニューズウィーク」紙上で米海軍のプラット大将（退役）がこの種の「ハイブリッド艦」に関する否定的な見解を述べることにもなった。特に「航空戦艦」については「伊勢」「日向」の名前を出した上で、「空母と戦艦という艦種は相容れない存在で、空母としても戦艦としても完全な能力を発揮できないものである」との否定的な見解を示している（これは米海軍が純粋な空母と戦艦を建造していることに対する回答としての発言だが、英海軍でも航空戦艦の試案検討時に「航空戦艦は戦艦としても空母としても良い艦とはならない」として計画放棄に至っているので、伊勢型の航空戦艦改装は高い評価を得られなかったものと推測される）。

戦時中の米海軍の伊勢型に対する最終的な評価は、1945年（昭和20年）6月発行の「日本海軍（ONI‐222J）」で見ることができる。曰く、本型は元来ペンシルヴェニア級もしくはニューメキシコ級の戦艦に相当する「戦艦」だったが（扶桑型の「戦艦」としての評価も同様だったと思われる)、「恐らく日本の空母兵力の急減に対応して」世界最初の「航空戦艦」に改装されたもので、(航空機運用能力付与のために)主砲の3分の1と副砲全数を撤去する一方で、対空兵装は有力なものが装備されたとの記載がなされている。

航空艤装については、「1隻は右舷と左舷でカタパルトの高さが異なっていた」云々という誤情報以外に記載が無いが、この時期には「カタパルトは撤去済みで飛行甲板は大規模な対空兵装増備に使用」されており、「将来的に旧来の主砲12門装備に戻すことは、戦況から見て疑わしい」と記されているのは、プラット大将の見解同様に、「航空戦艦」という艦種が成功作ではないと米海軍が見做していたことを示唆するものかも知れない。

また、『ジェーン年鑑』も戦争終結時期に伊勢型の改装の情報を出しており、1944 - 45年版の『ジェーン年鑑』では、航空戦艦改装の事実を報じると同時に、その艦容を示すエンガノ岬沖海戦時の写真を掲載している。兵装面については主砲の減少と副砲の全廃、高角砲の増備については正確であり、航空兵装も「搭載機は15~20機。発艦用のカタパルト2基装備」と相応の精度の情報を出しているが、47㎜対空砲の装備や水中発射管の装備など、以前の誤記を完全には拭えない記載がなされている。なお、航空戦艦改装の是非については特に評価等は示していない。

＊　＊　＊

戦後になると、両型は決戦兵力の「戦艦」としては、英米での開戦前/戦時中の評価と同じく、英米の同格の改装戦艦同様に相応に価値のある艦であると見なされている。一方で「航空戦艦」は実用性に疑念は示されるが、日本固有の「ハイブリッド戦艦」として、その独特の艦容が人気を得ると共に、その運用法等に興味が持たれている状況にある。

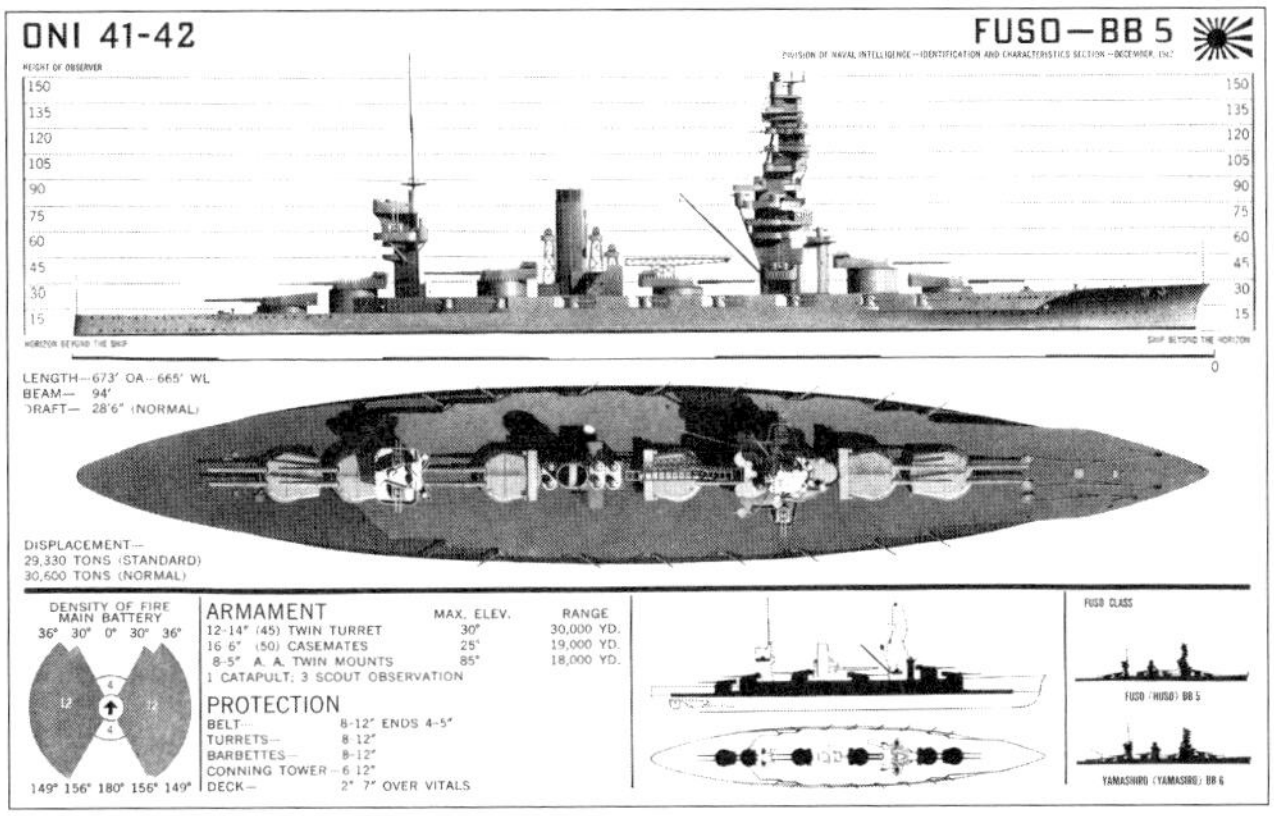

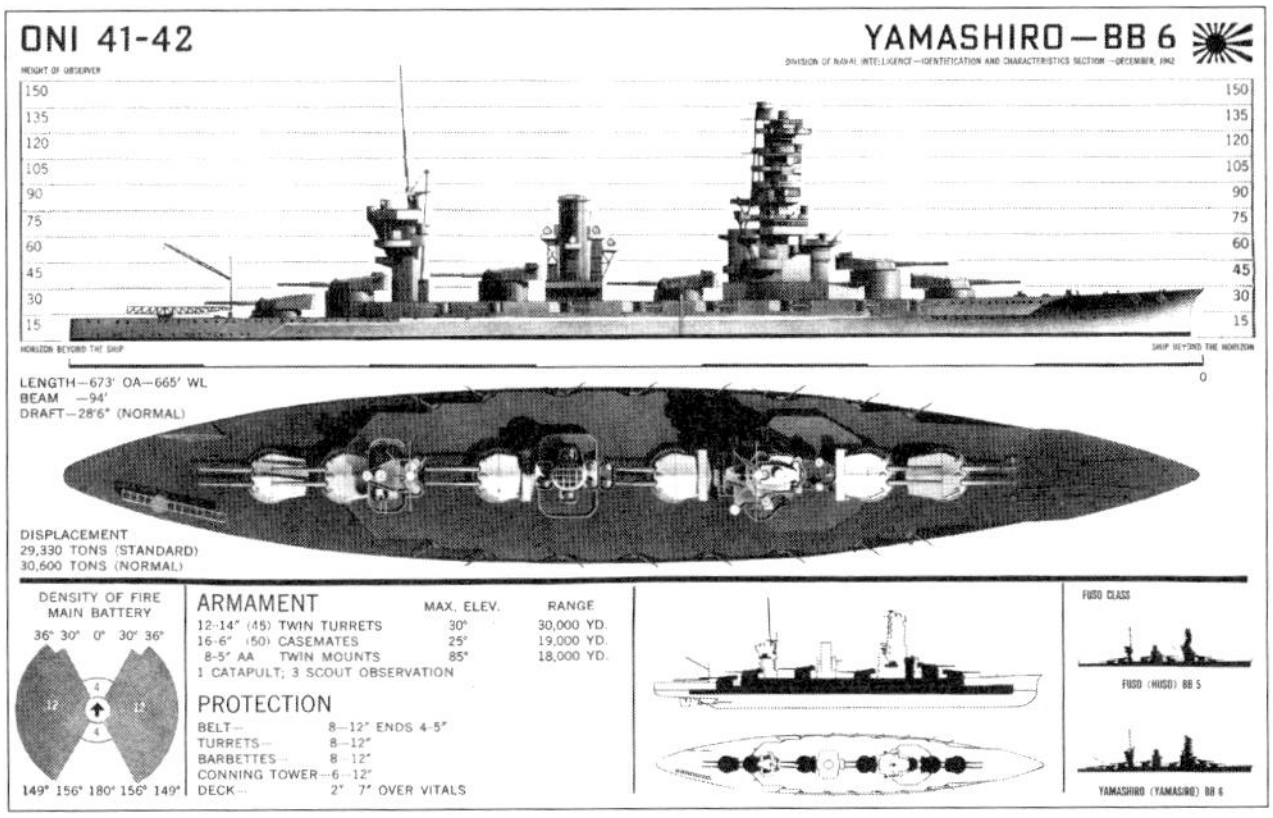

上・中／「ONI41-42」掲載の「扶桑」および「山城」。主砲の最大仰角（MAX. ELEV.）が実艦の43度より低い30度、副砲が大改装での2門撤去が反映されず16門となっている。水平装甲は2インチ（51㎜）で主要部最厚が7インチ（178㎜）と記載されているが、実艦は最上甲板35㎜、下甲板32㎜＋19㎜（51㎜）～32㎜＋67㎜（99㎜）であった。

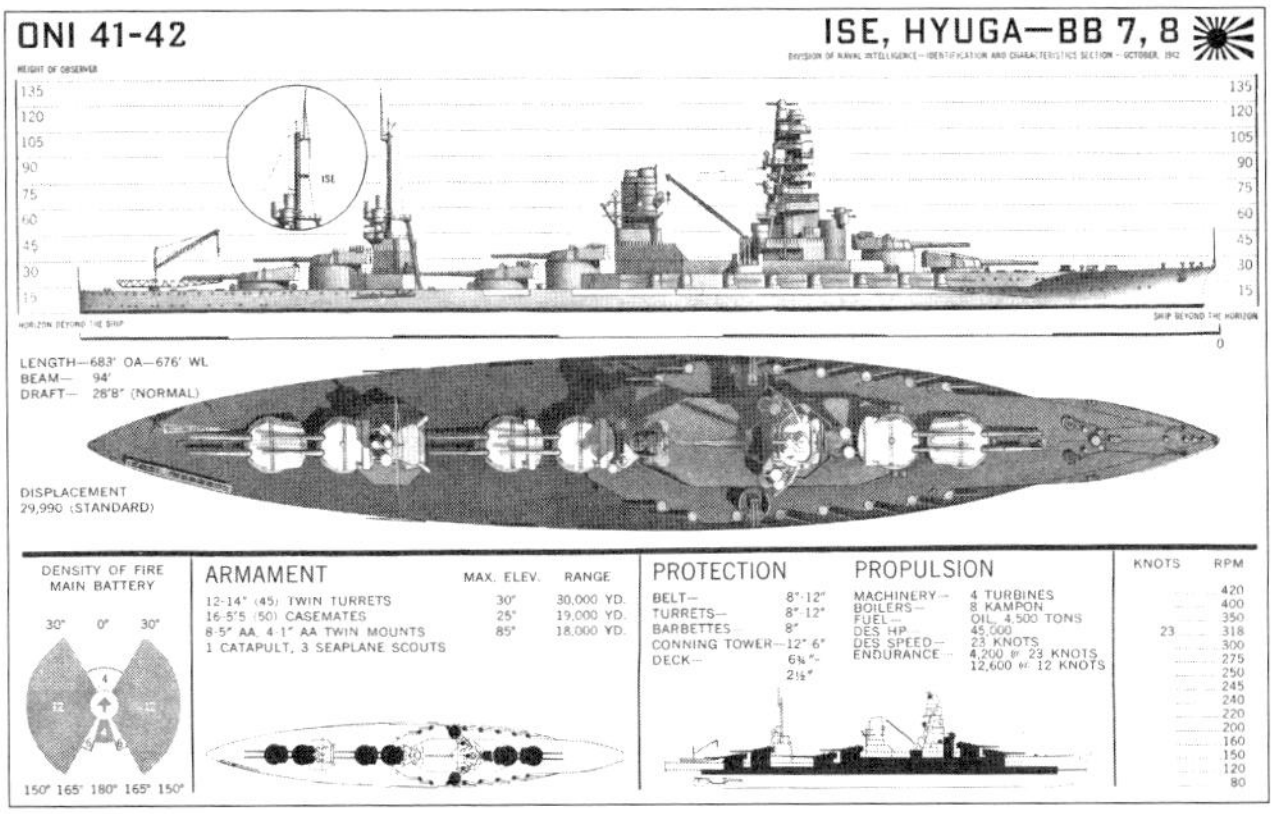

下／「ONI41-42」で艦形の大きく異なる扶桑型が「扶桑」「山城」で別個に掲載されたのに対し、伊勢型は同型艦扱いで後檣形状の違いが特記されている。水平装甲は最大6.75インチ（171㎜）とされるなど、扶桑型より実数に近い記載がなされた。

1944年7月発行「ONI-222J」に掲載された扶桑型および伊勢型。幅はバルジを含まず94フィート（28.65m）という正確な記載がなされている。扶桑型は主砲塔前盾が12インチ（305mm）と実艦の280mmよりやや厚く、水平装甲も過大に評価されるなど、実艦より高い防御力を持つものと見なされていた。

BATTLESHIPS

FUSO CLASS

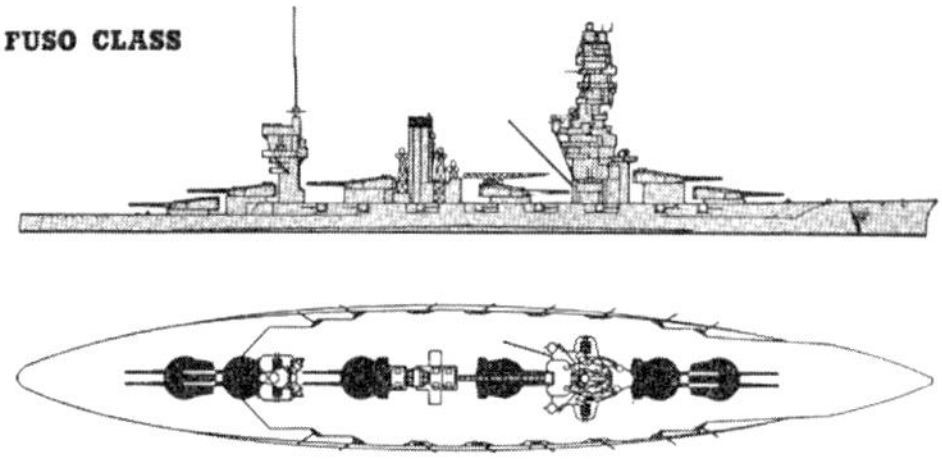

I. SHIP INFORMATION:

No.	Name	Be-gun	Comp	Mod	Off Men
BB5	FUSO	3/12	11/15	29-33	1600
BB6	YAMA-SHIRO	11/13	3/17	31-34	1600

II. HULL:

Displacement: 30,000 tons (stand.);
Length: 673′0″ (oa); ..′..″ ( );
Beam: 94′0″ (hull without bulges);
Draft: 28′6″ (mean) ..′..″ (max.).

III. ARMAMENT:

No.	Cal.	Mark	Elev.	Range (yds.)	Ceil. (ft.)	Proj. Wt.
12	14″/45	41	35°	32.0	.....	1400#
*16	6″/50	3	40°	21.0	.....	100#
**8	5″/40	89	85°	15.26	33.0	63#

Director control for above batteries
**16 25 mm AA (in twin mounts)
00 ..″ T. T. ..re-loads Speed.. Rge..
1 catapult; 3 scout observation planes

IV. PROTECTION:

12″-8″ Belt (amids); 5″-4″ (ends);
8″ Upper Belt; 6″ Second. Battery;
7″-4½″ Decks; 12″-4″ Bulkheads;
12″ Turret; 12″ Barbette; 3/8″ Shield;
W. T. Integrity: Very good (bulges);
Damage Contr.: Good;
Splinter Prot.: ....;
Conning Towers: 12″ (fwd); 6″ (aft).

V. PROPULSION:

	Speed (knots)	Endur-ance	H. P.	R. P. M.
Designed:	22.5	..,..	50,000	....
***Full:	23.0	..,..	..,...	....
Max. Sust:	.....	4,650	..,...	....
Cruising	.....	..,..	..,...	....
Econ:	10.0	8,500	..,...	....

Drive: Turbines, geared; Screws: 4.
Fuel: Oil; Capacity: 4,500 tons (max).

VI. REMARKS:

*14 6″ guns in YAMASHIRO.
**Secondary and A. A. batteries may be changed.
***Full speed may be 25 knots.
Boilers and engines reported replaced during modernization.

BATTLESHIPS

ISE CLASS

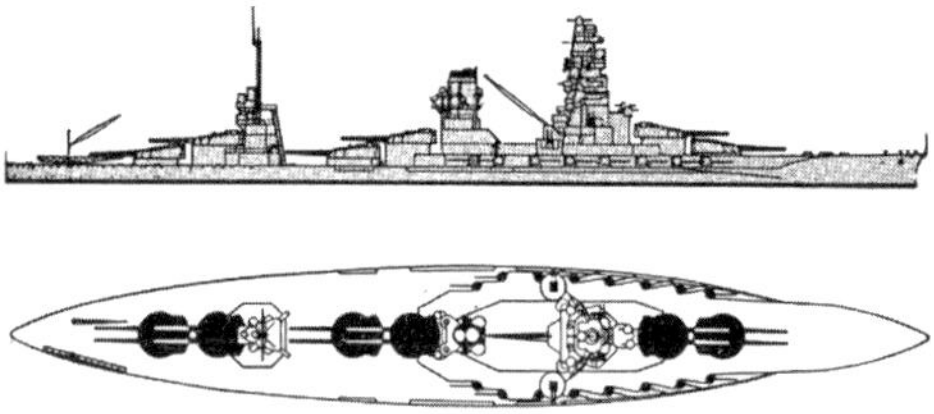

I. SHIP INFORMATION:

No.	Name	Be-gun	Comp,	Mod	Off M
BB7	ISE	5/15	12/17	33-36	1400
BB8	HYUGA	5/15	4/18	34-36	1400

II. HULL:

Displacement: 32,000 tons (stand.);
Length: 683′0″ (oa); ..′..″ ( );
Beam: 94′0″ (hull without bulges);
Draft: 28′8″ (mean) ..′..″ (max.).

III. ARMAMENT:

No.	Cal.	Mark	Elev.	Range (yds.)	Ceil. (ft.)	Proj. Wt.
12	14″/45	41	35°	32.0	.....	1400#
*16	5″.5/50	.....	40°	19.5	.....	84#
*8	5″/40	89	85°	15.26	33.0	63#

Director Control for above batteries.
20 25 mm (in twin mounts); 3-7.7 mm.
00 ..″ T. T. ..re-loads Speed.. Rge..
1 catapult; 3 scout observation planes

IV. PROTECTION:

12″..″ Belt (amids); 5″-3″ (ends).
8″ Upper Belt; 6″ Second. Battery;
7¼″..″ Decks; ..″..″ Bulkheads;
12″ Turret; ..″ Barbette; 3/8″ Shield;
W. T. Integrity: Very good (bulges);
Damage Contr.: Good;
Splinter Prot.: ....;
Conning Towers: 12″ (fwd); 6″ (aft).

V. PROPULSION:

	Speed (knots)	Endur-ance	H. P.	R. P. M.
Designed:	23.0	..,...	45,000	....
Full:	25.5	..,...	81,386	....
Max. Sust.:	.....	4,600	..,...	....
Cruising:	.....	..,...	..,...	....
Econ:	10.0	9,000	..,...	

Drive: Turbines, geared; Screws: 4.
**Fuel: Oil; Capacity: 4,500 tons (max.).

VI. REMARKS:

*Secondary and A. A. batteries may have been changed; 16-5″ reported fitted.
**May still have mixed firing for boilers (coal/oil). Reported that flight decks have been added to these ships, "abaft center turret." 18 planes, 1 catapult carried.

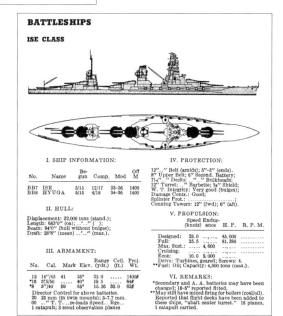

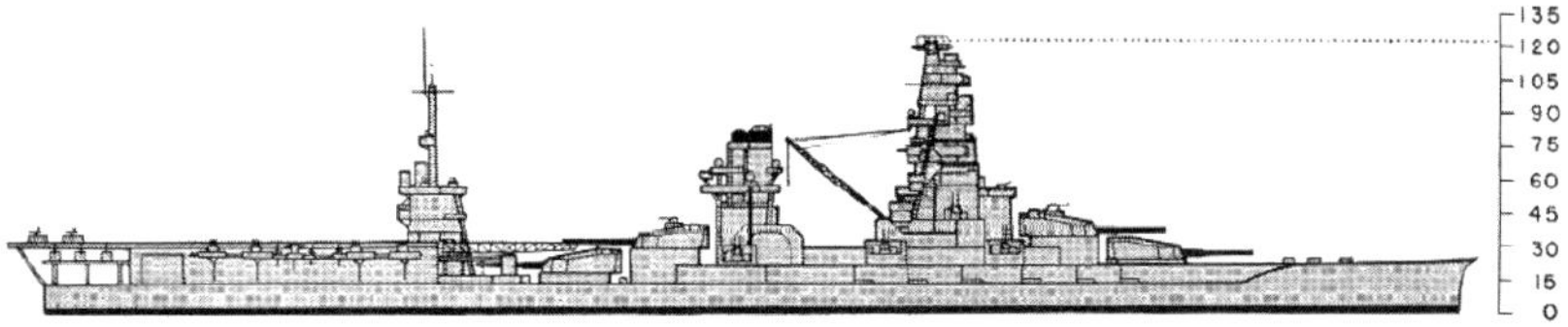

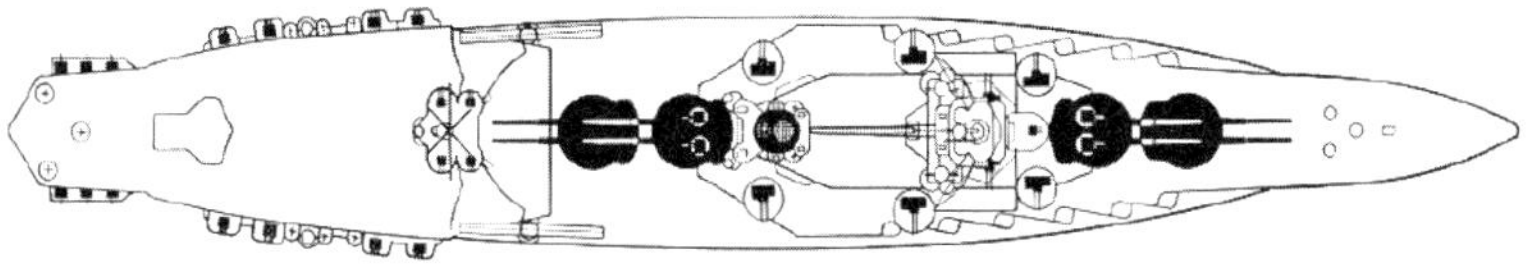

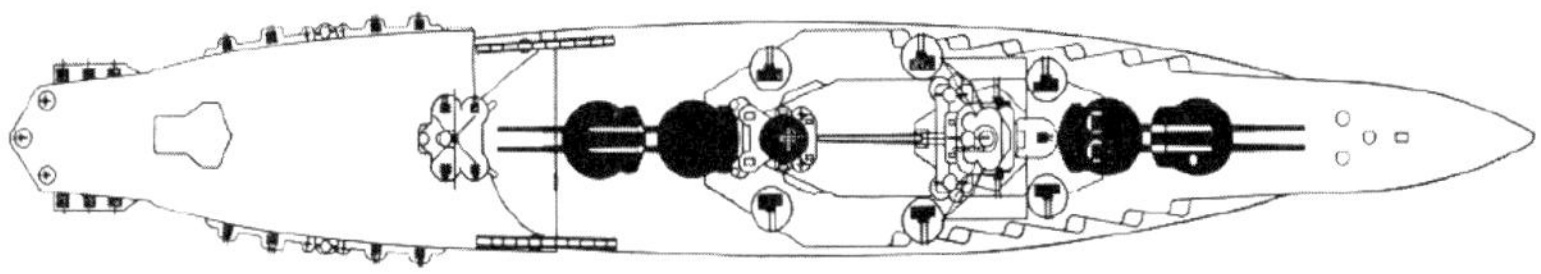

BB—Battleships—ISE Class

(REFITTED)

BB 7—ISE

Begun—May 1915
Completed—December 1917
Modernized—1943–44
Complement—1426

BB 8—HYUGA

Begun—May 1915
Completed—April 1918
Modernized—1943–44
Complement—1424

Dimensions

Displacement: 32,000 tons (stand.).
Length: 715′ 0″ (oa).
Beam: 94′ 0″ (hull without bulges).
Draft: 28′ 8″ (mean); ..′ ..″ (max.).

Armament

No.	*Cal.*	*Mark*	*Elev.*	*Range (yds.)*	*Ceil. (ft.)*	*Proj. (lbs.)*
*8	14″/45	41	35°	32,000	....	1,400
**16	5″/40	89	85°	15,000	35,000	45

Director Control for above batteries.
20 25 mm (in twin mounts); 3 7.7 mm.;
2 catapults; 25 planes (reported).

Protection

12″ Belt (amidships); 5″–3″ (ends);
8″ Upper Belt; 6″ Secondary Battery;
7¼″ Decks; ...″ Bulkheads;
12″ Turret; ...″ Barbette; ⅜″ Shield;
12″ Conning Towers (fwd); 6″ (aft);
Splinter Protection: ....
Watertight Integrity: Very good (bulges).
Damage Control: Good.

Propulsion	*Speed (knots)*	*Endurance (miles)*	*HP*	*RPM*
Designed:	23.0	......	45,000	....
Full:	25.5	......	81,386	....
Max. Sust.:	......	4,600	......	....
Cruising:	......	......	......	....
Economical:	10.0	9,000	......	....

Drive: Turbines, geared; Screws: 4.
Fuel: Oil; Capacity: 4,500 tons (max.).

Notes

*In converting these ships, 4 14″/45 guns, the No. 5 and No. 6 turrets of main battery were sacrificed. In addition, 16 5.5″/50 casemate guns have been removed.

**Eight gun positions, probably for triple 25-mm mounts, line flight deck, port and starboard. Near fantail, 6 smaller mounts are ranged in two platforms port and starboard. Four possible 25-mm triple mounts have been added atop mainmast structure and a mount has replaced the two rangefinders abaft No. 2 turret. When first photographed, one unit of refitted ISE's mounted the starboard catapult at a higher level than the port catapult. Note variation in drawings above.

1945年6月発行「ONI-222J」に掲載された伊勢型航空戦艦。艦後部の五番・六番主砲塔を撤去して飛行甲板、カタパルトを設置、対空兵装も大幅に強化されたことが把握されている。本型が最初に写真に撮られた際、「1隻は右舷のカタパルトが左舷より高い位置にある」と考えられたとの注記があり、下の平面図はその状態を示したものである。

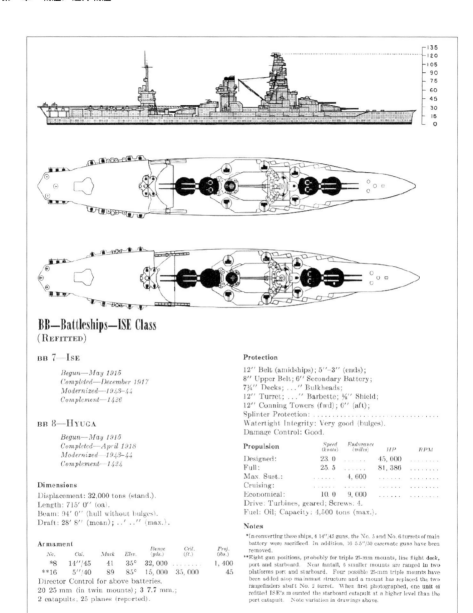

長門型戦艦①

英米から見た新型戦艦・長門型

１９１５年（大正4年）頃、扶桑型（及び当初、その同型もしくは準同型と考えられていた伊勢型）に続く日本の戦艦が、金剛型で採用された14インチ（35・6cm）45口径砲より大口径の新型砲を搭載する艦となるだろうという予測は、英米でかなりの信憑性があるものと捉えられていた。

これは１９１２年～１９１３年初頭に、すでに英国のヴィッカーズ社より16インチ（40・6cm）45口径砲と、それを搭載する最高速力25ノットの高速戦艦案が提案されたことから、そのような艦を日本が計画・建造することは別に不思議なことではないと考えられていた。なお、海外ではこのヴィッカーズ案が後の長門型の計画に影響を与えていると言われている。

「長門」となる第七号戦艦の予算承認が行われた１９１６年の時期には、長門型の要求性能の詳細は米英にはまだ伝わっていなかった。だが、１９１６年夏になると、米海軍情報部において日本海軍が15インチ（38・１cm砲：恐らくは英国の15インチMk.Iだろう）砲を搭載する戦艦を１９２０年中に就役させることが報じられた（就役時期からいけば、これがまさに「長門」である）。

これは当時検討中だった米の１９１７年度計画の戦艦の主砲を、14インチ50口径砲から、16インチ45口径砲に変更させることに大きく影響している。蛇足ながら、米国の16インチ45口径砲は長門型の建造時点ですでに試作を完了しており、日本の15インチ砲搭載戦艦の情報を得て、１９１６年8月に採用決定、10月に生産発注・生産体制の確立が図られている。これを見ても、長門型での41cm砲採用は時宜を得たものだったと考えられる。

だが、長門型に関する情報は、その後も海外にはなかなかもたらされなかったようだ。1919年（大正8年）版の『ジェーン海軍年鑑』では、排水量は伊勢型よりやや大型の3万2000トン、16インチ45口径砲連装4基8門を搭載する最高速力24ノットの戦艦とされる一方で、その他の兵装等については「機銃4挺」以外の記載はなく、機関関係についても主機械が「ギアードタービン（「長門」の主機は川崎製とされているので、同社が製造していたブラウン・カーチス式と思われていた可能性がある）」搭載であること、汽缶が「宮原缶か艦政型（技本型／艦本型）」とされる以外には特に記載がない。

「長門」「陸奥」の進水後には、日本側から相応の情報が出されたことで、英米でもかなりのレベルの情報が得られたらしい。これは1920年度版の『ジェーン海軍年鑑』で、「公式図に基づいて作図」されたシルエット図が掲載されるなどしたことからも見ても明らかだ。

ちなみに、同年度版の『ジェーン年鑑』によれば、同年艦式の分類に曰く「10号戦艦」こと「長門」と、「11号戦艦」こと「陸奥」の要目は、艦のサイズについては全長213・36m（垂線間長201・35m）、全幅28・96m、排水量3万3800トンとほぼ計画値に沿った正確な数値が出されている。

上構部に六脚檣の前檣と三脚檣式の主檣を持ち、スプーンバウ型の艦首と、内装式スターンウォークがあるクルーザー型の艦尾を持つことを含めて、船体形状及び上構の配置も正確な情報が出されている。兵装面も、主砲として16インチ45口径連装砲塔4基、5・5インチ（14cm：ただし口径長は不明）単装砲20門と、その内容及び配置は正確で、魚雷発射管も装備位置は不明だが、53・3cm型が8基搭載されていることは明記されていた。

その一方で、各部の装甲厚及びその配置を含めた装甲防御は不明とされ、機関関係の記載も相変わらず不明瞭であり、日本側が進水後もその情報を完全には出さなかったことが窺われる。実際、主機械及び汽缶の形式の表記は前年度同様で、機関出力は非公式報道では4万6000馬力、速力は23ノット〜23・5ノット程度であると報じられている。

なお、前年度版では「12号戦艦」(「加賀」)と「13号戦艦」(「土佐」)も同型艦とされていたが、この年度の版からはより強兵装と思われる新艦型として別項目に記載されるようになった。

長門型の速力の露呈

さて、上記のように長門型の機関出力と速力は軍機事項とされていたが、巷《ちまた》には「関東大震災の時、救難物資を搭載してきた『長門』に英巡洋艦が追随して、その真の速力が発覚してしまった」という話が存在している。

実際、昭和初期に出された「長門」の見学者用パンフレットでも、速力は23ノットと記載してあるが、機関出力は未記載であるなど、その機密保持はかなり徹底していたことが窺える。だが、一方で筆者は以前、機関研究の大家である高木宏之氏から「長門型の主機械は技本式といっても完全な国産品ではなく、例えば『陸奥』用のタービンは米国のウェステングハウス社で製造されていて、タービン羽根も米側で切っているのだから、長門型の機関出力は端から把握されている」とのお話を伺ったことがある。

そのような事情もあり、今回資料を当たったところ、『ジェーン海軍年鑑』の1924年版に掲載された本型に関する特記事項に興味深い内容が記されていた。これによると「反対側の頁に記した本型に関する機関出力と速力(4万8000馬力と以前より若干向上。速力推定は相変わらず23ノット〜23・5ノット)は非公式のものなので、注意して扱われたい」としつつ、「(本型の)機関出力は6万馬力とも報じられている。なお、1920年中にアメリカのピッツバーグにあるウェスティングハウス社が、出力8万馬力のパーソンズ式減速式タービンを『日本の造船所で建造されていた命名前の戦艦』の主機として製造の上で納品しており、これが恐らく『陸奥』用の主機である」と、高木宏之氏の発言と同様の記載がなされているのが確認できた。

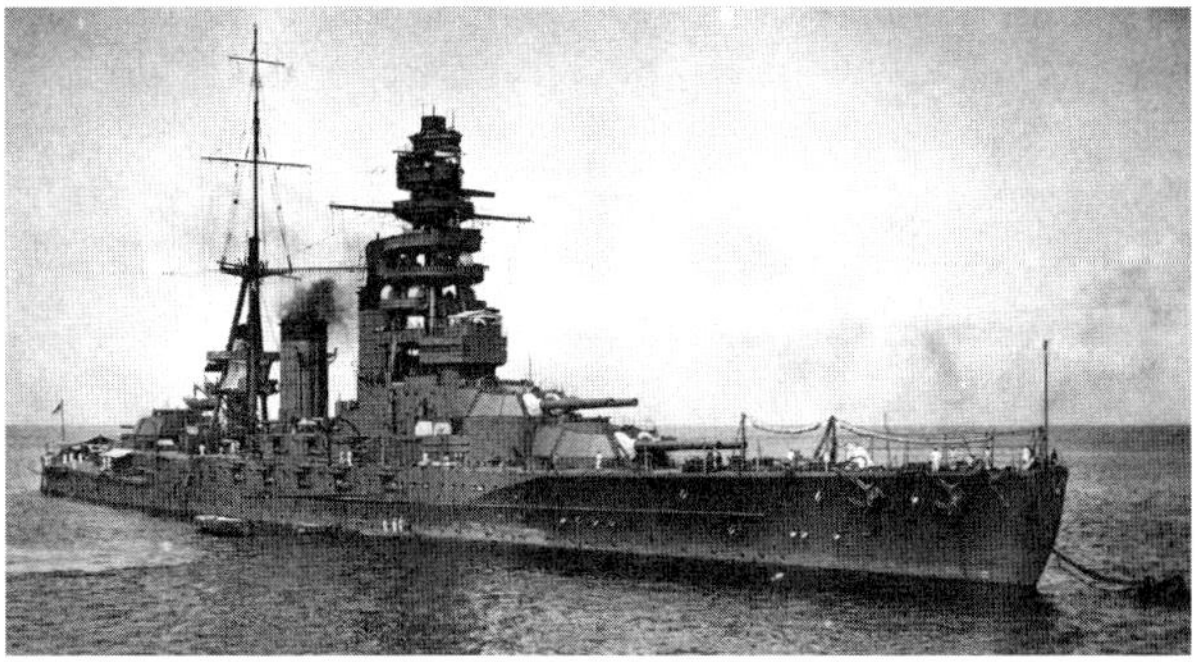

1924年（大正13年）頃に撮影された、係留中の戦艦「長門」。

長門型戦艦（新造時「陸奥」）

基準排水量:32,720トン、全長:215.80m、幅:28.96m、吃水:9.14m、主缶:ロ号艦本式水管缶（重油専焼）15基、同（石炭重油混焼）6基、主機/軸数:技本式ギヤード・タービン4基/4軸、出力:80,000馬力、速力:26.5ノット、航続力:16ノットで5,500浬、兵装:41cm45口径連装砲4基（8門）、14cm50口径単装砲20基、7.6cm40口径単装高角砲4基、短7.6cm単装砲8基、53.3cm魚雷発射管8門（水上4門、水中4門）、装甲:舷側305mm、甲板70mm＋76mm、主砲塔前盾305mm、主砲塔側盾152mm、主砲塔天蓋115mm、司令塔356mm、乗員:1,333名

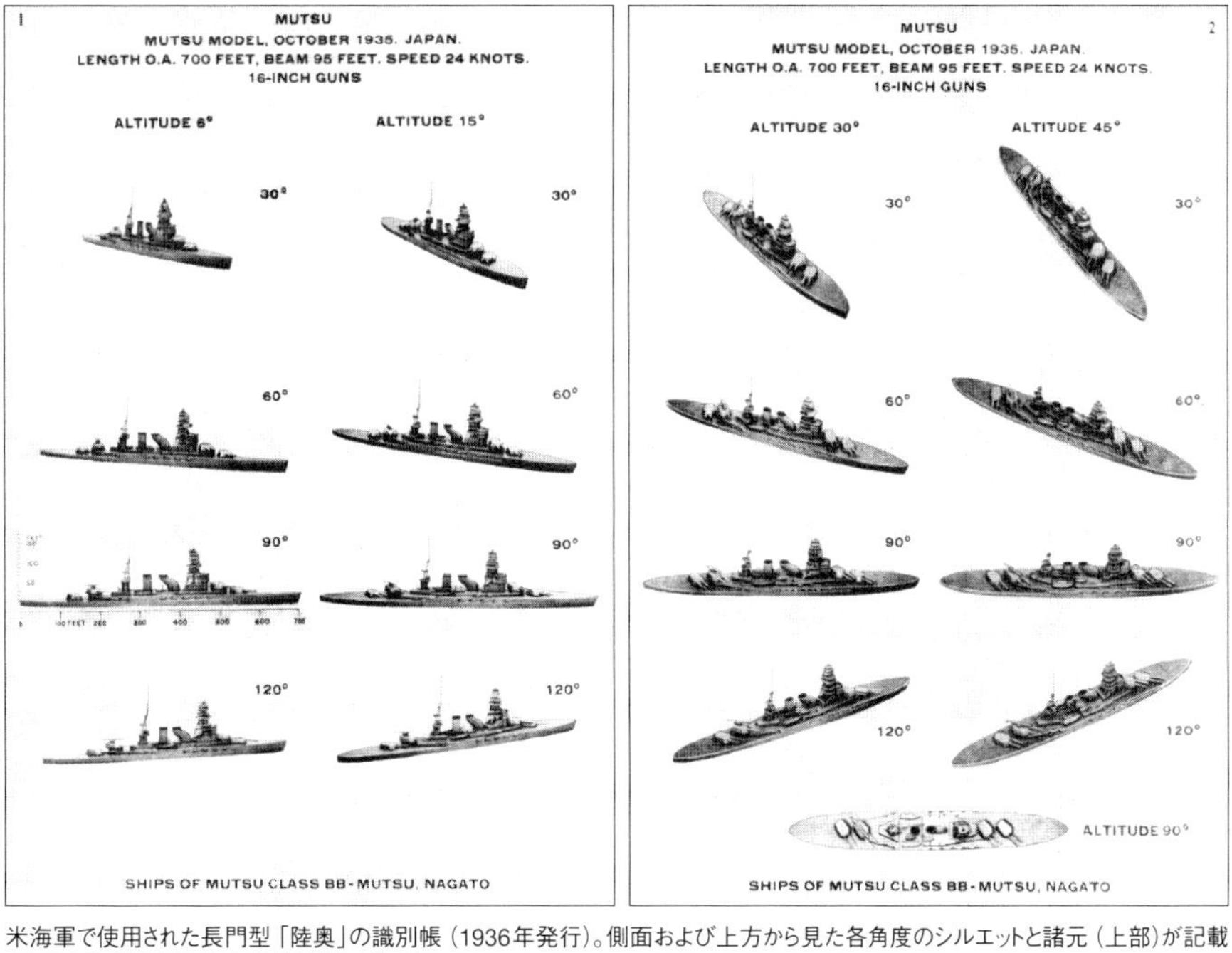

米海軍で使用された長門型「陸奥」の識別帳（1936年発行）。側面および上方から見た各角度のシルエットと諸元（上部）が記載されており、「速力24ノット」と明記されている。

また、「これらの点から見て、本型の速力は24ノット〜25ノット程度と予測される」と、非公式値より高速であることが示唆されており、後の米海軍の資料でも、ほぼこれに類する速力が改装前の長門型の最高速力として記載されているので、この情報は一定の信頼性をもって認められていたと見られる。これから見て、「長門」の実際の速力が関東大震災で云々という話が、海外での本型の速力性能把握に関与しているというのは、眉唾物ではないかと筆者は考える次第だ。

なお、この特記事項では、他に機関関係の項目として「『長門』は（1924年）5月2日〜5月5日にかけて、72時間の連続全力公試を行っている」と、機関の信頼性が高いことが追記されていたが、主缶は艦本式、搭載数は12基という不正確な数値も新たに出されていた。

世界最良の戦艦、長門型

この年度の『ジェーン年鑑』では、非公式値だが装甲厚も載せているが、その数値は舷側330㎜または305㎜、甲板89㎜、砲塔及び司令塔部356㎜という正しい数値と誤った数値が混在したものとなっている。

ちなみに、特記事項では「装甲配置は全般的に英国のクィーン・エリザベス級に似ている」とされており、その結果、集中防御艦の長門型には存在しない主要区画前後の水線装甲の補助装甲帯や、副砲砲郭部の垂直装甲も装備されているなど、広範囲にわたって装甲防御を持つ艦として把握されている。加えて、水平防御は特に弾火薬庫部は厚くしているとした上で、「機関部の装甲は178㎜相当となるように配置が工夫されている」と、明らかに誇大な情報が寄せられており、総じてこの時点での本型は、当時就役中の各国の戦艦の中でも最高レベルの装甲防御を持つ艦として扱われていたようである。

また、水中防御についても「速度性能に影響しない、進化した形状のバルジが艦の全域に近い範囲に施されている」という過大報告がなされていたため、当時の戦艦では最良の能力を持つ艦と思われていた節がある。

兵装面では魚雷兵装が水上発射管及び水中発射管各４基と魚雷装備の記載が正確となる一方で、「主砲の射程は最大40・２kmに達する」と大改装後でも実現不可能な数値が記されている。また、「航空機が搭載されているが、その搭載法は不明確」という不正確な情報も追記された。

この他の点で注目に値するのは、「特に目立つ特徴」として「各種トップや艦橋、大小の方位盤及び測距儀や探照灯を装備した巨大な七脚式の前檣」を挙げていることだ。前後に各二脚、側面に各一脚、中央にそれらのものより太く強固な脚を有していて、上甲板から前檣頂部の方位盤まで昇降用の電気式のエレベーターを有するこの前檣は、日本側の説明によれば「今まで得られた経験を活かした最も堅固で振動も少ない」ものであり、被弾時の抗堪性も非常に高いとしている。だがその一方で、大型なだけに重量が嵩むことと、標的になりやすいことも指摘されている。

この他に船体部では、やはり独特の「スプーン・バウ」が特色と見なされており、「他の日本艦艇の標準型であるヨット型の艦首（クリッパー型）と異なる」だけに、注意を要する旨の内容が記載されている。

特記事項のまとめの中では、日本側曰く同様の兵装を持つ「メリーランド型（原文ママ。実際はコロラド級）」より4カ月先立って設計が行われ、建造された「長門」は、世界で最初の16インチ砲搭載型の戦艦として完成しただけでなく、（性能面の）すべての面から見て成功を収めた艦だと言われていることを紹介している。

そして、「同艦の設計とその建造は、同艦の設計者と建造所に対して、間違いなく最高級の評価をもたらすものと言える」という高い賛辞で締めくくられている。

１９３０年代の評価

前部煙突を誘導煙突としてから6年を経た１９３１年（昭和6年）度の『ジェーン年鑑』では、副砲砲郭部の装甲がないこと、機関出力が４

万６０００馬力に戻されたこと、司令塔装甲厚が３０５㎜に改訂されるなどしたほか、主砲の射程が最大仰角35度で約32㎞に減少する（これでも過大だが）などの改訂は行われるが、他の要目については１９２４年度版のものを概ね引き継ぐ形で要目の記載が行われている。

特記事項も「航空機３機搭載のための艤装を実施中」「煙突の誘導煙突化」を含めて特色が色々あることを記したのを除けば、１９２４年度版と大きな差異はなく、本型に対する高い評価もそのままだった。

確かにこの時点で窺える長門型の姿は、米のコロラド級に対して砲力で同等、垂直側の防御力は同等かやや劣る程度、水平防御は勝り、さらに同級に完全な戦術的優位（＋４ノット：25ノット）を取れる速力性能も持つという、当時世界有数の戦艦と見做せる高い評価がなされていたことが窺える。

これらの点から見て、竣工からこの時期までの長門型は、世界で最も強大な戦艦の一つとして捉えられていたことは確かで、英米を含む他国にとって、日本海軍が持つ最大の脅威と考えられていたと見て良いのではないだろうか。

1921年（大正10年）10月19日、就役前に公試を行う戦艦「陸奥」。本型に限らず当時の日本海軍軍艦は、一号機雷（機雷6個をワイヤーで連結して決戦海域に敷設するもの）の対策としてスプーン・バウを採用している。なお、この時点での主砲の最大仰角は30度、射程は30.3km。改装により最大仰角は43度に引き上げられ、射程は約38.4kmへ延伸された。

1925年（大正15年）の第一次改装を経た後の「長門」。この改装では前部煙突を屈曲した誘導煙突としている。写真は1927年（昭和2年）10月、横須賀軍港で撮影されたもの。

長門型戦艦②

近代化改装後の長門型戦艦

「長門型に対して近代化改装が実施された」という情報が、英米でも早期に把握されていたことは、両艦が改装後に再就役して間もない1937年(昭和12年)9月に発行された『ジェーン海軍年鑑』の1937年版で、改装後の「長門」の写真と共に大改装後の艦型図が示されていることからも明らかである。

改装の内容については、ワシントン海軍軍縮条約下の戦艦改装の規定と、把握出来た情報の類推からか、『ジェーン年鑑』の記載にバルジの設置と三重底化による水中防御の改善、機関の更新、水平装甲の増強、航空機及び航空艤装の搭載など、概ね日本側での実施内容に沿った記載がある。

しかし、日本海軍は例によって改装後の要目を出さなかったようで、要目面では全長や排水量が改装前と同様とされたこと、兵装面でも副砲の門数が旧来のままで、魚雷発射管も6門残っているとされているなど、多くの点で相違点が生じている。さらに、艦の細部の詳細が分かる写真は出されなかったことから、艦橋の形状変化や艦尾スターンウォークの廃止なども艦型図に反映されていないなど、「限られた情報の中で分かる内容を取り敢えず反映させた」というのが良く分かるものとなっている。

また、この時期になると汽缶の数は21基と改装前と同様とされ、燃料搭載量は4500トンと何を典拠にしたのか分からない数値が出されている(ただし、これは昭和初期に燃料を重油のみとした後の数値を典拠にした可能性がある)。一方、機関出力は実艦と同じ8万馬力の表記が正規となった。また、速力は旧来同様に23ノットが正規の表記だが、備考では「改装後の汽缶更新により、

最高速力は26ノットに増大した」との注記がなされているのが興味深い

「長門」が公試で26ノットを発揮したという情報は、米海軍が日本側の公試情報の通信を傍受したことで得られたもので、『ジェーン海軍年鑑』の編集部は米海軍からのリーク情報を入手したものと思われる。

時折言われるように、この時点でも米海軍は「長門型の速力について公称の23ノット以外の明確な情報を得ていない」ことは確かである。だが、この通信諜報で得られた「長門型は26ノットを発揮可能」との情報は、確たる典拠の無い未確認情報とはされたが、相応の確度があるものとして受け止められた。

実際にこの情報を受けて、米海軍では米戦艦隊の新戦術速力を23ノットとする当時の構想を、長門型を含む日本戦艦との交戦時に戦術的不利を生じさせる可能性を考慮して見直す措置を執った。また、当時23ノット艦として検討が開始されていた次期新型戦艦（後のサウス・ダコタ級）を27ノット艦へと計画を改めたのも、長門型との交戦時に戦術的不利を生じないことが前提とされたためだった。これらの点からも、この長門型の速力に関する情報が、米海軍の作戦構想及び戦備に大きな影響を及ぼしたことが窺い知れる。

改装後の装甲厚変化に関する情報は得られていないようで、改装前と同一の記載がなされている。このため、改装後として見れば『ジェーン』の表記は水線装甲はやや過大（最大３３０㎜。実際は３０４・８㎜）、砲塔部（３５６㎜。実際は５０８㎜）は実艦より薄い感があるようになる。甲板部の装甲厚は、機関部こそ以前と同様過大だが、弾火薬庫については、改装で大きく強化が図られたことで、改装前は明らかに過大だった『ジェーン』の数値（１７８㎜）が近似ないし概ね正鵠を得た数値となるという事態が起きた。

かくして海外で認識されていた改装後の長門型の要目は、排水量を含めた艦のサイズは別として、「砲装等については概ね実艦と同等、装甲は当たらずとも遠からずの数値で、速力は日本側公試値より若干速い」程度と、相応に実艦に近い性能が把握されたと言える内容となった。この『ジェーン海軍年鑑』で示される要目値は、終戦時期に発刊された1944・45年版まで、恐らく米海軍の情報を典拠として魚雷発射管が4門装備に変わった以外、これに準じたものを記し続けているので、事実上、海外の一般情報では最終的な数値となった。

太平洋戦争開戦前後の長門型戦艦に対する評価

日本海軍を主敵とする米海軍でも、太平洋戦争開戦前の時期には、開戦直後の1941年12月29日に出された「日本艦艇識別資料（FM30-58）」での長門型の情報が、副砲の門数が実艦と同じ18門とされたこと、速力が24・5ノットとされたこと以外（先述のように、26ノットは未確認情報扱いのままだった）、『ジェーン年鑑』と同様の数値が記載されており、大した情報は得ていなかった。

開戦後も早期にはあまり情報は得られなかったようで、1942年10月に出された「日本艦艇識別帳も兼ねる）」で、報（ONI41-42：日本艦艇識別帳も兼ねる）」で、「長門」はBB9、「陸奥」はBB10とされた本型に関する情報も、概ね以前のものに近い内容が示されている。

しかし、速力は旧来は未確認情報扱いだった26ノット表記となり、燃料搭載量は改装前最大の5000トンとし、26ノットでの航続力4700浬、12ノットで1万2000浬とするなど、過大な航続性能を持つ艦として扱われてもいた（実際は16ノットで約8500浬、25ノットで3640浬）。

一方、『ジェーン年鑑』とは異なって、16インチ（40・6㎝：実際は41㎝）主砲の射程は約3万3000m、5・5インチ（約14㎝）副砲の射程は1万7300mと、実際の数値より短くされる一方で、大正末期〜昭和初期に使用していた五号徹甲弾と同じ重量（約1トン）とされていた主砲弾の装甲貫徹値は1万8300m（20kyds）で454㎜と、日本での九一式徹甲弾使用時の数

1930年代、中国・青島軍港における「長門」。長門型は1934年（昭和9年）から1936年（昭和11年）にかけて大改装を施された。同艦が公試時に26ノットの速力を発揮したという事実は米側で未確認情報として扱われ、その戦備にも影響を与えた。

長門型戦艦（近代化改装後）
基準排水量:39,130トン、全長:224.5m、幅:34.6m（最大）、吃水:9.46m、主缶:ロ号艦本式水管缶（重油専焼）10基、主機/軸数:技本式高低圧型ギヤード・タービン4基/4軸、出力:80,000馬力、速力:25ノット、航続力:16ノットで約8,500浬、兵装:41cm45口径連装砲4基8門、14cm50口径単装砲18基、12.7cm40口径連装高角砲4基、25mm連装機銃10基、装甲:舷側305mm、甲板70mm＋127mm、砲塔前盾508mm、砲塔側盾356mm、砲塔天蓋228〜254mm、司令塔356mm、乗員:1,368名

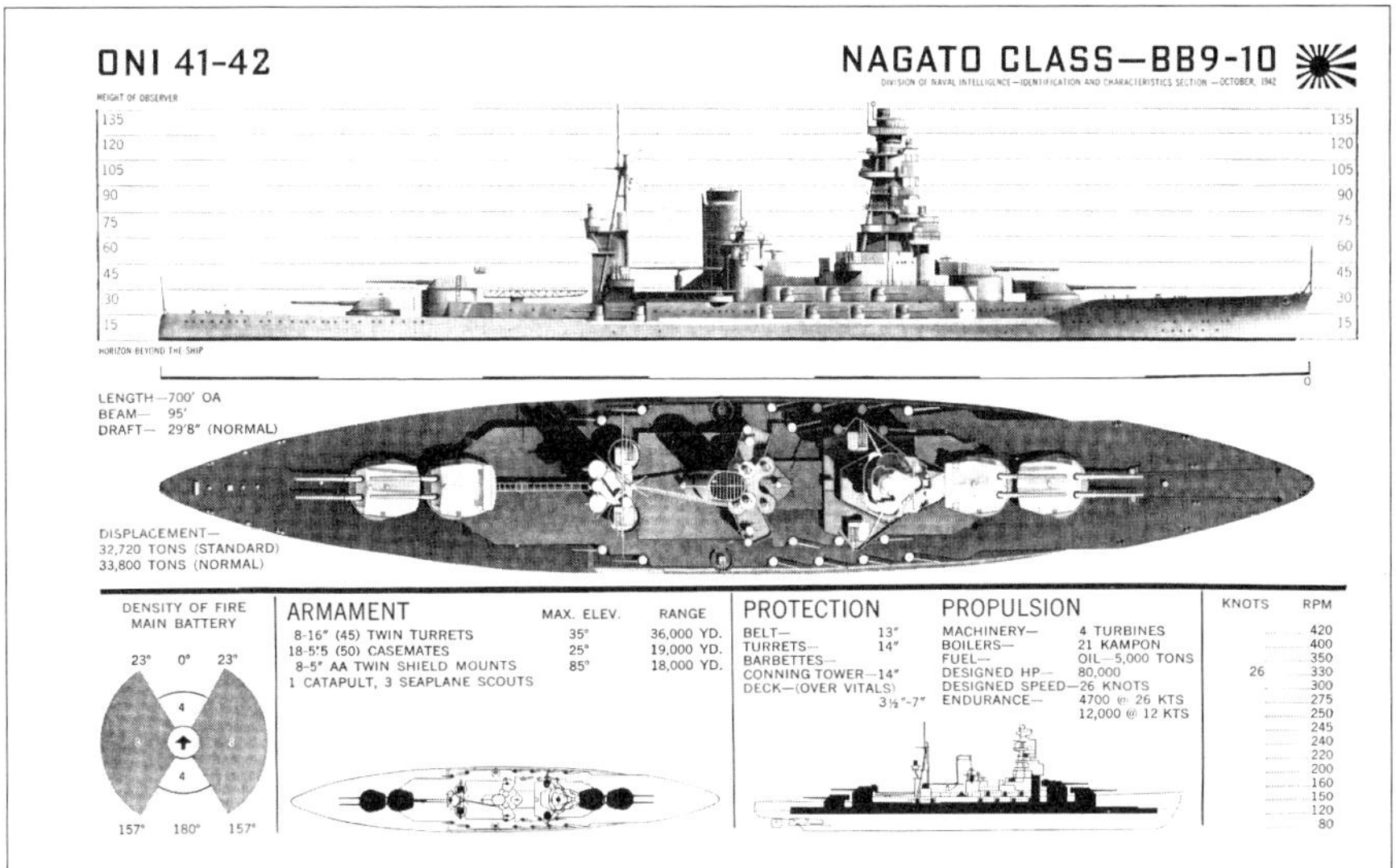

1942年10月発行「日本艦艇情報（ONI41-42）」に掲載された長門型戦艦。基準排水量は改装前の32,720トン表記で、速力は26ノット、航続距離は実艦より長く、主砲・副砲の射程は実艦より短いという記載がなされている。

値に近いものが表記されていた（日本側では、同一の数値が距離2万mでの装甲貫徹値とされている）。

ちなみに、この装甲貫徹値は、米のノース・カロライナ級等の16インチ45口径砲Mk.6で、より重いSHS（大重量砲弾／重量1225kg）を使用した場合に若干勝り、九一式と同等の重量の通常砲弾（1016kg）を使用した場合に約1割勝る貫徹力だった。米側が日本の戦艦主砲について、自国の戦艦より高い性能を持つと想定していたのは、興味深い事実だろう。

大戦後期〜終戦時の長門型

「日本艦艇情報」の発行から約1年9カ月を経て、マリアナ方面の作戦で日本側の文書資料を大量に捕獲した直後の1944年7月20日付で出された「日本海軍に関する統計的情報（ONI‐222J：艦及び航空機、兵装等の情報資料）」では、さらに情報が改訂されていた。

この中では船体サイズに関する情報は変わらないが、排水量は改装してそのままというのもおかしいと思ったのか、基準排水量で以前の常備より若干大きい3万4000トンの表記となった（これでも実艦より約5000トン過小だが）。速力は計画23ノット、最大26ノットという扱いとされ、航続力は26ノットで4700浬と以前の近似値とされる一方で、10ノットで1万500浬と低速側がやや短くされた。

兵装に関する情報は以前と変わらないものの、「副砲と高角砲の装備は変わっている可能性がある（高角砲増備と副砲の減少を考慮したと思われる）」という注記がなされており、装甲厚も若干変化して主砲塔前面が406㎜、水線部356㎜、甲板178㎜とされた結果、「砲塔部（実艦より薄いが）は米新戦艦と同等、水線部の耐弾性能は傾斜装甲を持つ米新戦艦にやや劣るが、水平甲板部はより厚い」という装甲防御を持つ艦と認識されていたことが窺える。また、「水防区画が560カ所」あり、バルジで防御される水中防御は「大変優良（Very Good）」で、応急能力も「優良

（Good）」と判定されている。

この情報と以前の情報を合わせれば、長門型は「米新戦艦と比べて、砲弾重量は軽いが同等以上の貫徹力を持つ16インチの主砲を搭載し、速力は若干低いが戦術的不利を被るようなことはなく、装甲防御は部位によっては同等以上で、なおかつ水中防御と応急能力に優れる」と、新型戦艦に相応する能力を持つ恐るべき戦艦として捉えられていたように思われる。

戦争終結直前の1945年6月、米海軍は戦時中に出した日本艦艇の情報資料でほぼ最終の情報を盛り込んだ「日本海軍（ONI‐222J：艦のシルエット図掲載を含む艦艇情報資料）」を発刊する。だが、マリアナ及び比島攻略後も、長門型については特に目新しい情報は得られていないようで、以前の資料と変わらない表記がなされている。

ただし、この資料では艦についての詳細な解説がなされており、これに曰く「日本で最初の16インチ砲艦となった長門型は、伊勢型から発達した」もので、「船体形状及び全般的な配置、速力設定等はイギリスのクィーン・エリザベス級の影響を受けており」、「装甲防御配置はイギリスの（クィーン・エリザベス級）試作設計に起因する」と、相応に正しい情報が掲載されていた。

速力性能についても、「多年にわたり23ノットと考えられていたが、現在は25～26ノットを発揮可能と考えられている」と、ここで明確に記され、近代化改装の内容については「情報は限られており」、外見的には「他の改装戦艦より変化が少ないが、汽缶の刷新や副砲の減少を代替としての対空兵装の増備、火災への対処及び応急術の改善が図られたと見られる」とする一方で、装甲防御は旧来より過大評価され続けていたのが影響してか、「大きく変化した点はないと見られる」と誤解していたことが示された。

これらの点を含めての総じての評価は、「（戦艦としての）戦闘能力は、我が（長門型と同時期の16インチ艦である）コロラド級と、（新型戦艦の）ノース・カロライナ級の間にある」と、日本艦艇のファンでも概ねうなずける内容とされていた。

この他の点では、比島戦以降に入手した資料及び捕虜の証言により、「陸奥」の喪失が裏付けられたことで、長門型の項で「陸奥」が爆発事故で沈んだことが明記されると共に、その喪失が日本艦隊の水上艦艇の兵力面に大きな打撃となったことも記された。また、この資料内の喪失艦リストの中にも「陸奥」の名前が記載されている（この時期になると、「陸奥」爆沈の情報は不完全ながら市井にも出されたようで、1944・45年版の『ジェーン海軍年鑑』では、「陸奥」は1942年に爆沈したと信じられており、「『陸奥』が1944年10月のレイテ沖海戦で姿を現さなかったのはこのためだ」という旨の文言がある）。

終戦後の「長門」の調査

「長門」は太平洋戦争開戦時、真珠湾攻撃を立案、命令した連合艦隊司令長官・山本五十六大将が座乗する連合艦隊旗艦として世界的に名前が広まった。アメリカでは同艦は憎悪の対象ともなっており、1945年7月18日の米空母艦上機による横須賀地区爆撃で重大な損傷を負ったことはアメリカの通信社経由で全世界に報じられた。その後、8月15日の日本の降伏を経て、米海軍に接収されることになる。

終戦後に実施された技術調査で、他の戦艦に比べて未だ損害が軽かった「長門」では、日本の大型艦砲で使用される徹甲弾や対空用の通常弾等の各種砲弾、日本戦艦の砲塔内部機構や、九四式方位盤と九二式射撃盤といった戦艦の主砲射撃機構、主砲による対空射撃で弾幕射撃を行うための対空射撃計算機等が調査対象となったことを含めて、米側に日本艦艇の装備品について貴重な資料をもたらす存在となった。

「砲塔は総じてイギリスの15インチ砲塔の機構に類似している」「主砲の射撃機構は有用に使用できるが、英米の新型戦艦等が使用した最後期のものと比べて見劣りする面がある」等の日本戦艦の装備に関する海外の評価は、この「長門」の調査報告に多く拠っている。

米側の手に渡った「長門」を、ニューヨークで行われる対日戦勝記念観艦式に回航し、対日戦勝のシンボルとして「憎きヤマモトの旗艦」を米国民の前に展示するという話もあったようだが、幸いこのような辱めは受けずに済んだ。

最終的に「長門」はビキニ環礁での原爆実験に供され、実験後に本艦の被害を詳細に調査するつもりだった米海軍の応急作業も及ばず、1946年7月29日に沈没してその姿を洋上から没した。

太平洋戦争中、「長門」には1943年6月に二号一型電探が装備されたのをはじめ、各種改装が施された。マリアナ沖海戦後には二号二型および一号三型電探を装備し、機銃を98挺に増備（代償重量として副砲2門撤去）、さらにレイテ沖海戦後には12.7㎝連装高角砲2基と機銃30挺を増設している（代償に副砲4門を撤去）。写真は1944年10月21日、ブルネイにおける「長門」。

1943年（昭和18年）6月8日、柱島泊地で“謎の爆沈”を遂げた「陸奥」。同艦の喪失に関しては厳重な箝口令が敷かれたが、1944年後半には一般および米側も知るところとなったようだ。

NAGATO CLASS

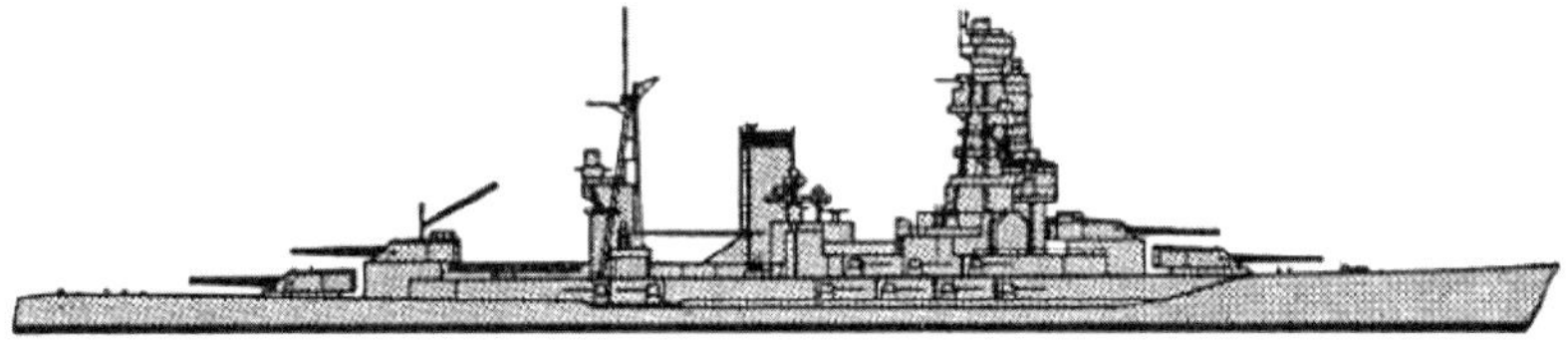

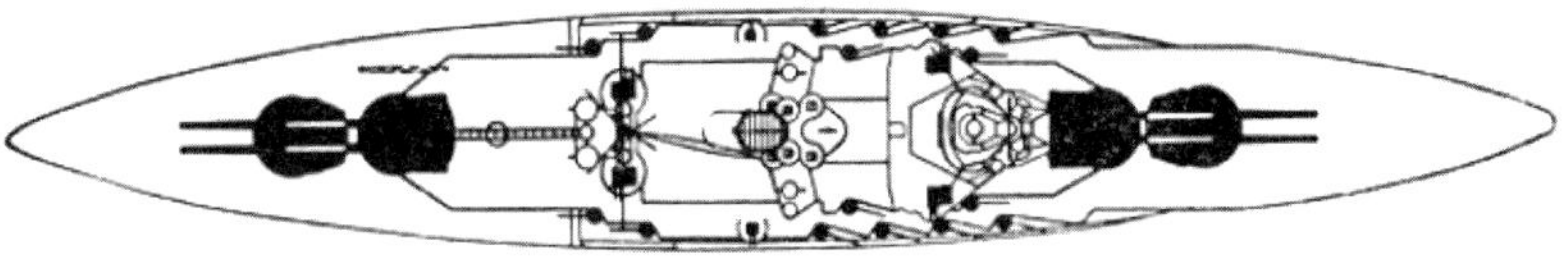

I. SHIP INFORMATION:

No.	Name	Be-gun	Comp	Mod	Off Men
BB9	NAGATO	8/17	11/20	35–36	1400
BB10	MUTSU	6/18	10/21	35–36	1400

II. HULL:

Displacement: 34,000 tons (stand.);
Length: 700′-0″ (oa); --′--″ ( );
Beam: 95′0″ (hull without bulges);
Draft: 30′0″ (mean) --′--″ (max.).

III. ARMAMENT:

No.	Cal.	Mark	Elev.	Range (yds.)	Ceil. (ft.)	Proj. Wt.
8	16″/45	3	35°	36.0	-----	2205#
*18	5.″5/50	---	40°	19.5	-----	84#
*8	5″/40	89	85°	15.26	33.0	63#

Director Control for above batteries.
-- -- mm
-- --″ T. T. -- re-loads Speed -- Rge --
1 catapult; 3 scout observation planes.

IV. PROTECTION:

14″ --″ Belt (amids); 8″ –4″ (ends)
--″ Upper Belt; --″ Second. Battery;
7″ --″ Decks; --″ --″ Bulkheads;
16″ Turret; --″ Barbette; 3/8″ Shield;
W. T. Integrity: Very good (bulges);
Damage Contr.: Good.
Splinter Prot.: ----------------------------------
Conning Tower: 14″ (fwd).

V. PROPULSION:

	Speed (knots)	Endurance	H. P.	R. P. M.
Designed:	23.0	--,---	80,000	----------
Full:	26.0	--,---	--,---	----------
Max. Sust:	--.--	4,700	--,---	----------
Cruising:	--.--	--,---	--,---	----------
Econ:	10.0	10,500	--,---	----------

Drive: Turbines, geared; Screws: 4.
**Fuel: Oil; Capacity: 3,400 tons (max.).

VI. REMARKS:

*Secondary and A. A. batteries may have been changed.
Originally mounted 20–5.″5 guns.
**Fuel capacity may be higher.
Reported to have 560 separate water-tight compartments.
Design similar to British QUEEN ELIZA BETH Class.

1944年7月発行「日本海軍に関する統計的情報」(ONI-222J)の長門型戦艦の記述。速力は23ノット(設計)/26ノット(最速)とあり、装甲厚は舷側356mm、甲板178mm、主砲塔前盾406mmと記されている。なお、米海軍の新戦艦・ノースカロライナ級の速力は27ノット、装甲厚は舷側305mm(傾斜角15度)、甲板91mm+36mm、主砲塔前盾406mmである。

終戦後、米軍に接収された戦艦「長門」。1946年(昭和21年)、横須賀沖にて撮影。艦首旗竿には星条旗が掲げられている。

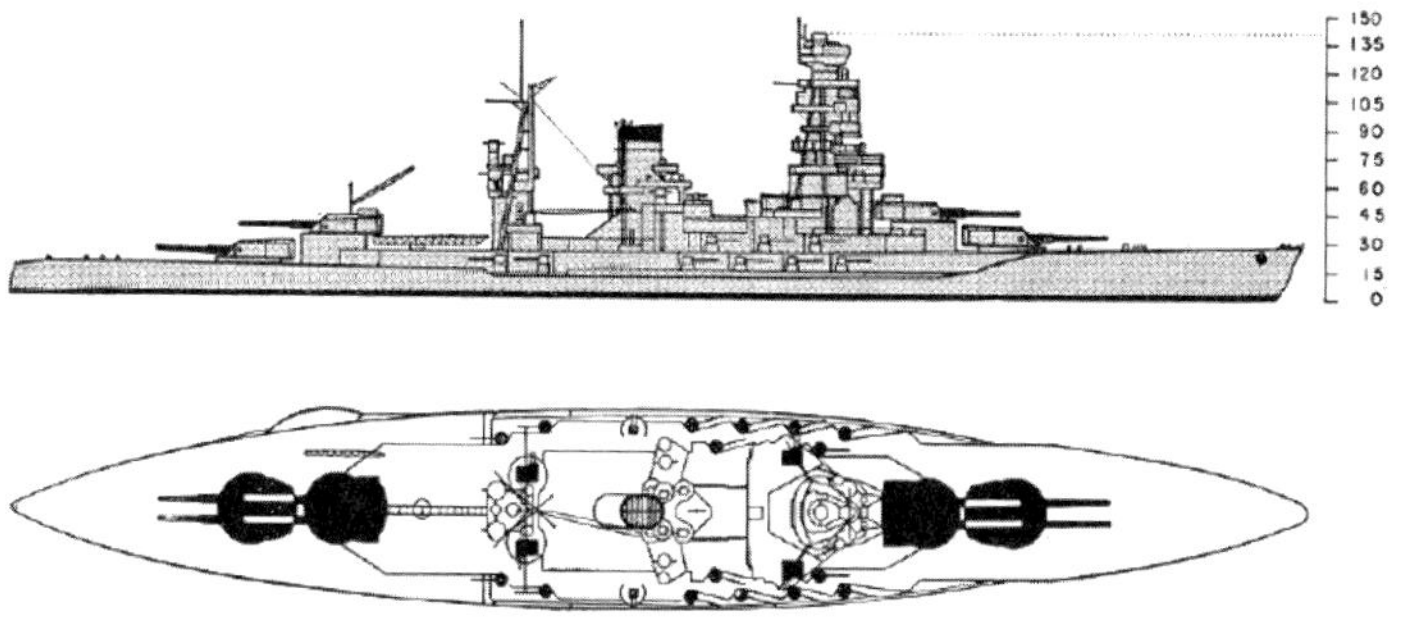

BB—Battleships—NAGATO Class

BB 9—NAGATO

Begun—August 1917
Completed—November 1920
Modernized—1935–36
Complement—1317

Dimensions

Displacement: 34,000 tons (stand.).
Length: 700′ 0″ (oa).
Beam: 95′ 0″ (hull without bulges).
Draft: 30′ 0″ (mean); . . ′ . . ″ (max.).

Armament

No.	*Cal.*	*Mark*	*Elev.*	*Range (yds.)*	*Ceil. (ft.)*	*Proj. (lbs.)*
8	16″/45	3	35°	36, 000	. . . . . .	2, 205
*18	5. 5″/50	3	30°	19, 000	. . . . . .	84
*8	5″/40	89	85°	15, 000	35, 000	45

Director control for above batteries.
1 catapult; 3 scout observation planes.

Protection

14″ Belt (amidships); 8″–4″ (ends);
. . ″ Upper Belt; . . ″ Secondary Battery;
7″ Decks; . . ″ Bulkheads;
16″ Turret; . . ″ Barbette; ⅜″ Shield;
14″ Conning Tower (fwd.).
Splinter Protection: . . . .
Watertight Integrity: Very good (bulges).
Damage Control: Good.

Propulsion

	Speed (knots)	*Endurance (miles)*	*HP*	*RPM*
Designed:	23. 0	. . . . . .	80, 000	. . . .
Full:	26. 0	. . . . . .	. . . . . .	. . . .
Max. Sust.:	. . . . . .	4, 700	. . . . . .	. . . .
Cruising:	. . . . . .	. . . . . .	. . . . . .	. . . .
Economical:	10. 0	10, 500	. . . . . .	. . . .

Drive: Turbines, geared; Screws: 4.
**Fuel: Oil; Capacity: 3,400 tons (max.).

Notes

*Secondary and AA batteries may have been changed.
**Fuel capacity may be higher.
Originally mounted 20 5.5″ guns.

Remarks

The NAGATO Class, as originally projected, was to comprise four units. These ships were the first of Japan's 16″ gun capital ships and were design contemporaries of the American COLORADO's. The last two units of the class, KAGA and TOSA, were subsequently redesigned as larger ships—39,000 tons with ten 16-inch guns. The ships were launched but were not completed because of restrictions imposed by the Washington Naval Treaty. The NAGATO appears to be a logical development of the ISE Class, but mounting eight 16-inch guns rather than the twelve 14-inch guns on the ISE and HYUGA. The influence of the British QUEEN ELIZABETH Class is evident in hull proportions, speed and general arrangement of her design. Her system of armoring also appears to follow that of the British prototype. Though rated at 23 knots for many years, it now appears likely that the NAGATO's actual speed has always been around 25–26 knots.

ONI 222–J　CONFIDENTIAL　*Division of Naval Intelligence*　*Issued June 1945*　9

The most outstanding outboard feature of NAGATO is the large heptapodal foremast with its numerous tops and bridges for fire and ship control purposes. The central vertical leg is thick enough to accommodate an electric lift running between the foretop and main deck. When first commissioned, NAGATO and MUTSU had two upright stacks. Around 1924–25 the forward stack was trunked toward the second stack; during the 1935–36 refit it was removed. Little is known about the modernization of these vessels, inasmuch as it has affected their external appearance to a lesser degree than did the reconstruction of the older battleships. New boilers, a reduction in the secondary battery and an increase in antiaircraft armament have been definitely established, although fire and damage control systems were probably modernized as well. Protection may have remained virtually unchanged.

The design is reported to provide for 560 separate watertight compartments.

In combat value, the NAGATO may be placed somewhere between the COLORADO and NORTH CAROLINA Classes. The loss of the MUTSU by accidental explosion was therefore a heavy blow to Japanese naval surface strength.

1945年6月「日本海軍」（ONI-222J）における長門型「長門」。最終的な戦力的価値に対する評価は、米海軍のコロラド級戦艦（16インチ砲8門／速力21.0ノット）とノースカロライナ級の間程度と見なされている。また、「陸奥」が事故により爆発沈没したことが記載されており、それが日本海軍水上部隊にとって大きな打撃となったと記載している。

大和型戦艦

戦前における日本海軍新型戦艦に関する情報

日本海軍が新型戦艦の建造に着手するという情報は、ワシントン・ロンドン両条約の体制下で開催された第二次ロンドン軍縮会議時（1935年12月〜1936年3月）には、既に確報扱いとなっていた。そして、日本が第二次ロンドン条約を締結しなかったことで、日本海軍が同条約の制限を上回る戦艦の整備を行うことを各国に確信させた。

英米でこの時期、一般的に予測された日本の新型戦艦の要目は、主砲として16インチ砲8〜9門を搭載すると共に、新型戦艦として必要充分な装甲防御と水中防御を持つ「速力30ノット級の4万トン型の艦」だった（日本の「海軍記者」と言われた伊藤正徳氏は、1938年（昭和13年）1月に米国のニューヨーク・タイムズの「海軍記者」ハンソン・ボールドウィン氏に面談した際、「日本の新型戦艦（大和型）の対空速射砲は、5・5インチ（14cm）砲12門だそうだね」と言われたと回想されていることから、恐らく副砲は両用砲として、14〜15cm砲を積むと推測されていたと思われる）。

ちなみに、第二次ロンドン条約の個艦の砲口径・排水量の制限と兵力制限の緩和を盛り込んだエスカレーター条項で、新型戦艦の個艦制限が砲口径は16インチ、排水量は4万5000トンとされたのは、欧州の脅威対象国である独伊の動向も考慮すると同時に、この想定された日本の新型戦艦に対抗可能な艦を建造可能とすることを考慮して決定されたものでもあった。

1939年（昭和14年）になると、海外では日本の新型戦艦の要目は、先の内容に近いものが一般的に流布されていく。そして、この日本の新型戦艦の想定要目は（英の新型戦艦第二弾として計画されたライオン級の要目に概ね合致するように）、16インチ砲搭載の条約型戦艦として無理のない優良なものであったことから、以後、数年にわたって各国で信じられ続けることとなる。なお、1939年版で「建造中の新型艦」として、これに準拠した日本の新型戦艦の要目を記載している『ジェーン年鑑』では、1938年～1939年に呉と横須賀の両工廠、神戸川崎及び三菱長崎の4カ所で起工予定との旨を記しているが、これは恐らく実際の「大和」「武蔵」の情報と共に、空母「翔鶴」と「大鳳」の情報が混交したものと思われる。

その一方で1941年版の『ジェーン年鑑』では、以前と同様の要目を記載しつつ、新型戦艦の建造数を以前より多い5隻として、その予定艦名に「日進」「高松」「紀伊」「尾張」「土佐」の名を挙げている。「この要目は公式なものではない。記載した情報には秩父型装甲艦との情報が混乱が生じている可能性がある」との記載も付記されたこれらの艦については、建造に必要な資材の不足から竣工は計画より遅れる可能性があるとしつつ、呉で建造の「日進」は1941年中、横須賀建造の「高松」は翌年に竣工するとも報じている（ただし、これらの艦名はあくまで未確認情報を元にしていることを明記しており、「日進」は水上機母艦で、「高松」は秩父型の艦名との報もあるという注記もしていた）。

この時期には、米で発刊されていた日本語新聞である「新世界朝日新聞」の1941年（昭和16年）3月22日号で『日本の四万噸《トン》大戦艦「日進」「高松」と命名』という記事が掲載されたように、海外ではこれを追認する情報も一般的に流れるようになっていた。そしてこれらの報道は、日本側で厳重に秘匿していた実際の大和型の正体欺瞞《ぎまん》にも一役買う形となったようである。

太平洋戦争開戦後に得られた日本海軍新型戦艦の情報

民間でこのような誤情報が流れていた同時期、

米海軍でも日本の新型戦艦の信用に足る情報は全く取得できていない状況にあり、これは1941年12月29日に米陸軍省が出した「日本海軍艦艇識別帳（FM30‐58）」において、「日進型」とされた新型戦艦の情報が、要目面では『ジェーン年鑑』の記載そのままであることからも窺える。ただし、各艦の艦名及び竣工情報については、米軍側で別途情報を得ていたのか、既に「日進」と「高松」は竣工済みで、他の艦名不詳の3隻のうち1隻は竣工済み、残る2隻も恐らく竣工したとしているといった記載の差異もあった。

1942年（昭和17年）12月になると、米側では通信暗号解読により日本の新型戦艦について若干の情報取得に成功しており、同月発行の「日本海軍艦艇　型別艦名一覧表」に記されたように、新型戦艦の一番／二番艦は竣工済みで、両艦の艦名は「大和」と「武蔵」であることが把握されていた（建造中で命名前の三番／四番艦については、「土佐」「尾張」になると推測していた）。また、1943年（昭和18年）末になると、やはり通信諜報により「排水量は6万トン以上、主砲は18・1インチ（46㎝）砲搭載の可能性あり」と推察も出るようになっていたが、これを裏付ける信に足る情報は得られず、日本の新型戦艦が謎の艦である状況は変化しなかった。

一方でこの時期、民間では、水上機母艦「日進」の存在確認と「高松」が秩父型とされるなどの情報変化、中国経由で得られた新規情報を元にして、4万トン型の「紀伊型」戦艦5隻が整備されており、1943年にはこれの一番～三番艦は竣工済みで、四番／五番艦となる「安芸」「薩摩」は、これの巡洋戦艦（高速戦艦）版である4万5000トン型の艦として建造中と考えられるようになっていた（米軍はこの時期、いまだ新型戦艦の艦名情報を外部に周知していない）。

ちなみに、この時期推測されていた「紀伊型」の要目は、全長243・8m、水線幅31・4m、速力30ノット以上を発揮可能な4万トン型戦艦というもので、主兵装としては新型の大重量砲弾（1043kg）を使用する16インチ砲9門を搭載

46cm（18.1インチ）三連装砲3基9門を搭載する、基準排水量64,000トンの大和型戦艦「大和」。本艦は終戦に至るまで、排水量45,000トンの16インチ砲搭載艦と見られていた。

大和型戦艦
基準排水量:64,000トン、全長:263.40m、幅:38.9m、吃水:10.4m（平均）、主缶:ロ号艦本式水管缶（重油専焼）12基、主機/軸数:艦本式ギヤード・タービン4基/4軸、出力:150,000馬力、速力:27ノット、航続力:16ノットで7,200浬、兵装:46cm45口径三連装砲3基9門、15.5cm60口径三連装砲4基、12.7cm40口径連装高角砲6基、25mm三連装機銃8基、13mm連装機銃2基、装甲:舷側410mm、甲板230mm、主砲塔前盾650mm、主砲塔側盾250mm、主砲塔天蓋270mm、司令塔500mm、乗員:約2,500名

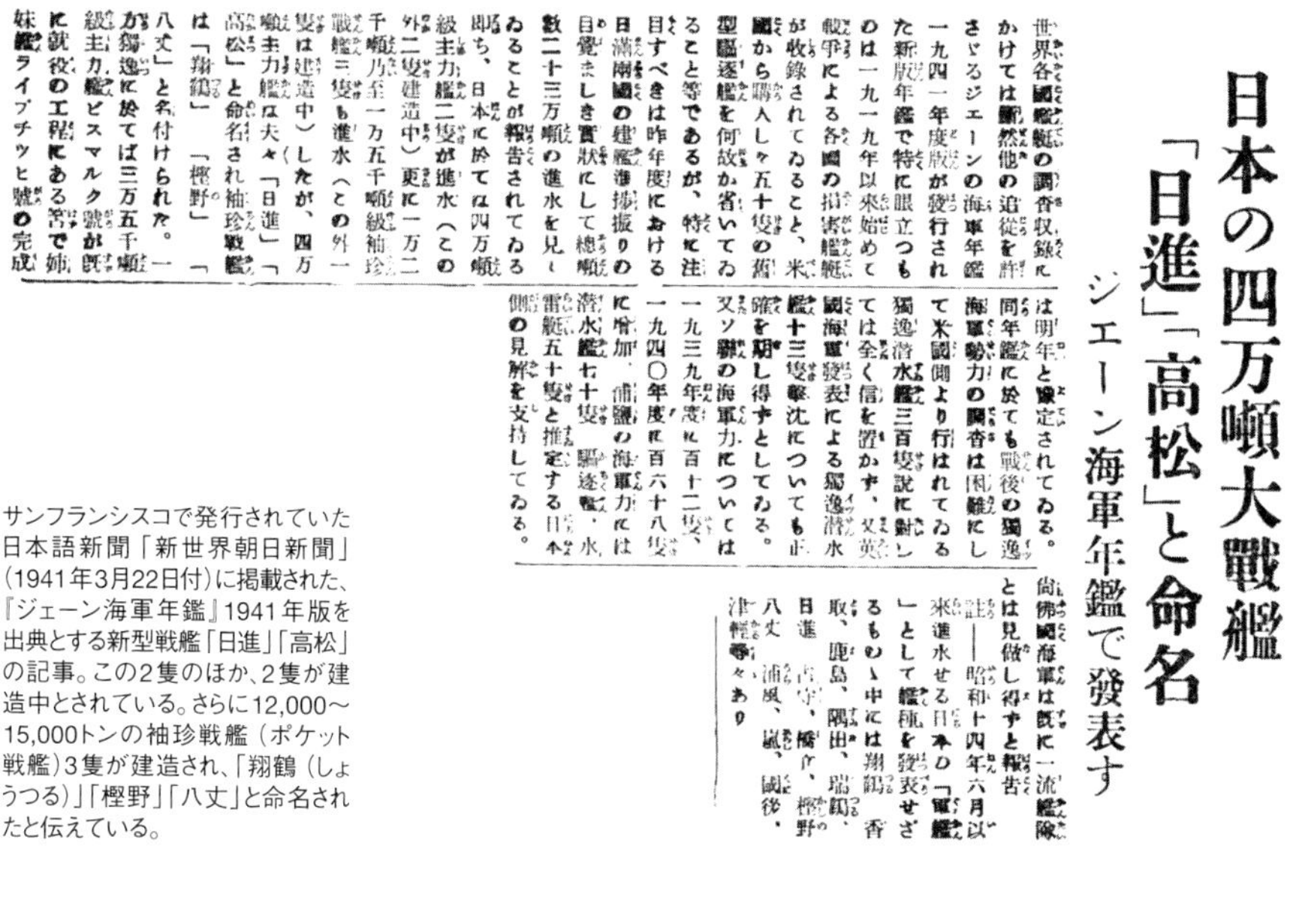

日本の四万噸大戰艦
「日進」「高松」と命名
ジエーン海軍年鑑で發表す

世界各國艦艇の調査収録にかけては斷然他の追從を許さゞるジエーンの海軍年鑑一九四一年度版が發行された新版年鑑で特に眼立つものは一九一九年以來始めて戰爭による各國の損害艦艇が収錄されてゐること、米國から購入した五十隻の舊型驅逐艦を何故か省いてゐること等であるが、特に注目すべきは昨年度における日滿兩國の建艦擴張振りの目覺ましき實狀にして總噸數二十三万噸の進水を見ゝてゐることが報告されてゐる即ち、日本に於ては四万噸級主力艦二隻が進水（この外二隻建造中）更に一万二千噸乃至一万五千噸級袖珍戰艦三隻も進水（この外一隻は建造中）したが、四万噸主力艦は夫々「日進」「高松」と命名され袖珍戰艦は「翔鶴」「樫野」「八丈」と名付けられた。一方獨逸に於ては三万五千噸級主力艦ビスマルク號が既に就役の工程にある筈で姉妹艦ライプチッヒ號の完成は明年と豫定されてゐる。同年鑑に於ても戰後の獨逸海軍勢力の調査は困難にして米國側より行はれてゐる獨逸潜水艦三百隻説に對しては全く信を置かず、又英國海軍發表による獨逸潜水艦十三隻撃沈についても正確を期し得ずとしてゐる。又ソ聯の海軍力については一九三九年度に百十二隻、一九四〇年度に百六十八隻に增加、浦鹽の海軍力には潜水艦七十隻、驅逐艦、水雷艇五十隻と推定する日本側の見解を支持してゐる。尚佛國海軍は既に一流艦隊とは見做し得ずと報告

（註）――昭和十四年六月以來進水せる日本の「軍艦」として艦種を發表せざるものゝ中には翔鶴、香取、鹿島、隅田、瑞鶴、日進、[illegible]、橋立、樫野、八丈、浦風、嵐、國後、津輕等々あり

サンフランシスコで発行されていた日本語新聞「新世界朝日新聞」（1941年3月22日付）に掲載された、『ジェーン海軍年鑑』1941年版を出典とする新型戦艦「日進」「高松」の記事。この2隻のほか、2隻が建造中とされている。さらに12,000〜15,000トンの袖珍戦艦（ポケット戦艦）3隻が建造され、「翔鶴（しょうつる）」「樫野」「八丈」と命名されたと伝えている。

しており、装甲と水中防御は他国の同格の新型戦艦と同等としていた。また、全長274・3mに達する屈指の大艦とされた四番／五番艦は、攻防性能は「紀伊型」と同等で、速力33ノットの高速発揮が可能という、概ね米のアイオワ級と同格の高速戦艦と見なしている。この「紀伊型」「安芸型」の両型の要目から考えれば、実艦とは全く異なるとはいえ、日本の新型戦艦は条約型新型戦艦として最良と言える能力を持つと見做されていたことが窺える内容となっている。

「大和」「武蔵」視認後の情報取得

日本の新型戦艦の姿が初めて視認されたのは、トラック周辺水域での哨戒に当たっていた潜水艦「スケート」が、ロックウッド司令官から「レーダー装備の護衛艦による厳重な警戒の元で、新型戦艦の『大和』が貴艦の哨戒水域に向かっている」とのウルトラ情報を受けて、トラック島北東水域で「大和」の姿を捕捉した1943年12月25日のことだった。潜望鏡に捉えた「大和」の姿は「まるでアルカトラズ島のように巨大だった」との「スケート」艦長マッキニー中佐の回想が残るこの襲撃行動では、「スケート」は「大和」に魚雷2本（米側報告）を命中させて損傷させることに成功する。

ただし、目標を完全に識別できなかったことから、マッキニー中佐はこの戦艦を「艦名不詳」で報告したが、ロックウッド司令官が「アメリカ国民へのクリスマスプレゼント」として、（新型戦艦の）「『大和』を損傷させた」との特別報道を出させたため、帰港後には艦長と司令官との間に一悶着が生じたという逸話が残っている。なお、日本の新型戦艦の名称が大和型であることが海外で一般的に知られたのは、この報道の後である。

この戦闘後の1944年（昭和19年）3月29日、パラオ水域で遭遇した「武蔵」を当初「でっかい浮きドックが進んでくる」と誤認した（最終的には金剛型と識別）スコット艦長指揮の潜水艦「タニー」が雷撃で損傷させる等の機会を得たが、米側ではなお日本の新型戦艦に関する確たる情報は得られず、同年春になっても大和型の艦容把握ができていない情勢が続いている。これは「RECOGNITION」誌の1944年3月号にある各国艦艇識別訓練の記載で、日本海軍の戦艦の項目に大和型の名称がないことからも明らかだ。

だが、これ以降、徐々にではあるが情報取得ができるようにもなり、同誌の5月号のニュース欄では「日本の新型戦艦である大和型」は、全長265・2m、全幅42・4mの大艦で、「大和」と「武蔵」の2隻が就役済みであることが明記された。これに続いて、1944年7月20日に出された「日本海軍に関する統計情報（ONI-222J）」では、艦の全長・幅は前記資料と同様としつつ、兵装として主砲として16インチ50口径砲9門（三連装3基。注記では連装4基8門の可能性ありとしている）、6・1インチ副砲（15・5cm砲12門（三連装4基）、12・7cm高角砲12門（連装6基）を搭載する、速力28ノットを発揮可能な基準排水量4万5000トンの艦として報じており、正確とは言い難いが、これに基づいた艦型図も示された（ただし、装甲厚や機関等の詳細な要目は記載がない）。

また、三番艦の艦名は「相模」で、これは空母へ改装されて艦名が「雲龍」に変わった等、誤記とはいえ「信濃」の動向を一応把握しているような注記がなされているのは興味深い点だ。

概略ではあるが、兵装と速力、艦のサイズと基準排水量が把握できたことで、米側ではこれを元にしての大和型の性能推算と実力評価が進められており、その中で「RECOGNITION」誌の1944年9月号では「米のアイオワ級を除いた他のすべての戦艦に匹敵する」、同誌の1945年（昭和20年）2月号の日本海軍特集で「我々のアイオワ級とサウス・ダコタ級に匹敵する火力を持つ」と記されたように、大和型は「米の新型戦艦に相当する攻防走の性能がある」存在であると見なされるようになっていく。

レイテ沖および坊ノ岬沖海戦後、戦後における大和型戦艦の評価

続いて、1945年初頭以降には、レイテ沖海

戦時に「大和」の詳細な映像が得られたことで、両舷配置の副砲を撤去の上で対空兵装強化が図られたことが把握されて、艦型識別用図の側面図の描き直し等も行われた（12・7cm高角砲の搭載数は、側面図では片舷5基に見えるものがあるが、上面図ではきちんと片舷3基計6基装備になっている）。だが、その図は明らかにアイオワ級の影響が見受けられ、実艦の様相を示すとは言いがたいものだったことも事実である。この時期には写真解析による艦のサイズの推定も再度行われたようで、1945年春には全幅の表記は38・1mと実艦に近い数値へと変更されている。

1945年4月7日に「大和」が沈んだことで、戦時中における米海軍における大和型の評価は、先のもので落ち着いた。その一方で『ジェーン年鑑』の1944・45年版では、刊行時期になお残存の可能性があった「大和」について、兵装等は米側の以前の情報を元にしつつ、装甲厚は舷側356mm、主要水平部152mmで、機関出力は16万馬力、速力30ノットを発揮可能とする要目を記した上で、なお掲載を続けていた。そして、この要目が「日本の新型戦艦」の要目の代表例の一つとして知られたことで、民間レベルでは終戦直後に大和型を米側評価よりやや有力なものとして扱う場合も生じたようである。

戦後しばらくして、日本側の情報が海外に伝えられると、大和型は世界最大にして、大戦時に竣工した新型戦艦の中では最強の戦艦の一つとして評価されるようになる。ただし、レーダー装備の不利等の要因もあり、主砲の威力や装甲は勝るとはいえ、「戦争末期の米新型戦艦との交戦で、果たして勝利を得られたか」については、過去に侃々諤々《けんけんがくがく》の議論が交わされてきたのは日本国内と同様で、当時米海軍の戦艦に乗艦していた砲術士官が述べたように、「1944年であれば、米の新型戦艦は伍しての砲戦で『大和』に撃ち勝てる能力がある」と評されることも少なくない。

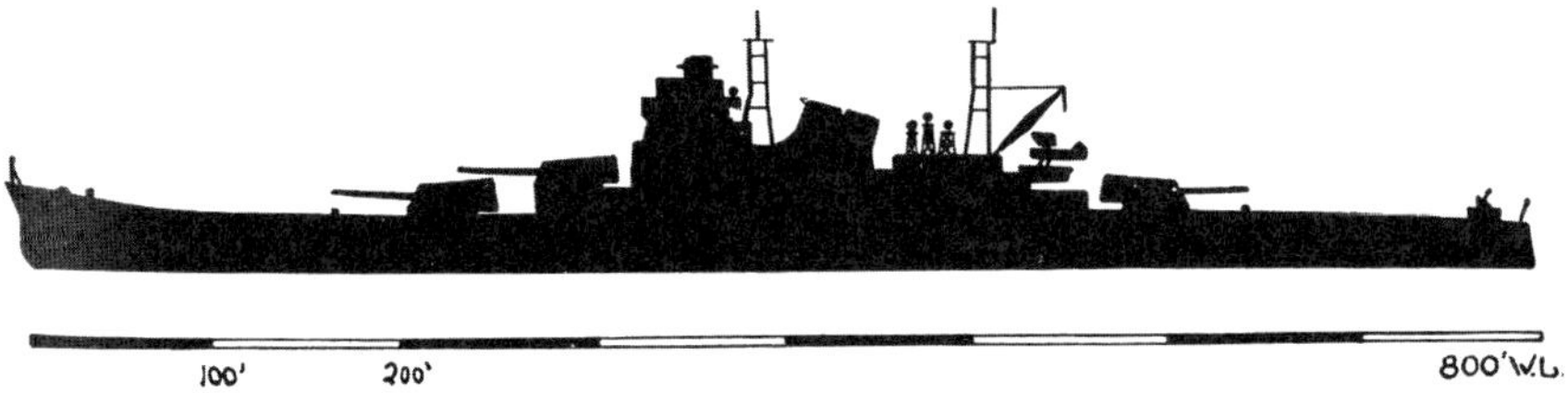

A silhouette of the new *Kii-Owari* class battleships. NOTE: Illustration is the author's conception of what these powerful ships may look like and is not to be considered as authentic.

『The Enemies' Fighting Ships』に日本海軍の新型戦艦として掲載された「紀伊・尾張型」戦艦のシルエット図。図は情報に基づかない、全くの想像図である旨が注記されている。

「RECOGNITION」誌の1944年9月号に掲載された大和型戦艦の仮の図。背の高い塔型艦橋を持つことが指摘され、従来の日本戦艦の「ごちゃごちゃ感が無いようだ」とされている。

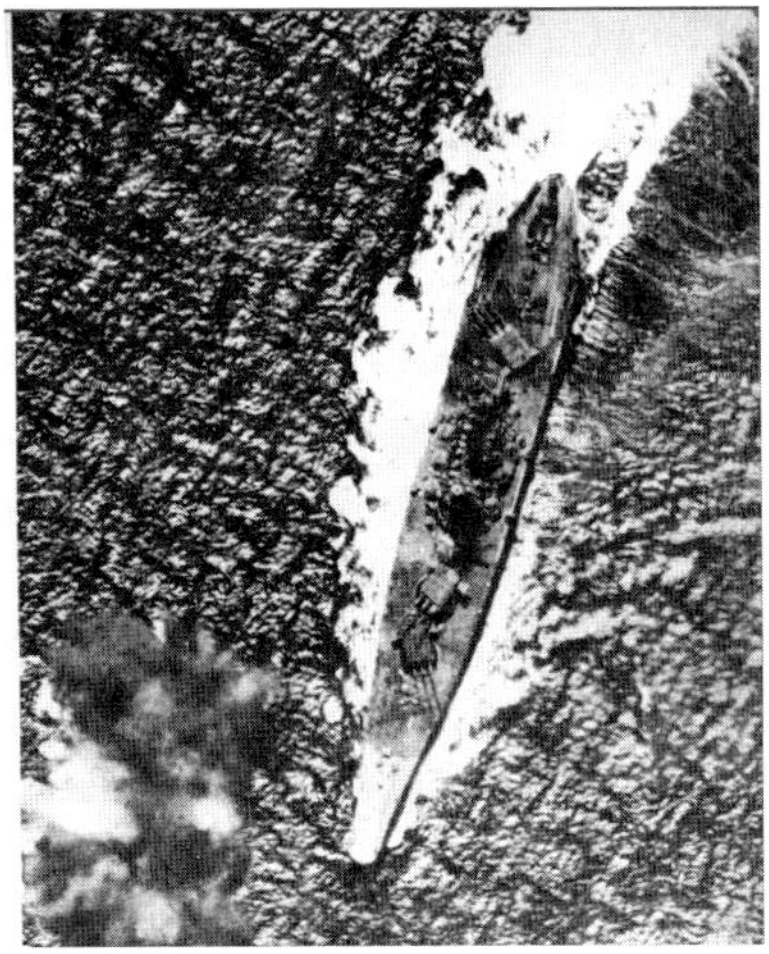

「RECOGNITION」誌の1945年1月号に、同誌として初めて掲載された戦艦「大和」の写真。両舷の副砲が撤去されて対空兵装が強化された後の写真で、主砲塔は三連装3基であること、艦橋から独立した1本の傾斜煙突を持つこと、艦尾に2基のカタパルトを持つことが指摘されている。

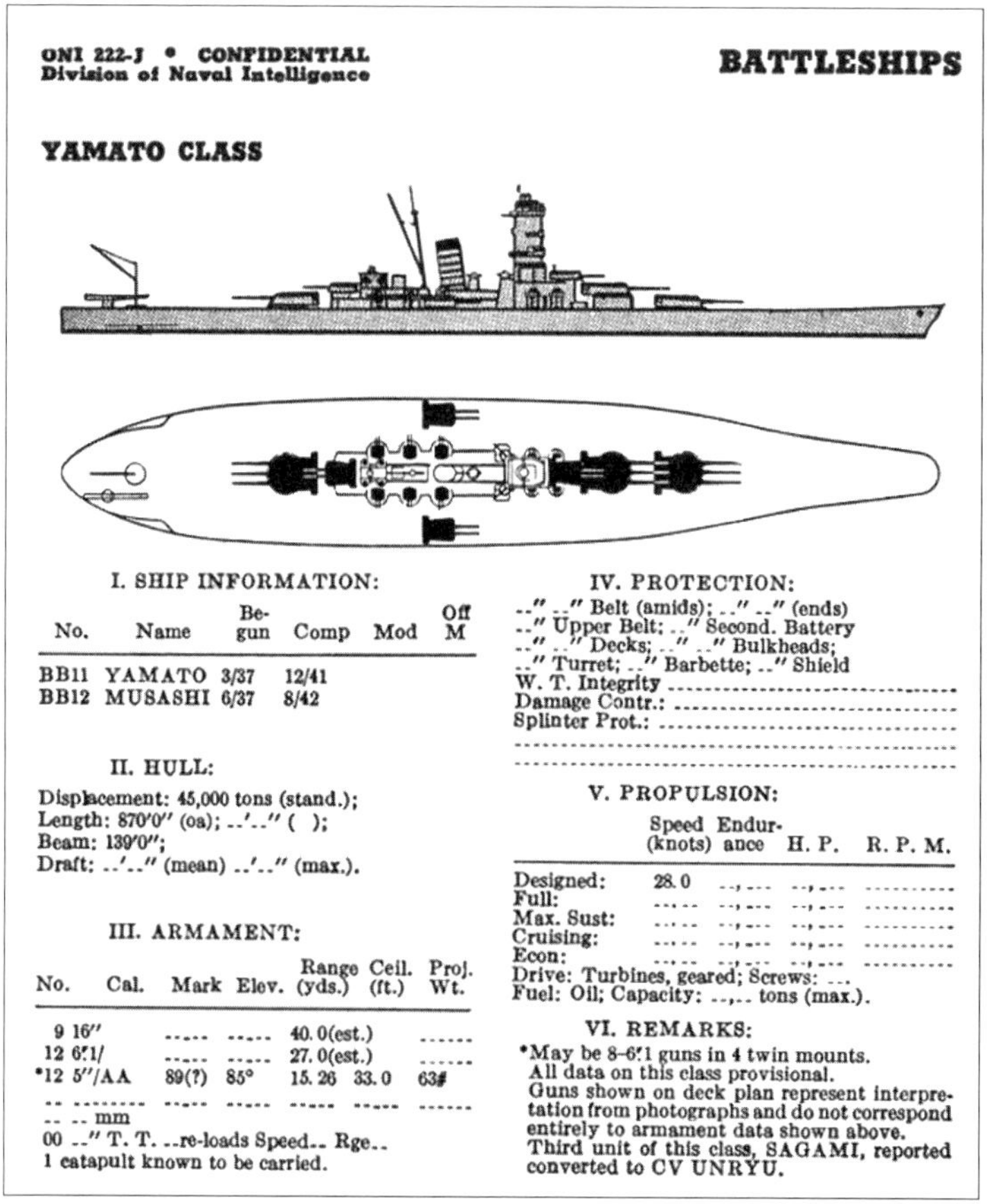

ONI 222-J • CONFIDENTIAL
Division of Naval Intelligence

BATTLESHIPS

YAMATO CLASS

I. SHIP INFORMATION:

No.	Name	Begun	Comp	Mod	Off M
BB11	YAMATO	3/37	12/41		
BB12	MUSASHI	6/37	8/42		

II. HULL:

Displacement: 45,000 tons (stand.);
Length: 870'0" (oa); ..'..'' ( );
Beam: 139'0";
Draft: ..'..'' (mean) ..'..'' (max.).

III. ARMAMENT:

No.	Cal.	Mark	Elev.	Range (yds.)	Ceil. (ft.)	Proj. Wt.
9	16"	-----	-----	40.0(est.)		------
12	6".1/	-----	-----	27.0(est.)		------
*12	5"/AA	89(?)	85°	15.26	33.0	63#
--	--------	-----	-----	-----	-----	------

-- -- mm
00 --" T. T. ...re-loads Speed.. Rge..
1 catapult known to be carried.

IV. PROTECTION:

..'' ..'' Belt (amids); ..'' ..'' (ends)
..'' Upper Belt; ..'' Second. Battery
..'' ..'' Decks; ..'' ..'' Bulkheads;
..'' Turret; ..'' Barbette; ..'' Shield
W. T. Integrity ....
Damage Contr.: ....
Splinter Prot.: ....

V. PROPULSION:

	Speed (knots)	Endurance	H. P.	R. P. M.
Designed:	28.0	..,...	..,...	....
Full:	.....	..,...	..,...	....
Max. Sust:	.....	..,...	..,...	....
Cruising:	.....	..,...	..,...	....
Econ:	.....	..,...	..,...	....

Drive: Turbines, geared; Screws: ...
Fuel: Oil; Capacity: ..,.. tons (max.).

VI. REMARKS:

*May be 8-6".1 guns in 4 twin mounts.
All data on this class provisional.
Guns shown on deck plan represent interpretation from photographs and do not correspond entirely to armament data shown above.
Third unit of this class, SAGAMI, reported converted to CV UNRYU.

1944年7月20日発行「日本海軍に関する統計情報(ONI-222J)」の大和型戦艦。民間情報とは異なり、「大和」「武蔵」の艦名が明記された。全長は870フィート(265.12m)、幅は139フィート(42.38m)。基準排水量は45,000トンで、主砲口径こそ異なるものの、三連装主砲塔3基、15.5cm三連装砲(副砲)4基、12.7cm連装高角砲6基という対空兵装強化前の兵装が反映されている。

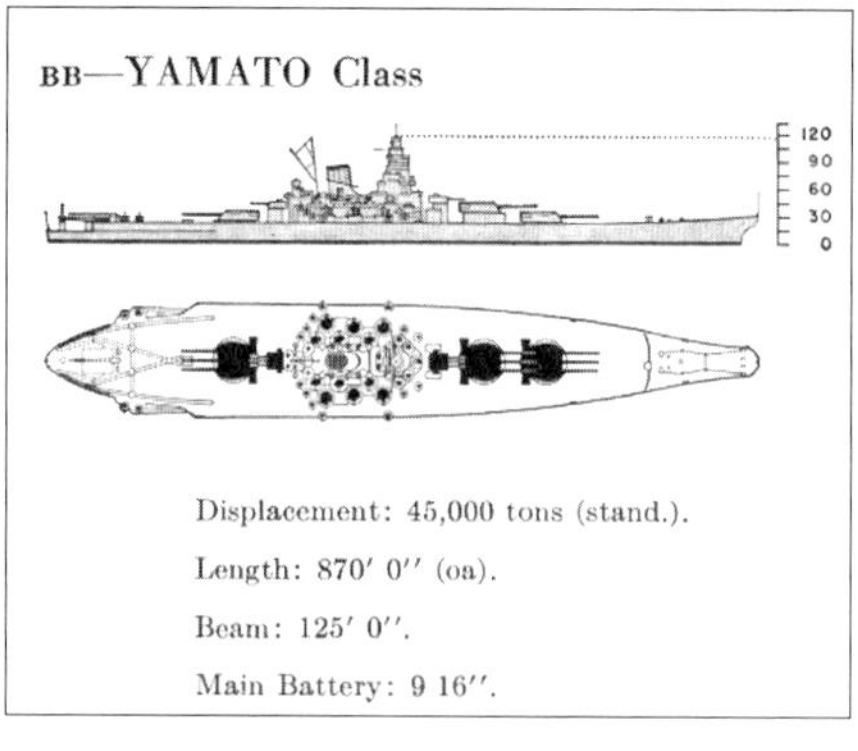

BB—YAMATO Class

Displacement: 45,000 tons (stand.).
Length: 870′ 0′′ (oa).
Beam: 125′ 0′′.
Main Battery: 9 16′′.

1945年発行の識別帳に掲載された、太平洋戦争中における大和型戦艦の最終的な情報。基準排水量が45,000トンと実艦の7割だが、全長は265.12m(実艦は263.40m)、幅は38.1m(実艦は38.9m)と実艦に近い数値が記載されているのが興味深い。

第二章

航空母艦

Aircraft carrier

太平洋戦争において日本海軍は空母の集中運用に先鞭を付け、英米を瞠目させた。また、海軍軍縮条約の制限下にありながら、改造空母を含む兵力整備を実施し、開戦時においては英米海軍に伍する戦力を整えている。本章では日本海軍が建造・保有した大型・中型空母および軽空母群に対する英米での評価と情報取得について解説する。また、これらと直接対峙し、度重なる空母決戦を戦った米海軍における評価について特に詳解する。

1941年（昭和16年）年11月14日、真珠湾攻撃に備え、豊後水道にて訓練中の翔鶴型空母「瑞鶴」

初出一覧

空母「赤城」「加賀」①	ミリタリー・クラシックス	VOL.59
空母「赤城」「加賀」②	同	VOL.60
空母「蒼龍」「飛龍」	同	VOL.68
翔鶴型空母・空母「大鳳」	同	VOL.79
「龍驤」・瑞鳳型・千歳型・「龍鳳」・「鳳翔」・隼鷹型・雲龍型		書き下ろし

空母「赤城」「加賀」①

主力艦としての「赤城」と「加賀」

日本海軍が「長門」「陸奥」に続いて、16インチ砲（実際は41cm砲）を搭載した戦艦を整備しているという情報は、比較的早い時期に英米にも伝わっていた。ただし、例によって日本側からの情報は得られていなかったようで、『ジェーン海軍年鑑』では1919年（大正8年）5月までの調査結果で「1918年度に承認された六カ年計画で建造される」とされた「加賀」「土佐」を、恐らく「長門」「陸奥」と同型の戦艦としている。また、「天城」「赤城」と艦名不詳の2隻の計4隻の巡洋戦艦は、4万トン型の大艦とされつつも、その他の要目は不明であると海軍省からの助言を受けていると記載していた。

その翌年の1920年版の『ジェーン年鑑』では、加賀型については若干の情報が得られたようで、兵装については主砲に16インチ砲を8～10門、副砲として5・5インチ（14cm）砲20門を搭載し、53・3cm魚雷発射管を8門搭載する、通常排水量4万600トンの艦と、まあ、そう外れてはいないかという案配の要目が記された。一方、装甲防御は舷側が12インチ（305mm）とされた以外は詳報はなく、速度性能は機関出力6万馬力で速力23ノットとされるなど、例によって日本側の公称にだまされている記載もなされていた（※）。

対して天城型については、残りの2隻の名称が「愛宕」「高雄」であることが判明した以外は、加賀型以上に情報を得られなかったようだ。「この情報源は完全に信頼できない」としつつ、排水量は4万3500トン、「天城」「赤城」は主砲として16インチ砲12門、「愛宕」と「高雄」は18インチ（45・7cm）砲8門を搭載する艦として建造されるという情報を紹介しており、「この4艦は同

（※）加賀型戦艦の実艦の計画は、常備排水量39,900トン、全長234.09m、速力26.5ノット、41cm連装砲5基10門、14cm単装砲20基、61cm魚雷発射管8門、舷側装甲280mm、甲板装甲64mm+38mm、主砲塔前盾305mm。

型艦として建造されるかどうかは不確実だ」とも注記していた。

この天城型の情報は、恐らく大正9年（1920年）までに日本側で検討された、「八八艦隊完成案」で整備する予定の次期戦艦の内容が断片的に英側へ伝わったものと推測される（ちなみに、同年版の『ジェーン年鑑』には、1920年度からの八カ年計画で、戦艦4隻と巡洋戦艦4隻を整備するという情報が記載されていた）。

そして、この「日本海軍が次期戦艦に18インチ砲を積む可能性がある」という情報が、当時すでに日本海軍を次の仮想敵として認識していた英海軍に、いまだ造兵の技術面に不安があった18インチ砲の搭載艦を次期戦艦として整備するよう決意させたと考えられる。実際、英海軍で新型の18インチ45口径砲を採用した次期戦艦の開発が決定したのは、まさにこの時期のことだった。

その後、日本の新聞報道による情報を受けて、1922年には『ジェーン年鑑』をはじめとして、以下のような情報が海外では流されている。

それに曰く、艦の全長は213・4mと長門型と変わらないが、先述した排水量を持つとされた加賀型は、主砲として16インチ砲10～12門を搭載（副砲は旧情報と変わらず）、装甲厚は主水線装甲帯14インチ（356㎜）、砲塔前盾15インチ（381㎜）、甲板装甲は合計6インチ（152㎜）と、当時の就役中・計画中の戦艦で最高レベルの防御を持ち、さらに水中防御も新型のバルジで強化されていると、実艦を遥かに上回る強力な艦であると推察されている。

また、天城型は、装甲防御等は相変わらず不明とされたように詳細な情報は分かっていなかったが、艦の全長は約268・2m、船幅31・4m、速力33ノットを発揮可能という、これまた過大な評価がなされていた。ちなみに、この天城型以降の日本の巡洋戦艦が「16インチ砲12門を積む」という情報は、英米海軍でかなりの信憑性があると考えられていたようで、米海軍では「紀伊型」として、16インチ砲12門搭載案の想像図を出したほどだった。

なお、日本海軍では16インチ砲12門艦を実現するのであれば、排水量抑制の目的もあって三連装砲塔で対処するとしていたが、この情報は英米に入っていなかったようだ。そのため、主砲配置は連装砲塔6基を艦の艦首・艦尾の中心線上に配するという、後の日本重巡のような形を取る艦とされるなど、その内容は不正確なものだった。

空母としての「赤城」と「加賀」

このように「ぼくのかんがえたさいきょうのせんかん」レベルだった加賀型と天城型の情報は、ワシントン軍縮会議の後もしばらく訂正されずに生き続けた。ワシントン海軍軍縮条約が発行した翌年となる1924年（大正13年）版の『ジェーン年鑑』では、「天城」が1923年9月の地震と、その際に発生した火災（関東大震災）で大規模な損害を生じたことで、その代艦として「加賀」が空母に改装されるという表記を除けば、その内容は相変わらず不正確なものだった。

同年鑑によれば、「赤城」の全長と艦幅は先述したものと変わらぬ大艦とされ、排水量は巡洋戦艦時代は4万2000トンだったものを、同条約で認められた改装空母の排水量上限である3万3000トン以下に低下させたとしており、速力も以前の推定の33ノットをそのまま踏襲していた。

だが、搭載機数は当時改装中の英空母に合わせたらしく約50機と推定しており、この数値は補用機なしで考えれば、1924年に増大が決定された「赤城」「加賀」の搭載機定数48機に近い数字であり、要目中で唯一本来の数値に近いと言えるものだった。

「加賀」についても、戦艦時代の情報をそのまま受け継いで、船体長213・4m、艦幅30・5mの艦とされ、排水量は約4万トンから2万7000トン程度に減少させるものと報じられている。一方、機関出力も相変わらず6万馬力のままだが、排水量減少の影響を考慮してか、速力表記は出ていない。また、「赤城」より艦の規模が小さいため、搭載機数がどの程度になるのかを推定し難かったのか、これの記載もなされていない。

加賀型戦艦二番艦として建造された「土佐」はワシントン海軍軍縮条約の結果、廃棄されることとなり、標的艦として射撃実験に供された後、豊後水道に沈められた。写真は1922年（大正11年）8月1日、タグボートに引かれて長崎を出航、呉へ向かう「土佐」。

空母へ改装され、公試運転中の「赤城」(20cm連装砲は未装備)。右舷側の下方へ湾曲した主煙突と、上方へ向けた混燃缶用の煙突の二つから煙を吐き出している。

空母「赤城」(多段飛行甲板／1927年)
基準排水量:26,900トン、公試排水量:34,364トン、全長:261.21m、水線幅:28.96m、最大幅:31.10m、吃水(平均):8.08m、飛行甲板（全長×最大幅）:190.20m×30.48m（上段）、主缶:ロ号艦本式重油専焼缶11基、同混焼缶8基、主機:技本式高低圧タービン4基/4軸、出力:131,200馬力、速力:32.5ノット、航続距離:14ノットで8,000浬、兵装:20cm50口径連装砲2基4門、同単装砲6基、12cm45口径連装高角砲6基、7.7mm機銃2挺、搭載機:艦戦16機、艦偵16機、艦攻28機（平時定数＝艦戦、艦偵、艦攻各12機＋4機）、乗員:1,400名（竣工時定数）

しかし、流石に実艦が完成する時期になると、日本側もある程度の情報を開示したことを受けて、両艦の情報も正確性を増すようになる。

「赤城」が完成した翌年に発行された1928年版の『ジェーン年鑑』を見ると、「赤城」は垂線間長232・56m、水線幅28mと、実艦より若干小型な程度の数値が記されている(実際の数値は垂線間長234・7m、水線幅28・96m)。基準排水量は計画2万6900トンと対外的に公表されていたが(筆者所蔵の「軍艦赤城案内」でも同様の数字となっている)、『ジェーン年鑑』では2万8100トンと、計画値と実際の間の概ね中間の数値を出しているのが目を引く(実際の数値は2万9500トン)。

兵装が8インチ(20・3cm)砲10門、4・7インチ(12cm)高角砲12門(連装6基)なのは合っているが、8インチ連装砲の装備位置が、実艦のように二段目の甲板にある艦橋脇ではなく下段飛行甲板に設けられると考えられており、何故か実艦にはない4・7インチの平射砲4門を持つことにもなっていた。

機関出力は13万1200馬力と正確な数字が伝えられる一方で、速力は28・5ノットと日本側の公称値に基づく、より低い数値とされている(「軍艦赤城案内」では28ノット表記)。だが、「この規模でこの程度の排水量の艦で、この機関出力であれば」もっと高速なはずだとの推測も英海軍等から出ていたようで、『ジェーン年鑑』でも(恐らく最高速力はもっと早いと思われる)との追記がなされている。

また、昭和3年(1928年)に公開された「赤城」を側面から見た写真で、下段飛行甲板(発艦甲板)に四角い構造物が移っていることから、同部位に隠顕式の航海艦橋等の何かしらの構造物が設けられているとも考えられていた。

一方、いまだ「完工したという報がなされていない」とされた「加賀」については、艦の垂線間長は217・9m、幅31・3mと垂線間長は正確で、幅も全幅に近い数字が出されており、排水量も戦艦時代の3万9900トンから「赤城」と同じにまで減少されると表記が変更された。機関出力も9万1000馬力と正確な数字が伝えられている一方で、速力は公称の23ノット表記がなされたが、やはりこれも疑念が持たれていたようで、「速力は25ノットを発揮可能という報も出ている」との注記もなされている（なお、この速度は「加賀」の公式値＝計画26・7ノットより低いが、筆者は以前、友人の艦艇研究家N氏に「ほぼ全力に近い機関出力で、24ノット以下の速力しか発揮していない『加賀』の公試成績表」を見せていただいたことがあるので、意外に信憑性がある数値の可能性もある）。

また、兵装は「赤城」と同一だが、搭載機数は「赤城」の表記に対して「加賀」は60機と、この時期の日本海軍による「赤城」「加賀」の計画搭載機定数（予備機含む）と同数の正確な数字が表記されている。ただし、日本海軍では大改装実施まで、「赤城」「加賀」を計画搭載機定数を下回る搭載定数で運用していたので、これでも過大評価の嫌いがあったのは否めない。

その後の「赤城」と「加賀」の要目については、実艦に近い性能であることも影響してか、1931年版の『ジェーン年鑑』でも特に修正はなされていない。

艦型図に関しては、「赤城」は最上段の飛行甲板（着艦甲板）を着艦を考慮して後方に傾斜させており、「加賀」は発艦を考慮して前方に傾斜させているとするなど、それなりに正確な情報が記されていた。だが、「赤城」「加賀」共に前部の20cm連装砲塔が発艦甲板に装備されているとしているのは相変わらずだった。なお、「加賀」の速力はこの時点で25ノット表記となり、「公称は23ノット」という旨の注記が付く形に変わった。

「加賀」が第二次の改装に入った1933年（昭和8年）の『ジェーン年鑑』では、排水量が日本側公称の基準排水量に揃えられた。この他に機関・機械関係の詳細な表記が加わるなどの変更が加えられたが、その内容は「赤城」と「加賀」の缶数が逆で、「加賀」の蒸気タービンは恐らく「愛宕」の情報が誤伝されてブラウン・カーチス式とされ、何故か「赤城」が二軸推進艦として扱われているなど、追記事項の大半が間違っているという惨状を呈していた。ただし、燃料搭載量だけは「赤城」は正確で、「加賀」も戦艦時代の数値に近い数値が記載されていた。

多段式空母時代の「赤城」「加賀」の評価

多段式空母時代の「赤城」「加賀」については、設計が英国から提供された「フューリアス」の空母としての第一次改装と、日本で「新フューリアス」と呼称された第二次改装の図版を元にして進められたことが分かっていた（この時期の各国の空母整備は、英空母の情報を元にして推進されている状況にあり、英海軍の造船官が「英国海軍、全世界の空母設計を牽引す」と記すような時代だったことに留意されたい）。

このため両艦は、総じて英海軍の艦隊型空母と同等の航空機運用能力を持つなど、当時としては充分に有力な空母と見なされているが、荒天の洋上で航行中、艦のピッチング時に発艦甲板が水をすくい上げて、前面開放式の艦内格納庫から艦内に浸水する恐れが大であることを含めて、英海軍の多段式空母と同様に運用面で様々な問題を持つ艦であることも、概ね想像が付いていた。ただし、形態的には英海軍の多段式空母に類似していたが、より大型で煙突配置を含めて独特の艦容を持つ艦であることは、米英で認識されていた。

また、日本海軍を代表する大型空母として扱われた「赤城」「加賀」が、このような形態を持つ艦であったことは、米国で「日本の大型空母は多段式空母」という印象を強く一般に与えると共に、その後の両艦の印象においても、強く結びつけられ続けることになるのだった。

右舷後方から見た多段式空母時代の「加賀」。独特の煙路配置により長大となった煙突の形状が見て取れる。

多段空母時代の「赤城」「加賀」は英海軍の巡洋艦改装空母「フューリアス」の図面を元に設計されており、英側にとってその実力の推定は容易だった。写真は1934年（昭和9年）10月15日、一三式および八九式艦攻を満載した大阪湾における空母「赤城」。

空母「加賀」
（多段飛行甲板／1930年）

基準排水量:26,900トン（公表値）、公試排水量:33,693トン、全長:238.51m、水線幅:29.57m、最大幅:31.67m、吃水（平均）:7.92m、飛行甲板（全長×最大幅）:171.30m×30.48m（上段）、主缶:ロ号艦本式重油専焼缶（大）8基、同（小）4基、主機:ブラウン・カーチス式高低圧タービン4基/4軸、出力:91,000馬力、速力:27.5ノット（作戦時最大26〜27ノット）、航続距離:14ノットで8,000浬、兵装:20cm50口径連装砲2基4門、同単装砲6基、12cm45口径連装高角砲6基、13mm連装機銃4基、搭載機:艦戦16機、艦偵16機、艦攻28機（平時定数＝艦戦、艦偵、艦攻各12機＋4機）、乗員:1,271名（竣工時定数）

空母「赤城」「加賀」②

『ジェーン年鑑』に見る改装後の「赤城」「加賀」

海外では、「加賀」が大改装を実施したという情報が1935年（昭和10年）頃には出ていたようで、その翌年の1936年には改装後の「加賀」の想像図が出ている。

この想像図によれば、改装後の「加賀」は、延長した最上飛行甲板の前端下部に大型の航海艦橋を置くが、完全な平甲板型ではなく、それとは別途に小型の艦橋を飛行甲板部に持つ艦とされており、煙突を「赤城」のような傾斜式の煙突とするなど、様々な改正を施した結果、総じて「巨大な龍驤《りゅうじょう》」とも言うべき艦容を持つ艦となると予測されていた。

しかしこの翌年には、日本側から修正だらけの、細部が良く分からない艦の全容を示す写真が出たことで、従前の予想と異なり、「加賀」が艦の全長に渡る一段式の飛行甲板を持ち、その上部に小型の艦橋を持つという新たな艦容が海外でも把握される。

改装の結果、大きく艦容を改めた「加賀」は、艦全長の延長等の結果、満載で4万2000トンを超える大空母になっていたが、日本側の公称値は以前と変わらなかった。このため、1937年版の『ジェーン年鑑』における各種要目値は以前と同じものとされており、速力も何故か23ノット表記に戻されたことで、実艦との要目差異はより大きくなる格好となった。最大搭載機数も以前と同様60機としつつ、「平時は30機程度で運用」とされるなど、航空作戦能力は改装前の実態に近い過小な評価がなされていた。

一方で、主砲がケースメート式の砲10門となったことは把握されており、対空兵装の数値も12㎝連装高角砲8基（16門）、機銃28挺と、高角砲の口径こそ違えど（実際は12・7㎝）、この時点では相応に正確な数字が示されている。「加賀」はこの後、より艦の詳細が分かる写真が日本側から公表されたことで、1939年（昭和14年）には概ね正確な艦容が把握されている。だが、装甲適用範囲などで情報の正確性が増した部分もあったものの、基本要目は間違ったままで、高角砲の数値が12㎝連装型6基（12門）と誤りが拡大した面もあった。

一方、「赤城」については、日本が戦時下態勢に入った影響もあって、改装実施が把握されたのが1940年～41年であった上に、公表された情報も「加賀」より限定的であるだけでなく、1941年に公表された「赤城」の写真も一段全通型の飛行甲板を持つ空母に改装されたことを除けば、細部が判明しない不鮮明なものでしかなかった。

このため、1941年版の『ジェーン年鑑』では、恐らく改装要領は「加賀」と類似したものとの推定の上で、「赤城」と「加賀」を同一項で扱っている。その中で艦容図は、1939年時に出た「加賀」の図版がそのまま掲載され、また、「赤城」の要目も搭載機数・排水量を含めて改装前と同じとされていた。だが、兵装面では主砲の数が「加賀」と同一とされた以外は実艦に近いものとなり、改装で「赤城」の最高速力が低下した結果、速力表記はそれなりの信憑性のある数値ともなっていた（海外表記は28・5ノット。「赤城」の改装後の公試成績の数値は30・2ノットだが、実用上の最高速度は29ノット程度とする旧軍資料がある）。

米軍の艦艇識別帳に見る改装後の「赤城」「加賀」

他方、日本を仮想敵と想定していた米海軍にしても、この時期には両艦について『ジェーン年鑑』に勝る情報を保持していたわけではなかった。

これは開戦から間もない1941年12月29日に出された「日本海軍艦艇識別帳（FM30‐58）」における両艦の要目が、「加賀」の速力が24ノットとされている以外は、サイズや排水量の要目が基本的に『ジェーン年鑑』に準拠していることからも窺い知ることができる。

ただし、米軍では独自情報から、改装前の「赤城」の最終時期に「赤城」の飛行甲板が後部側で拡大されているという情報が出たことを受けて、艦容をそのように示しているほか、「赤城」の機銃搭載量を「加賀」の改装直後の搭載数と同じ22挺（連装型11挺）とするといった差異も生じている。

なお、「赤城」の公表写真では一応、艦橋が左舷側にあるように見えるのだが、米軍の図版では「加賀」同様に右舷配置とされている。加えて、米側では日本側で実際に実施されたような大規模な改装をせずに一段甲板型の空母へ改装したと考えられていたようで、全体の艦容図は『ジェーン年鑑』の図版より正確性を欠くものとなっている。

なお、1942年末に発行された「日本海軍艦艇識別帳（ONI41‐42）」で、日本空母の外見的特徴として、「日本空母の上構はとても小さく」「艦首と艦尾の様相は、長崎のスラム街を連想させる」とされたのは、明らかにこの米側が推定した「赤城」「加賀」の艦容から連想されたものだ（257ページ参照）。

また、搭載機数も「赤城」が32～40機、「加賀」が30～40機と、かなりの過小評価がなされている。これらの点から見て、この時点での米海軍は「赤城」「加賀」両艦は、米海軍の大型空母に匹敵するような能力を持つ艦ではないと判断していたことが窺える。

だが、太平洋戦争開戦後、両艦を基幹とする日本の空母機動部隊が航空作戦で大きな成功を収め続けたこともあり、搭載機数を含む空母としての能力は、詳細は不明で米海軍の大型空母より劣るかも知れないが、開戦当初の推定よりは高いだろうという推定もなされている。また、「加賀」についてはより正確な艦容が把握できたのか、『ジェーン年鑑』の推定図に近い形に改められている。

米国内及び海外における「赤城」「加賀」の一般的評価

さて、話は戻って1930年代中期になると、

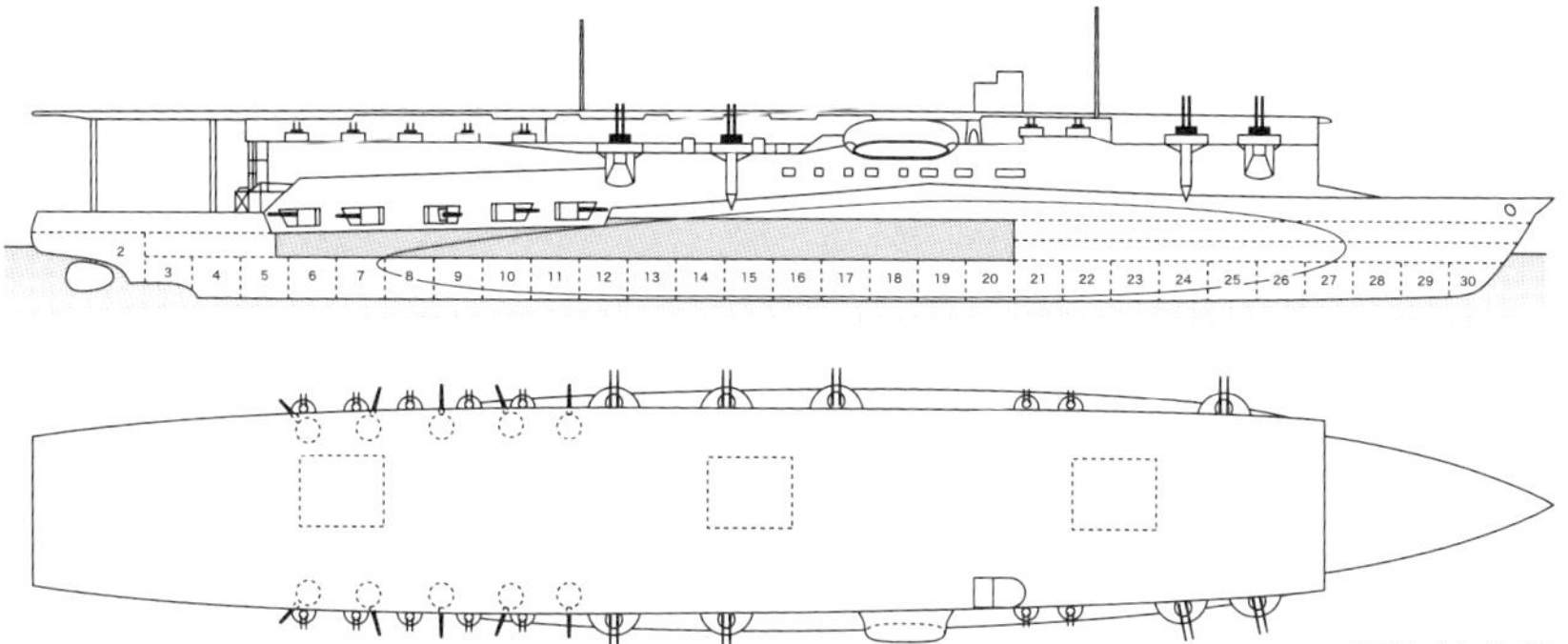

図版／おぐし篤

1936年時点における、改装後「加賀」の想像図。実艦のような全通式飛行甲板ではなく、三段飛行甲板の最上飛行甲板を延長したものが想像されていた。全般的に「巨大な（軽空母）龍驤」を思わせる艦姿である。兵装は8インチ（20.3cm）砲10門、4.7インチ（12cm）高角砲16門、機銃28挺、搭載数は最大60機（補用30機）とされている。

空母「加賀」は1934年（昭和9年）6月25日から1935年（昭和10年）6月25日までの改装工事により全通式飛行甲板を搭載された。写真は1936年（昭和11年）に撮影された「加賀」。

空母「加賀」（改装後）

基準排水量:38,200トン、公試排水量:42,541トン（または42,279トン）、全長:247.65m、水線幅:32.5m、吃水（平均）:9.479m、飛行甲板（全長×最大幅）:248.576m×30.48m、主缶:ロ号艦本式重油専焼缶（空気余熱器付）8基、主機:ブラウン・カーチス式高低圧タービン2基、艦本式高中低圧タービン2基/4軸、出力:127,400馬力、速力:28.34ノット（または28.95ノット）、航続距離:16ノットで10,000浬、兵装:20cm50口径単装砲10基、12.7cm40口径連装高角砲8基、25mm連装機銃11挺、搭載機:艦戦12＋3機、艦爆24＋6機、艦攻36＋9機（計:常用72機＋補用18機）、乗員:1,705名既に米の空母部隊は演習の実績に支えられる形で、高速で敵勢力圏内に深く進攻し、敵深部の重要目標に大規模な航空攻撃を実施できる能力を持つ「世界で唯一の戦略攻撃可能な部隊」という扱いを受けるようにもなっていた。

その一方で、欧米各国では脅威対象国に本格的な戦略爆撃を可能な航空兵力の整備検討が進められつつあり、当時、「戦略攻撃可能な独立空軍」の編成を目指した活動を開始していた米の陸軍航空隊（ＵＳＡＡＣ）（※）もその中の一つだった。米国では１９３５年に米の最高司令部直属で、陸軍との協同作戦を考慮しない「ＧＨＱ空軍」と呼ばれた戦略空軍の礎《いしずえ》となる部隊が建制済みだったが、当時は米が他国への戦略攻撃を実施する、または受けるような事態が想像し辛いこともあり、設立当初からその兵力拡大に困難が生じている状況にあった。

このため、米陸軍航空隊の上層部は、米海軍の警戒網を潜り抜けて米西岸に接近する日本の空母部隊を迎撃するのは米本土防衛の任務を帯びる米陸軍の航空隊の仕事であり、日本の空母をその艦上機の攻撃圏外で捉えて撃破することが可能な大型爆撃機兵力の拡大を国民向けに訴えることで、戦略爆撃可能な爆撃機兵力の拡充を図る方策を進める。

この大型爆撃機の兵力拡充を企図した米陸軍航空隊の国内向け運動では、日本の空母部隊は米西岸の大都市への無差別攻撃や、市民生活や製造業等のインフラを支えるダムや発電所を攻撃し、その地域に大きな被害を生じさせる存在として扱われた。そして、その脅威となる日本空母の代名詞的存在となったのが、当時の日本海軍が持つ最大の空母だった「赤城」と「加賀」の両艦であり、これにより「赤城」と「加賀」の名称は、米国民に直接の脅威となり得る存在として認知されていくことになる。

そして太平洋戦争開戦当日の１９４１年12月７日（米時間）、米国民は米陸軍航空軍の言う日本空母艦隊の脅威が、決して架空のものでなかったことを真珠湾攻撃という一大惨禍によって思い知

（※）1941年に米陸軍航空軍（USAAF）に改編。

らされると共に、真珠湾を攻撃した日本の機動艦隊の旗艦として報じられた「赤城」の名前は、改めて日本艦隊の脅威の象徴的な存在として記憶されることになる。

ちなみに、真珠湾攻撃から3日後、米及びその同盟国である各国の報道機関に対して、米陸軍省が日本海軍の艦隊演習や艦艇の写真を公表しているが、その中で空母艦隊の旗艦である「赤城」は、改装後の写真が不鮮明なものであったことが影響してか、竣工時期の写真が公表されている。その結果、戦前からあった「日本の大型空母は多段式飛行甲板を持つ」というイメージが、真珠湾攻撃を通して改めて認識されてもいる。

戦時中に米で制作された戦意高揚映画で、日本の大型空母として多段式飛行甲板を持つ空母が出てくることがあるのは、米ではこれが「日本空母」の一般的なイメージとして定着していたことが大きく影響していたためと思われる。

この後、「赤城」に率いられた〝憎き日本の空母部隊〟は、真珠湾攻撃後の約半年にわたり、日本海軍の勝利の象徴とも言える存在として扱われていく。そして、ミッドウェー海戦で、日本空母部隊の脅威の代名詞たる「赤城」「加賀」を含む日本の四大空母が沈んだことは、米国民に真珠湾の復仇がなされたことを明瞭に示すと共に、同海戦の勝利を米海軍の大勝利であることを米国民に認知させる一助ともなった。なお、この海戦で米側が日本空母部隊に損害を与えたことは、「第一機動部隊司令部が旗艦『赤城』からではなく、『長良』から通信を発している」ことで、ようやく太平洋艦隊司令部に認知されたと言われている。

ミッドウェー海戦後、戦時中に両艦の情報は、米海軍の艦種に軽空母が登場した際、それまで「CV-2（「赤城」）」「CV-3（「加賀」）」とされていたものが、それまで「CV-1」とされていた「鳳翔」が軽空母扱いとなったことで、「赤城」が「CV-1」、「加賀」が「CV-2」に更新されたのを除けば、特に変更はなされず、公式には空母としての能力が低い艦という評価のままで終戦を迎えている。だが、戦前からの「日本海軍の空母部隊の脅威」を示す名称だった「赤城」と「加賀」は、戦後に太平洋戦争の戦記が発刊されると共に、廃れることなく、米国等でその意味合いでの再認識がなされるようになった。特に栄光ある日本海軍の勝利の期間、無敵艦隊とも言える存在だった「ナグモ・タスクフォース」の旗艦である「赤城」については、現在も「日本海軍を代表する、強大なる大空母」として、なお認識されている状態が続いている。

[備考]独伊の空母建造、「赤城」が牽引す

1935年の再軍備後にドイツ海軍が空母の建造を企図した時、空母設計の経験のない同海軍では、空母の艦内配置やその艤装品の設計をどのように進めるかについて、確たる自信なく進めざるを得ない状況となってしまった（艤装品については、空母の建造完了予定時期までに、完成するのがおぼつかないとすら考えられている状況だった）。

このため、ドイツ海軍は日本海軍に各種の技術貸与を打診、これを受けて、三段空母時代の「赤城」の図面や、日本空母で使用されていた各種艤装品の設計図等の引き渡しを行っている。

ドイツ側では、エレベーターの配置を除けば「赤城」の図面は特に役に立っていないとする論調があるが、実際には「赤城」の図面は、空母の艦内設計の指針として大きく役立っており、また、着艦制動装置や着艦誘導灯をはじめとする各種艤装品はドイツ海軍でほぼそのまま採用されている。

これを見れば、ドイツ空母は日本海軍の技術貸与がなければ成り立たないとも言える状況で、設計・建造が進められたのは確かだろう。

そして、ドイツ空母の設計とその艤装品を元にして改装が実施されたイタリアの「アキーラ」もまた、日本空母の影響を受けた艦と評されている。

近年、海外では艦及び艤装品を含めて、戦前の枢軸国空母の設計は、日本の空母設計が牽引する形で進められたという論調があるが、これは右記のような事実に立脚したものである。

改装により全通式飛行甲板を搭載された空母「赤城」。1941年（昭和16年）夏、撮影。

空母「赤城」（改装後）
基準排水量:36,500トン（または38,800トン）、公試排水量:41,300トン、全長:260.67m、水線幅:31.32m、吃水（平均）:8.71m、飛行甲板（全長×最大幅）:249.17m×30.48m、主缶:ロ号艦本式重油専焼缶（大）11基、同（小）8基、主機:技本式高低圧タービン4基/4軸、出力:131,200馬力、速力:31.2ノット、航続距離:16ノットで8,200浬、兵装:20㎝50口径単装砲6基、12㎝45口径連装高角砲6基、25㎜連装機銃14基、搭載機:艦戦12＋4機、艦爆19＋5機、艦攻35＋16機（計:常用66機＋補用25機）、乗員:1,627名

真珠湾攻撃へ向かう空母「赤城」から撮影された「加賀」（左。右は「瑞鶴」）。

1938年12月8日、進水時の独空母「グラーフ・ツェッペリン」（未成）。

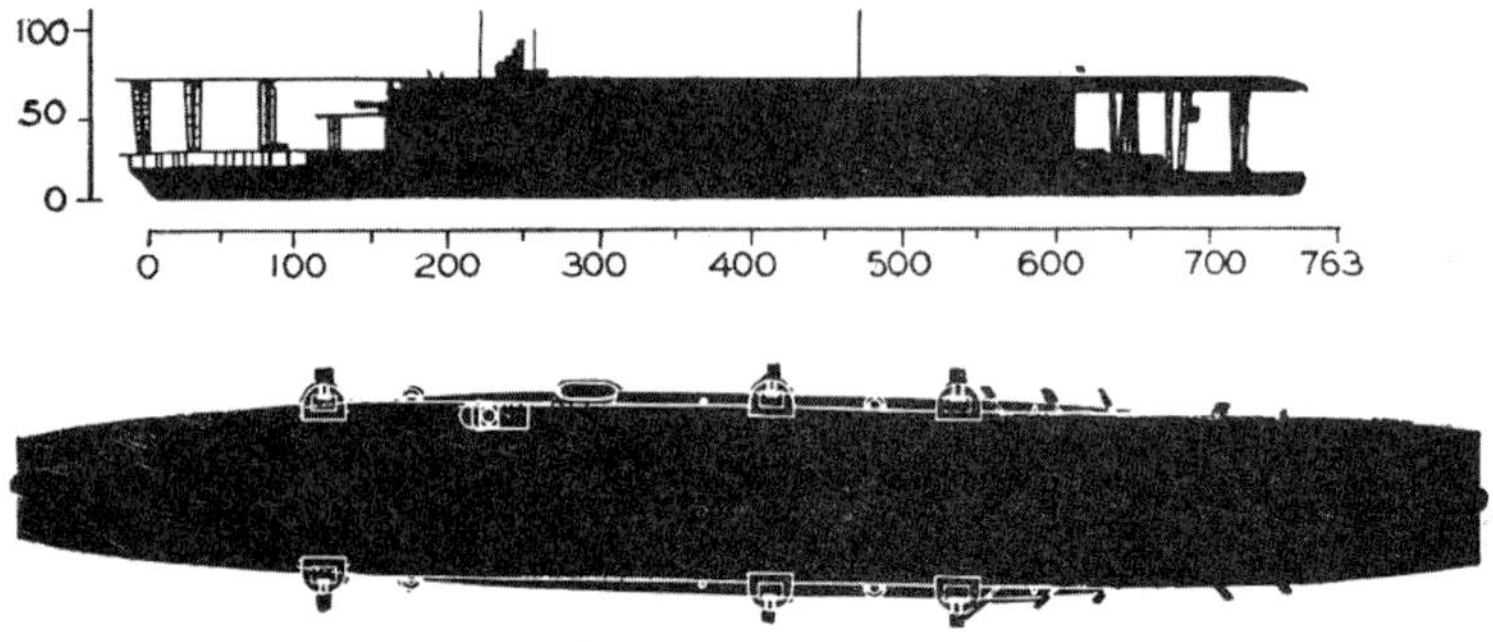

AKAGI.

Aircraft Carrier
AKAGI

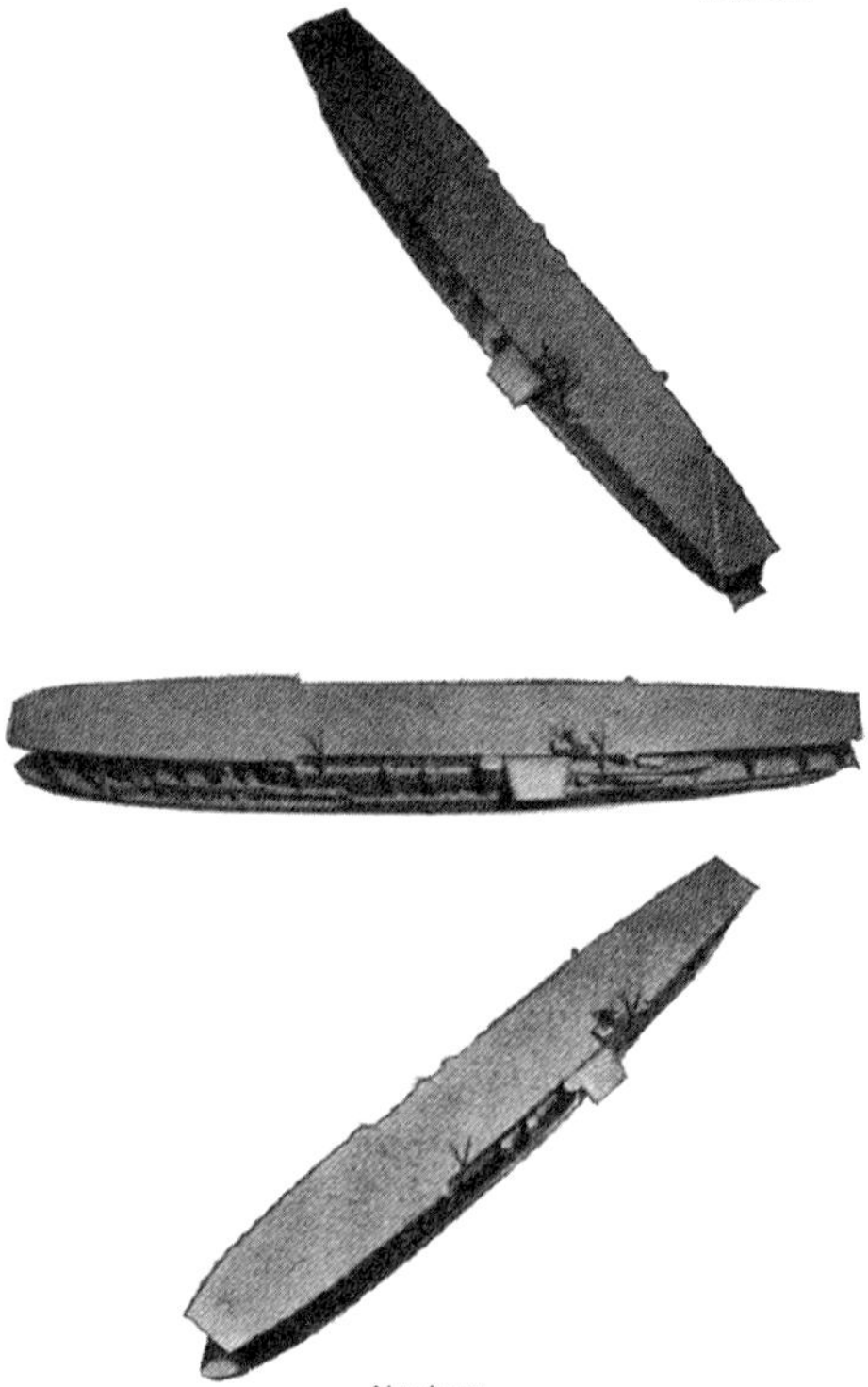

Air views.

1941年の「日本海軍艦艇識別帳(FM30-58)」に掲載された「赤城」のシルエット図および全体艦容の図。実艦と同様、全通式飛行甲板を備えているが、同艦の一大特徴である左舷に配置された艦橋は反映されていない。

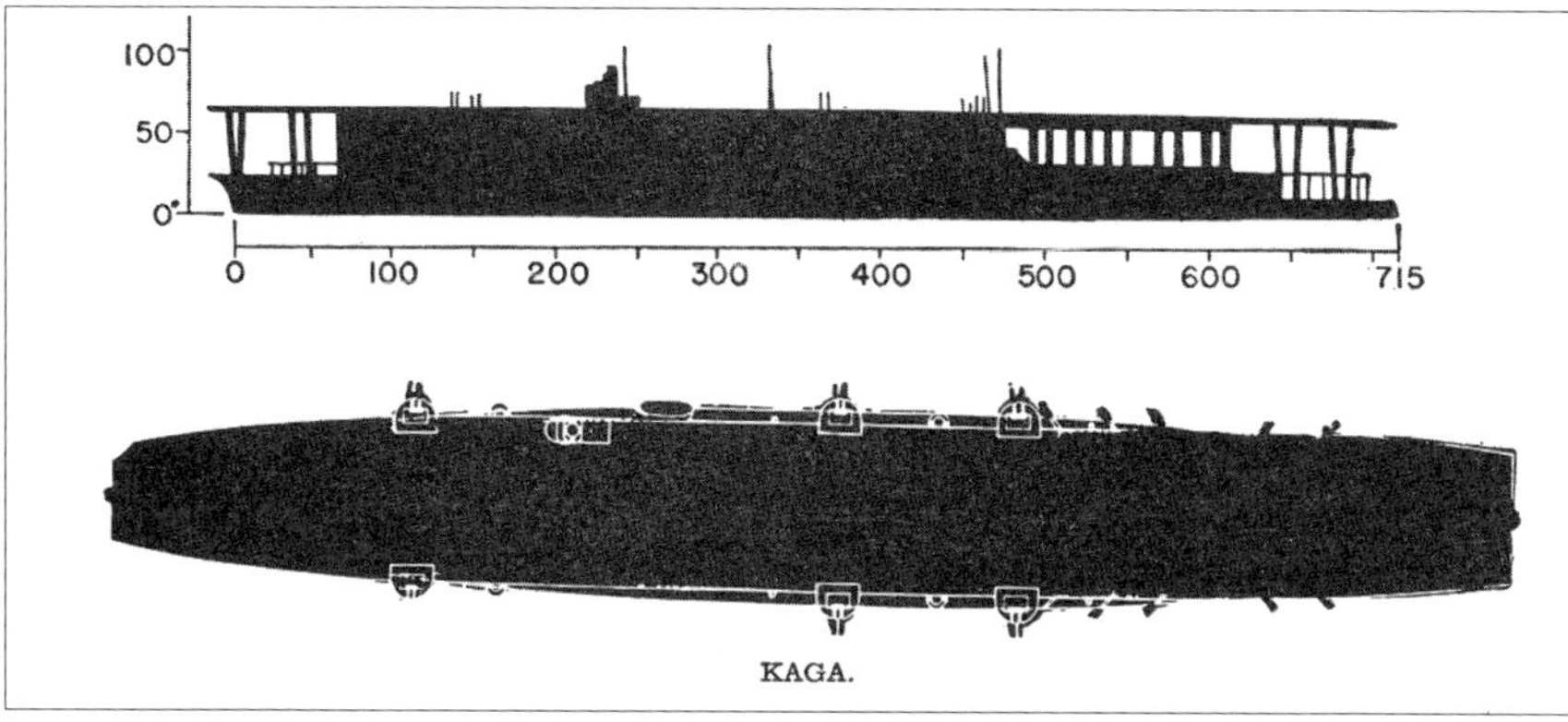

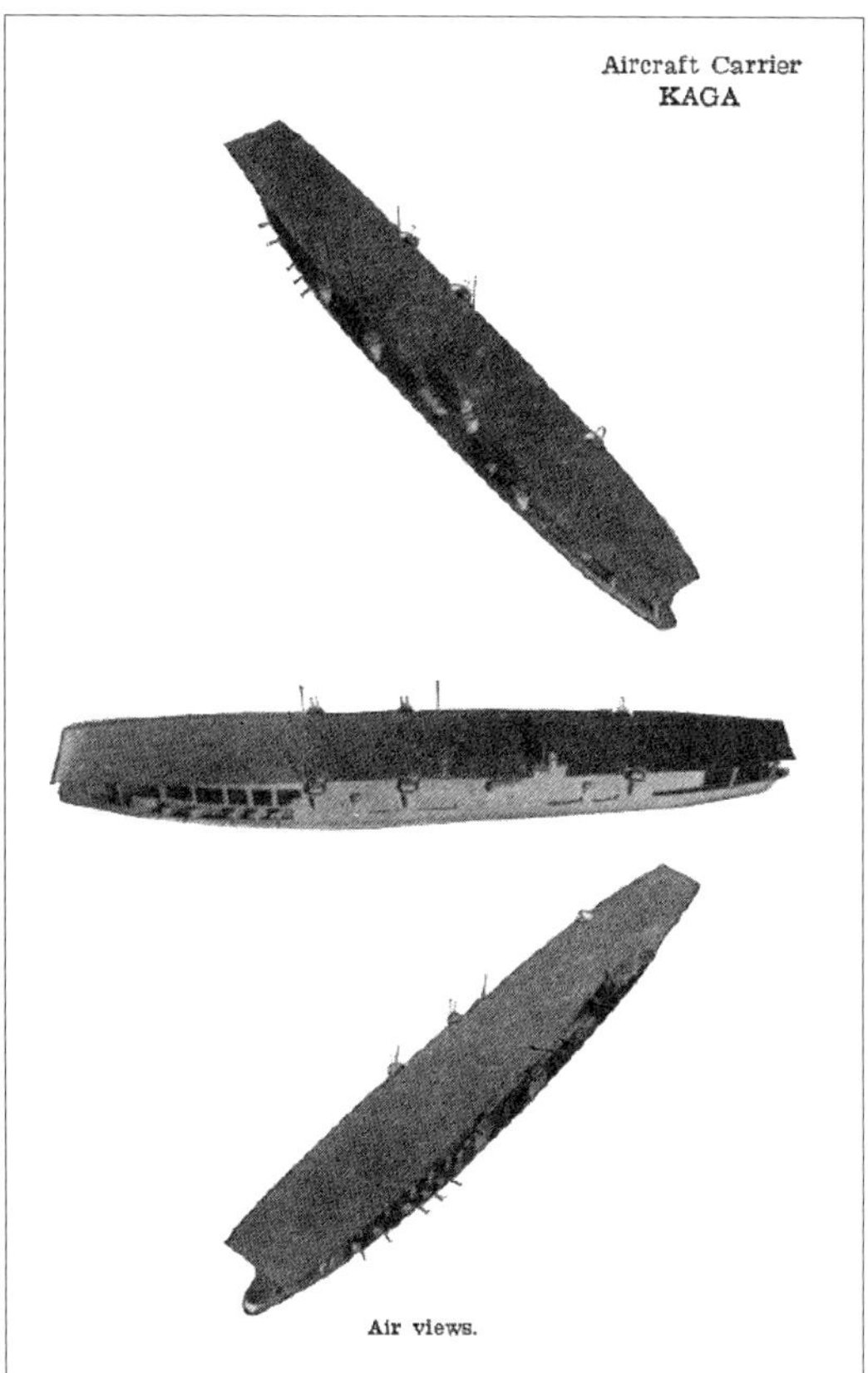

「日本海軍艦艇識別帳（FM30-58）」に掲載された「加賀」のシルエット図・全体艦容図。この時点で「赤城」「加賀」の搭載機数は最大40機と、かなり過小評価されていた。実際は「赤城」が常用66機＋補用25機、「加賀」が常用72機＋補用18機。

空母「蒼龍」「飛龍」

太平洋戦争前の『ジェーン年鑑』に見る空母「蒼龍」「飛龍」

1933年（昭和8年）の㊁計画の予算成立前、英米側は日本海軍が「龍驤」に続く空母整備計画として、ワシントン・ロンドン条約の排水量制限で残された2万100トンを用い、1万トン型2隻の空母建造を行うものと推測していたが、その詳細は判明していなかった。

この状況は、昭和9年（1934年）に成立した㊁計画で1万50トン型空母を2隻建造するとの対外的な公表がなされた後、順を追って改善される。「飛龍」が起工された直後に出された『ジェーン海軍年鑑』の1937年版では、「蒼龍級」の要目の記載が行われている。なお、ここでは「蒼龍」は英語表記で「ブルー・ドラゴン」、「飛龍」は「フライング・ドラゴン」という意味であるという注釈も付いていた。

この項の解説によれば、本級は基準排水量1万50トン、全長210mで全幅は20・8mと、総じて瑞鳳型よりも排水量は少なく、サイズ的には若干小型程度の空母として紹介されているなど、とても実体を表しているとは言えない数字が並んでいた。

その他の要目面でも、正しいのは砲兵装が12・7cm砲12門搭載とされたことと、主缶として艦本式缶8基を搭載し、主機は蒸気タービン4基という記載ぐらいで、機関出力は6万馬力と実艦の半分以下、速力も最大30ノットと不正確な要目が示されている。また、艦上機の搭載機数も40機と、実艦の計画搭載機数（57機）より少ないものでしかないなど、総じて日本側から漏れ出ていた「蒼龍」の情報が、全く実態を示さないものだったことが窺える表記となっている。

ただし、この要目のうち、速力は新補充計画案の中で検討されていた1万トン型補助空母の数値と同様であることから、本型以前の日本空母の計画案に関する情報を元にして、そのような推測を行った可能性もあるのかも知れない。ちなみに、海外の一部では潜水母艦の「大鯨《たいげい》」と比べて、全幅は異なるが、全長と排水量がほぼ同等として発表されていたこともあり、同艦と近い艦容を持つのではないかと推測されていた節がある。

なお、この『ジェーン年鑑』の項目の追記では、1938年度（昭和13年）計画で、3番艦の「こうりゅう（「蛟龍」もしくは「黄龍」か？）」が建造されるという注記があるのが目を引く。これは恐らく、同時期の空母予備艦の計画か、㊂計画で建造される空母計画の誤伝から発生したものではないかと思われるが、この幻の本級3番艦の存在は、英米では太平洋戦争の開戦後もしばらくの間、信じられ続けている。

「飛龍」の竣工年である1939年（昭和14年）になると、この年に出された『ジェーン年鑑』では公表された「蒼龍」の写真が掲載されるが、それを除けば艦に関する情報は特に得られていなかったようで、要目面では変化は生じていないが、「龍驤」の情報が誤伝したのか、艦の動揺安定対策用となる「ジャイロスタビライザーを搭載している」との報が追加された。また、例の三番艦の艦名が「翔鶴」（英語表記は何故か「ミーニング・クレーン」）に変わり、既に昭和12年（1937年）12月11日に横須賀工廠で起工済み扱いともされている。

追記によれば、「翔鶴」は元々艦名は「こうりゅう」と呼ばれていた艦で、一説には全長244mを超える新型空母として計画されたものとされるなど、これは明らかに㊂計画で計画された第三号艦「翔鶴」（横須賀工廠で昭和12年12月12日起工）が本型の3番艦と勘違いされて、情報が混濁したことによる誤記だろう。

開戦後の『ジェーン年鑑』と米軍情報における「蒼龍」「飛龍」

太平洋戦争開戦年に出た1941年の『ジェー

ン年鑑』でも、実艦に関する新規情報はほとんど得られなかったようで、要目は「機銃25挺が搭載された」という情報以外は以前と同様だ。その一方で、「蒼龍」と「飛龍」の竣工日が記載されると共に、「蒼龍」の公表写真と要目から推測された艦型図が追加されるという変化も生じている。

この掲載図では公表写真から把握できる本型が平甲板型ではなく小型の艦橋を飛行甲板部に有することや、艦首機銃座や舷側の高角砲配置等については、その情報に留意して描いている。だが、写真で飛行甲板が艦の最前部まで張り出しているのが分かるにも関わらず、飛行甲板より前の艦首部分がより長くされており、前部飛行甲板下に謎の甲板が一段せり出しているなど、実艦とはかなりの違いがあるものとなっていた。また、艦首及び上構の形状に「大鯨」を思わせる部分があるのは、以前からの「大鯨」と近い艦容を持つ可能性があると思われていたことの影響かも知れない。

ちなみに追記の項目では、「蒼龍」と異なって「飛龍」の艦橋が左側にあるという事実に基づく報告がなされる一方で、翔鶴型が別型式と判明したこともあり、幻の3番艦として「こうりゅう」の名前が復活している。これは当然ながら確報は得られていなかったが、「1937年に起工された」とされた「こうりゅう」の存在は、なお確実と見られていた。

他方、1941年の米海軍では、「蒼龍級」の空母について独自情報を交える形で考察を行っており、その内容は太平洋戦争の開戦後間もなく、米陸軍省が出した「日本海軍艦艇識別帳（FM30-58）」で把握することができる。この資料では「蒼龍」「飛龍」「こうりゅう」の3隻が就役中とされた「蒼龍級」の要目は、基本的に『ジェーン年鑑』に準拠はしていたが、機銃は16挺搭載と過小評価される一方で、搭載機数は53機とこの時期の「蒼龍」「飛龍」の常用機数に近いものとされ、航空攻撃力の面だけは正当な評価を受けていると評せる内容となっている。同資料には艦容を示す図版とそれを元にした模型の写真も掲載されているが、図版は細部は異なるものの『ジェーン』の艦容図

太平洋戦争開戦前、高知県宿毛湾における空母「蒼龍」。同艦は基準排水量12,000トンないし10,500トンの航空巡洋艦として計画されたが、友鶴事件・第四艦隊事件を経て設計が見直され、軍縮条約の効力切れもあり、基準排水量15,900トンの空母として完成した。

空母「蒼龍」
基準排水量:15,900トン、公試排水量:18,800トン、全長:227.50m、水線幅:21.3m、吃水（平均）:7.475m、飛行甲板（全長×最大幅）:216.9m×26.0m、主缶:ロ号艦本式重油専焼缶（空気余熱器付）8基、主機:艦本式高中低圧ギヤードタービン4基/4軸、出力:152,000馬力、速力:34.5ノット、航続力:18ノットで7,680浬、兵装:12.7cm40口径連装高角砲6基、25mm連装機銃14基、搭載機:艦戦21機、艦爆18機、艦攻18機（合計57機／開戦時）、乗員:1,101名（竣工時定員）

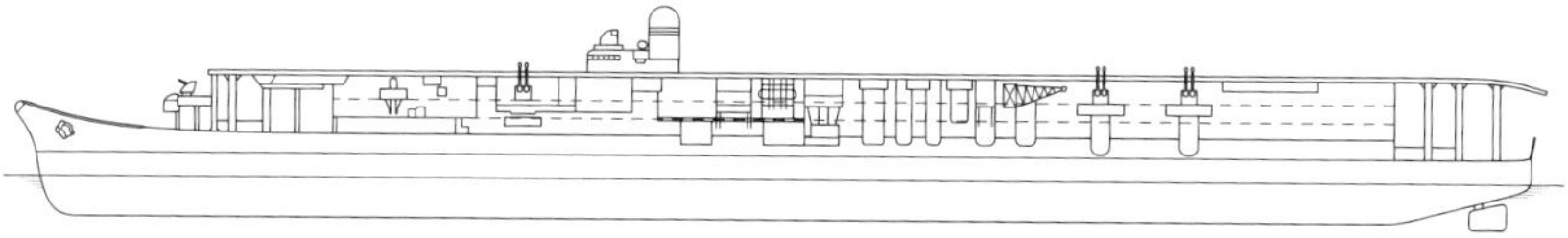

1941年版の『ジェーン年鑑』に掲載された“ブルー・ドラゴン”こと「蒼龍」の推測艦型図。艦首が飛行甲板前端より長い形状は、潜水母艦「大鯨」（後の空母「龍鳳」）を連想させる。

図版／おぐし篤

1939年（昭和14年）4月28日、公試運転中の空母「飛龍」。

空母「飛龍」
基準排水量:17,300トン、公試排水量:20,165トン、全長:227.35m、水線幅:22.0m、吃水（平均）:7.84m、飛行甲板（全長×最大幅）:216.9m×27.4m、主缶:ロ号艦本式重油専焼缶（空気余熱器付）8基、主機:艦本式高中低圧ギヤードタービン4基/4軸、出力:153,000馬力、速力:34.59ノット、航続力:18ノットで7,670浬（計画）、兵装:12.7cm40口径連装高角砲6基、25mm三連装機銃7基、同連装機銃5基、搭載機:艦戦21機、艦爆18機、艦攻18機（合計57機／開戦時）、乗員:1,101名（竣工時定員）

に近いものとして本型を示しており、そのため模型の造形も似ても似つかないものとなっていた。

太平洋戦争開戦と米英における「蒼龍」「飛龍」

上記の情報を元にする形で、太平洋戦争開戦前の「蒼龍」「飛龍」の評価は、相応の航空作戦能力を持つ小型空母と見なされている状況にあった。このためもあり、米英では日本空母の代表格として大型の「赤城」「加賀」の両空母の名称はそれなりに知られていたが、新型だがより小型で、「赤城」「加賀」を補完する存在と考えられたこれらの艦については、一般には無名だった。

だが、太平洋戦争開戦がこの情勢を変える。真珠湾の惨状が伝えられて大きな衝撃を受けた米国民に対して、攻撃直後の新聞報道で攻撃に参加した主要空母の中に「蒼龍」と「飛龍」が存在していたことが軍情報として出され、それと同時に『ジェーン』や米海軍の艦容図を元にした正確とは言い難い絵が新聞に掲載されたこともあり、「蒼龍」「飛龍」の名前とその艦容は、一気に米国民に認知された。そして両艦は以後、「赤城」「加賀」と共に日本海軍の緒戦の勝利を為した中核戦力となる憎き日本空母として、軍のみならず米国民に認知され続ける。

一方、英国ではやはり真珠湾攻撃の情報が端緒となり、その後、日本の南方作戦時におけるオーストラリアのダーウィン空襲や、インド洋での空母の機動作戦で多くの被害を生じさせた日本空母として、その名前が知られることにもなった。

そして「蒼龍」「飛龍」の艦名は、太平洋戦争の攻守所を変える戦いとなったミッドウェー海戦の、様々な局面で名前が挙がったことで、さらに名が売れることになった。同海戦では、ミッドウェー基地から飛来した第二波攻撃隊の空襲で、海兵隊のＳＢＤ隊が「飛龍」を攻撃して戦果を挙げ得ずに大きな損失を出すが、練度不足の隊員を率いて突入、戦死した指揮官のヘンダーソン少佐の名前は、後にその栄誉を讃えて、続く日米の決戦場となったガダルカナル島飛行場の名称となり、戦史にその名を残すことになる。

続くスウィーニー中佐の率いるB‐17の編隊は、「蒼龍」「飛龍」を爆撃して戦果を挙げたと報じ、「蒼龍」と思しい空母が損害を受けたとも判定されたことが伝えられる。米機動部隊を出撃した雷撃隊の行動では、「蒼龍」は「ホーネット」雷撃隊の目標となり、同隊で唯一生存したゲイ少尉機が雷撃を敢行し、「艦上を通過する時に艦橋で怒れる艦長を目視した」という逸話が残される。さらに「ヨークタウン」の雷撃隊は、零戦隊の迎撃をかいくぐって「飛龍」を雷撃し、辛うじて離脱に成功した2機も後に失われて、「ホーネット」隊と同様に全滅するという悲劇に見舞われることにもなった。

これだけでなく、両艦はミッドウェー海戦における米側の勝利を示す艦名としても知られている。まず「蒼龍」は海戦の運命を決め、後に「運命の五分間」と誤解される、米空母を発進した艦爆隊の攻撃の際、レスリー少佐が指揮する「ヨークタウン」艦爆隊の目標となって被爆大破したことで知られる。また攻撃の際、「蒼龍」が「大型空母」に見えたこともあって、公式報告に「蒼龍」を爆撃したと記録されたにも関わらず、搭乗員の中にはこれが1万トン程度の小型空母と信じられていた「蒼龍」ではなく、大型空母の「加賀」であると主張する者も少なくなかった。

実際に「ヨークタウン」隊が「加賀」を爆撃したとする戦記も存在するだけでなく、戦史家のウォルター・ロードが『信じられぬ勝利』の執筆調査の際、インタビューを行った「ヨークタウン」艦爆隊の搭乗員に向かって「あなた方は『蒼龍』を爆撃した」と言うと、その搭乗員に「あなたは我々が小型の空母を爆撃したと言われるのか！」と激高されたという逸話が残るように、戦後もなお議論の対象となったことで知られている。

また、ミッドウェー海戦に参加した米潜水艦で、唯一日本機動部隊の攻撃に成功した「ノーチラス」が「蒼龍」と認識した被爆炎上中の空母を雷撃し、魚雷の命中爆発を確認したと報じて、戦果検証の結果承認されたことも、同海戦での「蒼龍」を巡る戦闘の華として記録された。この記録は戦後に行われた日米の記録に基づく検証により、「ノーチラス」が目標としたのが「加賀」だったことが確認された後も残っており、現在も米海軍の公式報告記録では「蒼龍」が米艦爆隊の攻撃と「ノーチラス」の雷撃で撃沈されたこととされるように、なお米側では正史として扱われている。

また「飛龍」についても、三空母の被爆後に反撃を加えて「ヨークタウン」を戦闘不能としたことが知られるだけでなく、米艦爆隊の攻撃で「飛龍」が被爆損傷して戦闘不能となったことが、ミッドウェー海戦の勝利を決定づける出来事として知られることになった。そしてこれらの戦闘の記録と、ミッドウェー海戦を扱う戦時中の戦意高揚映画及び戦後の映画作品のお陰もあり、「蒼龍」「飛龍」の名前は、米国で「ナグモ・タスクフォース」の中核的存在の艦として、現在まで相応に認知されている状況にある。

なお、ミッドウェー海戦で「蒼龍」「飛龍」が沈没したのが確認されて間もなく、幻の空母「こうりゅう」も姿を消した。開戦後も米海軍ではこの名前の空母が存在すると考えられていたのだが、ミッドウェー海戦後に開戦時の日本海軍の空母兵力を示す資料の入手に成功、第一航空艦隊及び連合艦隊の指揮下にあった10隻の艦隊型空母の中に「こうりゅう」は存在せず、整備途上の空母にもその名がないことが確認されたため、艦名リストからその名称が抹消された。

この情報は民間にも流され、１９４２年（昭和17年）版の『ジェーン海軍年鑑』でも、「以前の版にあった『こうりゅう』の艦名を持つ空母が存在しないことが判明したため、この版からその名前を削除した」旨の記載がなされている。

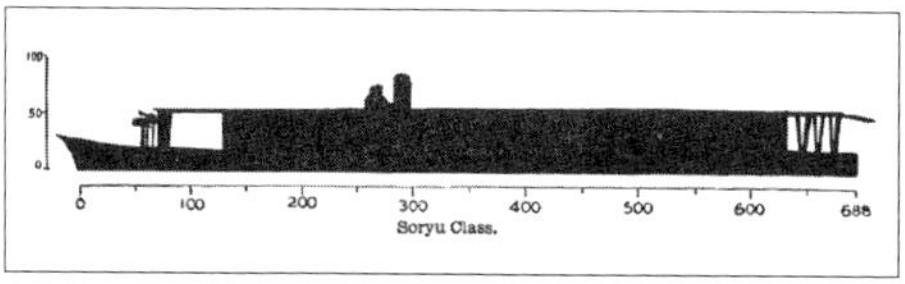

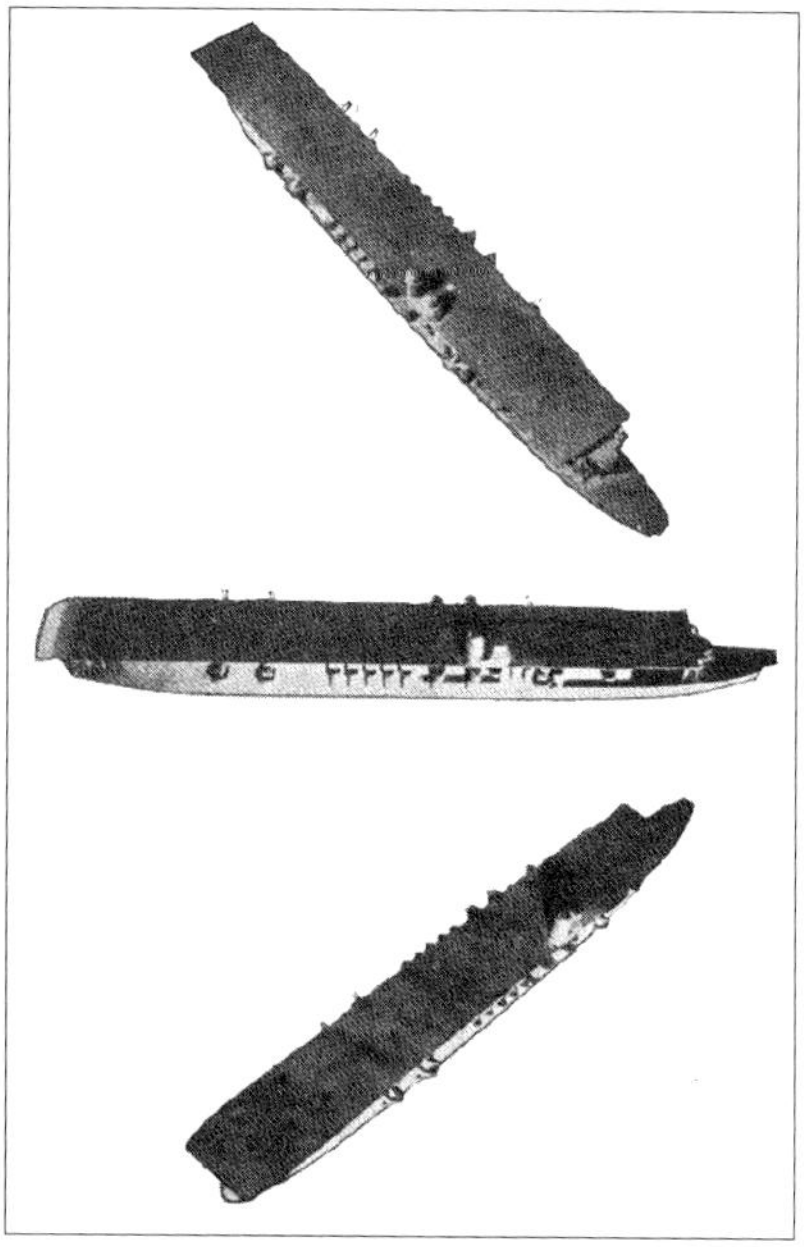

「日本海軍艦艇識別帳（FM30-58）」に見られる「蒼龍型」の識別図および模型写真。当時の『ジェーン海軍年鑑』にも掲載された情報に基づいており、艦首部分が飛行甲板前端より前へ突き出ている点、飛行甲板の前・一段下に機銃座を置くと見られる甲板がある点など、実艦と異なる様相を呈している。

ミッドウェー海戦時、ミッドウェー航空隊のB-17による爆撃を回避する「飛龍」。

翔鶴型空母・空母「大鳳」

ワシントン・ロンドン条約後の日本海軍艦艇に関する情報取得

日本海軍がワシントン・ロンドン軍縮体制下から抜け出たことで、日本は個艦及び保有量の制限のみならず、新造艦の起工時に艦名及び基本的な要目を含む新艦の情報を条約締結国に通知する義務からも脱却した。これに加え、日本側の情報秘匿がより厳しさを増したこともあり、以後、海外では日本の新型艦に関して、基本的な艦種及び艦名等の情報すら誤解が生じるという状況が生まれる。本項の主題である翔鶴型も、そのような中で様々な誤解が生じた艦であった。

1937年（昭和12年）に確定した日本海軍の第三次海軍整備計画（㊂計画）における新型艦艇整備の情報は、海外には1938年（昭和13年）には段階的に伝わりはじめており、1939年版の『ジェーン年鑑』にも、1937年12月11日（実際は12日だが、英米の標準時間帯での記載か？）に横須賀工廠で「翔鶴」（訓令式ローマ字に準ずるジェーン式記載ではSyokaku）」が蒼龍型3番艦として起工されたことが報じられている。ただし、実際には同艦は起工時点で艦種が報じられておらず、『ジェーン』は何かしらの情報源から同艦を空母と判定したと推察されるが、それでも蒼龍型の同型艦とされたことは、海外に基本的な情報が出されなかったことを良く示すものだろう。

ちなみに、「翔鶴」には1939年6月1日の進水時に艦名以外の情報が出されず、外電で「かけづる（Kakedzuru）」と誤って報じられ、さらに「かでくる（Kadekuru）」に化けたという有名な逸話があるが、「瑞鶴」も海外の日本語新聞で艦名のルビに「〜つる」を振っている例が見受けられるので、外電では「翔鶴」同様に艦名が誤って伝えられていた可能性があるやも知れない（「みずづる」もしくは「ずいつる」？）。

なお、この時期、海外では両艦の艦種について、新型戦艦（大和型）もしくは日本が建造中と誤解されていた高速装甲艦（袖珍《しゅうちん》戦艦＝ポケット戦艦：秩父型）と報じるのが一般的でもあった。

だが、その中でも『ジェーン海軍年鑑』は流石というべきか、１９４１年（昭和16年）版では新型空母として「翔鶴」（１９３９年６月２日進水）と「瑞鶴」（１９３９年11月25日進水／実際には27日）の両艦は、１９４１年中に竣工予定と、微妙に間違いつつも肯首できる情報を記している。ただし、要目については、基準排水量１万７０００トン、全長２４３・８ｍで搭載機数は45機、12・7cm高角砲12門を搭載して速力30ノットを発揮可能と、微妙に「飛龍」の要目が混じっている気がする、正確とは言い難いものが記されていた。

太平洋戦争開戦後の翔鶴型に関する情報取得

太平洋戦争開戦後、翔鶴型は真珠湾を攻撃した「ナグモ・タスクフォース」所属の憎き日本空母兵力の一翼を成す艦として一躍有名となる。ただし、この時点では米海軍が得ていた翔鶴型の情報も、『ジェーン年鑑』同様に不正確なことには変わりはなかった。

これは開戦直後に出た「日本海軍艦艇識別帳（FM30-58）」で、空母として「瑞鶴型」の「瑞鶴」と「高砂《たかさご》」の２隻が、またこれとは別艦型で「翔鶴」が建造中であり、要目は前者が基準排水量２万トン、全長２４３・８ｍ、幅30・48ｍで搭載機は45機、速力30ノットを発揮可能であり（兵装表記なし）、後者は全長と速力は「瑞鶴」同様、搭載機数30～40機で、12・７cm高角砲12門を搭載するとの記載からも明らかである（さらに「翔鶴」とは別の存在として、「かでくる」が「秩父型装甲艦」として扱われているのも、米海軍の情報ソースが、確度の高い情報を得ていなかったことを示すものだろう）。

だがこの後、珊瑚海海戦で「ヨークタウン」艦爆隊のバーチ少佐が「翔鶴」と「瑞鶴」の発見報告で「2隻の大型空母を視認」としたのを嚆矢《こうし》として、以後の海戦で翔鶴型が米側の予測より大型かつ航空作戦能力に秀でる空母であることが認識されるようになり、これを受けて、米海軍識別帳の「翔鶴（SHOKAKU）型」の記載は、1942年10月の改訂で大きく書き改められた。

同改訂でも、排水量の記載は以前同様の1万5000トンのままであったことが示すように、この時点でも米海軍が得ていた情報はまだ少ないものでしかなかった。しかし、それでも艦の規模は全長251・8m、幅28・34m、兵装は12・7cm高角砲16門で、搭載機数は最大72機（定数54〜63機）で速力は30ノット（?）と、相応の大型高速の艦隊型空母であると見做せる要目に修正が図られている。

また、この時期には翔鶴型が相応の大型空母であるという情報は民間レベルにも伝わり、ミッドウェー海戦後に刊行された1942年版の『ジェーン年鑑』でも、艦の規模や兵装は以前の記載から変化はないが、排水量は2万トンに増大し、搭載機数も60機とするなどの上方修正がなされた（同年版には「翔鶴」「瑞鶴」の他に3番艦として「龍鶴」が竣工済みで、これは既に喪失したとの記載もある）。

これらの官民の資料にある記載から、この時期には翔鶴型が、まだ実艦より過小評価されている感も否めないが、大型の艦隊型空母として総じて有力な艦であると評価が変じていることが窺い知れる。

その後も本型の要目修正は続き、1943年（昭和18年）8月の米海軍の艦艇識別帳の項目修正では、翔鶴型の排水量を基準2万トン、搭載機数72機として、総じて艦の規模・航空機運用能力共に竣工時のヨークタウン級に匹敵する艦であるとの評価が下された。さらに1944年に出た「貧乏人のジェーン年鑑」こと『THE ENEMY FIGHTING SHIPS』の「恐るべき2隻の翔鶴型空母」の章では、「以前は搭載機数を45機としていたが」との前置きをした上で、排水量1万7000〜1

竣工直後の1941年（昭和16年）8月23日、横須賀軍港で撮影された空母「翔鶴」。

翔鶴型空母（竣工時）
基準排水量:25,675トン、全長:257.50m、水線幅:26.0m、吃水（平均）:8.87m、飛行甲板（全長×最大幅）:242.2m×29.0m、主缶:ロ号艦本式重油専焼缶（空気余熱器付）8基、主機:艦本式高中低圧タービン4基/4軸、出力:160,000hp、速力:34ノット（計画）、航続力:18ノットで9,700浬、兵装:12.7cm40口径連装高角砲8基、25mm三連装機銃12基、搭載機:84機（常用72機＋補用12機）、乗員:1,660名（計画）

1944年（昭和19年）10月25日、エンガノ岬沖海戦における空母「瑞鶴」。対空兵装は25mm三連装機銃18基、同単装機銃14基（推定）、12cm28連装噴進砲8基に強化された。

万9000トン（別項では2万トンとの表記もある）、全長256mで12・7㎝高角砲16門を搭載し、速力32～33ノットで搭載機数72～75機を搭載可能な艦と報じている。さらに、艦の防御面では舷側装甲こそ脆弱だが、珊瑚海海戦や南太平洋海戦で多数の爆弾を被弾しても沈没しなかったことを受けて、強大な水中防御と対爆弾の甲板防御を持つ艦であり、総じて戦前建造の日本空母の中では、最も大きな航空機運用能力と高速力、有力な防御性能を持つ最良の空母との高い評価が与えられている（ただし、同書では以前の『ジェーン年鑑』同様に「龍鶴」が珊瑚海海戦で喪失したとするほか、この時期には3隻の同型艦が建造中という出所不明の誤情報も記載されていた）。

翔鶴型空母への最終評価

米海軍における本型の評価は、サイパン島進攻作戦終了直後の1944年7月20日に発行された「日本海軍の統計概要資料（ONI‐222J）」で概ね確定を見る。この資料での翔鶴型は、全長251・8m、水線幅28・3m（飛行甲板最大幅30・5m）、基準排水量2万9800トン（実艦の公試排水量）と、相当の大型空母として認識されている。兵装も20㎜機銃16挺（恐らく48挺に増強）と機銃兵装に不正確な面があるが、高角砲の搭載数は12・7㎝高角砲16門と正確なものとなり、搭載機数は最大80機（常用72機）、速力は最大34ノットと、こちらも実艦に近い数値が示されていた。さらに防御面についても、飛行甲板と格納庫甲板の一部に装甲防御があるほか、今までの戦例も受けて、水密性は優秀でダメージコントロール能力も非常に良好とされたのも興味深い点と言えるだろう（この直前のマリアナ沖海戦で、「翔鶴」が被雷後のダメコンの失敗もあって沈没したことを考えると、いささか皮肉な評価とも言えるが）。

これらの記載から考えれば、この時期、本型は米側からも大型艦隊型空母として非常に有力な性能を持つ艦と見なされていたことは確かであろう。そして「瑞鶴」がレイテ沖海戦で沈没したことが確認されて、1945年1月以降に本型の記載が識別帳から消えたことで、この高い評価が戦時中の米側による本型の最終評価となった。

空母「大鳳」に関する米海軍の情報取得と評価

「日本海軍の統計概要資料（ＯＮＩ‐２２２Ｊ）」では、「恐らく本型の３番艦」として「大鳳」の存在が記されているが、同艦がマリアナ失陥後に取得した写真を含む各種資料により、翔鶴型とは別型であることが把握されたのはレイテ沖海戦後のこととなった。

１９４４年12月発行の「全日本海軍艦艇一覧目録（ＯＮＩ‐２２２Ｊ）」によれば、「大鳳」は全長２６２・１ｍ、幅30・５ｍ（飛行甲板部）、排水量３万５０００トン（？）、兵装は12・７㎝連装高角砲６基、搭載機数は80機の大型空母として扱われている。さらにこの時点で、既に写真が取得済みであったため、エレベーター配置等には誤解もあったが、艦容も概ね正確なものが把握されていたのが図版から窺える。

ちなみに、「大鳳」は米軍公刊の陸海軍将兵向け啓蒙用機関誌「RECOGNITION（直訳すれば「認識（識別）」）」誌の１９４４年12月号で「日本海軍最新の空母『大鳳』」との写真入りの特集記事で紹介されており、同記事では「この新型空母は強力であり、日本艦隊の大きな増援兵力となる」本艦は、80機を搭載することが可能で、強力な対空砲火を持つ「エセックス級に匹敵する大艦」との記載から、本艦が大型の艦隊型空母として相当の有力艦であると見なされていたことが窺える（「既に太平洋での海軍航空戦力は我に大きく有利であり、その登場は遅すぎた」ともある）。

本書は識別用の啓蒙資料だけに、外見面の特徴についても触れており、「（「大鳳」より全長が42・６ｍ小型の）英空母のイラストリアス級に艦容が類似している」ことを含めて、連合軍の空母と艦容が類似している危険な存在であり、敵味方識別の際に大きな注意を要する存在としているのも興味深い点だ。

この強大な空母「大鳳」の記載は、１９４５年春に米側がその喪失を確認した後に消えてしまう。このため戦時中の米側にとっては、「幻の空母」とも言える存在となった「大鳳」については、先の高い評価がそのまま最終評価として残ることとなった。

＊　＊　＊

戦後、海外で日本艦艇の行動履歴と戦時中の活動が明確となると、戦時中の米海軍評価と同様に、翔鶴型は有力な大型艦隊型空母として評価される存在となった。また、珊瑚海海戦以降、マリアナ沖海戦まで、ミッドウェー海戦を除く空母戦に「翔鶴」「瑞鶴」の両艦が空母部隊の主力として活動したこともあり、海外では太平洋戦争時の日本海軍空母部隊を支えた「Sho & Zui Duo」と紹介される存在ともなっている。

一方、マリアナ沖海戦で大きな活躍をせぬまま沈んだ「大鳳」は、戦後、公称に基づく要目が知られて評価が下がった感があるが、近年は「マリアナ沖では定数以上の搭載機を積んでいた」等の新情報が伝わったこともあり、総じて米空母に航空作戦能力は劣るが、英のインプラカブル級に近い能力を持つ有力な大型の艦隊型装甲空母として扱われるようになっている。

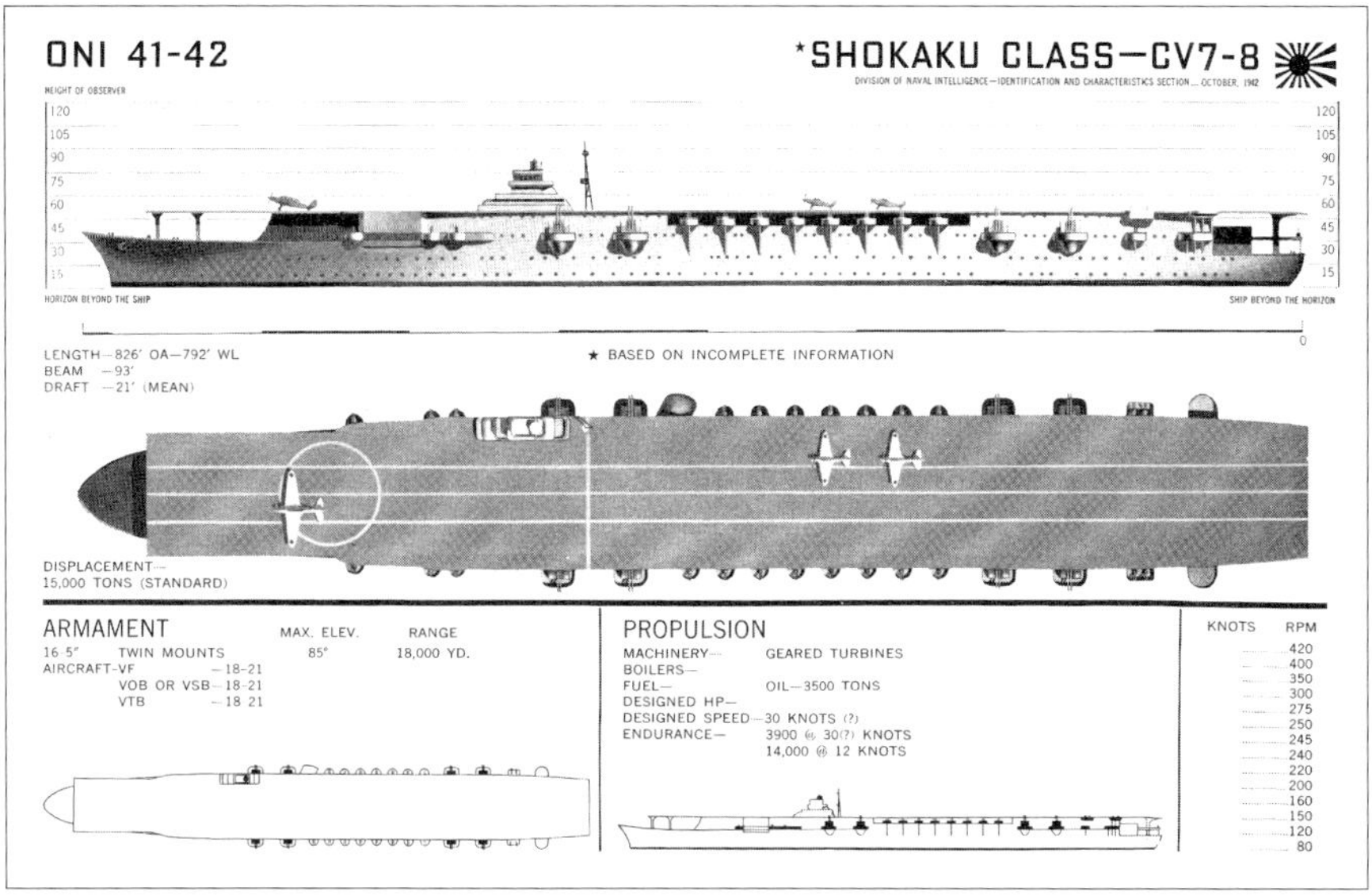

ONI 41-42

*SHOKAKU CLASS—CV7-8

DIVISION OF NAVAL INTELLIGENCE—IDENTIFICATION AND CHARACTERISTICS SECTION... OCTOBER, 1942

HEIGHT OF OBSERVER

120 105 90 75 60 45 30 15

HORIZON BEYOND THE SHIP

SHIP BEYOND THE HORIZON

0

LENGTH—826′ OA—792′ WL
BEAM —93′
DRAFT —21′ (MEAN)

★ BASED ON INCOMPLETE INFORMATION

DISPLACEMENT—
15,000 TONS (STANDARD)

ARMAMENT

		MAX. ELEV.	RANGE
16-5″	TWIN MOUNTS	85°	18,000 YD.
AIRCRAFT-VF	—18-21		
	VOB OR VSB—18-21		
	VTB —18 21		

PROPULSION

MACHINERY— GEARED TURBINES
BOILERS—
FUEL— OIL—3500 TONS
DESIGNED HP—
DESIGNED SPEED—30 KNOTS (?)
ENDURANCE— 3900 @ 30(?) KNOTS
14,000 @ 12 KNOTS

KNOTS	RPM
	420
	400
	350
	300
	275
	250
	245
	240
	220
	200
	160
	150
	120
	80

1942年10月に改訂された日本海軍識別帳（ONI 41-42）における翔鶴型空母の記載。基準排水量15,000トン、全長251.8m、幅28.34m、兵装は5インチ（12.7㎝）連装高角砲8基16門で、搭載機数は艦戦・艦爆・艦攻各18～21機、速力は30ノット（?）、航続距離は30ノット（?）で3,900浬、12ノットで14,000浬と記されている。

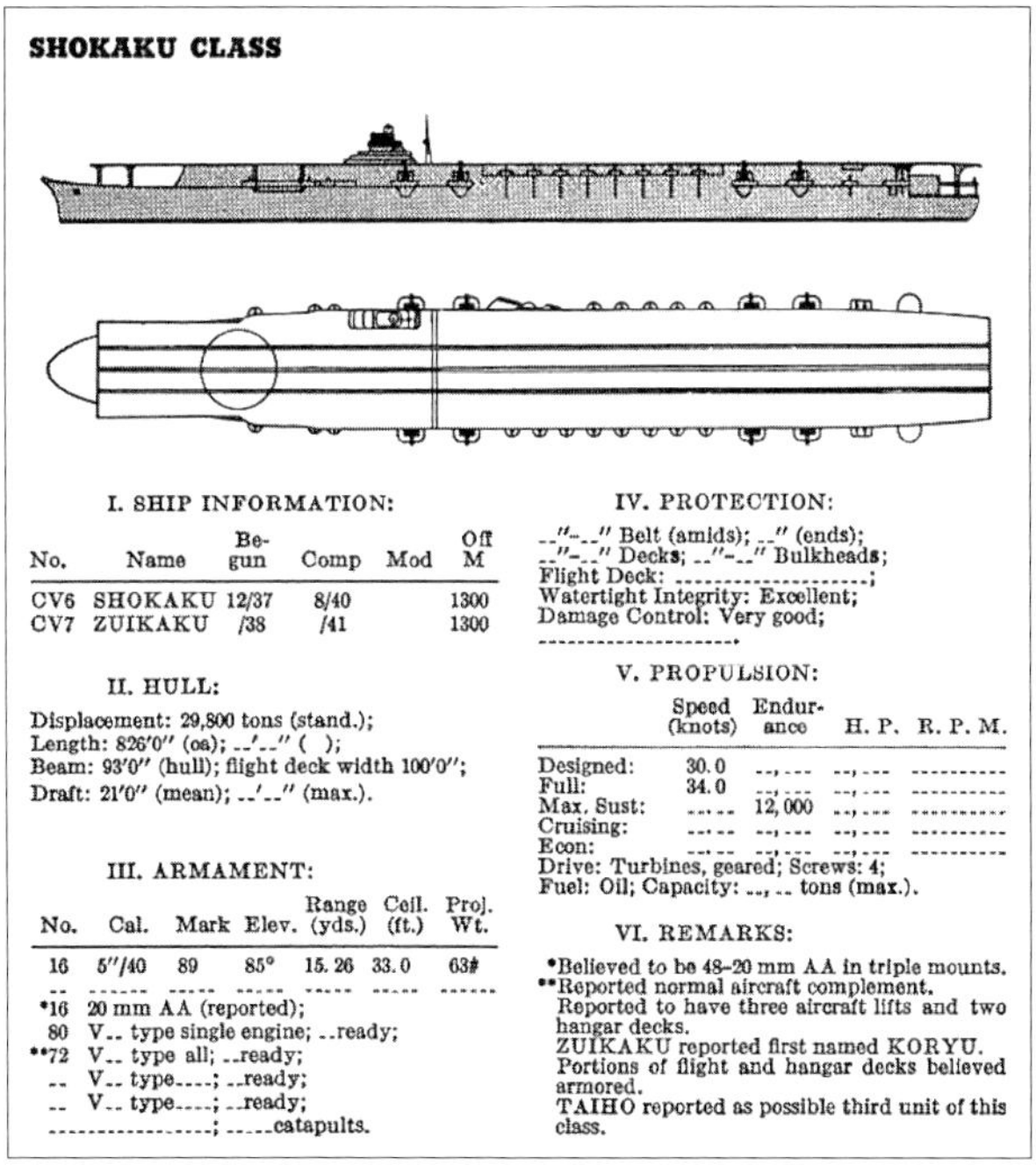

SHOKAKU CLASS

I. SHIP INFORMATION:

No.	Name	Be-gun	Comp	Mod	Off M
CV6	SHOKAKU	12/37	8/40		1300
CV7	ZUIKAKU	/38	/41		1300

II. HULL:

Displacement: 29,800 tons (stand.);
Length: 826′0″ (oa); --′--″ ( );
Beam: 93′0″ (hull); flight deck width 100′0″;
Draft: 21′0″ (mean); --′--″ (max.).

III. ARMAMENT:

No.	Cal.	Mark	Elev.	Range (yds.)	Ceil. (ft.)	Proj. Wt.
16	5″/40	89	85°	15. 26	33. 0	63#
--	------	-----	-----	-----	-----	------

•16 20 mm AA (reported);
80 V-- type single engine; --ready;
••72 V-- type all; --ready;
-- V-- type----; --ready;
-- V-- type----; --ready;
----------------; -----catapults.

IV. PROTECTION:

--″--″ Belt (amids); --″ (ends);
--″--″ Decks; --″--″ Bulkheads;
Flight Deck: --------------------;
Watertight Integrity: Excellent;
Damage Control: Very good;
--------------------.

V. PROPULSION:

	Speed (knots)	Endur-ance	H. P.	R. P. M.
Designed:	30. 0	--,---	--,---	----------
Full:	34. 0	--,---	--,---	----------
Max. Sust:	--.--	12, 000	--,---	----------
Cruising:	--.--	--,---	--,---	----------
Econ:	--.--	--,---	--,---	----------

Drive: Turbines, geared; Screws: 4;
Fuel: Oil; Capacity: --,-- tons (max.).

VI. REMARKS:

•Believed to be 48-20 mm AA in triple mounts.
••Reported normal aircraft complement.
Reported to have three aircraft lifts and two hangar decks.
ZUIKAKU reported first named KORYU.
Portions of flight and hangar decks believed armored.
TAIHO reported as possible third unit of this class.

1944年7月発行「日本海軍の統計概要資料（ONI-222J）」掲載の翔鶴型。基準排水量29,800トン、全長251.8m、水線幅28.3m、飛行甲板最大幅30.5mと記されている。兵装は12.7㎝高角砲16門は正確だが、20㎜機銃16挺・注記で48挺に増強という記載は不正確（実際は竣工時に25㎜三連装機銃12基36挺、最終時に25㎜三連装機銃18基54挺＋単装機銃14挺）。搭載機は最大80機・常用72機、速力34ノットとの記載も見える。

1944年（昭和19年）5月1日、タウイタウイ（フィリピン）に停泊する空母「大鳳」。

空母「大鳳」

基準排水量:29,300トン（計画）、全長:260.60m（または260.5m）、水線幅:27.70m、吃水（平均）:9.67mm（公試時）、飛行甲板（全長×最大幅）:257.50m×30.00m、主缶:ロ号艦本式重油専焼缶（空気余熱器付）8基、主機:艦本式高中低圧タービン4基/4軸、出力:160,000hp、速力:33.3ノット（公試33.4ノット）、航続力:18ノットで10,000浬、兵装:10cm65口径連装高角砲6基、25mm三連装機銃17基、同単装機銃25基、装甲:飛行甲板20mm+75mm、搭載機:53機（常用52機+補用1機）、乗員:2,038名（竣工時定員）

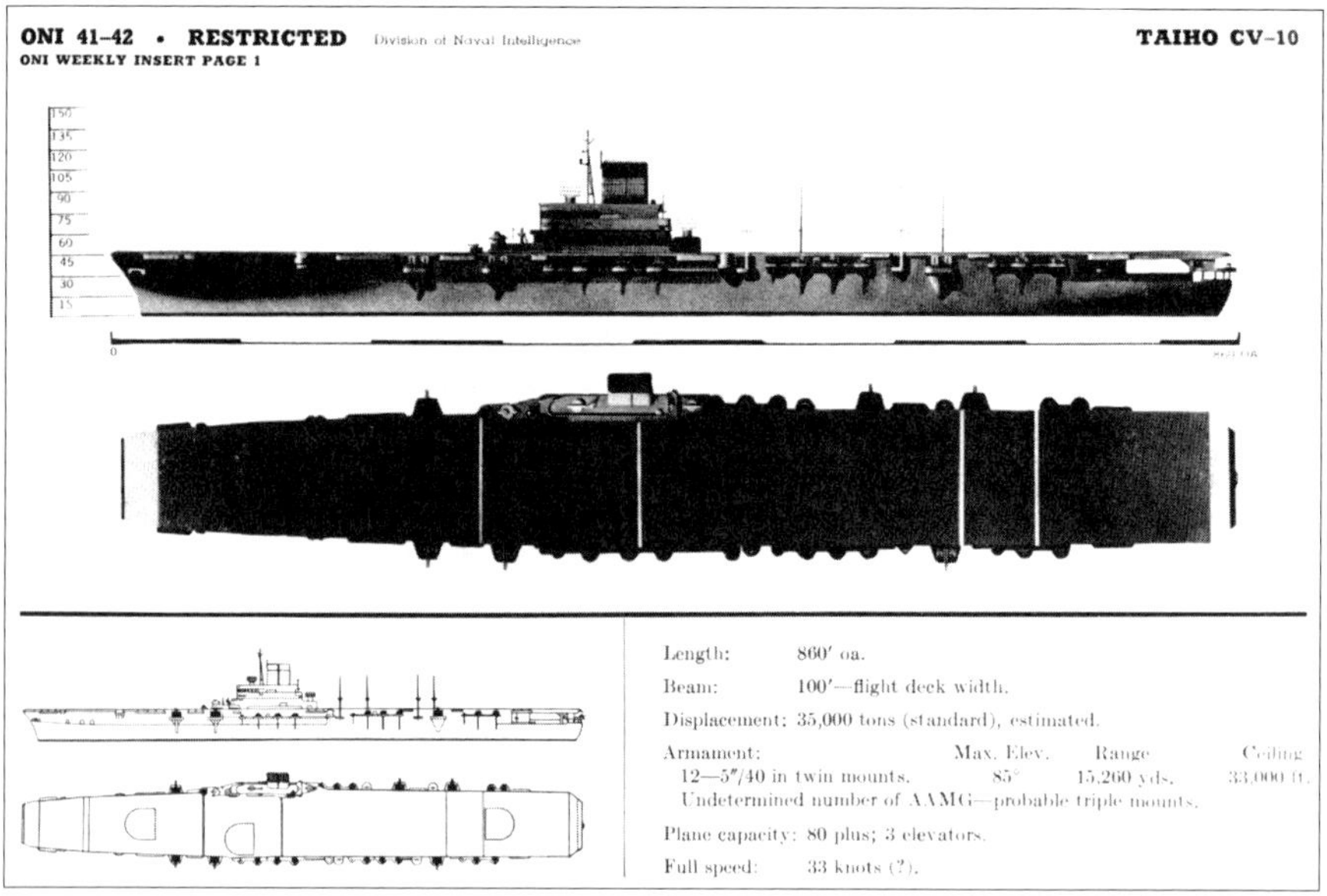

ONI 41-42 • RESTRICTED Division of Naval Intelligence **TAIHO CV-10**

ONI WEEKLY INSERT PAGE 1

Length:	860′ oa.
Beam:	100′—flight deck width.
Displacement:	35,000 tons (standard), estimated.

Armament:	Max. Elev.	Range	Ceiling
12—5″/40 in twin mounts.	85°	15,260 yds.	33,000 ft.
Undetermined number of AAMG—probable triple mounts.			

Plane capacity: 80 plus; 3 elevators.

Full speed: 33 knots (?).

米海軍識別帳（ONI 41-42）に見る空母「大鳳」。基準排水量35,000トン（推定）、全長262.1m、幅30.5m（飛行甲板）、兵装は12.7cm連装高角砲6基（実際は長10cm連装高角砲6基）と記されている。搭載機数は80機との記載があるが、実際には常用52機+補用1機。

TAIHO CV-10

ONI 41-42

From a recognition standpoint, this unit constitutes quite a departure from previous Japanese carrier design. Enclosed bow is distinguishing feature. The island arrangement resembles that of the HAYATAKA, as does the general shape of the flight deck.

This ship could easily be mistaken for the new British CV's and our own ESSEX units.

日本海軍識別帳（ONI 41-42）における空母「大鳳」に関する記載。エレベーターは3基（実艦は2基）とされ、実際には存在しない、艦橋の反対舷に中央エレベーターがある旨が記載されている。島型艦橋の配置は「HAYATAKA（隼鷹）」に似るとしている。

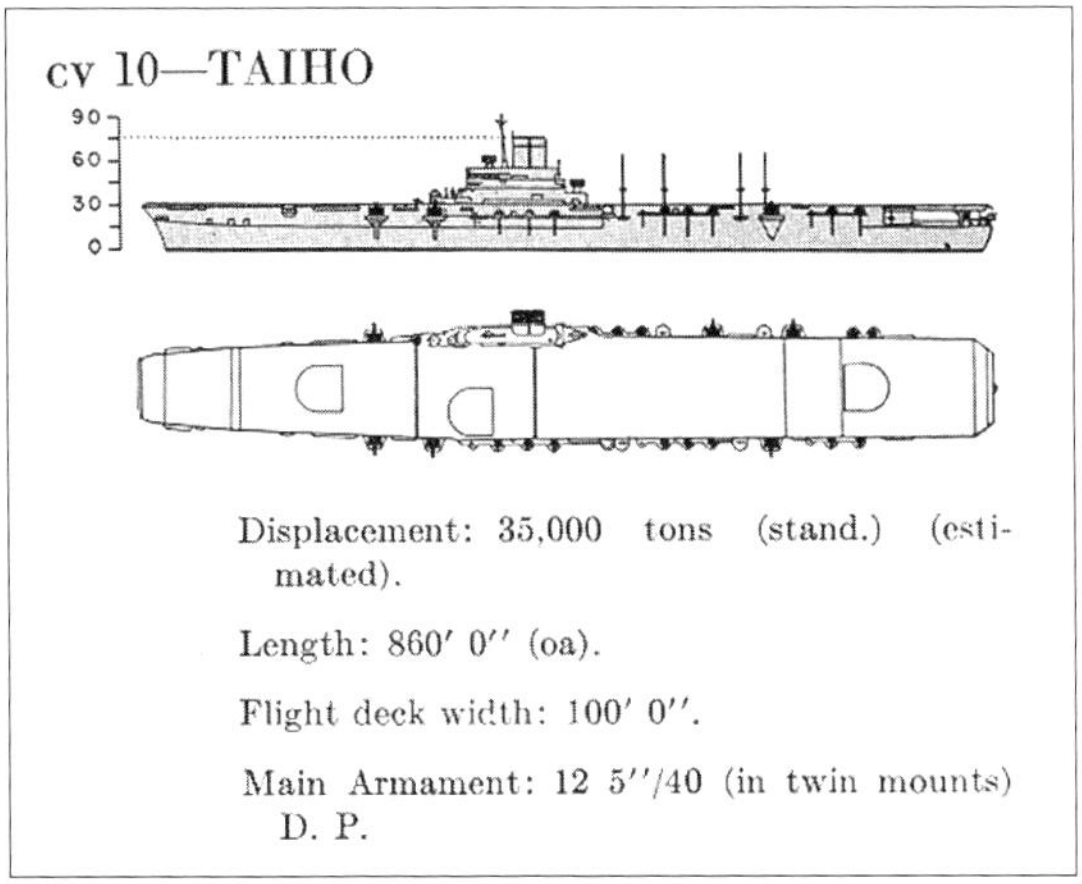
CV 10—TAIHO

Displacement: 35,000 tons (stand.) (estimated).

Length: 860′ 0″ (oa).

Flight deck width: 100′ 0″.

Main Armament: 12 5″/40 (in twin mounts) D. P.

1945年の日本海軍艦艇識別帳に記載された空母「大鳳」に関する記述で、ONI-222Jに基づき、基準排水量35,000トン、全長860フィート（262.13m）、飛行甲板幅100フィート（30.48m）、5インチ（12.7cm）40口径連装高角砲12基と記載されている。

「龍驤」・瑞鳳型・千歳型・「龍鳳」・「鳳翔」・隼鷹型・雲龍型

空母「龍驤」

「龍驤」は竣工後、海外では詳細な情報及び写真が入手できなかった艦の一つだった。これは1941年発行の『ジェーン年鑑』及び米軍資料において、基準排水量は日本側公称の7100トン、全長167m、艦幅18・4mないし18・6mで、機関出力は4万馬力、速力25ノット、兵装は12・7cmもしくは13cm連装高角砲6基及び機銃24挺を搭載するという、兵装以外は竣工時のものとも完全に合致しない数値が並んでいたことから窺える。また、搭載機数も、1936年に出された米海軍情報で艦戦16機、艦攻24機の計40機と実艦より若干多い数を記しているという例外を除けば、1941年に米陸軍省が出した資料を含めて、計画時の24機という数値が海外では一般的に流布されている状況にあった。

ただし戦時中も情報の改訂が行われ、1942年11月発行の米海軍の艦艇識別帳では、全長168・8m、高角砲の搭載数が5基とされるなどの要目変更が行われている。また同資料では、搭載機数を本艦の最終搭載機数に近い艦戦及び艦偵/艦爆を各16機（計32機）とし、その後に出た民間資料でも40機とされるなど、搭載機数の見直しが継続して行われたことは興味深いところだ。

蛇足ながら、米側では第二次ソロモン海戦で本艦を沈めたかどうかの確証が得られず、1944年（昭和19年）初頭までは「生存の可能性あり」として扱っていた。だが、同年夏には米軍の本格反攻開始後に得られた日本側資料で喪失が確認され、就役艦リストからその艦名が消えている。

瑞鳳型空母・千歳型空母・空母「龍鳳」

米英で瑞鳳型空母の存在が認識されるのには開戦後、かなり時間を要しており、これは米海軍の識別帳に1943年8月時まで「瑞鳳型」という名称が出てこないことからも窺える。同資料での本型の要目は、全長201・2mで基準排水量1万5000トン、速力は25ノットで搭載機数36機という、実艦と比較して艦の規模と搭載機数はやや過大で、速力は低めという不正確なもので、外形面でも明瞭な写真が入手できていなかったため、小型の島型艦橋を持つ艦と推測されている状況にあった。

瑞鳳型の同型艦として「龍鳳」が加わった1944年7月発行の「日本海軍の統計的情報（ONI-222J）」では、排水量は変わらないが全長が203・6m、最大幅24・4mと艦の規模がやや大型化するなどの要目修正が行われており、また、この資料の発行前に写真が入手できたようで、艦型も完全な平甲板型に艦容が改められている。兵装は12・7㎝連装高角砲6基、25㎜機銃は12挺と共に不正確で、搭載機数は以前同様だが、何故か「水上機母艦状態では最大57機」という完全な誤記もなされている。速力も以前と同様の25ノット表記だが「恐らくより早い」との注記がなされる等の変化も生じた。装甲防御等については記載が無いが、水中防御は珊瑚海海戦での「祥鳳」沈没時の攻撃評価・様相の影響か、「良好」と評価されたのは興味深いところだ。

続いて、1945年6月発行の「日本海軍（ONI-222J）」でも、艦の規模は全長217m、飛行甲板幅25m、搭載機数は最大40機と、さらに実艦からかけ離れたが、兵装は12・7㎝連装高角砲4基、各種対空機銃40挺と、こちらは実艦により近い表記となるなどの情報修正が行われた。ただし、その他の面では水中防御の高い評価を含めて、以前と同様の記載がなされている。

艦隊型水上機母艦の千歳型については、米側では1943年11月でもなおその任務で使用していると判断しており、同型が空母へと改装されたことを米側が確認したのは、対日反攻作戦の本格化後に日本側の情報資料を入手した1944年初頭以降のこととなった。

1944年7月発行の「日本海軍の統計的情報

（ＯＮＩ‐２２２Ｊ）」には、空母改装後の本型の要目として、基準排水量1万２０００トン、全長１９１・４ｍ、飛行甲板幅24・３ｍ、兵装として12・７㎝高角砲６門を持ち、速力27ノットで搭載機数は36機という、概ね当たらずも遠からずという数値が示されている。防御面については特に記載が無いが、水中防御は「バルジ（装着）」の文字があるので、この面では一定の評価を受けていたものと推測される。ちなみに、千歳型はレイテ沖海戦で喪失したことが米側でも早期に確認されており、このため以後も評価は変化していない。

開戦時期における「龍驤」を含む日本の艦隊型軽空母の米海軍における評価は、戦前にこの種の艦の航空作戦能力が大型空母に比べて低いと見なしていたこともあって、芳しいとは言い難いものだった。だが、戦争中盤になると、米海軍の軽空母兵力整備もあり、これらの艦に相当する日本の軽空母も「艦隊型大型空母を補完する存在として、艦隊の直掩任務等の各種任務で有用に使用できる存在」と相応の評価を受けるようになっている。

そして、この当時の米海軍の評価は、現在も日本の軽空母の評価として一般的なものとなっている。

空母「鳳翔」

日本最初の空母である「鳳翔」は、戦前を通じて『ジェーン年鑑』及び米海軍資料では、速力がやや優速（26ノット）とされる等はあったが、搭載機数が16～20機程度と推察されていたことを含めて、概ね竣工時の数字に基づく要目が記され続けている。戦時中期以降も艦の要目に変化は生じなかったが、水中防御は「並み」扱いとなり、「開戦時期より練習空母として運用されている」との情報も付されている。また、何故か戦争末期には本艦の搭載機数は36機（常用27機）に増大したと報じられており、総じて他の日本の軽空母に近い航空機運用能力を持つという、過大と言える評価が生じていた。

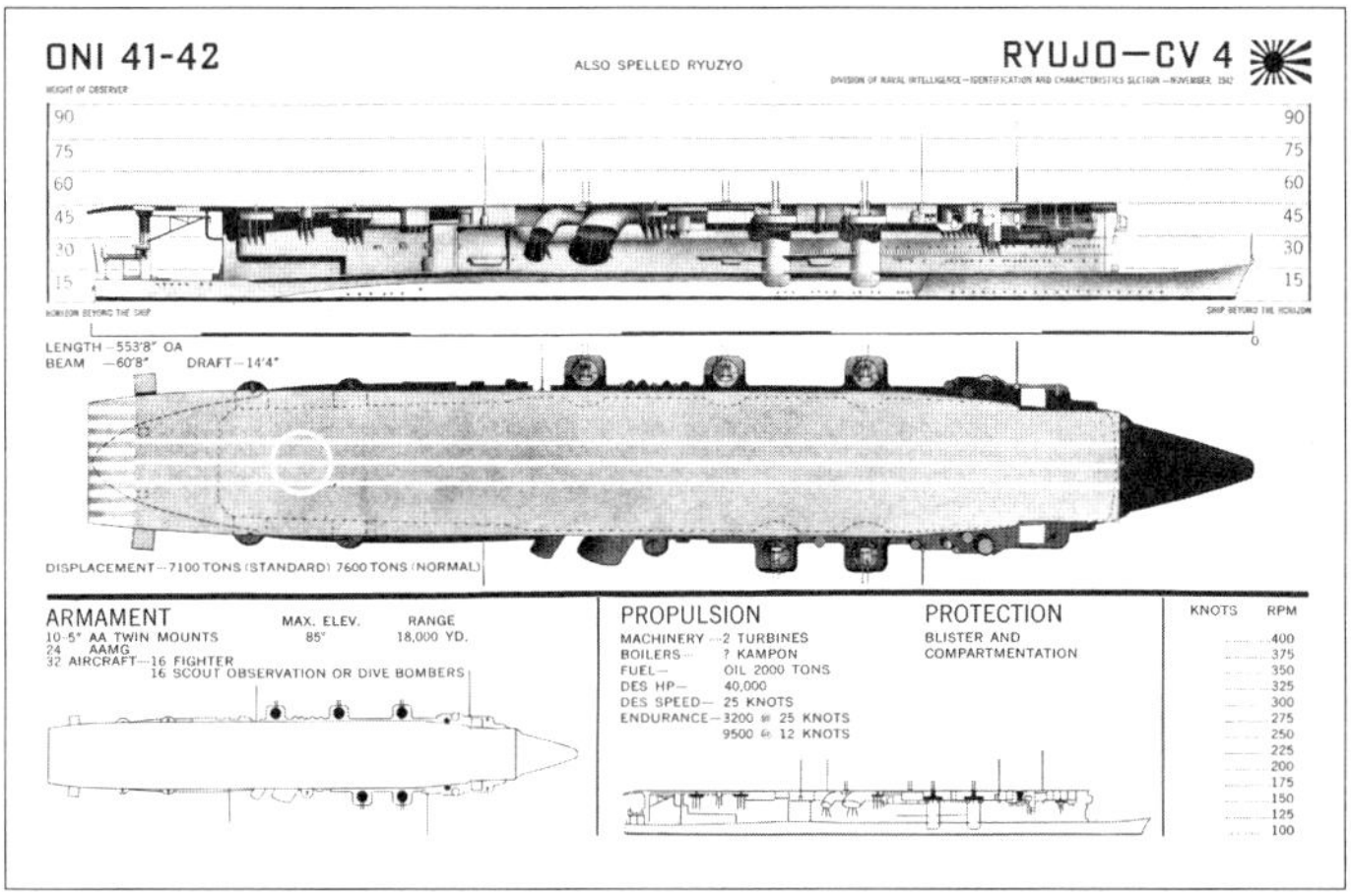

1942年11月発行「艦艇識別情報」(ONI41-42)に掲載された空母「龍驤」の頁。基準排水量7,100トンほか実艦とかけ離れた数値が記載されているが、搭載機数は艦戦16機＋艦偵または艦爆16機と実際に近いものとなっている。また、連装高角砲は竣工時6基から改装により4基に減らされたが、ここでは5基とされている。実際の要目は以下の通り。

空母「龍驤」(第二次改装後)

基準排水量:10,220トン、満載排水量:12,733トン、全長:180m、幅:20.78m、吃水:5.56m (計画)、飛行甲板 (全長×最大幅):158.6m×23.0m、主缶:ロ号艦本式重油専焼缶6基、主機:艦本式高低圧ギアードタービン2基/2軸、出力:66,269hp、速力:29.15ノット (実測)、航続力:14ノットで10,000浬 (計画)、兵装:12.7cm40口径連装高角砲4基、13.2mm四連装機銃6基、搭載機:36機 (支那事変時／艦戦12機＋4機、艦爆12機＋4機、艦攻3機＋1機) または32機 (太平洋戦争開戦時／艦戦12機＋4機、艦攻12機＋4機)、乗員:916名 (竣工時定員)

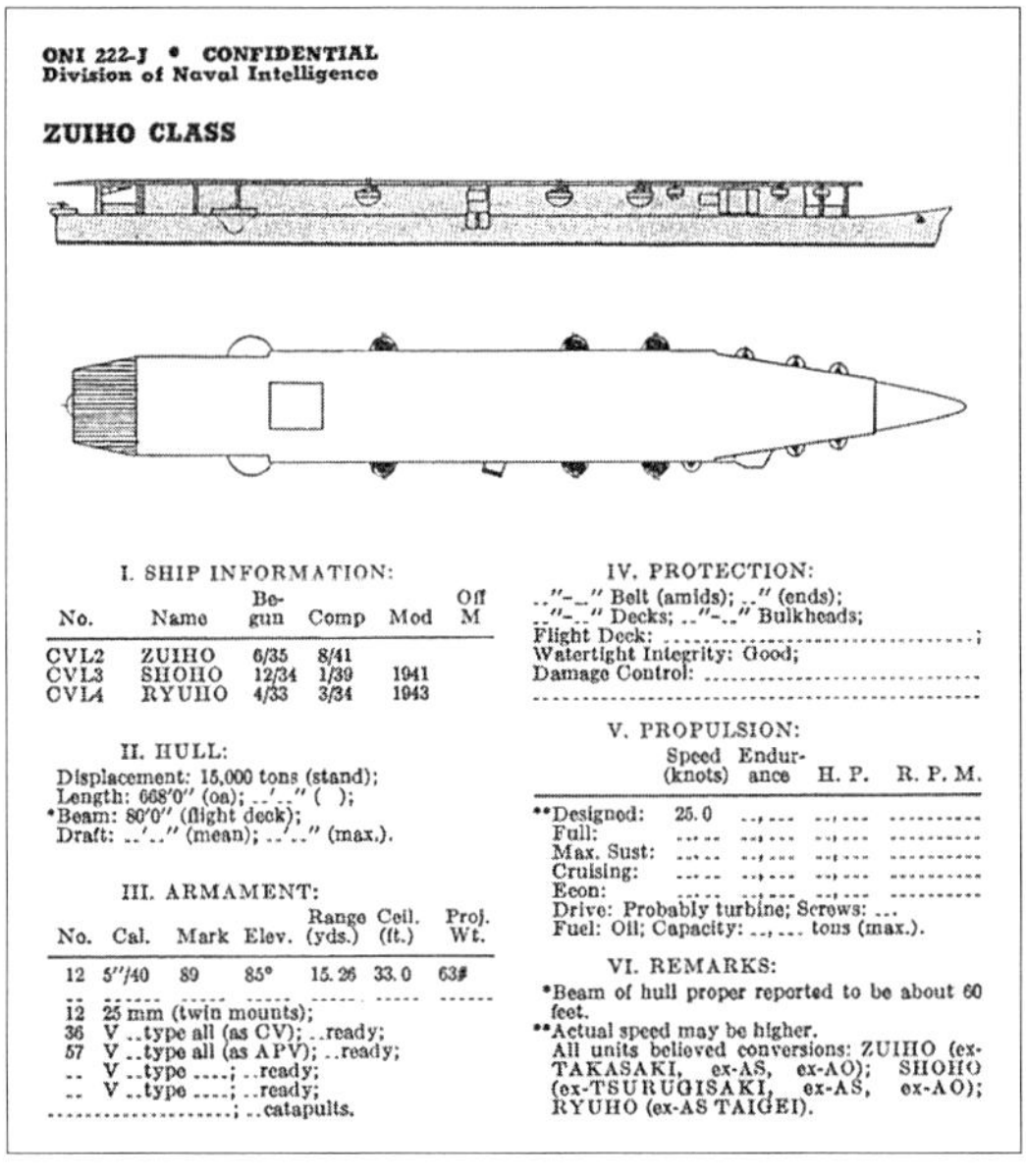
ONI 222-J • CONFIDENTIAL
Division of Naval Intelligence

ZUIHO CLASS

I. SHIP INFORMATION:

No.	Name	Be-gun	Comp	Mod	Off M
CVL2	ZUIHO	6/35	8/41		
CVL3	SHOHO	12/34	1/39	1941	
CVL4	RYUHO	4/33	3/34	1943	

II. HULL:
Displacement: 15,000 tons (stand);
Length: 668'0" (oa); ..'..." ( );
*Beam: 80'0" (flight deck);
Draft: ..'.." (mean); ..'.." (max.).

III. ARMAMENT:

No.	Cal.	Mark	Elev.	Range (yds.)	Ceil. (ft.)	Proj. Wt.
12	5"/40	89	85°	15.26	33.0	63#
..	......	.....	.....	.....	.....	......

12 25 mm (twin mounts);
36 V ..type all (as CV); ..ready;
57 V ..type all (as APV); ..ready;
.. V ..type ....; ..ready;
.. V ..type ....; ..ready;
....................; ..catapults.

IV. PROTECTION:
.."-.." Belt (amids); .." (ends);
.."-.." Decks; .."-.." Bulkheads;
Flight Deck: ....;
Watertight Integrity: Good;
Damage Control: ....
....

V. PROPULSION:

	Speed (knots)	Endur-ance	H. P.	R. P. M.
**Designed:	25.0	..,...	..,...	....
Full:	.....	..,...	..,...	....
Max. Sust:	.....	..,...	..,...	....
Cruising:	.....	..,...	..,...	....
Econ:	.....	..,...	..,...	....

Drive: Probably turbine; Screws: ...
Fuel: Oil; Capacity: ..,... tons (max.).

VI. REMARKS:
*Beam of hull proper reported to be about 60 feet.
**Actual speed may be higher.
All units believed conversions: ZUIHO (ex-TAKASAKI, ex-AS, ex-AO); SHOHO (ex-TSURUGISAKI, ex-AS, ex-AO); RYUHO (ex-AS TAIGEI).

1944年7月発行「日本海軍の統計的情報」(ONI-222J)掲載の瑞鳳型空母。これ以前の識別帳からの相違点として、「龍鳳」が同型艦となっている点と、艦容が完全な平甲板型となっている点が挙げられる。なお、「瑞鳳」の機銃装備は25mm三連装10基、連装4基、単装28基となっている(最終時)。

瑞鳳型空母

基準排水量:11,200トン (瑞鳳)、満載排水量:14,053.60トン、全長:205.50m、水線幅:18.00m、吃水 (平均):6.566m (公試時)、飛行甲板 (全長×最大幅):180.0m×23.0m、主缶:ロ号艦本式缶(空気余熱器付)4基、主機:艦本式高中低圧タービン2基/2軸、出力:52,000hp、速力:28.2ノット、航続力:18ノットで7,800浬、兵装:12.7cm40口径連装高角砲4基、25mm三連装機銃4基、搭載機:30機 (艦戦18機＋3基、艦攻9機)、乗員:785名

隼鷹型空母

米海軍では当初「飛鷹（HITAKA）型」と呼称された隼鷹型の情報が米海軍識別帳に掲載されたのは、瑞鳳型と同じく1943年8月の情報改訂でのことだった。

出自が大型客船の「橿原丸《かしわら》」（「隼鷹（HAYATAKAないしJUNYO）」）と「出雲丸《いずも》」（「飛鷹（HITAKA）」）であることが把握されていたこともあり、その要目は全長219・5m（水線幅は別資料で26・8m）、基準排水量2万8000トンで速力28ノット、搭載機数は48機～60機で12・7cm連装高角砲8基を装備と、実艦と比べると兵装と速力が過大ではあるが、総じて有力な中型艦隊型空母と見做されていたことが窺える数値が記されている。ただし、この時点で本型の艦容は明瞭になっていなかった。

この約1年後に発行された「日本海軍の統計的情報（ONI-222J）」の記載では、排水量は変わらないが全長227mとの変化が生じたほか、一定の精度を持つ艦容図も付記されていた。ただし、兵装面では（図では連装6基12門装備としておきながら）高角砲数は変わらず、20㎜機銃40挺装備のほか、噴進砲装備前の時期にも関わらず、（60～80㎜もしくはドイツの「ネーベルヴェルファー」150㎜）6連装対空ロケット弾発射機24基を装備という、出自不明の情報が付与された。搭載機数は60機と以前の上限値が示されたが、瑞鳳型同様に水上機母艦として95機を搭載可能という謎の記載もある。また、防御面は「良好」との文字がある水中防御以外は特に記載が無い。

「飛鷹」の喪失が確認されて、型式の艦名記載が「ハヤタカ」のみとなった1945年6月発行の「日本海軍（ONI-222J）」では、本型の特色として「当初から軍艦として改装することを考慮して設計された」云々の解説が付与されたのは注目すべき点と言える。ただし、要目面では、機関出力が4万5000馬力と追記され（なお、速力は以前同様）、搭載機数が51機に減った以外、特に以前のものから改正されていない。また、図版と要目の高角砲数が一致しないのも以前と同様だった。

中型艦隊型空母と同格の性能を持つとされたこともあり、本型は米側では戦時中より「艦隊型空母としての第一線での運用で、有用に使用できる能力を持つ大型の改装空母」として扱われている。これは米海軍での軽空母・護衛空母登場に合わせて、戦時中に日本空母の艦種類別変更が行われた中で、本型が最後まで正規空母（CV）扱いだったことからも窺い知れる。

また、戦後に日本側の情報が伝わるようになると、「改装艦だけに速力と防御力には限りはあったが、ミッドウェー海戦後、マリアナ沖海戦まで日本の空母部隊を支えた中型正規空母に準ずる能力を持つ艦」という、概ね正鵠を得た評価が海外ではなされるようになっている。

雲龍型空母

開戦直前に英米では、「飛龍型」三番艦として「蛟龍」と呼ばれる艦の建造が企図されていると噂されていた。だが、これは最終的に米軍では「瑞鶴」の初期艦名扱いとなり、その艦名の艦は存在しないものとした。

だが、１９４４年初頭になると、日本海軍が戦時計画で空母を増勢しているとの情報を受けて、戦前に建造中と言われていたが、一向に姿を現さない「秩父型（かでくる型）」の大型巡洋艦（高速装甲艦）を母体とした改装空母が整備されていると考えられるようになった。そして、米海軍では日本の戦時急造型空母である雲龍型空母こそ、それに該当する艦として扱っている（この誤解が生じたのは、一番艦を除く雲龍型各艦に対して、旧来なら大型巡洋艦に付与される艦名が付けられたことも一因となったようだ）。

米海軍の考えた雲龍型という空母が如何なるものであったかは、１９４５年6月発行の「日本海軍（ＯＮＩ－２２２Ｊ）」の記載から窺い知れる。それによれば、艦の規模は全長２２６・５ｍ、幅28・４ｍと「飛龍型」よりやや大きい程度だが、高速装甲艦を元にするだけに基準排水量２万

7000トンに達する大型空母であると予測されている。この資料の発行時点で偵察写真が得られていたことから、艦の設計は翔鶴型を元とするが、船体規模の差もあり、搭載機数は同型の80機（米側推測）に比べて50機と少なく、エレベーター数も2基に減少しているほか、兵装も高角砲数が12・7cm連装高角砲6基とされるなど、概ね実艦に近い要目とされているのは興味深いところだ。

ちなみに、この資料では竣工艦として「天城」「葛城」「笠置」、建造中として「阿蘇」「生駒」の艦名が上がるほか、喪失艦として「雲龍」と「信濃」の名前が挙がっており、これは米海軍が戦争終結時まで「信濃」の確たる要目を得ていなかったことを示すものとなっている。

他方、1944‐45年版の『ジェーン年鑑』では、雲龍型の出自が「秩父型」であるとするのは米側資料と同様だが、その設計はエンクローズド・バウ採用を含めて「大鳳」を元にしており、要目も「大鳳」同様の全長228・6m、排水量3万トン、速力30ノット以上を発揮可能な艦と報じていた。また、本型の同型艦とも言われる「葛城」については、その艦名から大和型の三番艦からの改装ではないかとの記載も見られる。

日本の超大型空母

1944年に発行された「貧乏人のジェーン年鑑」こと『THE ENEMIES' FIGHTING SHIPS』では、米海軍が整備中だった4万5000トン型の大型空母（ミッドウェー級）の対抗馬的存在として、未成の新型戦艦（同著で言う「安芸型」）の改装艦である全長274・3m、搭載機数90機の「スーパーキャリア」が建造中で、その艦名は「天城」と「赤城」であるとの記載がある。この記載と、先述の「葛城」の件から考えると、新型戦艦（大和型）の未成艦が空母への改装を受けているという情報は、あくまで未確認扱いではあるが、一応英米に伝わっていた可能性があるのやも知れない。

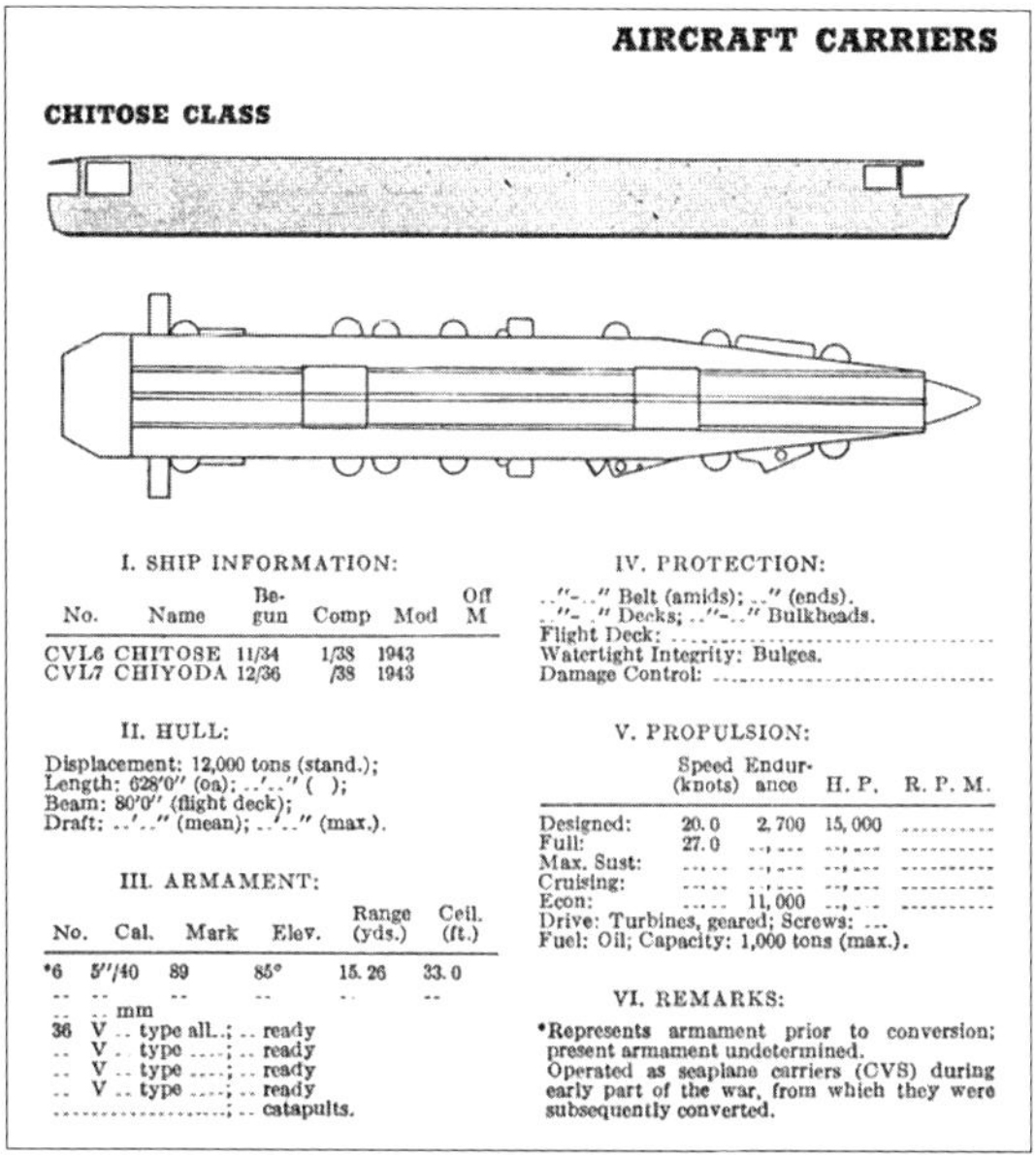

AIRCRAFT CARRIERS

CHITOSE CLASS

I. SHIP INFORMATION:

No.	Name	Be-gun	Comp	Mod	Off M
CVL6	CHITOSE	11/34	1/38	1943	
CVL7	CHIYODA	12/36	/38	1943	

II. HULL:

Displacement: 12,000 tons (stand.);
Length: 628'0" (oa); ..'.." ( );
Beam: 80'0" (flight deck);
Draft: ..'.." (mean); ..'.." (max.).

III. ARMAMENT:

No.	Cal.	Mark	Elev.	Range (yds.)	Ceil. (ft.)
*6	5"/40	89	85°	15. 26	33. 0
--	--	--	--	--	--

.. .. mm
36 V .. type all..; .. ready
.. V .. type ....; .. ready
.. V .. type ....; .. ready
.. V .. type ....; .. ready
..................; .. catapults.

IV. PROTECTION:

..''-..'' Belt (amids); ..'' (ends).
..''-..'' Decks; ..''-..'' Bulkheads.
Flight Deck: ....
Watertight Integrity: Bulges.
Damage Control: ....

V. PROPULSION:

	Speed (knots)	Endurance	H. P.	R. P. M.
Designed:	20. 0	2, 700	15, 000	....
Full:	27. 0	..,...	..,...	....
Max. Sust:	.....	..,...	..,...	....
Cruising:	.....	..,...	..,...	....
Econ:	.....	11, 000	..,...	....

Drive: Turbines, geared; Screws: ...
Fuel: Oil; Capacity: 1,000 tons (max.).

VI. REMARKS:

*Represents armament prior to conversion; present armament undetermined.
Operated as seaplane carriers (CVS) during early part of the war, from which they were subsequently converted.

1944年7月発行「日本海軍の統計的情報」(ONI-222J)に掲載された千歳型の図・要目で、瑞鳳型と同一ページに掲載されている。本型が水上機母艦から空母に改装されたことが米側に把握されたのは、1944年初めのことだった。

千歳型空母

基準排水量:11,190トン、公試排水量:13,600トン、全長:192.50m、水線幅:20.80m、吃水:7.507m(「千代田」公試時平均)、飛行甲板(全長×最大幅):180.00m×23.0m、主缶:ロ号艦本式缶(空気余熱器付)4基、主機:艦本式高中低圧タービン2基、十一号十型艦本式ディーゼル2基/2軸、出力:56,800hp、速力:29.0ノット、航続力:18ノットで11,000浬(千歳)、兵装:12.7cm40口径連装高角砲4基、25mm三連装機銃10基、搭載機:30機(艦戦21機、艦攻9機)、乗員:785名または967名

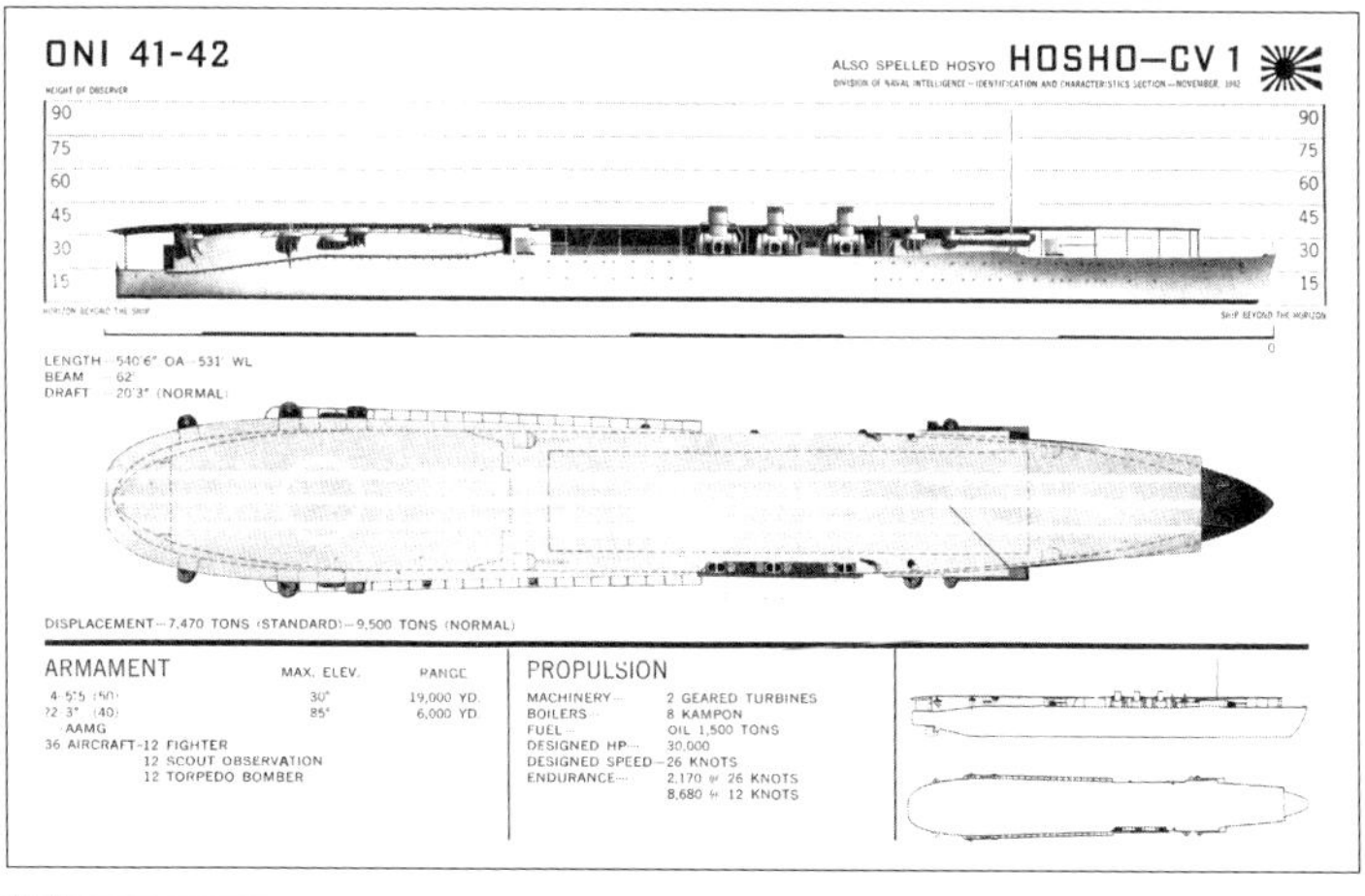

ONI 41-42

ALSO SPELLED HOSYO **HOSHO—CV 1**

DIVISION OF NAVAL INTELLIGENCE — IDENTIFICATION AND CHARACTERISTICS SECTION — NOVEMBER, 1942

HEIGHT OF OBSERVER

LENGTH—540'6" OA—531' WL
BEAM—62'
DRAFT—20'3" (NORMAL)

DISPLACEMENT—7,470 TONS (STANDARD)—9,500 TONS (NORMAL)

ARMAMENT

	MAX. ELEV.	RANGE
4-5.5 (50)	30°	19,000 YD.
22-3" (40)	85°	6,000 YD.
AAMG		

36 AIRCRAFT-12 FIGHTER
12 SCOUT OBSERVATION
12 TORPEDO BOMBER

PROPULSION

MACHINERY—2 GEARED TURBINES
BOILERS—8 KAMPON
FUEL—OIL 1,500 TONS
DESIGNED HP—30,000
DESIGNED SPEED—26 KNOTS
ENDURANCE—2,170 @ 26 KNOTS
8,680 @ 12 KNOTS

日本初の空母「鳳翔」に関する、「艦艇識別情報」(ONI41-42)の掲載情報。搭載機は艦戦12機、艦偵12機、雷撃機12機の計36機とされるなど過大評価されている。なお、実艦はミッドウェー海戦(1942年6月)時の出撃以降、ほぼ内海専用の訓練空母となっている。

空母「鳳翔」

基準排水量:7,470トン、公試排水量:10,500トン(最終時)、全長:168.25m、水線幅:17.98m、吃水:6.17m、飛行甲板(全長×最大幅):180.8m×22.7m(最終時)、主缶:ロ号艦本式缶(大)4基、同(小)4基、主機:パーソンズ式高低圧タービン2基/2軸、出力:30,000hp、速力:25.0ノット、航続力:14ノットで10,000浬、兵装:14cm単装砲4門、13mm連装機銃6基(改装後)、搭載機:21機(艦戦6機、艦攻9機、補用6機)、乗員:548名

AIRCRAFT CARRIERS

HAYATAKA (JUNYO) CLASS

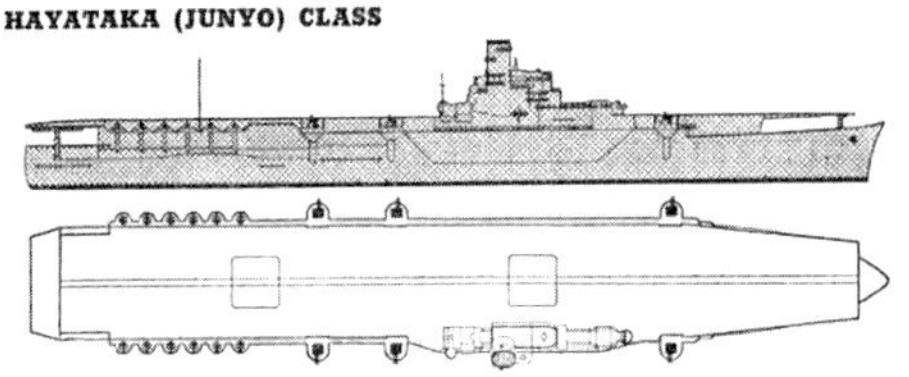

I. SHIP INFORMATION:

No.	Name	Be-gun	Comp	Mod	Off Men
CV8	HAYA-TAKA	11/39	/42		1000
CV9	HITAKA	3/39	/42		1000

II. HULL:

Displacement: 28,000 tons (stand.);
Length: 745'0" (oa); 715'0" (pp);
Beam: 88'0" (hull); Flight deck width 93'0";
Draft: ..'.." (mean); ..'.." (max.).

III. ARMAMENT:

No.	Cal.	Mark	Elev.	Range (yds.)	Ceil. (ft.)	Proj. Wt.
16	5"/40	89	85°	15.26	33.0	63#
*24	60 mm to 80 mm in 6-barrel rocket mounts.					
40	20 mm (reported)					
60	V .. type all (as CV); .. ready					
95	V .. type all (as APV); .. ready					
..	V .. type ......; .. ready					
..	V .. type ......; .. ready					
	...................; .. catapults.					

IV. PROTECTION:

.."-.." Belt (amids); .." (ends)
.."-.." Decks; .."-.." Bulkheads
Flight Deck: ....
Watertight Integrity: Good
Damage Control: ....
....

V. PROPULSION:

	Speed (knots)	Endur-ance	H. P.	R. P. M.
Designed:	28.0	..,...	..,...	....
Full:	.....	..,...	..,...	....
Max. Sust:	.....	..,...	..,...	....
Cruising:	.....	..,...	..,...	....
Econ:	.....	..,...	..,...	....

Drive: Turbines; Screws: ...
Fuel: ..; Capacity: .. tons (max.).

VI. REMARKS:

*Rocket guns, if mounted, may be adaptation of German 6 barrel 150 mm "Nebelwerfer". Primary use is against low-flying aircraft.
All information on this class provisional.
Converted, while building, from express liners; reported sub-standard as combat carriers. Reported to have two hangar decks, running ¾ length of ship. May have some armor protection. One unit of this class a war loss, June 1944.

Naval Name	Alternate Naval Name	Merchant Name
HAYATAKA	JUNYO	IZUMO MARU
HITAKA	HIYO	KASHIWARA MARU

客船改造空母ながら他空母に伍して空母戦で活躍を見せた隼鷹型空母。1944年7月発行「日本海軍の統計的情報」(ONI-222J)では基準排水量28,000トン、全長227m、速力28ノットと幾分過大に評価されているほか、「隼鷹」が1944年後半に装備した噴進砲を搭載している旨が記載されている。

隼鷹型空母

基準排水量:24,140トン、公試排水量:27,500トン、全長:219.32m、水線幅:26.70m、吃水(平均):8.15m、飛行甲板(全長×最大幅):210.30m×27.30m、主缶:三菱水管缶6基(隼鷹。飛鷹は川崎ラモント式強制循環缶6基)、主機:三菱ツェリー式タービン2基(隼鷹。飛鷹は川崎式ギヤードタービン2基)/2軸、出力:56,250hp、速力:25.5ノット、航続力:18ノットで10,000浬(計画)、兵装:12.7cm40口径連装高角砲6基、25mm三連装機銃8基、搭載機:53機(艦戦12機+3機、艦爆18機+2機、艦攻18機)、乗員:1,187名

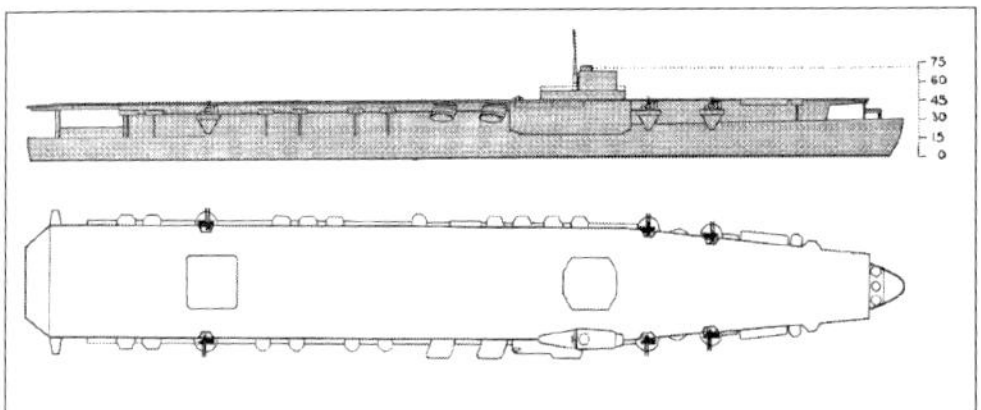

CV—Aircraft Carriers—UNRYU Class

Class built between 1942–1946
Complement—1561

CV AMAGI
CV KATSURAGI
CV KASAGI
*CV ASO
*CV IKOMA

Dimensions

Displacement: 27,000 tons (stand.) (reported).
**Length: 743' 0" (oa).
**Flight deck width: 93' 0".
**Plane capacity: 50.

Armament

No	Cal.	Mark	Elev.	Range (yds.)	Ceil. (ft.)	Proj. (lbs.)
**12	5"/40	89	85°	15,000	35,000	45

Undetermined number of AAMG.

Notes

*Still under construction.
**Estimated.
Two elevators.
Profile drawing provisional.

Remarks

The UNRYU Class comprises the largest group of regular Japanese fleet carriers built or building to the same basic design. Except for UNRYU, which was given a carrier name, all other units were named for famous mountains, indicating a heavy or large cruiser origin. These ships were reported laid down as large cruisers of the same general type as the American ALASKA Class. Two designs were reported: one of 14,000 tons with 6 12" guns in twin turrets and another of 20,000 tons with 8 12" guns, also in twin turrets. As all of the units of this class observed to date scale to the same hull dimensions, it appears that only one of these designs, presumably the latter, was selected for the class. The UNRYU may have been begun after the decision to convert was made, and may never have borne a cruiser name.

An analysis of the incompleted IKOMA and ASO hulls substantiates their origin as large cruisers. The shape of the hull—the beam-length ratio and the fine taper fore and aft are characteristic of large cruiser design.

Units of the UNRYU Class bear a strong resemblance to the ill-fated SHOKAKU Class. The following features are similar: the shape of the flight deck, the location and size of the starboard island, and the two stacks below the level of the flight deck. The SHOKAKU's were larger ships, capable of carrying approximately 80 planes compared to UNRYU's estimated capacity of 50.

This type of conversion is interesting because it follows the precedent set by the British FURIOUS and COURAGEOUS Class, large cruiser conversions of the early 1920's. The American SARATOGA and Japanese AKAGI, former battle-cruisers, were converted into giant carriers under the terms of the Washington Naval Treaty.

ONI 222-J CONFIDENTIAL *Division of Naval Intelligence* *Issued June 1945* 15

雲龍型空母は「飛龍」の図面を流用、改造を施して設計された。だが、艦艇の命名規則変更により二番艦以降に山岳名が付けられたことから、1945年6月発行「日本海軍」(ONI-222J)では14,000トンないし20,000トンの大型巡洋艦の改装艦とする誤解が生じている。

雲龍型空母

基準排水量:17,150トン、公試排水量:20,100トン、全長:227.35m、水線幅:22.00m、吃水(平均):7.76m、飛行甲板(全長×最大幅):216.90m×27.00m、主缶:ロ号艦本式缶(空気余熱器付)8基、主機:艦本式高中低圧4基/4軸、出力:152,000hp、速力:34.0ノット、航続力:18ノットで8,000浬、兵装:12.7cm40口径連装高角砲6基、25mm三連装機銃9基、同連装2基(雲龍。葛城最終時は三連装22基)、12cm28連装噴進砲6基(葛城)、搭載機:57機(艦戦12機、艦爆27機、艦攻18機)、乗員:1,561名(竣工時定員)

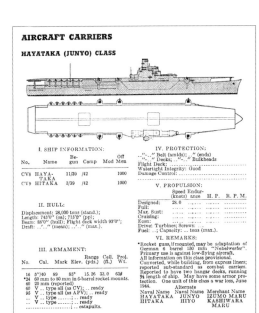

第三章

巡洋艦

Cruiser

1922年（大正11年）に締結されたワシントン条約は、巡洋艦の個艦排水量と備砲を制限したのみで、合計排水量に制限を設けなかった。そこで各国、取り分け主力艦の排水量制限で不利となった日本は、「条約型巡洋艦」と呼ばれる制限内の巡洋艦の整備に邁進した。本章では日本海軍が建造した巡洋艦に対する英米における情報取得と、その評価について解説する。日本の多様な重／軽巡洋艦はどのように見られていたのだろうか？

1941年（昭和16年）3月31日、第二次改装後に公試運転を行う妙高型重巡「妙高」。

初出一覧

古鷹型・青葉型巡洋艦	ミリタリー・クラシックス	VOL.78
妙高型・高雄型重巡洋艦 ①	同	VOL.64
妙高型・高雄型重巡洋艦 ②	同	VOL.65
妙高型・高雄型重巡洋艦 ③	同	VOL.66
最上型巡洋艦	同	VOL.67
利根型重巡・"幻の航空巡洋艦"	同	VOL.74
五五〇〇トン型軽巡洋艦	同	VOL.69
「夕張」・阿賀野型・「大淀」・香取型	同	VOL.77

古鷹型・青葉型巡洋艦

『ジェーン年鑑』に見る「加古型」と「青葉型」

古鷹型2隻の起工が報じられた1922年（大正11年）時点で、英米では本型について日本の公表値以上の明確な情報は得られていなかった。

これは2年後の1924年に「加古」「古鷹」「青葉」「衣笠」の4艦を同一型（「加古型」）扱いで報じた『ジェーン海軍年鑑』で、記載された要目が、基準排水量7100トンで全長167・6m、兵装として20・3cm砲6門と7・6cm高角砲3門、53・3cm魚雷発射管8門を搭載しており、機関出力は10万馬力、速力33ノットで水偵2機を搭載するという、日本の情報を元にした不正確な内容が目立つものだったことからも窺い知れる。それでもこの要目は、米のオマハ級や英のエメラルド級軽巡と変わらぬ排水量で、より大型の英・ホーキンス級を上回る性能を持つ艦であることを示しており、竣工前から本型に各国からの注目が集まる結果となった。

全艦が就役した後、先に示した4隻は起源を同一とするものの、明確な差異がある二型式があることが判明したため、1928年度版の『ジェーン年鑑』では、「加古型」と「青葉型」に分ける形で記載がなされている。

その中で「加古型」の要目は、基準排水量7100トン、全長176・8mで、兵装は20・3cm単装砲6基、7・6cm高角砲4門、53・3cm魚雷発射管12門（艦内装備）、機関出力10万馬力で速力33ノットと、やはり誤りはあるものの、以前よりは実艦に近くなり、明瞭な写真が入手できていたことで、艦型や兵装配置は概ね正確なものとなっている。

設計面では、「格納庫とカタパルトの配置が独創的」と褒められる一方で、艦の上構が大型かつ兵装が排水量に比して過度であるため、「艦上部の重量が度を超して過大」（復原性不良）と取れる内容が示されてもいる。

加えて防御性能は、舷側装甲が127㎜、砲塔部及び甲板部が51㎜と実艦より過大評価されており、この面では他国の重巡を上回る相当の耐弾能力を持つと見られていたことが窺える。さらに兵装の記載では、主砲が「以前言われていた19㎝砲ではなく20・3㎝である」とされたことは、以前、本型が19㎝砲搭載艦と思われたことや、正20㎝砲の存在が海外では知られていなかったことを窺わせる。また、艦内発射管が独特な配置とされたことが把握され、「戦闘時には片舷に集中して魚雷を発射することが可能」という明らかな誤解を生むなど、注目に値する記載も見られる。

これに対して、注記に曰く「『加古型』の設計を踏襲しつつ、兵装面等の改善を図った」とされた「青葉型」の要目は、全長及び排水量、雷装や装甲防御、機関及び速力等は同一としつつ、こちらも明瞭な写真が入手できていたこともあり、兵装は20・3㎝砲6門（連装砲塔3基）、12㎝高角砲4門に変わっていることが示されている。

「加古型」「青葉型」に対する評価の変遷

先の記載から考えれば、両型は性能面での欠点もあるが、排水量に比して重兵装なことを含めて、攻防性能は相応に高い評価がなされていたとも受け取れる。だが、海外では「加古型」及び「青葉型」の登場前より、兵装等の要目から見て、公称排水量は過小ではないかと懐疑の目をもって見られている状況にあった（両型の就役後に同様の兵装を持つ英国のヨーク級が、両型の公称より大型となったことも、この懐疑をより強くしたようである）。

そのためもあってか、1931年度版の『ジェーン年鑑』では、「加古型」の要目は艦の規模や兵装等は変化はないが、舷側と砲塔の装甲が「不明」に変わり、速力は変わらないが機関出力は9万5000馬力に減少するなどの変化が生じた。また、注記にも変化が生じ、「奇妙な形状の艦橋」

及び誘導煙突、波形船体の採用等の設計の独創性には触れつつ、欠点として航洋性が不足していると記載された。

さらに、(「青葉型」「那智型」の両型を含めた欠点として)乾舷と居住性を大きく犠牲にした設計であり、この影響で艦は「軍事的な資質を損ねている」との手厳しい評価がなされるようになった。また、「加古型」については、単装砲塔の採用と砲配置の影響で、軸線方向の火力も限定されていると評価されている。

対して「青葉型」は、機関出力と速力の記載と舷側及び装甲の表記が変わったのは「加古型」同様だが、注記については「『加古型』の項を参照されたい」との扱いなのか、特に変化は生じていない。ただいずれにせよ、この時期になると両型の性能面について、以前より厳しい見方がなされるようになっていたのは確かであろう。

大改装前後の両型に関する情報

この『ジェーン年鑑』の評価は、以前は「艦本式」のみだった搭載汽缶が、10基は重油専焼缶、2基は混焼のヤーロー缶との誤記に変わった1933年(昭和8年)度版や、排水量から推定されたと見られる舷側装甲51㎜、砲塔部装甲38㎜の記載が追加された1937年度版でも特に変化は生じなかった。

なお、1937年版では両型の艦のサイズは、以前の176・8mは水線長で、全長は181・4mとより実艦に近い表記になり、搭載缶の記載が艦本式に戻るなどの修正が図られていた。また、以前の版より誤記が続いていた燃料搭載量が、この版では改装前の重油1400トン、石炭400トンという正確な表記に変わっている。

「加古」「古鷹」が兵装を青葉型と統一する形で近代化改装を受けたことは早期に海外に知られるところとなり、これを受けて1939年版の『ジェーン年鑑』では、古鷹型・青葉型の両型が「加古型」に統一されて示される形に変わった。この時期の「加古型」の要目は、以前の「青葉型」のものを踏襲しつつ、雷装が「53・3㎝魚雷発射管

竣工時の古鷹型巡洋艦二番艦「加古」。1922年(大正11年)11月17日、「古鷹」より18日早く起工しており、日本海軍においても「加古型」の名称は広く用いられた。

古鷹型巡洋艦(竣工時)
基準排水量:7,950トン、公試排水量:9,544トン、全長:185.166m、最大幅:16.55m、吃水:5.56m(平均)、主缶:ロ号艦本式重油専焼缶10基、同混焼缶2基、主機:三菱・パーソンズ式タービン4基(古鷹。加古はブラウン・カーチス式)/4軸、出力:102,000hp、速力:34.6ノット、航続力:14ノットで7,000浬、兵装:20cm50口径単装砲6基、8cm40口径単装高角砲4基、61cm連装魚雷発射管(固定式)6基、装甲:舷側76mm、甲板32〜35mm、主砲塔前盾・側面25mm、同天蓋19mm、搭載機:水偵1機、乗員627名

古鷹型巡洋艦(大改装後)
基準排水量:8,700トン、公試排水量:10,507トン、最大幅:16.926m、吃水:5.61m(平均)、主缶:ロ号艦本式重油専焼缶10基、出力:103,390hp、速力:32.95ノット、兵装:20.3cm50口径連装砲3基、12cm45口径単装高角砲4基、13.2mm連装機銃2基、61cm四連装魚雷発射管2基、搭載機:水偵2機、乗員639名
※全長、主機、航続力、装甲は竣工時と同一。

青葉型巡洋艦二番艦「衣笠」。同艦は1928年(昭和3年)、日本海軍艦艇として初めて航空機用の射出機(カタパルト)を装備している。

青葉型巡洋艦(竣工時)
基準排水量:8,300トン、公試排水量:9,854トン、全長:185.17m、最大幅:15.83m、吃水:5.71m(平均)、主缶:ロ号艦本式重油専焼缶10基、同混焼缶2基、主機:三菱・パーソンズ式タービン4基(青葉。衣笠はブラウン・カーチス式)/4軸、出力:102,000hp、速力:36ノット、航続力:14ノットで7,000浬、兵装:20cm50口径連装砲3基、12cm45口径単装高角砲4基、7.7mm機銃2挺、61cm連装魚雷発射管(固定式)6基、装甲:舷側76mm、甲板32〜35mm、主砲塔前盾側面25mm、同天蓋19mm、搭載機:水偵1機、乗員643名

青葉型巡洋艦(大改装後)
基準排水量:9,000トン、公試排水量:10,822トン、最大幅:17.558m、吃水:5.66m(公試時平均)、主缶:ロ号艦本式重油専焼缶12基、出力:104,200hp、速力:33.43ノット(公試)、航続力:14ノットで8,223浬、兵装:20.3cm50口径連装砲3基、12cm45口径単装高角砲4基、25mm連装機銃4基、13.2mm連装機銃2基、61cm四連装魚雷発射管2基、搭載機:水偵2機、乗員657名
※全長、主機、装甲は竣工時と同一。

8門か12門」に変わり、軍機である61㎝魚雷の採用はなお把握されていないが、「最初の2隻（「加古」「古鷹」）は艦上に四連装発射管2基装備」になったことは表記されていた。

汽缶の完全な重油専焼化が把握されていないことを含めて、機関と速力の表記は以前と変わらないが、1938年から1939年（昭和13年～14年）の改装でバルジが追加されたことで、恐らく速力性能が低下したとの正しい考察がなされており、実艦でも改装後には速力が低下していたので、ここは正確と言える情報が記された格好となっている。注記は以前のものを踏襲しているが、「加古」「古鷹」は改装前の六砲塔艦時代、（その装備の影響で）艦の航洋性を犠牲にしていることを記しているので、この改装の結果、不具合がある程度改善されたと見ていた可能性もある。

なお、太平洋戦争開戦年である1941年版では、雷装が「恐らく全艦四連装2基に換装」と記されたのを除けば、要目と注記は以前から変化は生じなかった。

米海軍艦艇識別帳の「加古型」「衣笠型」

戦前の米海軍では、古鷹型・青葉型の要目等については概ね『ジェーン年鑑』の表記通りのものと推測しており、これは「加古型」（2隻）と「衣笠型」（2隻）で分けて記していた1936年版と、改装後の1941年12月に出された、「加古型」（4隻）に統一された1941年版の日本艦艇識別帳から伺うことができるが、1941年版では改装前の「加古型」の図版と艦型模型を示しているのが不思議なところだ。

なお、実力面については、両型は排水量過少の疑惑はあると言っても、重巡の中では小型の艦だけに、その戦闘力は1万トン型重巡に劣ると、米英では見なされていたようである（蛇足ながら、米側では両型を、丸木小屋を舳先が沈むまで不格好に積み上げたような上構を持つ、「爆笑を引き起こす」ほどの奇妙な姿の日本軍艦の典型的な例と見なしている。ちなみに「加古」を沈めたS-44艦長のムーア少佐は、同艦の外見を「ペンタゴンの如き巨大な艦橋を持つ」艦であると報じた）。

太平洋戦争開戦後、米海軍では早期に青葉型の追加情報を掴んだらしく、１９４２年10月の識別帳では、「青葉型」に表記が改められると共に、雷装や艦のサイズは間違ったままだが、水線装甲を51㎜～76㎜、砲塔装甲を25㎜とする等の改正がなされた。その一方で１９４３年4月には、喪失したかなお疑念があった「加古型」改め「古鷹型」の情報改訂がなされたが、艦容が概ね近いものになった以外は、要目等も図面に艦上発射管を記しているのに雷装が12門表記のままであるとか、以前と同様の誤ったものがそのままとされるなど、不正確な表記が続いている。

この時期、米側にとって両型は、ソロモンの激闘でよく見掛ける艦でもあり、その中で戦闘能力は相応と思われたが、サボ島沖夜戦での「古鷹」及び第三次ソロモン海戦での「衣笠」の沈没もあり、抗堪性は余り高くないと評されるようにもなり、これは後述する以後の評価に大きく影響することになる。

太平洋戦争末期から戦後の両型の評価

「日本海軍に関する統計的概要（ＯＮＩ‐２２２Ｊ）」が発行された１９４４年7月になると、若干だが「古鷹型」「青葉型」両型の追加情報が収集できたようで、共に排水量は基準９０００トンと概ね実艦に近い数値となり、雷装が61㎝四連装発射管2基（再装填分含めて魚雷16本）とされたことを含めて、兵装表記は概ね正確だが、装甲は舷側51㎜、甲板25㎜～38㎜、砲塔25㎜、バーベット10㎜と不正確さが目立つ。機関関係も、混焼缶の搭載及び燃料搭載量の誤記は相変わらずだが、機関出力が計画10万３０００馬力（両型とも）、11万馬力（「青葉型」）と概ね正確な数値が記されるようにもなった。また、この資料では、以前の戦闘の評価に基づいて、水中防御はバルジを持つが「並み」程度で、総じて「艦内が狭小で、（その影響もあって）巡洋艦としての能力面ではごくわずかな成功しか収めていない」という手厳しい評価を受けている。

この時点でも米側は、両型の喪失を「加古」以外、完全に把握していなかったが、米軍の比島進攻後に日本側の艦艇損失資料を入手したことで、「古鷹」「加古」「衣笠」の3隻の喪失が裏付けられることになり、1945年6月発行の「日本海軍（ONI‐222J）」では、「青葉」のみが残存していることが示された。要目面は、弾火薬庫の装甲が127㎜との誤報が追記されたのを除けば、以前同様に不正確な記載が目立ち、解説も「英のホーキンス級に影響を受けた」ことや、「非常な軽構造で建造されていて、防御も（1万トン型の）標準以下」との追記もあるが、概ね以前ののを踏襲したものとなっている。

この、総じて芳しいとは言い難く、1万トン型重巡に劣るという、ある意味で正鵠を得た評価が両型に対する米側からの最終評価となった（蛇足ながら、この時期の米側資料では燃料搭載量は以前のままだが、1944‐45年版の『ジェーン年鑑』では、この時期に機関が重油専焼であることを把握したらしく、重油1800トンに改めているのは興味深い）。

戦後に古鷹型・青葉型の実態が知られた後も、戦闘能力は相応に評価されるが、「1万トン型重巡に比べれば総じて劣り、特に防御面では特にその感が強い」という、戦時中の米海軍の最終評価に類した、芳しいとは言い難いが概ね首肯はできる評価が一般的に受け入れられているように見受けられる。

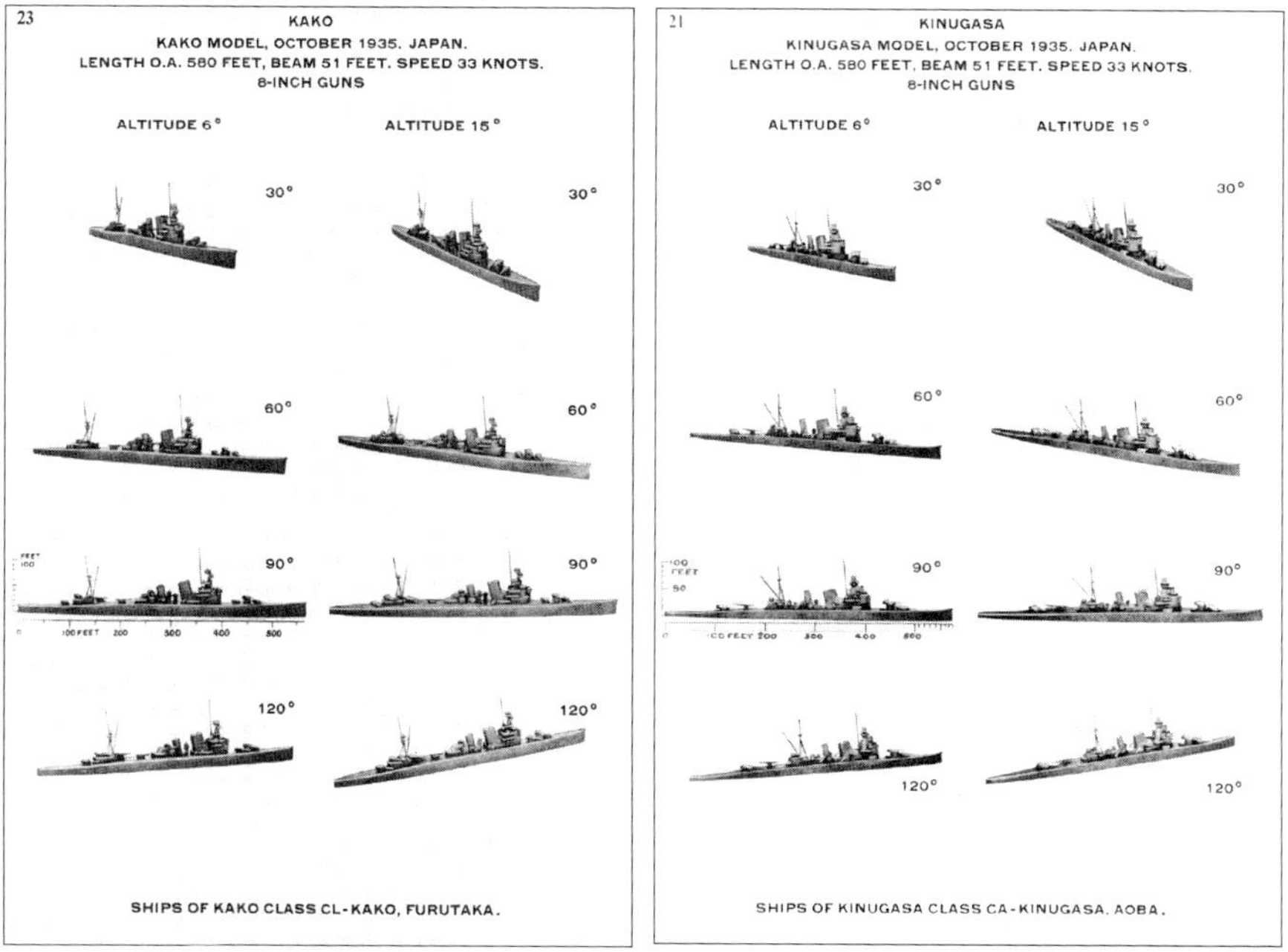

1936年発行の米海軍・日本艦艇識別帳に
見られる「加古型」(左)と「衣笠型」(右)。

Heavy Cruiser AOBA.
Kako Class.

1941年版の日本艦艇識別帳で両型計4隻は「加古型」に統一された。ただし、写真および上面図（シルエット）は改装前の青葉型のものが掲載されている。

KAKO
FURUTAKA
KINUGASA
AOBA

Description: Displacement: 7,100 tons (standard).
Length: 595 feet (over-all).
Beam: 50.75 feet.
Draft: 14.75 feet (mean).
Speed: 33 knots (said to be reduced by adding bulges).
Guns: 6—8-inch.
4—4.7-inch AA.
10—machine guns.
Torpedo tubes: 12—21-inch (above water).
Aircraft: 2. Catapults: 1.

NOTE.—Torpedo tubes are no longer arranged as shown in the silhouette on opposite page. See air views for changed arrangement of guns.

1941年版識別帳に掲載の「加古型」要目表。排水量は竣工時の公表値である7,100トンと記載されている。上面図のシルエットには固定式発射管が描かれているが、注記で否定されており、四連装発射管2基に換装されたとの推測も掲載されている。

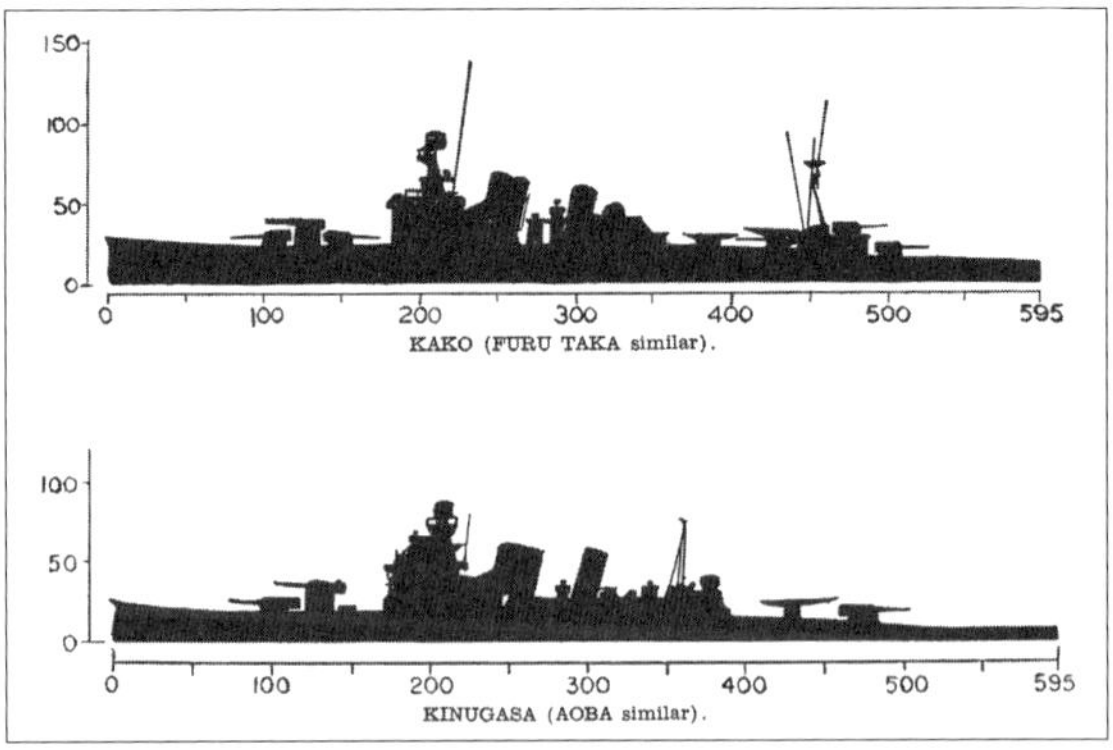

1941年版識別帳に掲載された「加古」（「古鷹」が類似）と「衣笠」（「青葉」が類似）の側面シルエット図。

HEAVY CRUISERS

FURUTAKA CLASS

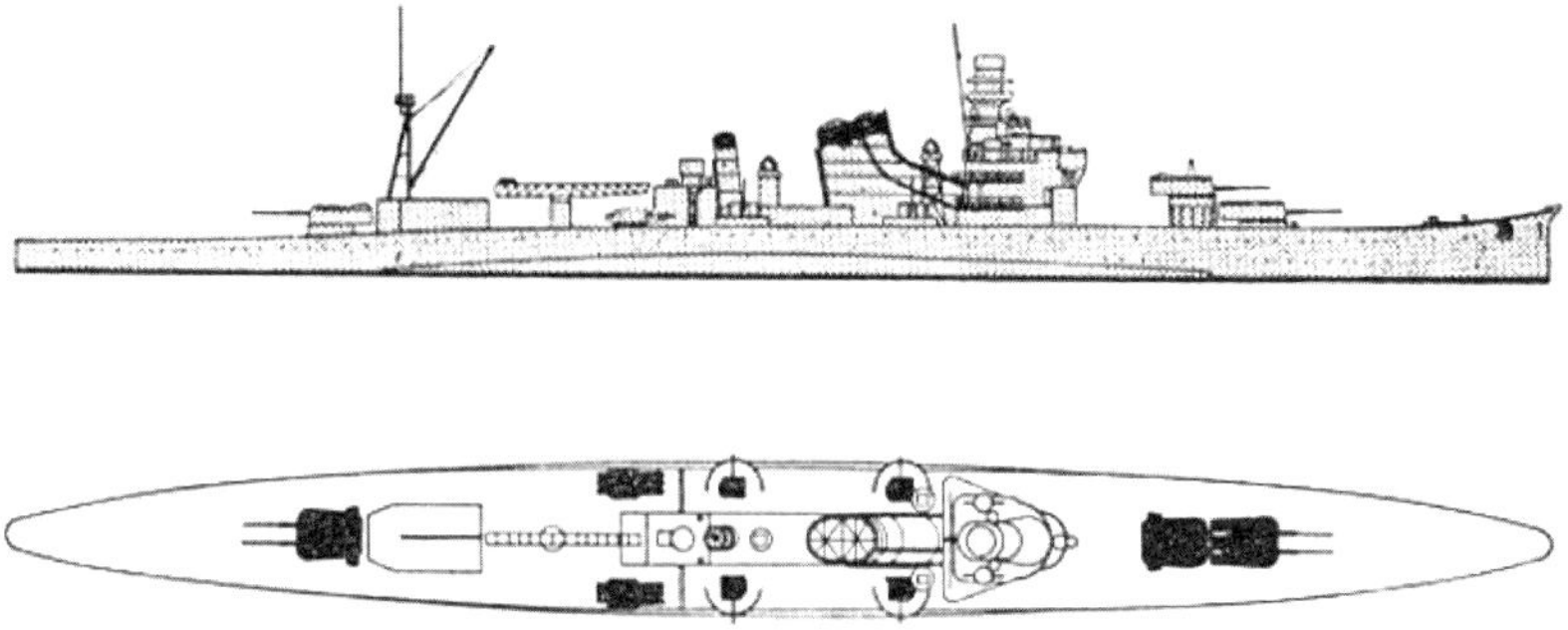

I. SHIP INFORMATION:

No.	Name	Be-gun	Comp	Mod	Off Men
CA1	FURU-TAKA	12/22	3/26	1940	604
CA2	KAKO	11/22	7/26	1940	604

II. HULL:

Displacement: 9,000 tons (Stand.);
Length: 595'0" (oa); ..'.." ( );
Beam: 50'9";
Draft: 16'0" (mean) ..'.." (max.).

III. ARMAMENT:

No.	Cal.	Mark	Elev.	Range (yds.)	Ceil. (ft.)	Proj. Wt.
6	8"/50	3	45°	30.6	.....	254#
*4	4.7/50	10	85°	17.9	25.0	45#
	Director Control for above batteries.					
--	-------	-----	-----	-----	-----	------

8　25 mm A. A.
8　24" T. T. (twin mounts) 8 re-loads
Speed ..; Rge....
6 D. Chgs.
1 catapult; 2 scout observation planes

IV. PROTECTION:

2"..." Belt (amids); .."..'' (ends);
.." Upper Belt; .." Second. Battery;
1½"-1" Decks; 1" .." Bulkheads;
1" Turret; .." Barbette; ⅜" Shield;
W. T. Integrity: Fair (modified bulges);
Damage Contr.: ....
Splinter Prot.: ....

V. PROPULSION:

	Speed (knots)	Endur-ance	H. P.	R. P. M.
Designed:	33.0	1,500	103,000	....
Full:	.....	..,...	...,...	....
Max. Sust:	.....	1,740	...,...	....
Cruising:	.....	..,...	...,...	....
Econ:	10.0	8,000	...,...	....

Drive: Turbine, geared; Screws: 4
Fuel: Oil; Capacity: 1,400 tons (max.).
Fuel: Coal; Capacity: 400 tons (max.).

VI. REMARKS:

*May be 45 caliber.
First completed with main battery mounted in six single turrets; three twin 8"-gun turrets substituted in 1940 refit, arranged as in the AOBA Class.
Two of ten boilers fitted for mixed firing.
Cramped internally and only a qualified success as all-round cruisers.

1944年発行「日本海軍に関する統計的概要」(ONI-222J)に掲載された古鷹型重巡の頁。図面では兵装配置がほぼ正確に把握されているが、大きな変更がなされた艦橋構造については改装の一部が反映されたにとどまっている。

ONI 222-J • CONFIDENTIAL
Division of Naval Intelligence

AOBA CLASS

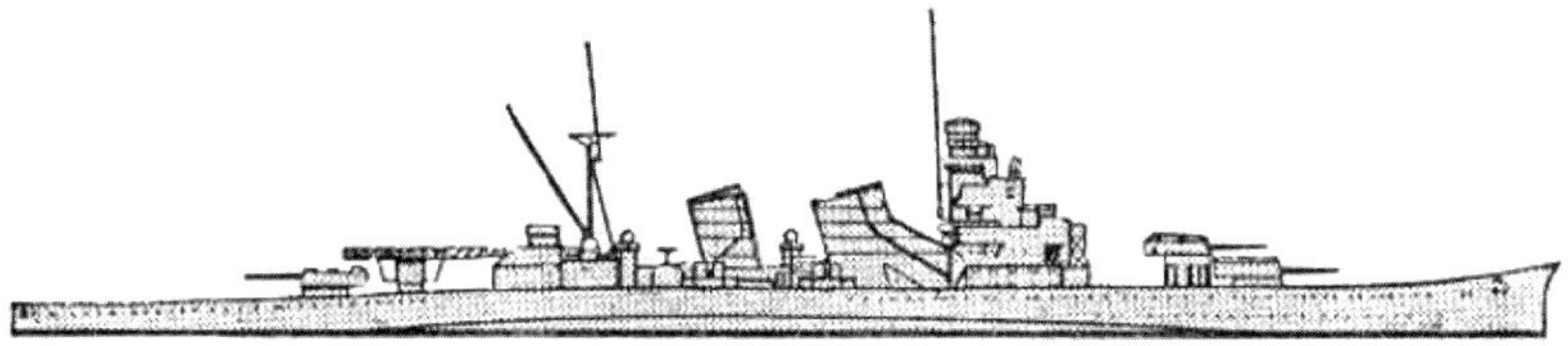

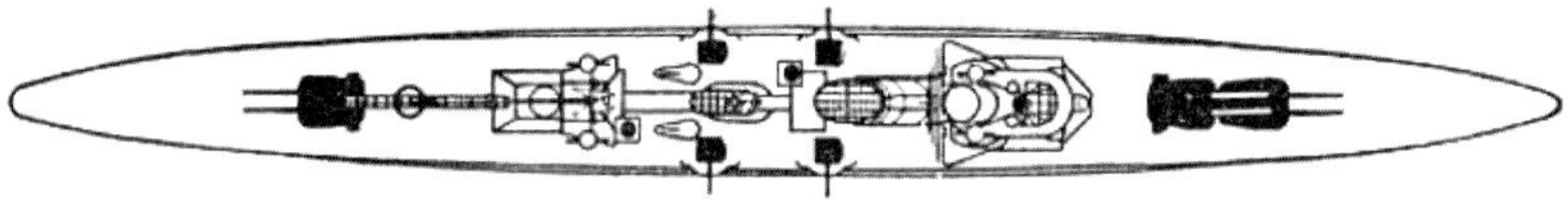

I. SHIP INFORMATION:

No.	Name	Be-gun	Comp	Mod	Off Men
CA3	AOBA	2/24	9/27	38, 40	604
CA4	KINUGASA	1/24	9/27	40-41	604

II. HULL:

*Displacement: 9,000 tons (stand.);
Length: 598'0" (oa); --'--" ( );
Beam: 50'9";
Draft: 16'0" (mean) --'--" (max.).

III. ARMAMENT:

No.	Cal.	Mark	Elev.	Range (yds.)	Ceil. (ft.)	Proj. Wt.
6	8"/50	3	45°	30.6	-----	254#
**4	4".7/50	10	85°	19.4	25.0	45#

Director control for above batteries.
8 25 mm AA.
***8 24" T. T. 8 re-loads Speed---- Rge----
D. Chgs. Yes.
1 catapult; 2 scout observation planes.

IV. PROTECTION:

2" --" Belt (amids); --" --" (ends);
--" Upper belt; --" Second. Battery;
1½"-1" Decks; 1" --" Bulkheads;
1" Turret; --" Barbette; ⅜" Shield;
W. T. Integrity: Fair (modified bulges);
Damage Contr------------------------------
Splinter Prot------------------------------

V. PROPULSION:

	Speed (knots)	Endur-ance	H. P.	R. P. M.
Designed:	33.0	1,500	103,000	----------
Full:	-----	--,---	110,500	----------
Max. Sust.:	-----	1,740	---,---	----------
Cruising:	-----	--,---	---,---	----------
Econ.:	10.0	8,000	---,---	----------

Drive: Turbines, geared; Screws: 4.
Fuel: Oil; Capacity: 1,400 tons (max.).
Fuel: Coal; Capacity: 400 tons (max.).

VI. REMARKS:

*Full load displacement may be 11,660 tons.
**A. A. armament may have been changed.
***Original T. T. battery believed changed from 4 twin 24" T. T. mounts to 2 quadruple 24" T. T. mounts.
Two of ten boilers fitted for mixed firing.
Cramped internally and only a qualified success as an all-round cruiser.

1944年発行「日本海軍に関する統計的概要」(ONI-222J)掲載の青葉型重巡の頁。寸法や兵装に関する記載はおおむね正確となったが、装甲は舷側と甲板装甲が過大、バーベットが過少の装甲厚(8分の3インチ=約10mmと表記。実艦は25mm)が記されている。

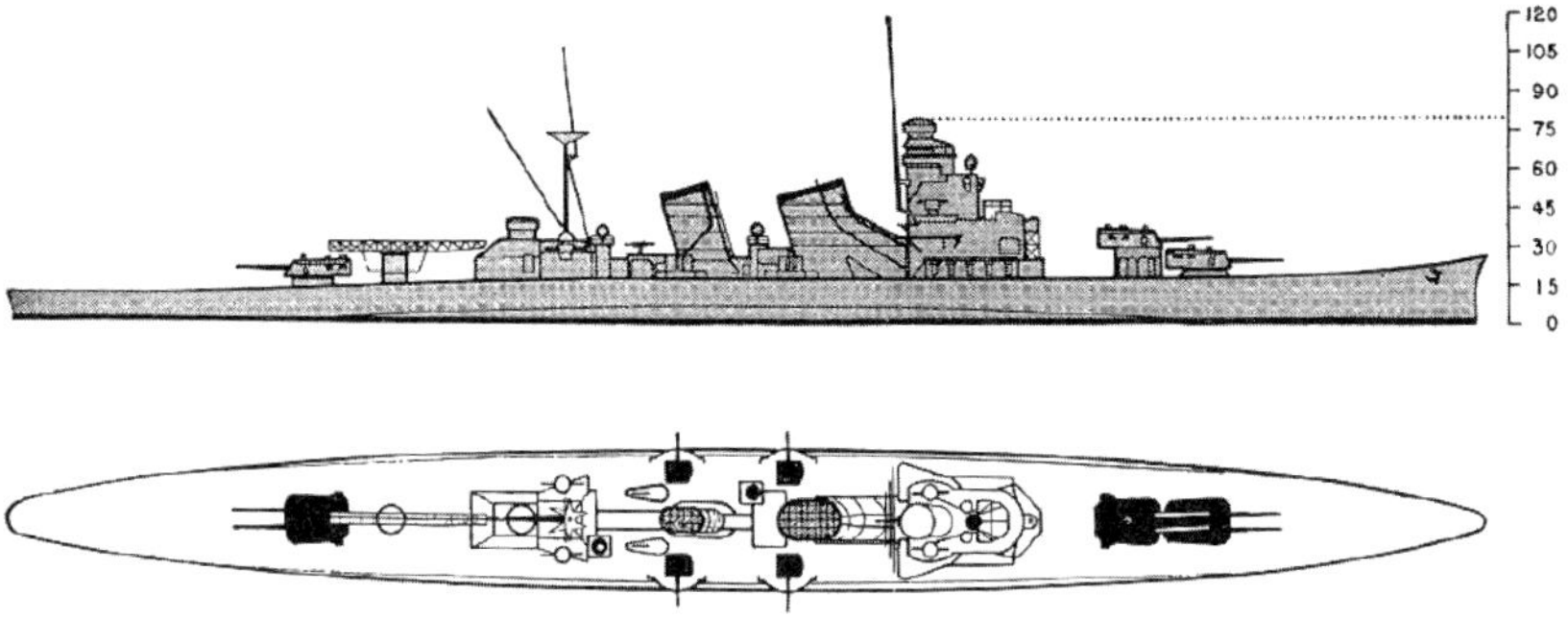

CA—Heavy Cruisers—AOBA Class

CA 3—Aoba

Begun—February 1924
Completed—September 1927
Modernized—1938, 1940
Complement—657

Dimensions

*Displacement: 9,000 tons (stand.).
Length: 598′ 0″ (oa).
Beam: 50′ 9″.
Draft: 16′ 0″ (mean); ..′ ..″ (max.).

Armament

No.	*Cal.*	*Mark*	*Elev.*	*Range (yds.)*	*Ceil. (ft.)*	*Proj. (lbs.)*
6	8″/50	3	42°	31, 100	....	254
**4	4. 7″/50	10	85°	19, 400	25, 000	45

Director Control for above batteries.
8 25 mm AA.
***8 24″ TT; 8 reloads;
Depth Charges: Yes;
1 catapult; 2 scout observation planes.

Protection

2″ Belt (amidships); ..″ (ends);
..″ Upper Belt; ..″ Secondary Battery;
1½″–1″ Decks; 1″ Bulkheads;
1″ Turret; ..″ Barbette; ⅜″ Shield;
5″ at magazines (reported).
Splinter Protection ....
Watertight Integrity: Fair (modified bulges).
Damage Control ....

Propulsion

	Speed (knots)	*Endurance (miles)*	*HP*	*RPM*
Designed:	33. 0	1, 500	103, 000	....
Full:	....	....	110, 500	....
Max. Sust.:	....	1, 740	....	....
Cruising:	....	....	....	....
Economical:	10. 0	8, 000	....	....

Drive: Turbines, geared; Screws: 4.
Fuel: Oil; Capacity: 1,400 tons (max.).
Fuel: Coal; Capacity: 400 tons (max.).

Notes

*Full load displacement may be 11,660 tons.
**AA armament may have been changed.
***Original TT battery believed changed from 4 twin 24″ TT mounts to 2 quadruple 24″ TT mounts.

Remarks

The AOBA Class and the preceding FURUTAKA Class comprised Japan's first group of modern 8″-gun cruisers. These ships were built immediately following the Washington Conference. It has been reported that units of this class were originally projected as slightly modified KUMA-NATORI Class light cruisers. In redesigning these units as heavy cruisers, the Japanese were influenced by the British 9,800 ton, 7.5″-gun cruiser HAWKINS. The construction of these ships was very light, protection was probably sub-standard, and internal arrangements were very cramped, making them a limited success as all-round cruisers. Two of the 10 boilers were fitted for mixed firing.

1945年6月発行の「日本海軍」(ONI-222J)に掲載された青葉型重巡。「古鷹」「加古」「衣笠」が失われたことが把握され、残すは「青葉」(同年7月の呉軍港空襲で大破着底)のみとも記載されている。

妙高型・高雄型重巡洋艦①

軍縮条約の締結と条約型巡洋艦の誕生

1922年（大正11年）に発効したワシントン海軍軍縮条約では、当初企図された補助艦の保有制限は、各国の意思統一ができなかったこともあって規定されなかった。だが、軍縮条約の空文化が発生しないように、補助艦として建造可能な艦の砲装と個艦排水量の上限を決定することで合意を見ている。

その中で仮装巡洋艦が搭載可能な最大の砲と見做された15cm級の砲を、砲戦時に圧倒可能な能力を持つ20・3cm砲を補助艦の搭載砲の限度とし、既に就役中だった英海軍の大型巡洋艦ホーキンス級の実績と、当時、英米の両海軍が20・3cm砲搭載の巡洋艦として計画・検討していた試案が1万トン程度だったことを受けて、補助艦の個艦排水量の上限を1万トンに抑えることで、最終的に決定を見た。

この砲装と排水量の上限に達する艦の整備を最初に発表したのは、条約締結年に1万トン型軽巡を4隻整備することを公表した日本海軍だった。これを受けて、英米の両海軍も対日戦用として、艦隊決戦用の偵察巡洋艦として使用可能であるとともに、通商路防護に使用する装甲巡洋艦の代艦ともなる1万トン型巡洋艦の建造の整備を1923年（大正12年）に発表、さらに仏伊の両国もこれに準ずる艦の建造を決定する。

かくして巡洋艦の肥大を抑制するために人為的に設けられたワシントン条約の補助艦規制は、主要海軍国の間で新たな「条約型巡洋艦（Treaty Cruiser）」の建艦競争をひき起こす結果となった。その先鞭を付けたのが、我らが日本海軍だったことは頭の隅に置いておいても良い事項であろう。

『ジェーン海軍年鑑』に見る“那智型”巡洋艦の評価

日本海軍の1万トン型軽巡の情報は、妙高型の建造が始まった1924年（大正13年）の『ジェーン海軍年鑑』に、「那智」「妙高」と他2隻が建造もしくは計画中とされるなど、既に情報が記載されていた。ただしその内容は、排水量1万トンというのは兎も角として、垂線間長182・9m、最大幅18・3mと船体サイズは実艦より小型とされる一方（実艦は192・5m／19m）、兵装として20・3cm砲12門、12cm高角砲（門数不明）、53・3cm魚雷発射管12門を搭載する重武装艦となると予測されていた。また、速力は最大33・5ノット（満載で32ノット）、航続力は14〜15ノットで1万4000浬と、各所に誤りが見える程度の内容だった。

その他の記載事項としては、「潜水艦からの脅威に対応して、三層式の船体を持つ（バルジを含めれば、まあ外れとは言えない）」「主装甲防御は機関区画の約125mに施される（実艦の装甲適用範囲は前後の主砲塔間だが、長さは124・6mなので正確な数値とも言える）」「主砲は新型のかなりの高初速砲とされる」「水偵4機を搭載（実艦は2機）」と、ある程度日本側の情報を掴んでいる節もあるが、総じて見ればやはり正確とは言い難い数字が並んでいたのが実態であった。

なお、建造費用は220万ポンドと見做されており、これは英の1万トン型大型巡洋艦の建造で要求された建造費用（200万ポンド）の一割増しの金額だった。

恐らく進水時の完成予想図等を参考として、高名な軍艦研究家として知られる、かのオスカー・パークスが描いた挿絵が載せられた1928年版の『ジェーン海軍年鑑』では、艦容が把握されたこともあって、先の情報の修正が図られた。

これによれば、垂線間長は約189m、最大幅は17・4mで、実艦より若干小型という程度までに船体サイズの数字は改められた。兵装も砲装は20・3cm50口径砲10門、12cm高角砲4門と計画当初の数字通りになったが、雷装は53・3㎝連装発射管6基計12門を搭載するとされたように、門数は正確だったが軍機扱いだった61㎝魚雷の情報が伝わっていないことを示す記載がなされている。

なお、同書掲載の兵装配置図では、魚雷発射管の装備位置は妙高型原案の「1万トン13万馬力軽巡」の配置と比べて、艦首側は同案とは逆に砲装の後方に置く形とされたが、後部側は同案に近いという「当たらずとも遠からず」の記載となっていた。機関出力も13万馬力とされるなど、これから考えると、日本側の情報がある程度英米側に伝わっていた可能性も否定できない。ただし、その他の情報はやはり伝わらなかったようで、燃料搭載量は2000トンと実艦より少なく、一方で航続力等は以前と同様に英のケント級を上回る数値のままとされていた。

なお、本型の最初の竣工艦となったのは昭和3年（1928年）11月に完成した「那智」で、その翌月の御大礼特別観艦式に参加してその艦容を海外にも知らしめることになった。このため、「那智」は「日本最初の1万トン型巡洋艦」として内外に広く喧伝《けんでん》されることになり、本型は当初、その艦名を冠した那智型巡洋艦として型式名が知られることになった。その結果として、英米両海軍を含む海外では、本型は那智型の名称が一般的な呼称として浸透し、日本海軍が消滅するまで基本的にこの呼称のままだった（ちなみに、日本海軍でも那智型の呼称はよく使われており、妙高型呼称が一般化したのは昭和10年／1935年頃のことだった）。

また、現在も海外の洋書資料で、本型を那智型とする資料は少なからぬ数が存在していることは、海外で那智型の呼称が一般的だったことを示す傍証と言えるものだろう。

1931年以降の妙高型巡洋艦の評価

妙高型全艦が竣工してから2年を経た1931年（昭和11年）になると、1928年〜1930年に公表された妙高型各艦の写真が入手できたこ

妙高型重巡二番艦「那智」。本型の中で最も早い1928年（昭和3年）11月26日に就役したことから、本型は那智型と呼ばれることもあった。なお、一番艦「妙高」の就役は1929年7月31日である。

妙高型重巡洋艦（竣工時）
基準排水量:10,902トン、公試排水量:13,281トン、全長:203.76m、最大幅:19.0m、吃水:5.9m、主缶:ロ号艦本式重油専焼缶12基、主機:艦本式ギヤードタービン4基/4軸、出力:130,000hp、速力:35.5ノット、航続力:14ノットで7,000浬、兵装:20㎝50口径連装砲5基、12㎝45口径単装高角砲6基、7.7㎜単装機銃2基、61㎝三連装魚雷発射管4基、搭載機:水偵2機、装甲厚:舷側102㎜、甲板32～35㎜（機関部）、主砲塔25㎜、乗員:792名

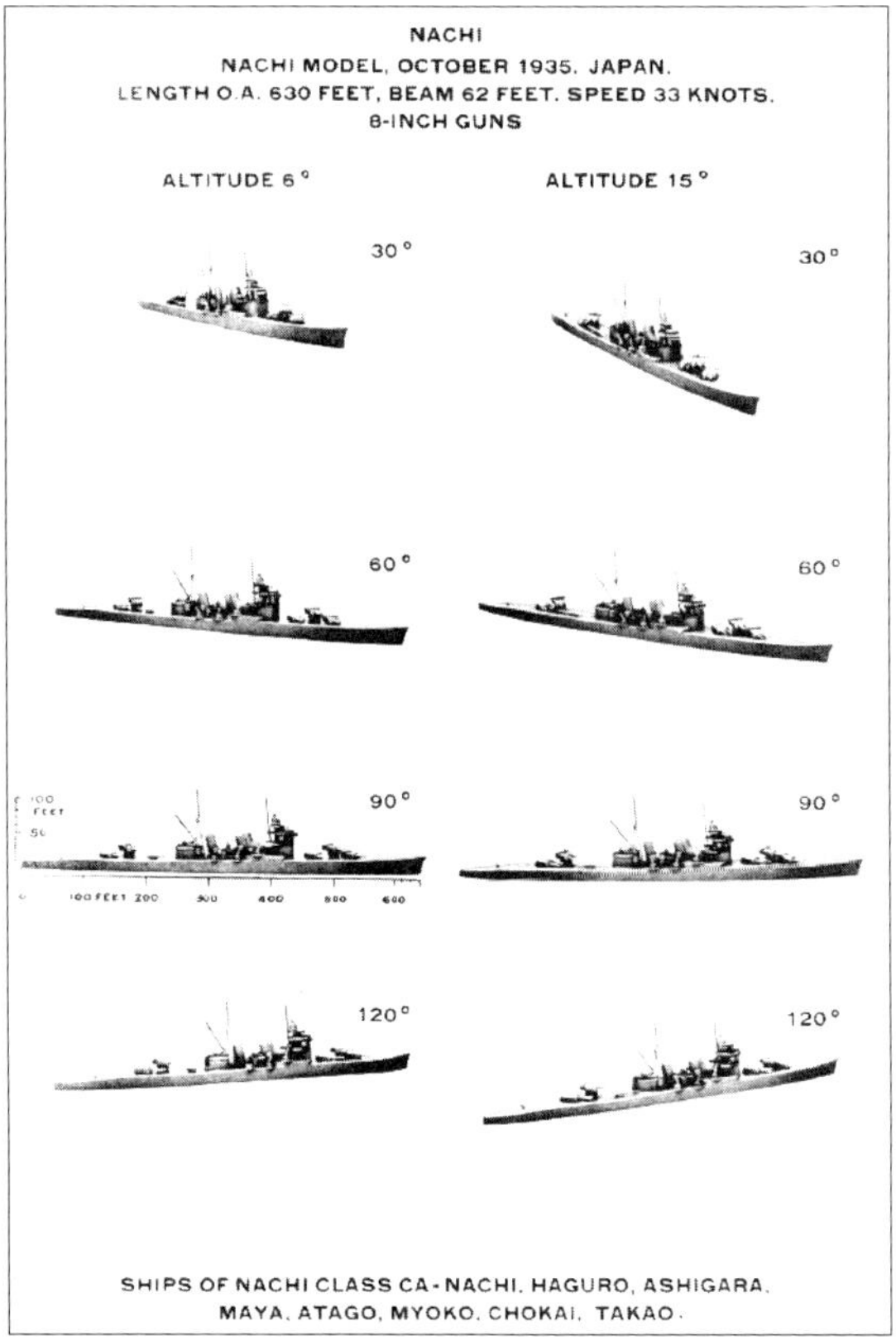

1936年発行の艦艇識別帳に記載された「那智型」（妙高型）。次節の妙高型・高雄型重巡洋艦②にある通り、1935年には妙高型の第一次改装の情報が把握されていたものの、ここでは改装前の姿として艦艇模型の各角度からの写真が掲載されている。

と、その間に得られた非公式情報により、『ジェーン年鑑』の記載内容も変化が生じた。兵装の情報は、砲装は高角砲含めて正確になり、雷装も53・3㎝表記は相変わらずだが、三連装発射管の配置は実艦通りとなった。また、主水線装甲の配置とその装甲厚(76㎜～102㎜)もほぼ正確となるなど、日本側からの情報が漏れ伝わった感のある記載もある。ただし、排水量と艦のサイズは相変わらずであることを含めて、その他の情報は以前のままで、限られた情報しか入手できていないことも窺わせる内容となっている。

さて、妙高型の竣工開始時には、既に他のワシントン条約締結国でも1万トン型の条約型巡洋艦の建造が進んでおり、特に英米仏の三国では、これらの艦の設計について情報交換もなされてもいた。このため、三国間では1万トン型巡洋艦の設計で、砲数及び雷装を含む兵装の上限、それら兵装を搭載した状態での装甲防御の付与、搭載可能な機関の限度及び付与可能な艦の性能などについて、相応の理解が進んでいた。その中で日本の1万トン型巡洋艦が、米艦と同等の主砲の砲装と各国の同格艦を上回る雷装を持ち、米英艦より速力性能に秀でる面があると報じられたことは、これらの国の艦艇設計者及び研究者の興味をかき立て、「この排水量でその性能が発揮可能なのか」について、検討が行われることになった。

英海軍の一連の検討では、1万トン級の艦に連装砲塔5基の搭載は、英の計画のみに終わったサリー級重巡の設計の経験から見ても不可能ではないし、その上で三連装4基の雷装を施すのも可能だと思われた。それを行った場合、船殻部や防御、速力はある程度犠牲にしなければならないとも考えられたが、設計に工夫を施せば、伝えられている防御や艦の性能の達成は不可能ではないとも思われた(実際、日本側の計算でいけば、雷装強化前の妙高型原案では、船殻重量を設計の妙で英のケント級と同レベルまで減少させて、排水量を1万トン以内に収めるはずだった。ただし実艦では、船殻重量が予測を上回る数値となり、妙高型が条約の個艦排水量上限を突破する一因となってしまった）。

この検討で信憑性を持ってきたのが、艦の内部容積を圧縮して、居住性を犠牲にすることで性能を確保しているというものだった。実際に妙高型及びそれ以前の古鷹型、青葉型に乗艦・見学した英米等の士官から、これらの艦の内部が狭小であることが伝えられたことも、これを裏付けるものとなった。

このような検討の成果もあり、『ジェーン年艦』の１９３１年版の「加古型」の記載に曰く、「青葉型と那智型の設計は、加古型から発達したものだ。そしてこれらの艦の傑出した特徴は、艦の乾舷と居住区画を犠牲にして達成されたもの」という、ある意味手厳しい評価が下されている。ちなみに、加古型（古鷹型）の記載では、１９２８年度版では「著しくトップヘビーであると報ぜられている」とした他、１９３１年度版では「船体舷側の形状に角度が付けられている」のを注目すべき点に上げつつ、「（乾舷高さの問題もあり）これらの艦は外洋での航洋性に問題を抱えている」という文言があるので、より大型だが設計が加古型に由来する妙高型（那智型）も、これに類する欠点を抱えていると思われていたのかも知れない。

〝愛宕型〟巡洋艦の評価

ここで一旦話を変えて、高雄型についても記していこう。

『ジェーン海軍年鑑』は１９２８年度版では妙高型の同型艦として扱っており、特に変わった点は記していない。１９３１年度版でも妙高型の範疇に含め、兵装等に変化が生じた小改正型として扱っていたが、翌年に実艦が就役すると、外見等に少なからぬ変化が生じたことから、妙高型とは別艦型扱いとされた（ただし、米海軍の公式資料等を含めて、以後も高雄型を妙高型の範疇に含める例は、英米を含めた各国海軍の資料や、一般書籍で見受けられる）。

ジェーン式の記載では愛宕型とされた高雄型は、全艦が竣工した翌年の１９３３年版の記載内容によれば、船体サイズや基準排水量は那智型から変化はなく、砲装も主砲は変化していないとされている。また、燃料搭載量や機関出力、建造費用や妙に長い航続力も那智型と同様とされていた。

その一方で高角砲の門数は4門に減少したこと、53・3㎝魚雷発射管も那智型の主船体内中甲板部への装備から、上甲板の甲板室内に旋回式連装発射管を片舷当たり2基（4門／両舷合計8門）装備と、例によって発射管径が間違っている以外は正確な記載がなされている（ちなみに1931年版では、愛宕型は三連装発射管を片舷当たり1基装備すると予測されていた）。

航空関連艤装はカタパルトの装備は2基と正しかったが、艦載水偵の搭載能力は4機（実艦は3機）と相変わらずの過大評価が続いていた。その一方で妙高型は、カタパルト1基、艦載水偵は2機搭載と、正確な表記に切り替わっている。

この他に妙高型と異なる点とされたのは、装甲厚は同様に76㎜〜102㎜にされたのに対し、「装甲配置の変更が行われた」ことが漏れ伝わってきていたのか、妙高型では前部砲塔の弾薬庫部から後部砲塔の弾薬庫部まで、連続して水線装甲帯が設けられているのに対し、愛宕型では機関区画〜後部四番砲塔前側までの範囲に水線装甲が短縮されたという明らかな誤解が生じていた。また、これに加えて、妙高型にはないとされた舵機室の防御が施されている等の防護上の相違点も指摘されている。

さらに、妙高型から愛宕型での甲板室の拡大を含む外見的変化や、兵装の減少等が行われたことは、海外では「艦内が狭小で居住性不良」という那智型の欠点をある意味裏付ける格好にもなり、愛宕型での設計変更が「艦内容積狭小の改正」と受け取られていた節も見受けられる。なお、両型の最大の外見的差異となった艦橋の形状変化と、その評価については、次節で記したいと思う次第だ。

外見上の相違が判明する以前は、『ジェーン海軍年鑑』で妙高型の同型艦として扱われていた「高雄」。本型も二番艦「愛宕」の就役の方が早いため（「高雄」は1932年5月31日、「愛宕」は同年3月30日）、愛宕型巡洋艦と称されることがある。

高雄型重巡洋艦（竣工時）
基準排水量:9,850トン（計画）／11,530トン、公試排水量:14,129トン、全長:203.76m、最大幅:20.42m、吃水:6.11m、主缶:ロ号艦本式重油専焼缶12基、主機:艦本式ギヤードタービン4基/4軸、出力:130,000馬力、速力:35ノット+、航続力:14ノットで8,000浬、兵装:20.3cm50口径連装砲5基、12cm45口径単装高角砲4基、40mm単装機銃2基、61cm連装魚雷発射管4基、搭載機:水偵3機、装甲厚:舷側127mm、甲板34〜36mm、主砲塔25mm、乗員:760名

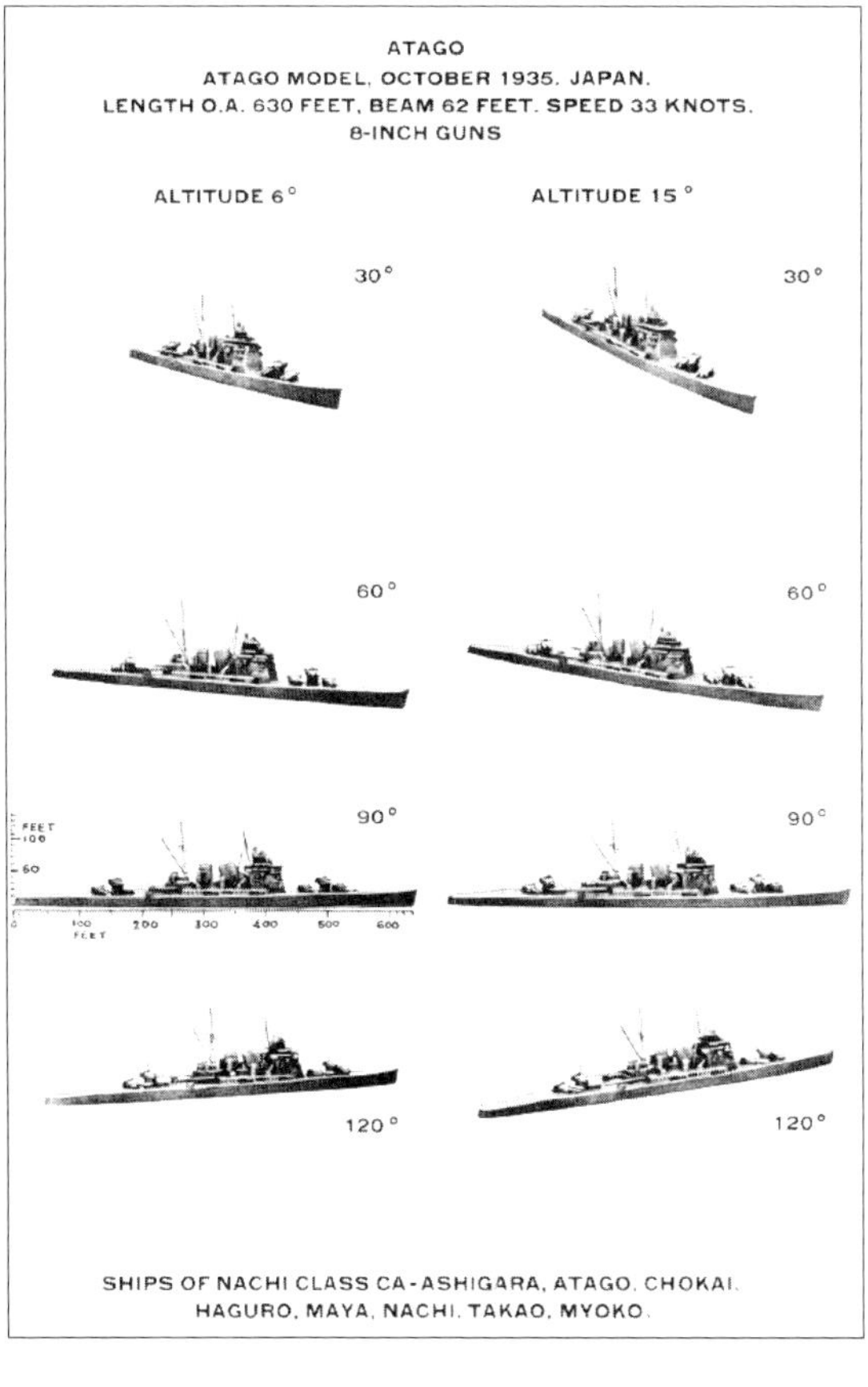

1936年発行の艦艇識別帳に掲載された「愛宕型」（高雄型）の頁。巨大な艦橋を含む艦の概形は把握されていたが、「愛宕型」は「那智型」の準同型艦として扱われ、下部には両型の計8隻の艦名が一括りに記載されている。

妙高型・高雄型重巡洋艦②

海外から見た日本軍艦の「外見」

明治期～大正初期の日本軍艦は、英仏米独伊等をはじめとする海外各国からの購入艦及びそれらの国から技術導入を図った上で、その延長線上の思想で設計された国産艦で構成されていた。それもあって、他国から特に外見面で批評が出ることは、それほど多くはなかった。だが、ワシントン条約の締結以降に、日本独特の形態を持つ新型艦が出てくるようになると、それらの艦は欧米の常識に合わない形態の艦が多かったこともあり、外見面について様々な批評が出るようになっていく。

日本海軍の巡洋艦について、最初に外見面に関しての特記がなされたのは、『ジェーン海軍年鑑』の1926年版で軽巡「夕張」について、ダブルカーベチャー式の艦首や特異な形状の誘導煙突等を持つことを含めて、「その外見は、現在就役中の他国の巡洋艦とは、全く異なったものである」と報じられた際のことだ。

そして、これに続いて整備された古鷹型／青葉型では、1928年には早くも、公称排水量に比して重武装であることが報じられた上、「夕張」を元に発達した射撃指揮機構を重ねる大型の塔型艦橋の装備も、他国の重巡と大きく異なり、英米等では「醜い」「無様」等の評価がなされている。古鷹型／青葉型より艦橋が大型化・形状が複雑化した妙高型も、同様の評価がなされた。

続く高雄型では、艦橋がさらに大型化したこともあって、世界を悪い意味で驚愕させて、さらなる批評の対象ともなった。高雄型の艦橋は、出現時期から英米等の各国海軍では、日本巡洋艦の艦橋の中でも前面投影面積が大きくて被発見率がより高いことを含めて、「大型に過ぎる」と判断された。また、ドイツ海軍の某大将は「平時の訓練には好適」と含みを持たせて評したと言われる。

さらに、イタリアの高名な造船官で、リットリオ級戦艦や各戦艦の大規模改装、ライモンド・モンテクッコリ級等の新型巡洋艦の設計に当たったプリエーゼ造船中将は、昭和13年〜14年（1938年〜1939年）に「日本海軍には（艦艇設計に当たり）、確固たる信念が欠如しているように思える。どこの国でも新型艦設計時における各部の要求は、多岐雑多なものとなる。（中略）日本海軍の技術陣には優先順位を決めて取捨選択をする才能及び権限を持つ人間がおらず、（全ての要求を盛り込んで）漫然と設計を纏めているようにも思える。多々益々弁（＝多ければ多いほどうまく使いこなせる）ということは、戦闘を目的する海軍の軍艦では絶対にあり得ないことだ」という旨の懸念の言を、在伊大使館付武官だった平出英夫大佐に伝えたという。

そして、このような日本軍艦の特異な外形は、米海軍では水兵たちの嘲笑の対象ともなった。古き良きリチャード・P・ニューカム著の『サボ島沖海戦』の中で、「日本軍艦の姿を見ると吹き出したもの」、「重々しい甲板上の構造物は、（大型の構造物と見かけ上の甲板高の低さのため）まるで舳先が重みで水に浸かるまで、不格好な丸木小屋を積み重ねた」ようで、「太い前部煙突は鋭く後ろに傾き、細い後部煙突は真っ直ぐ」と表現された重巡「鳥海」の煙突も、「太さと形が全く違う煙突は、爆笑を引き起こすほど滑稽」な様相の例として挙げられている。

これは、日本人から見れば「格好良い」と見なされることが多い日本の重巡が、海外では外見的には醜悪と見られていたことが良く理解できる記載と言える。

1930年代中期から開戦時における妙高型と高雄型重巡

海外での一般呼称に曰く「那智型」（妙高型）の第一次改装の実施は、日本側から公表写真が出されたこともあり、1935年（昭和10年）には一応海外にはその概要が把握されている状態にあった（ただし、米海軍が１９３６年に出した艦艇識別帳では、なぜか「１９３５年10月の状態」として、改装前の艦容での那智型の艦容写真が掲載されるということもあった）。

１９３７年（昭和12年）５月には「足柄」がジョージⅥ世戴冠記念観艦式に参列して、鮮明な写真を撮影する機会が得られたこともあり、艦についての詳報もそれなりに得られている。『ジェーン海軍年鑑』の１９３７年版（往事の『ジェーン年鑑』は、発行年度の初夏までのデータを入れて出版するのが常だった）では、日本側公表の「妙高」と、戴冠記念観艦式の際の「足柄」の写真を掲載しつつ、「（本型の）４隻全艦が１９３４年から１９３６年にかけて、大規模な改装を実施している。これにより前部の煙突高が高められ、後部指揮所等が拡大されたのに加え、高角砲の増大と、（旧来の発射管兵装の撤去と）四連装発射管の搭載に伴う雷装の変化」等が行われたことを記すと共に、掲載の図版も第一次改装の艦容変化に合わせたセルター（シェルター）デッキ形状の変化や、雷装位置の変化、魚雷発射管数の減少などが示されている（ただし、発射管装備位置は「足柄」の情報を得ていたにも関わらず、なぜか実艦と逆で、後部セルターデッキ側面の前部開口部に設置されていることになっていた）。そして要目面では、兵装は主砲と雷装の門数は正確だが（魚雷径は例によって不正確にせよ）、高角砲が旧来の記載通りの12㎝砲６門となっており、機銃の装備が旧来の毘式40㎜機銃とされていることを含めて、ミスもやはり認められる。また、舷側装甲の表記が76㎜に統一され、甲板部は51㎜～76㎜、砲塔部は76㎜と、より不正確となっている。

一方、この時期まで大改装は未実施だった海外呼称曰くの「愛宕型」こと高雄型は、竣工後に多くの写真が撮られたこともあって、外形は正確に把握されている（支那事変の開戦後、第四戦隊の「鳥海」「摩耶」が数次にわたって中国水域等で活動したことも、英米等における本型の情報収集に役立っていた）。ただし、「鳥海」「摩耶」が１９３６年～１９３８年（昭和11年～昭和13年）に実

昭和15年（1940年）6月14日に撮影された妙高型三番艦「足柄」。第二次改装により前檣を単檣から三脚檣に変更、煙突側部に25㎜連装機銃を追加した。四連装魚雷発射管は射出機の前方に片舷1基ずつ計2基を増設し、片舷射線数を8本としている。

妙高型重巡（第二次改装後）
基準排水量:12,342トン（軽荷）、公試排水量:15,933トン、全長:203.76m、水線幅:20.71m、吃水:6.37m、主缶:ロ号艦本式重油専焼缶12基（6基は空気余熱器付）、主機:艦本式ギヤードタービン4基/4軸、出力:132,830馬力、速力:33.88ノット、航続力:14ノットで7,463浬、兵装:20.3㎝50口径連装砲5基、12.7㎝40口径連装高角砲4基、25㎜連装機銃4基、13.2㎜連装機銃2基、61㎝四連装魚雷発射管4基、搭載機:水偵3機、装甲厚:舷側102㎜、甲板32〜35㎜、主砲塔25㎜、乗員:891名

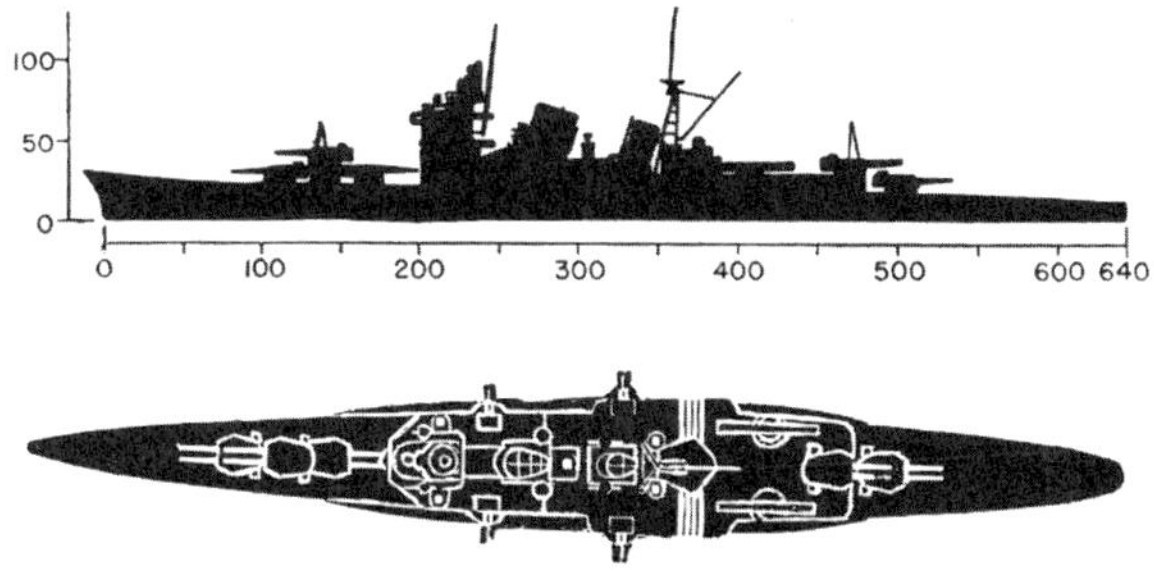

Nachi Class.
NOTE.—Torpedo tubes actually are slightly farther aft than shown in bottom silhouette.

Heavy Cruisers
Nachi Class
(4 ships)

NACHI
MYOKO
ASHIGARA
HAGURO
Description: Displacement: 10,000 tons (standard).
Length: 640 feet (over-all).
Beam: 62⅓ feet.
Draft: 16.5 feet (mean).
Speed: 33 knots (maximum).
Guns: 10—8-inch.
6—4.7-inch AA.
8—47-mm AA.
8—machine guns.
Torpedo tubes: 8—21-inch (quadrupled, above water).
Aircraft: 4. Catapults: 2.

1941年発行の日本海軍艦艇識別帳に掲載された「那智型」のシルエット図と諸元表。同時期の『ジェーン年鑑』に準じる内容となっているが、高角砲は改装前の12㎝単装6基と記載されている。また、47㎜機銃8基搭載との誤情報も見られる。

施した小規模な改装は、把握されていない。このためもあり、1937年度版の『ジェーン年鑑』では、基本的にその要目は竣工時のものと変わらない。その中で装甲厚については、舷側部は旧来と変わらぬ76mm～102mmだが、甲板51mm～76mm、砲塔76mmと、妙高型と同様とされた。

なお、妙高型、高雄型共に片舷当たり53・3cm魚雷発射管4射線とされていた雷装については、1928年（昭和3年）にヴィッカーズ・アームストロング社と日本海軍の間で、ホワイトヘッド式46ノット型の魚雷のライセンス生産に関する契約が結ばれていたため、それに類する魚雷か、その発達型等が搭載されていると考えられていたようである。この推察は、同時期に両型が搭載していた61cm型の九〇式魚雷は、ホワイトヘッド46ノット魚雷を元にした53・3cm径の八九式魚雷の拡大型であるため、魚雷径による性能差が把握できていないのは事実だが、当たらずとも遠からずと言えるものではあった（原型のホワイトヘッド式魚雷の性能は、駛走《しそう》速力46ノットで射程3km、30ノットの場合10km。弾頭重量は300kg）。

装甲の数値等の要目から見て、この時期、英米等で両型は「他国の重巡に比べて砲力と雷装は同等以上、装甲防御力は砲塔部及び舷側装甲は同等もしくはやや弱体な面はあるが、水平装甲は同等以上のものがあり、速力は英米仏のものと同等か優速」という相応の性能を持つ艦だと見なされていたと考えることができる。ただし、例の外見面での評価と、復原性不良・航洋性の不良等の問題があると見なされていたこともあり、英米仏伊の重巡に比べて、一段見劣りすると評する論者もいるなど、その実力を過小評価する向きも少なくなかった。

妙高型と高雄型は準同型（？）米海軍艦艇識別帳の両型

英米で把握されていた両者の要目を見てみると、妙高型と高雄型では、外見の差異はともかく、高角砲を除いた兵装の大部分と装甲厚（ただし、装甲配置は差異があると認識している）、速力の面では大差がないと判定していたこともあり、両者を準同型艦扱いとして、同一グループで括ることもあった（実際、妙高型が第一次改装で雷装の変更と甲板室を設けたことで、高雄型より劣悪と判定されていた復原性能と居住区画の容積不足を改善して、総じて高雄型により近い艦となったと判定されたことも、この扱いを助長した感がある）。

実際に米海軍では、1936年には両型を「那智級」として一括して扱い、その中で「愛宕型」（両舷に装備したカタパルトの位置まで伸びるセルターデッキを持つ型）と「那智型」（セルターデッキの長さがより短くて、単装高角砲6門を装備する型）の二型に分類する例も見受けられた。

ただ、やはり外見的に目立つ艦橋形状の差異があって、両型は識別しやすいのもあるのか、『ジェーン海軍年鑑』では、太平洋戦争の開戦年である1941年度版まで「那智型」と「愛宕型」、米軍が開戦直後に出した日本艦艇識別帳でも同様に「那智型」と「愛宕型」として分類するなど、両型を分類して表記するのが一般的に行われている（ちなみに、「那智型」を「足柄型」として分類する場合もあり、これは恐らくジョージⅥ世戴冠記念観艦式に出たことで「足柄」の名が売れたこともあるが、同型艦のアルファベット順で一番若いからという、高雄型の「愛宕型」呼称と同じ理由で使用されたものである。実際に開戦時の英海軍では、「那智型」より「足柄型」の方が一般的に使用されているように見受けられる）。

また、『ジェーン年鑑』は、1938年（昭和13年）に日本でローマ字表記を従前のヘボン式から訓令式に変更したのを受けて、妙高型のうち「那智」（Nachi → Nati）と「足柄」（Ashigara → Asigara）、高雄型のうち「鳥海」（Chokai → Tyokai）に変更しているが、米海軍ではヘボン式表記を改めずにそのまま使用していた。

開戦前、両型の情報はどのようであったかというと、「那智型」（妙高型）の場合は1941年度版の『ジェーン年鑑』では、「再度の改装が1939年から1941年に掛けて実施されている」という表記があるように、第二次改装が実施されていることは把握されていた。ただし、その内容については全く把握しておらず、基本的に要目等は1937年度版と同様だった。だが、対空砲の装備が12・7cm高角砲8門が正しいものになっている反面、毘式40mm機銃に代わって47mm高角砲8門が搭載されていることにされるなど、妙な記載が増えている。

「愛宕型」（高雄型）も対空砲に謎の47mm高角砲8門が増えている以外は、特に以前の表記から変化していない。ただ、各国艦艇の識別図一覧表のところでは、「後檣は現在、後方に移設されている」という表記があることから、「愛宕」「高雄」に実施された改装の内容が、断片的にだが、英米側に伝わっていたことが窺える（もしくは、確認はできないが、開戦前における南支方面での巡行実施時に、英米艦から視認されたことがあったのかも知れない）。一方、開戦直後に出された米軍識別帳では、その内容は『ジェーン年鑑』を元にしていたが、高雄型の後檣移設等は触れられていないなど、より情報精度に欠けるものとなっていた。

そして、これが開戦前に海外で把握された最後の妙高型／高雄型の概要となった。

この時点で妙高型／高雄型の両型は、海外ではその外見面の評価に惑わされた面もあって、実力を完全に把握できていないと言える状態であった。この正しいとは言えない情報の下で、英米及びその他の連合国側の海軍部隊は、両型と相まみえることになったのである。

高雄型4隻のうち、「高雄」「愛宕」のみは昭和13年（1938年）～昭和14年（1939年）に近代化改装を受けている。両艦は艦橋構造物の縮小により「摩耶」「鳥海」と艦容を異にした。写真は昭和14年7月14日撮影の「高雄」。

重巡「高雄」「愛宕」（近代化改装後）
公試排水量:14,581トン、全長:203.76m、最大幅:20.73m、吃水:6.32m（満載）、主缶:ロ号艦本式重油専焼缶12基（6基は空気余熱器付）、主機:艦本式ギヤードタービン4基4軸、出力:133,000hp、速力:34.25ノット、航続力:18ノットで5,050浬、兵装:20.3cm50口径連装砲5基、12.7cm40口径連装高角砲4基、25mm連装機銃4基、13mm連装機銃4基、61cm四連装魚雷発射管4基、搭載機:水偵4機、装甲厚:舷側127mm、甲板34～46mm、主砲塔25mm、乗員:835名

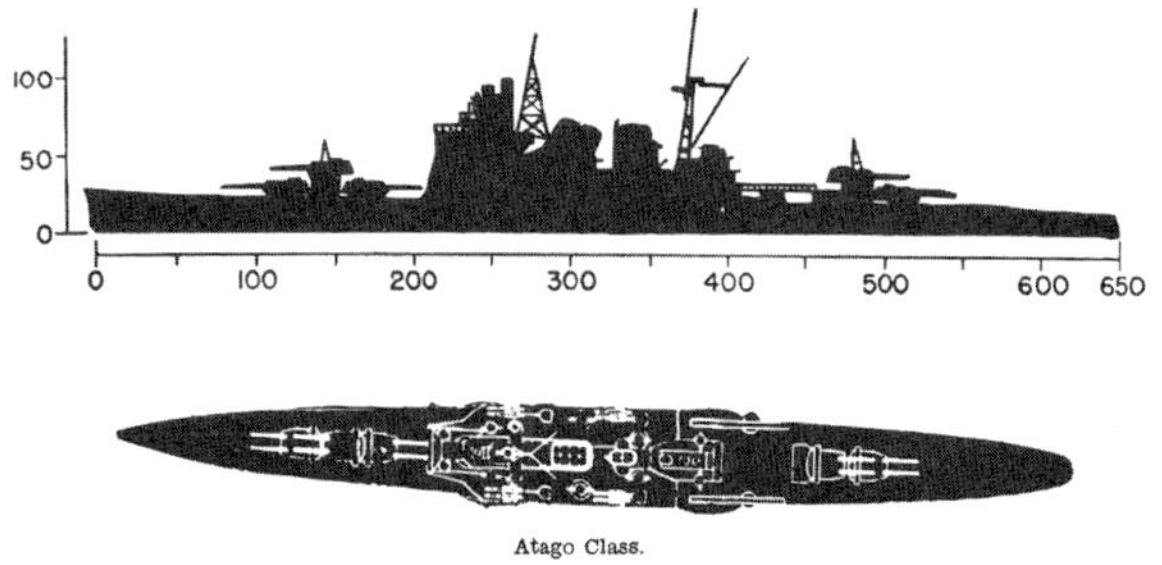

Atago Class.

Heavy Cruisers
Atago Class
(4 ships)

ATAGO
TAKAO
CHOKAI
MAYA
Description: Displacement: 9,850 tons (standard).
Length: 650 feet (over-all).
Beam: 62⅓ feet.
Draft: 16.4 feet (mean).
Speed: 33 knots (maximum).
Guns: 10—8-inch.
4—4.7-inch AA.
8—47-mm AA.
4—machine guns.
Torpedo tubes: 8—21-inch (above water).
Aircraft: 4.　Catapults: 2.

1941年発行の日本海軍艦艇識別帳に掲載された「愛宕型」のシルエット図と諸元表。同時期の『ジェーン年鑑』では「高雄」「愛宕」に改装が実施されたことが示唆されているが、この識別帳のシルエット図では連装発射管から四連装発射管への換装や後檣の後方移設等の改装内容は反映されていない。

妙高型・高雄型重巡洋艦③

太平洋緒戦期における「那智型」「愛宕型」

太平洋戦争開戦後、妙高型と高雄型は南方部隊旗艦の「愛宕」以下、第二艦隊の中核兵力として、あるいは「鳥海」「足柄」のように他艦隊の旗艦として、南方進攻作戦の主力として活動する。

その中でこれらの大型巡洋艦は、昭和17年（1942年）1月4日に「妙高」を爆撃したB-17編隊の報告書に「戦艦」と書かれたように、連合軍からはしばしば「戦艦」と誤認されることになる。

スラバヤ沖海戦でこれら両型の巡洋艦に初めて接したABDA連合打撃部隊では、最初に発見した「エレクトラ」の見張員が当初「戦艦」と報じて全艦隊に緊張を与え（ただし直後に「先の目標は重巡」と修正された）、その直後に日本重巡を見た「ヒューストン」のウィンスロー少尉は、「大型で不吉な様相をした、パゴダ・マストのような上構を持つ」「恐るべき『那智型』重巡」の姿を認めたと記している。続く戦闘では、米英艦共に火を吐く日本の重巡の砲撃の正確さに感銘を受け、豪軽巡「パース」のウォーラー大佐は、「『那智』『羽黒』の砲撃が正確で、レーダーによる射撃指揮を行っているのでは」と推察したという。

また、「10門の主砲に加え、対空砲や魚雷で武装した『足柄型』か『愛宕型』の巡洋艦と交戦」した「エクセター」のゴードン艦長は、スラバヤ沖海戦で損傷した「エクセター」をジャワ海から脱出させる途上、再度これらの型に属する4隻の重巡に囲まれており、これをジャワ海が完全に封鎖されたことを端的に示すものとしている。「エクセター」が「脱出は不可能だが、戦い抜く」と報じたこの戦闘の最後、護衛に当たっていた米駆逐艦「ポープ」が「足柄」と「妙高」の砲撃で止めを刺されたことは、アメリカ側でジャワ海の戦いが終了した象徴的な事例として伝えられている。

ソロモン方面における妙高型／高雄型の活躍と評価

このように緒戦の戦いで、連合軍側に大きな打撃を与えて日本の勝利に貢献した妙高型、高雄型の両型は、続くソロモン方面の激戦でもさらに米側の記憶に残る活躍を残していく。

同方面での最初の水上艦隊同士の大規模水上戦闘となった第一次ソロモン海戦で、旗艦「鳥海」以下の第八艦隊が上陸船団護衛の米豪連合艦隊と交戦し、日本側が完勝したことは、一時的ではあるが米海軍をして「夜間の水上戦闘では、日本艦隊に打ち勝つことはできないのではないか」と思わせたほどの衝撃を与えた。そしてその後の戦闘でも、「妙高」「摩耶」「鳥海」がガ島への艦砲射撃任務に従事し、「摩耶」は第三次ソロモン海戦のガ島飛行場への艦砲射撃の実施時に「米魚雷艇の幻の勝利」の当事者として、米側では名が知れている（※）。

そして、第三次ソロモン海戦の第二夜戦で、第二艦隊司令長官の将旗を掲げて、米艦隊に向かって突入してくる「愛宕」とその僚艦の「高雄」の姿は、戦艦「霧島」と共に米戦艦隊の将兵に強い印象を与えることにもなった。これらの諸海戦での活躍の結果、戦前「大きな不格好な上構を持つ醜い艦」と評された米側呼称の「那智型」や「愛宕型」の艦は、日本の水上艦隊の中核をなす艦艇であることが改めて認識されると共に、特徴的な外形を持つだけでなく、米の同格艦である重巡や大型軽巡にとって侮れぬ戦闘力と持つ艦であることを思い知らされている。

このような戦績も反映して、妙高型、高雄型の評価は少しずつだが変化していく。1942年10月に出された米海軍識別帳（ONI41-42）では、「那智型」とされる妙高型のデータは、高角砲が12cm連装高角砲とされていること、魚雷発射管が連装4基とされているという誤記はあるが、艦容は開戦前に第二次改装後の「足柄」が海外水域で

（※）…第三次ソロモン海戦時の昭和17年（1942年）11月14日、「鈴谷」「摩耶」を中核とする外南洋部隊支援隊がガ島飛行場への艦砲射撃を実施した際、米側では2隻の魚雷艇がこれへの攻撃に当たった。この戦闘は日本側では完全に無視されているが、米魚雷艇側では、「日本の大艦隊を攻撃して、大型艦1隻を沈め、退却させることに成功した」という大勝利として報じていた。

活動したお陰で、鮮明な写真が得られたことで概ね正確なものとなっていた。さらに主砲の仰角範囲は最大35度とされていたが、射程は概ね正確な数値となり（約29・8㎞）、水線装甲の防御範囲や水線装甲厚の記載は概ね正確になるなど、この面でも進化が見られる。

「愛宕型」こと高雄型も、開戦年に撮影の「高雄」の写真を米側が入手したことにより、「愛宕」と「高雄」が後檣の移設を図ったことが判明しており、また、高角砲を「那智型」同様の装備としている等の情報も伝わっている。ただし、艦橋や飛行機作業甲板の様相は以前と同様とされ、兵装は以前と変わらず、装甲厚も「那智型」と同様とされたように、不正確な面もあった。

一方、「鳥海（Chokaiもしくは Tyokaiと記された）」と「摩耶」は、戦前の支那方面での「鳥海」の映像が入手できたこともあって、艦容はかなり正確に把握されていた。なお、「愛宕型」のデータを見ると、主砲仰角が「那智型」と同様とされているので、高雄型の主砲の高角対応は、米側では探知していなかったことも把握できる。

太平洋戦争中盤〜終盤米英による両型の評価

アッツ沖海戦で「那智」と「摩耶」が不手際で米艦隊撃破の好機を逃して、日本重巡の戦闘能力に疑念を抱かれた後の1943年夏以降、日本の勢力圏に対する米側の進攻作戦が進むと同時に、より詳細な日本艦艇の情報も入手されていく。1944年7月20日発行の「日本海軍の情報統計（ONI-222J）」に記載された両型の情報からも、それは窺い知れる。

この資料で「那智型」は、主砲の仰角が45度に改訂されて、射程が28㎞とより不正確になる等はあったが、基準排水量は1万1500トンと第一次改装後に近い数値となり、条約制限を超えていることが把握されたのに加え、雷装が61㎝（24インチ）四連装魚雷発射管4基（16門）となり、この部分では記載されていないが、61㎝型の九三式一型魚雷が搭載されていることも判明していた。

また、機関出力も概ね正確となり、戦前公称の33ノットではなく、35ノットを発揮可能だったことが把握されたが、大改装による排水量増大と船体抵抗の増大のため、戦前の公称が正確となってしまったことから、逆に情報が不正確となるという皮肉な結果ともなった。航続力も15ノットで1万4000浬という誇大表示となっている。

艦自体の評価としては、「主砲塔周辺の船体構造強度の不足を改装で改善した」という、色々な情報が混じった感がある記載があり、また、水中防御は優良であると記されたほか、水平装甲が最厚で127㎜と戦艦並みにあり、なぜか砲塔の装甲が10㎜にされるなどもあったが、装甲防御も重巡として有力なものを持つと見なされていたと思われる数字が記載されている。

一方、「これはマストの配置により『愛宕』群と『鳥海』群に分かれる」とされた「愛宕型」は、「那智型」と共通する誤記もあったが、基準排水量は1万2500トンと新造時と改装後の中間のような数字となり、速力や航続力は以前のものを引き継いだ感はあるが、高角砲の換装がなされた可能性があること、魚雷兵装が「那智型」同様とされたこと（この時期でも「鳥海」では誤記になる）、「恐らく燃料搭載量と航続力はより大きい」とされるなど、正確性はより増している。個艦の記載としては、「『那智型』の発達型」とされていて、防御面では水中防御が「良好」とされたことを含めて、総じて「那智型」同様に「重巡」としては有力な防御力を持つと見なされたようだ。

その後、発生した日米最後の大規模艦隊決戦のレイテ沖海戦では、「那智型」と「愛宕型」は、再度米側に様々な印象を残す。

パラワン水道で第一遊撃部隊本隊を襲撃した米潜水艦2隻は、「愛宕」と「高雄」を重巡と判定したが、砲塔が1基減少した影響もあるのか、「摩耶」は金剛型と誤認している。サマール沖海戦では金剛型と誤認されることも少なくなかったが、「那智型」巡洋艦の戦隊（「羽黒」と「鳥海」の第五戦隊）が米側の駆逐艦の攻撃や跳梁する米機の攻撃を避けつつ、米駆逐艦に痛撃を与えるだけでなく、最初に護衛空母群を有効射程圏内に入れ、護衛空母を釣瓶《つるべ》打ちして多数の命中弾を得たことや、護衛空母の12・7cm砲の砲撃を受けつつも猛然と突進してきたことは、米護衛空母部隊にとって恐怖の体験であり、その戦い振りは艦隊将兵の目に焼き付くものだった。

また、レイテ沖海戦の後の南西方面では、1945年にシンガポール奪還を目指して進撃する英軍にとって、この方面で活動を続ける「羽黒」「足柄」及びシンガポールで修理中と見られた「高雄」「妙高」の4隻は、作戦遂行の障害となり得る排除が必要な存在と見なされており、この時期インド洋方面で作戦に当たっていた東インド艦隊では、その撃破が優先事項の一つとなっていた。

1945年5月以降、稼働艦の「羽黒」「足柄」を沈めただけでなく、終戦直前にX艇によるシンガポール港奇襲攻撃が実施されて、「高雄」が大きな損傷を負うことになったのは、このような背景によるものだ。

大戦末期および戦後の妙高型／高雄型の評価

戦争終結も近い1945年6月に発行された「日本海軍（ONI－222J）」では、「那智型」はペンサコラ級と同時期に整備された艦で、その特徴ある主砲配置は以後、米のブルックリン級／セント・ルイス級の軽巡が続いたこと、上構は青葉型を元にするが、改修が図られて外形変化が生じていること、平甲板型船体だが特徴的な波形船体を持つことなど、本型の特色について良く解説を行っている。兵装面や機関等の記載は以前のものを踏襲しているが、主砲の射程は28・4kmと若干変わり、魚雷の搭載数が予備16本とされて過剰となる等、相変わらず誤記も少なくなかった。解説の結びとして、「この艦は要目上は恐るべきものを持つ艦」と評価もされたが、『那智型』は戦闘時の損傷について、驚嘆するような結果を見せたことはほとんどない」とも書かれており、その要目に見合うだけの戦闘力があるかどうかは、疑問が持たれていたようだ。

「愛宕型」も要目は「那智型」同様に概ね以前の通りで、誤記もほぼ共通している。特徴の記載としては、「元々は『那智型』として計画された艦で、建造中に改正型としての整備へと変更」した艦で、「艦橋が『那智型』より大型（日本の重巡で、最も大型であると観測される）」であるほか、その水雷兵装の配置が日本重巡の基本形となったことなどが記載されていた。「摩耶」の防空巡洋艦への改装についても情報を得ていた節もあるが、こちらには「那智型」のような実力云々の記載はない。これは妙高型より高雄型の方が戦闘時の抗堪性が高いと見なされていた可能性もあるが、妙高型の改正型であるため、改めて記載はしなかったのかも知れず、この点について断言はできない。そしてこの評価が事実上、妙高型、高雄型に対する米海軍公式の最後の見解となった。

蛇足ながら、『ジェーン海軍年鑑』では「那智型」／「愛宕型」共に、終戦時期に出された１９４４-45年版でも、戦前のデータがそのまま記載されていた。これは戦時中に同年鑑が、日本艦の情報を得られる術がほとんどなくなっていたことを示す一例と言えるが、また、米海軍が捕獲書類等で得た日本艦の情報を、民間にはほとんど出さなかったことを示す好例ともなっている。

戦後になると海外の研究家の中では、妙高型及び高雄型の両型は主要な作戦に参加し、各海戦で各国艦艇と交戦を行って痛撃を与えてきた艦であったことが知られるようになる。その中で大型の艦橋を持つことを含めて、独特な艦容の高雄型は、恐らくは第一次ソロモン海戦の「鳥海」の活躍もあって、イメージ的に日本重巡の代表格のような扱いになっていく。そして現在も両型の艦は、このようなイメージの元、海外の軍艦ファンに受け入れられている状態にある。

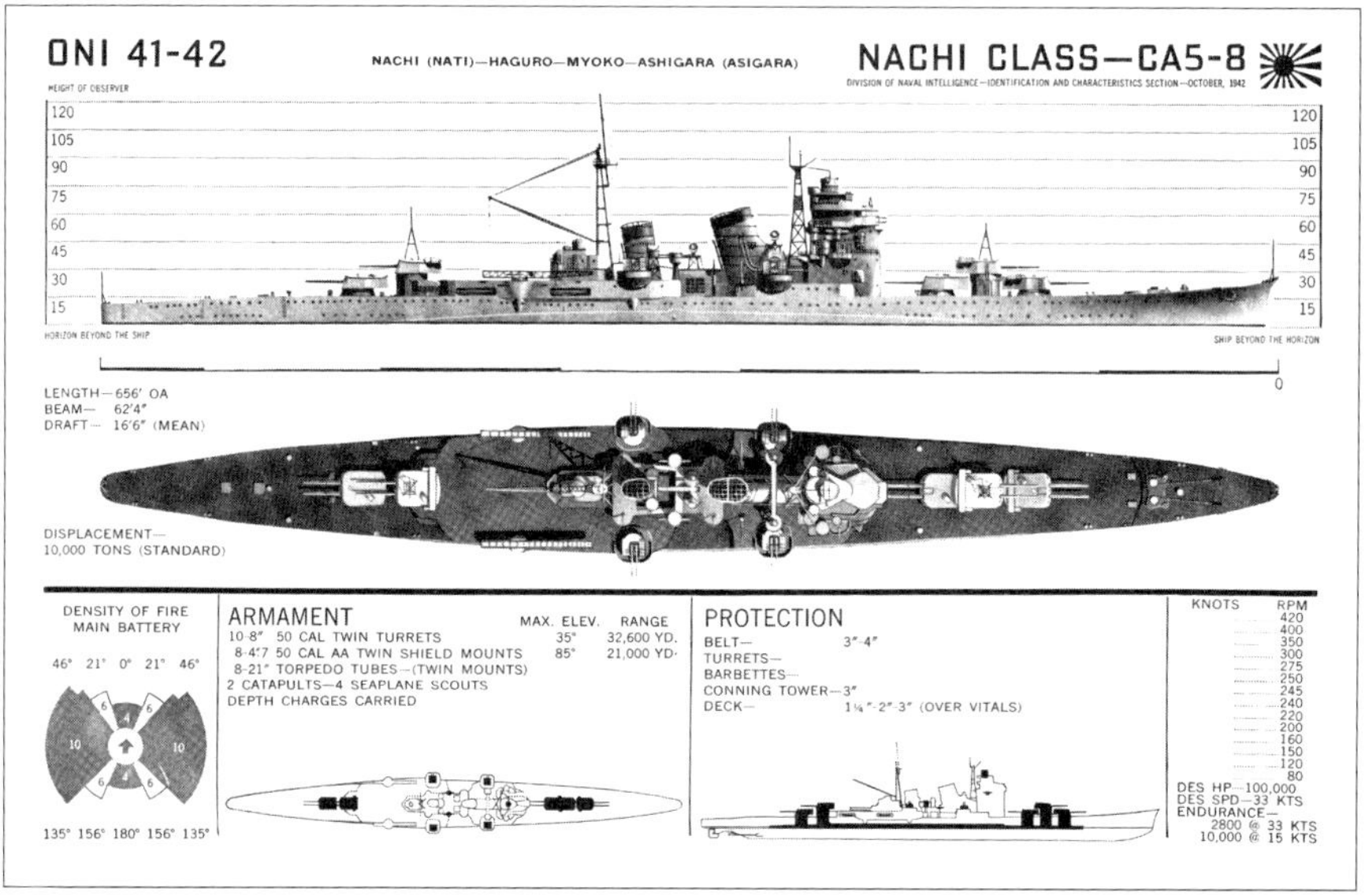

ONI 41-42

NACHI (NATI)—HAGURO—MYOKO—ASHIGARA (ASIGARA)

NACHI CLASS—CA5-8

DIVISION OF NAVAL INTELLIGENCE—IDENTIFICATION AND CHARACTERISTICS SECTION—OCTOBER, 1942

LENGTH—656′ OA
BEAM— 62′4″
DRAFT— 16′6″ (MEAN)

DISPLACEMENT—
10,000 TONS (STANDARD)

DENSITY OF FIRE
MAIN BATTERY

ARMAMENT

	MAX. ELEV.	RANGE
10-8″ 50 CAL TWIN TURRETS	35°	32,600 YD.
8-4″7 50 CAL AA TWIN SHIELD MOUNTS	85°	21,000 YD.
8-21″ TORPEDO TUBES—(TWIN MOUNTS)		
2 CATAPULTS—4 SEAPLANE SCOUTS		
DEPTH CHARGES CARRIED		

PROTECTION

BELT— 3″-4″
TURRETS—
BARBETTES—
CONNING TOWER—3″
DECK— 1¼″-2″-3″ (OVER VITALS)

KNOTS	RPM
	420
	400
	350
	300
	275
	250
	245
	240
	220
	200
	160
	150
	120
	80

DES HP—100,000
DES SPD—33 KTS
ENDURANCE—
2800 @ 33 KTS
10,000 @ 15 KTS

1942年10月発行の米海軍識別帳(ONI41-42)における「那智型」(妙高型)の頁。主砲の仰角が35度(実艦は40度)、高角砲の口径が4.7インチ(12cm/実艦は5インチ=12.7cm)、魚雷発射管が連装4基(実艦は四連装4基)とされている。ただし、艦容は第二次改装を反映した正確なものとなった。

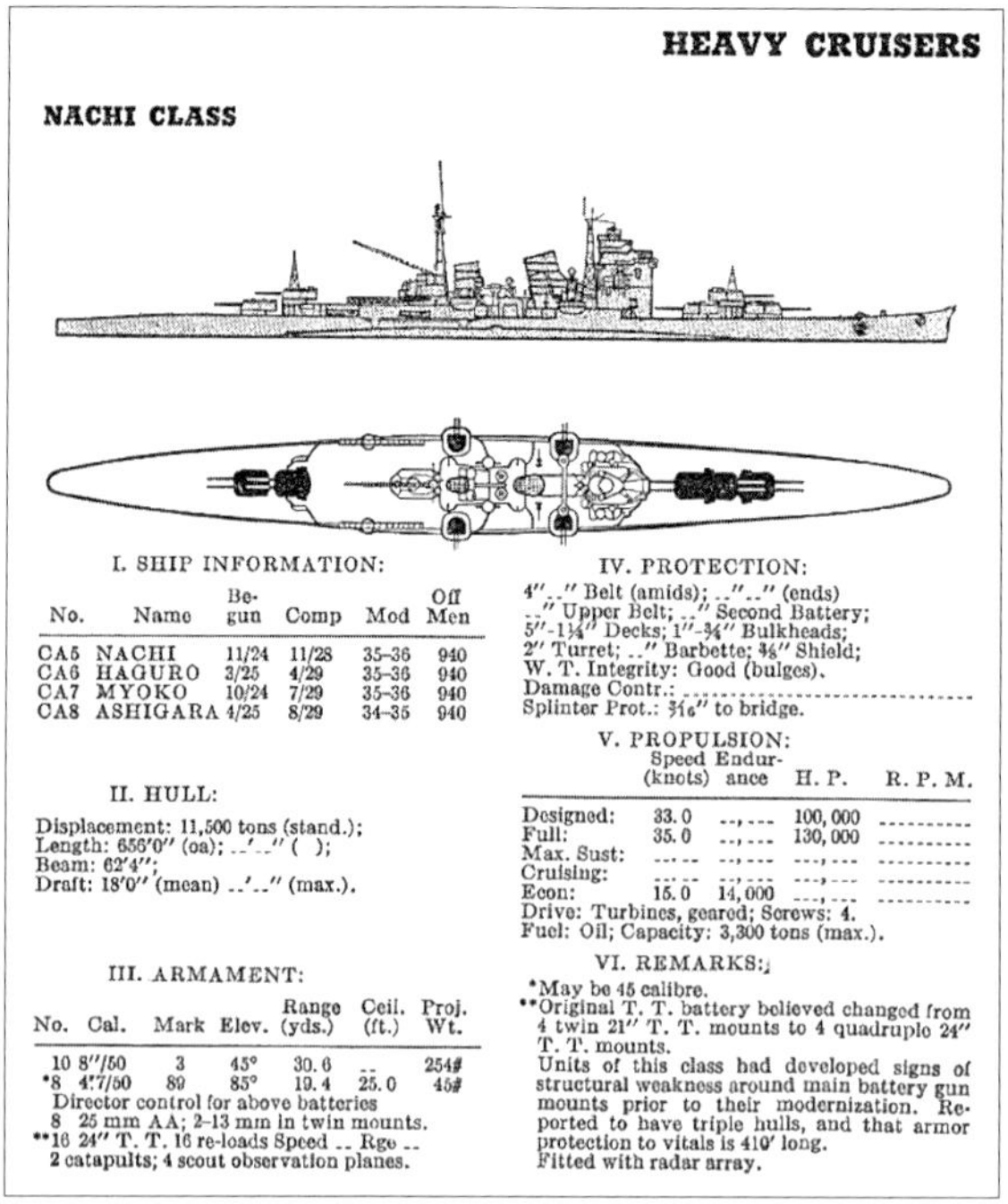

HEAVY CRUISERS

NACHI CLASS

I. SHIP INFORMATION:

No.	Name	Be-gun	Comp	Mod	Off Men
CA5	NACHI	11/24	11/28	35-36	940
CA6	HAGURO	3/25	4/29	35-36	940
CA7	MYOKO	10/24	7/29	35-36	940
CA8	ASHIGARA	4/25	8/29	34-35	940

II. HULL:

Displacement: 11,500 tons (stand.);
Length: 656′0″ (oa); ..′..″ ( );
Beam: 62′4″;
Draft: 18′0″ (mean) ..′..″ (max.).

III. ARMAMENT:

No.	Cal.	Mark	Elev.	Range (yds.)	Ceil. (ft.)	Proj. Wt.
10	8″/50	3	45°	30.6	..	254#
*8	4″7/50	89	85°	19.4	25.0	45#

Director control for above batteries
8 25 mm AA; 2-13 mm in twin mounts.
**16 24″ T. T. 16 re-loads Speed .. Rge ..
2 catapults; 4 scout observation planes.

IV. PROTECTION:

4″..″ Belt (amids); ..″..″ (ends)
..″ Upper Belt; ..″ Second Battery;
5″-1¼″ Decks; 1″-¾″ Bulkheads;
2″ Turret; ..″ Barbette; ⅝″ Shield;
W. T. Integrity: Good (bulges).
Damage Contr.: ....
Splinter Prot.: 3⁄16″ to bridge.

V. PROPULSION:

	Speed (knots)	Endur-ance	H. P.	R. P. M.
Designed:	33.0	..,...	100,000	....
Full:	35.0	..,...	130,000	....
Max. Sust:	.....	..,...	...,...	....
Cruising:	.....	..,...	...,...	....
Econ:	15.0	14,000	...,...	....

Drive: Turbines, geared; Screws: 4.
Fuel: Oil; Capacity: 3,300 tons (max.).

VI. REMARKS:

*May be 45 calibre.
**Original T. T. battery believed changed from 4 twin 21″ T. T. mounts to 4 quadruple 24″ T. T. mounts.
Units of this class had developed signs of structural weakness around main battery gun mounts prior to their modernization. Reported to have triple hulls, and that armor protection to vitals is 410′ long.
Fitted with radar array.

1944年7月20日発行「日本海軍の情報統計」(ONI-222J)の「那智型」重巡。基準排水量が竣工時の実測に近い11,500トン表記となった。魚雷は21インチ(53.3cm)から24インチ(61cm)口径に変更されたことが注記で触れられている。甲板(水平)装甲の最大5インチ(127mm/実艦は32〜35mm)、航続距離の15ノットで14,000浬(実艦は14ノットで7,900浬)との過大評価が目立つ。

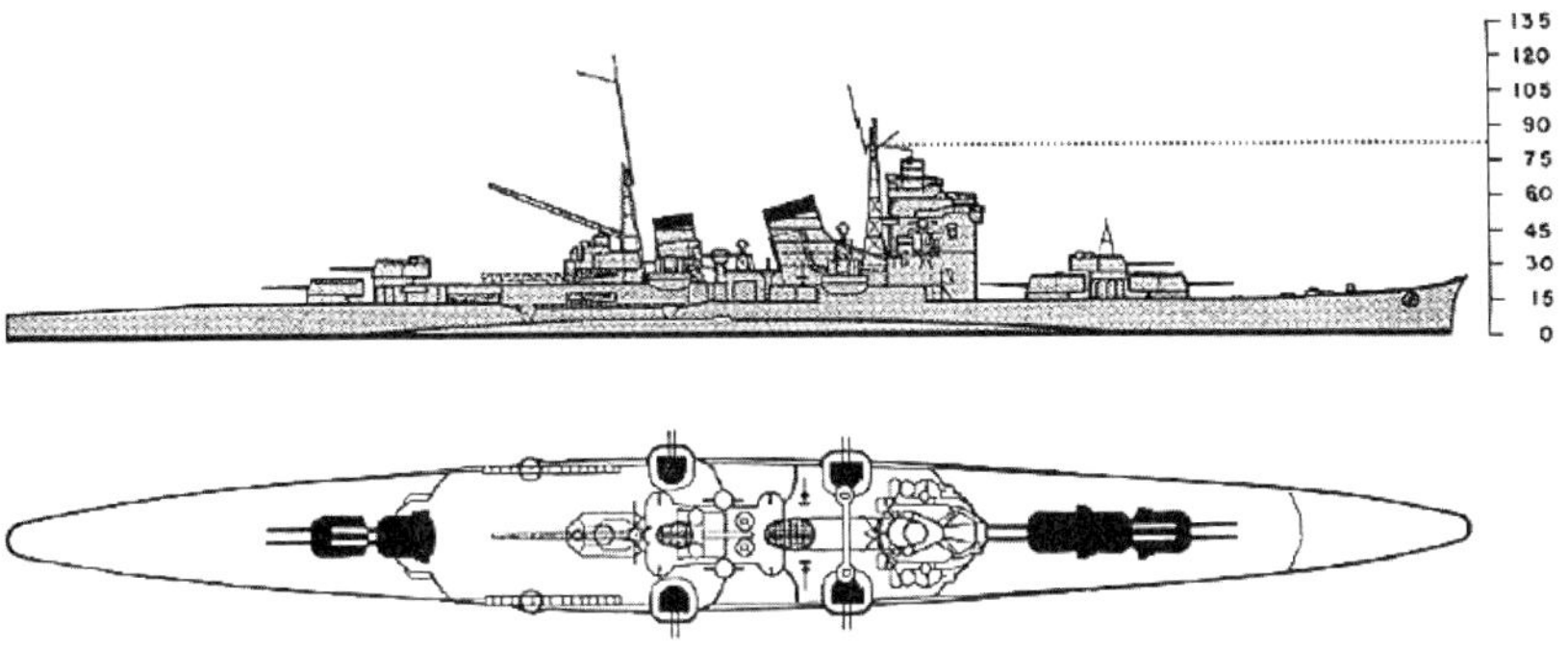

CA—Heavy Cruisers—NACHI Class

One unit sunk, May 1945

CA 6—HAGURO

Begun—March 1925
Completed—April 1929
Modernized—1935–36
Complement—814

CA 7—MYOKO

Begun—October 1924
Completed—July 1929
Modernized—1935–36
Complement—814

CA 8—ASHIGARA

Begun—April 1925
Completed—August 1929
Modernized—1934–35
Complement—814

Dimensions

Displacement: 11,500 tons (stand.).
Length: 656′ 0″ (oa).
Beam: 62′ 4″.
Draft: 18′ 0″ (mean); 22′ 6″ (max.)

Armament

No.	*Cal.*	*Mark*	*Elev.*	*Range (yds.)*	*Ceil. (ft.)*	*Proj. (lbs.)*
10	8″/50	3	42°	31. 100	......	254
*8	4. 7″/50	89	85°	19, 400	25, 000	45

Director control for above batteries.
8 25 mm AA; 2 13 mm in twin mounts;
**16 24″ TT; 16 reloads;
2 catapults; 4 scout observation planes.

Protection

4″ Belt (amidships); ..″ (ends);
..″ Upper Belt; ..″ Secondary Battery;
5″–1¼″ Decks; 1″–¾″ Bulkheads;
2″ Turret; ..″ Barbette; ⅜″ Shield.
Splinter Protection: $\frac{5}{16}$″ to bridge.
Watertight Integrity: Good (bulges).
Damage Control: ....

Propulsion

	Speed (knots)	*Endurance (miles)*	*HP*	*RPM*
Designed:	33. 0	......	100, 000	....
Full:	35. 8	......	138, 500	326
Max. Sust.:	......	......	......	....
Cruising:	......	......	......	....
Economical:	15. 0	14, 000	......	....

Drive: Turbines, geared; Screws: 4.
Fuel: Oil; Capacity: 3,300 tons (max.).

Notes

*May be 45 caliber.
**Original TT battery believed changed from 4 twin 21″ TT mounts to 4 quadruple 24″ TT mounts.

Fitted with mattress type, air search radar. One unit of this class is also equipped with ladder type air search radar antenna, Mark I Model III land-based, possibly designated Mark II, Model IV when shipborne.

Remarks

The NACHI Class, an enlarged AOBA design, established the maximum main battery standard for all known Japanese heavy cruisers that followed. The American PENSACOLA'S are the only occidental vessels of this type that equaled the NACHI in the number of 8″ guns carried. Traditional adherence to the twin mount forced Japanese designers to concentrate the

1945年6月に発行された「日本海軍」(ONI-222J)掲載の「那智型」。同年5月までに1隻を喪失した(1944年11月5日に「那智」がマニラで沈没)ことが記載されている。主砲は仰角42度、最大射程31,200ヤード(約28.5km)と、実艦の40度、29kmに近い数値となっている。

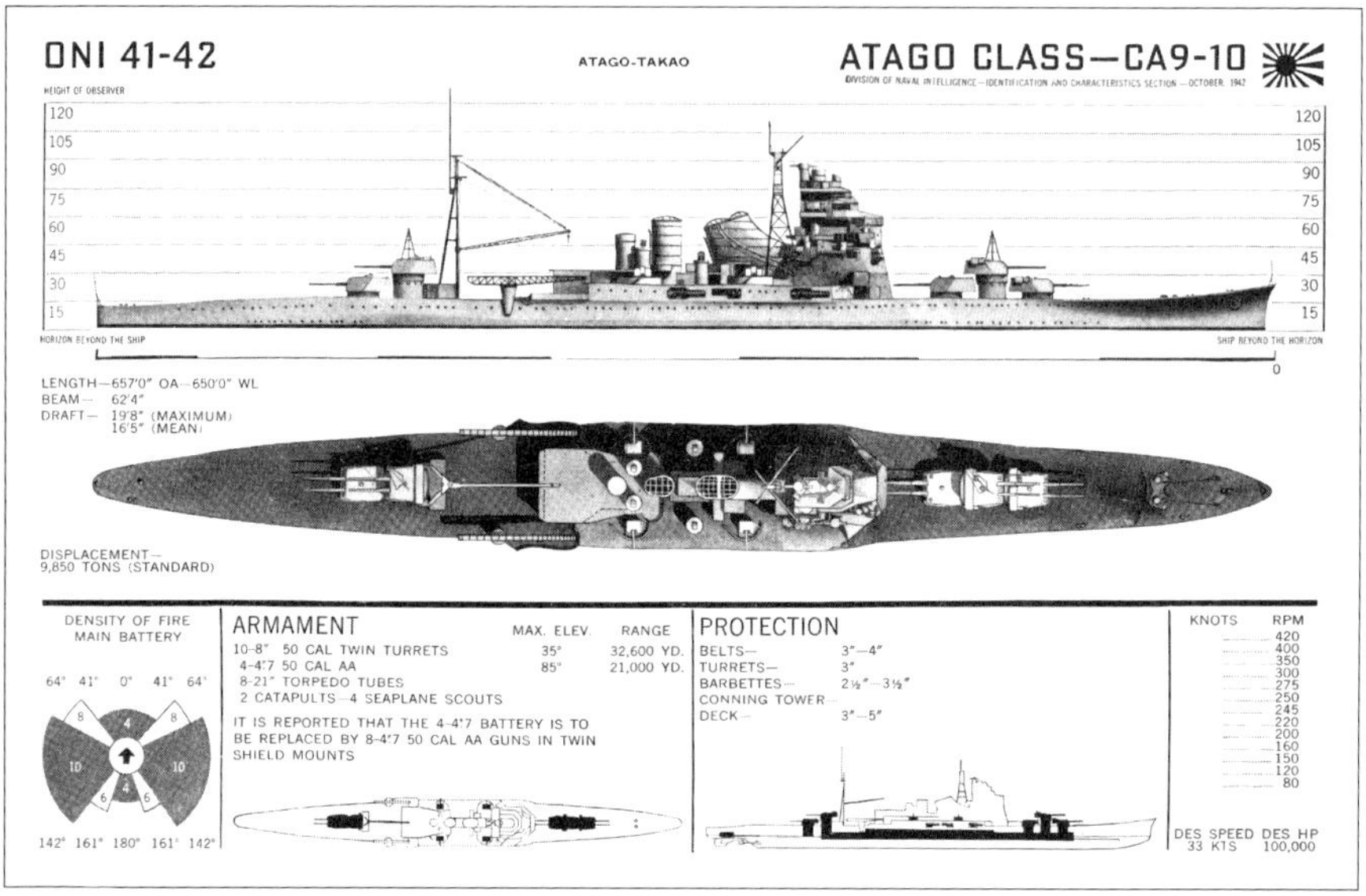

ONI 41-42　　ATAGO-TAKAO　　ATAGO CLASS—CA9-10

DIVISION OF NAVAL INTELLIGENCE—IDENTIFICATION AND CHARACTERISTICS SECTION—OCTOBER, 1942

HEIGHT OF OBSERVER

120 105 90 75 60 45 30 15

HORIZON BEYOND THE SHIP　　SHIP BEYOND THE HORIZON

LENGTH—657'0" OA—650'0" WL
BEAM—62'4"
DRAFT—19'8" (MAXIMUM) 16'5" (MEAN)

DISPLACEMENT—
9,850 TONS (STANDARD)

DENSITY OF FIRE
MAIN BATTERY

64° 41° 0° 41° 64°

142° 161° 180° 161° 142°

ARMAMENT

	MAX. ELEV.	RANGE
10-8" 50 CAL TWIN TURRETS	35°	32,600 YD.
4-4".7 50 CAL AA	85°	21,000 YD.
8-21" TORPEDO TUBES		
2 CATAPULTS—4 SEAPLANE SCOUTS		

IT IS REPORTED THAT THE 4-4".7 BATTERY IS TO BE REPLACED BY 8-4".7 50 CAL AA GUNS IN TWIN SHIELD MOUNTS

PROTECTION

BELTS—	3"—4"
TURRETS—	3"
BARBETTES—	2½"—3½"
CONNING TOWER—	
DECK—	3"—5"

KNOTS　RPM
420
400
350
300
275
250
245
220
200
160
150
120
80

DES SPEED 33 KTS　DES HP 100,000

1942年10月発行の米海軍識別帳（ONI41-42）における「愛宕型」（高雄型）の頁。舷側装甲を「那智型」と同じ3〜4インチ（76〜102㎜）としているが、実艦は最大5インチ（127㎜）である。艦形図は「高雄」「愛宕」で実施された後檣移設を反映したものとなっている。

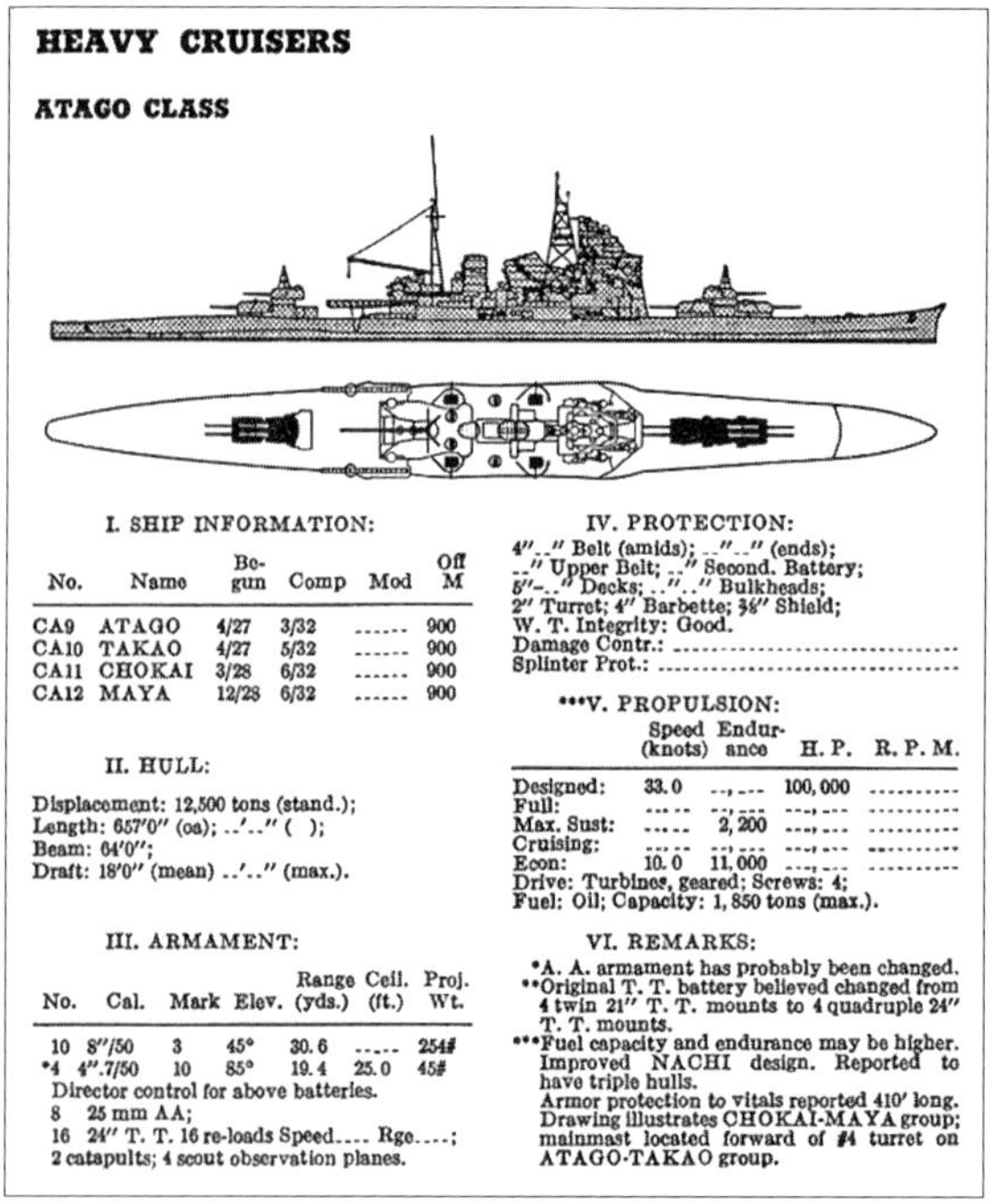

HEAVY CRUISERS

ATAGO CLASS

I. SHIP INFORMATION:

No.	Name	Be-gun	Comp	Mod	Off M
CA9	ATAGO	4/27	3/32	------	900
CA10	TAKAO	4/27	5/32	------	900
CA11	CHOKAI	3/28	6/32	------	900
CA12	MAYA	12/28	6/32	------	900

II. HULL:

Displacement: 12,500 tons (stand.);
Length: 657'0" (oa); ..'..'' ( );
Beam: 64'0";
Draft: 18'0" (mean) ..'..'' (max.).

III. ARMAMENT:

No.	Cal.	Mark	Elev.	Range (yds.)	Ceil. (ft.)	Proj. Wt.
10	8"/50	3	45°	30.6	-----	254#
*4	4".7/50	10	85°	19.4	25.0	45#

Director control for above batteries.
8　25 mm AA;
16　24" T. T. 16 re-loads Speed.... Rge....;
2 catapults; 4 scout observation planes.

IV. PROTECTION:

4"..'' Belt (amids); ..''..'' (ends);
..'' Upper Belt; ..'' Second. Battery;
5"-..'' Decks; ..''..'' Bulkheads;
2" Turret; 4" Barbette; ⅜" Shield;
W. T. Integrity: Good.
Damage Contr.: ....
Splinter Prot.: ....

***V. PROPULSION:

	Speed (knots)	Endur-ance	H. P.	R. P. M.
Designed:	33.0	--,---	100,000	---------
Full:	-----	--,---	---,---	---------
Max. Sust:	-----	2,200	---,---	---------
Cruising:	-----	--,---	---,---	---------
Econ:	10.0	11,000	---,---	---------

Drive: Turbines, geared; Screws: 4;
Fuel: Oil; Capacity: 1,850 tons (max.).

VI. REMARKS:

*A. A. armament has probably been changed.
**Original T. T. battery believed changed from 4 twin 21" T. T. mounts to 4 quadruple 24" T. T. mounts.
***Fuel capacity and endurance may be higher. Improved NACHI design. Reported to have triple hulls.
Armor protection to vitals reported 410' long. Drawing illustrates CHOKAI-MAYA group; mainmast located forward of #4 turret on ATAGO-TAKAO group.

1944年7月20日発行「日本海軍の情報統計」（ONI-222J）の「愛宕型」重巡。主砲の仰角は同資料の「那智型」と共通で45度、射程は30.6ヤード（約28㎞／実艦は29.4㎞）と記されており、高角対応の新型砲塔による仰角引き上げ（最大仰角70度）は反映されていない。舷側装甲は4インチ（102㎜）表記で以前と変わらないが、甲板（水平）装甲は「那智型」と同じ最大5インチ（127㎜）と過大に評価された。注記で艦形図は「鳥海」「摩耶」を示すとしており、「愛宕」「高雄」で後檣が四番主砲塔前に移設された旨が言及されている。

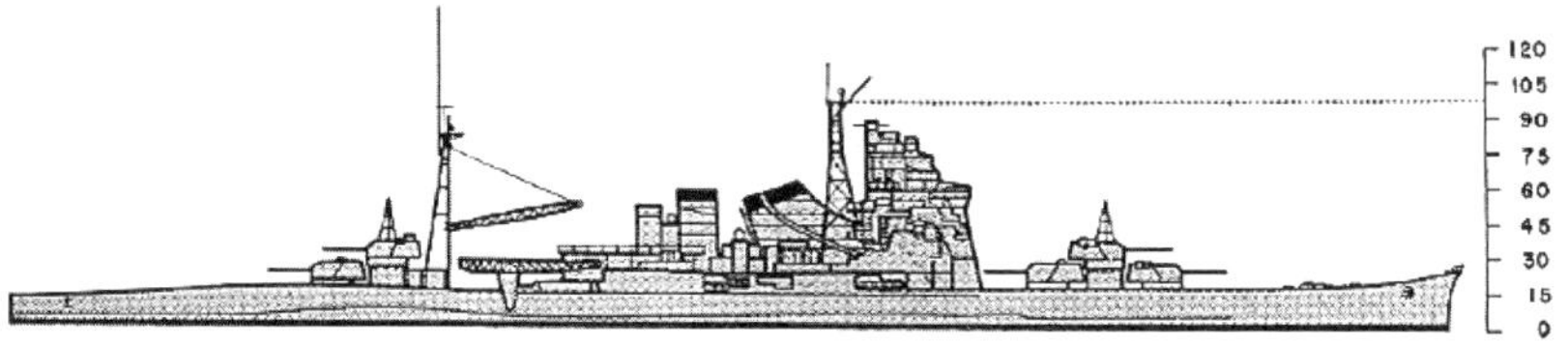

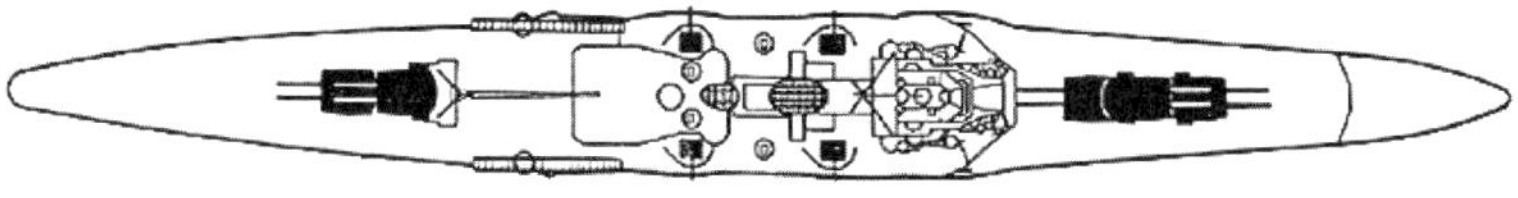

CA—Heavy Cruisers—ATAGO Class

CA 10—TAKAO

Begun—April 1927
Completed—May 1932
Complement—900

Dimensions

Displacement: 12,500 tons (stand.).
Length: 657′ 0″ (oa).
Beam: 64′ 0″.
Draft: 18′ 0″ (mean); ..′ ..″ (max.).

Armament

No.	*Cal.*	*Mark*	*Elev.*	*Range (yds.)*	*Ceil. (ft.)*	*Proj. (lbs.)*
10	8″/50	3	42°	31, 100	......	254
*4	4.7″/50	10	85°	19, 400	25, 000	45

Director control for above batteries.
8 25 mm AA;
**16 24″ TT; 16 reloads;
2 catapults; 4 scout observation planes.

Protection

4″ Belt (amidships); ..″ (ends);
..″ Upper Belt; ..″ Secondary Battery;
5″ Decks; ..″ Bulkheads;
2″ Turret; 4″ Barbette; ⅜″ Shield.
Splinter Protection:..................................
Watertight Integrity: Good.
Damage Control:....................................

Propulsion

	Speed (knots)	*Endurance (miles)*	*HP*	*RPM*
Designed:	33. 0	......	100, 000	....
Full:	......	......	......	....
Max. Sust.:	......	2, 200	......	....
Cruising:	......	......	......	....
Economical:	10. 0	11, 000	......	....

Drive: Turbines, geared; Screws: 4.
Fuel: Oil; Capacity: 1,850 tons (max.).

Notes

*AA armament has probably been changed.
**Original TT battery believed changed from 4 twin 21″ TT mounts to 4 quadruple 24″ TT mounts.
Fuel capacity and endurance may be higher. Reported fitted with 8 radar antennae as follows: one Mark II, Model I, air and surface search, surface fire control, and possible AA fire control; two Mark I, Model III, air search; three Mark II Model II, two-horn type used for surface search; and two mobile radar antennae on deck for training purposes.

Remarks

Ships of this class are reported to have been originally projected as units of the NACHI Class and subsequently modified during construction. Externally, these modifications include a larger bridge structure (the heaviest observed in Japanese cruisers), a wide pylon foremast, and a streamlined hull projection under the superstructure. In ATAGO and TAKAO the mainmast was re-stepped in a position abaft the catapults and just forward of No. 4 turret. Another innovation was placing the torpedo battery in the superstructure at main deck level, an arrangement generally followed in the MOGAMI's and TONE's, and adopted in the modernization of the NACHI Class.

Recent evidence indicates that the ATAGO Class was never modernized, nor fitted with blisters. This accounts for their lower estimated displacement compared with the NACHI Class, which had bulges added and displacement increased during the 1934–36 refit. Apparently this lack of extra buoyancy prevented an increase in the dual-purpose secondary battery as actually carried out in the NACHI Class. It is known that Japanese operating personnel recommended removal of No. 3 turret in order to gain additional antiaircraft fire power.

Protection is reported to include armor abreast vitals of some 410 feet in length, and triple bottoms to the hull. Fuel capacity and endurance may be higher than in the NACHI's.

1945年6月に発行された「日本海軍」(ONI-222J)掲載の「愛宕型」。高角砲は4門搭載とされており、注記には、改装でバルジを追加した「那智型」では浮力の余裕があり、(両用砲として使用可能な)高角砲を増強できたが、「愛宕型」ではできなかったとの記載がある。また、三番主砲塔を撤去して砲塔要員を削減し、対空火力を追加する余地を得る旨が記されているが、これが1943年11月以降の改装で高角砲および機銃を増設、バルジを追加した「摩耶」のことを示している可能性がある。

最上型巡洋艦

英米海軍の巡洋艦整備に影響を与えた最上型

１９３０年（昭和５年）４月22日に調印に至り、１９３１年（昭和６年）１月１日に公布されたロンドン海軍条約で、補助艦に対しても個艦排水量制限及び総量規制が規定された結果、日本海軍が漸減作戦における主兵力と認識していた重巡洋艦の整備が当面不可能となる状況が生まれた（巡洋艦に「重（ＣＡ）」「軽（ＣＬ）」という明確な区分が生まれたのは、本条約の後のことだった）。さらに、同条約の制限で旧来の建艦計画による艦隊整備計画の実施が不可能となったことで、漸減作戦自体が一旦崩壊する事態が生まれる。

そこで日本海軍は、重巡を補う艦として、これを補完する戦力となり得る大型の軽巡洋艦の整備を決定、対外的には８５００トンの巡洋艦の整備を実施することが報じられた。

この８５００トン型巡洋艦の整備については、１９３１年の早い時期には英米の両国に伝えられており、この時期、ロンドン条約の制限下での巡洋艦整備を模索していた米海軍では、これに対応すると同時に、イタリアのザラ級重巡やフランスの「アルジェリー」等を含めて、重防御の８インチ（20・３㎝）砲巡洋艦に対抗可能な艦とすることを念頭に置いた1万トン型軽巡洋艦の検討を開始するが、巡洋艦枠の一部を流用して航空巡洋艦を整備する方針もあったため、当面静観する形を取った。

一方、この時期、巡洋艦としてリアンダー級とその眷属《けんぞく》の整備を推進し、加えて小型の水雷戦隊旗艦型の軽巡を整備する計画を立てていた英海軍も、初期段階では静観する措置を執る。

しかし1932年時期になると、日本の８５００トン型について、全長１９０・５ｍ、最大幅18・

2m、主砲は6・1インチ（15・5cm）砲15門、高角砲として12・7cm砲を搭載（門数不明）、機関出力9万馬力で速力33ノットという、兵装以外は正確とは言いかねる要目が知られるようになり、続いて1933年8月には、日本が同型の巡洋艦をさらに4隻整備する予定であることが伝えられることとなった。

これを受けて英海軍では、来たるべき対日戦に備えた戦備計画の検討の中で、このリアンダー級を上回る戦闘力を持つと見られた大型巡洋艦に対抗できる巡洋艦の整備の必要が認められた。英海軍は既存の巡洋艦整備計画を改め、日本の大型巡洋艦に対抗可能な艦の計画を推進、早くも1933年末には、翌1934年度予算で9100トン型の大型巡洋艦である6インチ砲12門搭載のサザンプトン級巡洋艦の整備を開始するに至った。

一方、米海軍も日本側の動きに刺激を受けて、既に1933年夏には概要が固まっていた1万トン型の6インチ砲15門搭載艦であるブルックリン級軽巡洋艦の整備を、1934年3月に翌年度予算で実施することを確定させる。

このようにロンドン条約締結国が大型の軽巡整備を行うに当たり、日本の動向がその決定を促したことは、覚えておいても良い事項だろう。

1930年代の『ジェーン年鑑』に見る最上型巡洋艦の評価

日本海軍の大型巡洋艦の要目が出た1933年度版の『ジェーン年鑑』では、起工済みの「三隈」「最上」を含めて6隻が計画されていることと、各艦の建造担当造船所を紹介すると共に、「この排水量でこの兵装が達成できたのなら、本型は世界で最も強力な巡洋艦」になると評している（ただしこの文章は、ほぼ同じ排水量の英国の「エクセター」をはるかに上回る要目であるだけに、英側で、日本側が恐らく排水量を過小申告しているとの疑念が持たれた上で記されたもの、という点を念頭に置いて読む必要がある）。

最上型の情報が海外に出たのは1936年（昭和11年）以降のようで、前年秋の情報を元にする米海軍の識別帳には、その項目が存在しない。その一方で１９３７年の『ジェーン年鑑』で、「三隈」の写真入りで掲載された本型の項には、排水量は以前と同様の数値を出しつつ、船体サイズは改めて全長約１９５ｍ、全幅約18・２ｍというより近い数値が出された。兵装は６・１インチ砲が三連装砲塔５基装備であること、５インチ（12・７㎝）高角砲の装備数が連装型４基８門であること、雷装が21インチ（53・３㎝）型三連装４基であるなど、写真と公表値から把握できる内容が表示されていた。機銃装備は６挺と半数とされたが、カタパルト２基装備で搭載機は４機を搭載可能であるほか、１番艦／２番艦の汽缶は艦本式10缶、３番艦／４番艦は艦本式８缶とされるなど、それなりに正確な数値も載せられてはいた。だが、装甲についてては甲板部が51㎜と誤った数字が出された以外、把握できなかったようで他の部位は記載が無い。

また、この際に側面から見た装甲配置図を含む艦型図が出されているが、これも外形を写真から類推した図であるため、艦橋の形状が大きく異なるなど、似て非なる図となっており、総じてその概要を把握できているとは言いがたいものとなっている。

その一方で解説部分では、「『最上』と『三隈』の艦の竣工日付は上記の通りだが、実際には公試で様々な不具合が生じて、竣工後１年かそれ以上の改修を経て、艦隊に就役した」という事実に基づく解説がなされており、後続艦では「最上」と「三隈」の竣工後の経験を経て、復原性改善のための改正が実施されていることが報じられている。だが、それが５番艦と思われていた「利根」から実施と記されるなど、誤解に基づく記載も混在していた。

また、「鈴谷」「熊野」については、１９３７年（昭和12年）７月に公試を開始したとする一方で、両艦共に10月31日とされた竣工日は「確認は取れていない」とされていることから、この時期になると、日本海軍は艦艇の竣工日の発表を控えるようになっていたと推測できる。

1935年（昭和10年）7月28日に竣工した巡洋艦「最上」。15.5cm三連装砲5基15門を搭載する二等巡洋艦として建造されたが、軍縮条約明けの1939年～40年（昭和14年～15年）に主砲を20.3cm連装砲5基10門に換装する工事を実施した。

最上型巡洋艦（竣工時）
基準排水量:11,192トン、公試排水量:12,962トン、全長:200.6m、水線幅:18.16m、吃水:5.5m（平均）、主缶:ロ号艦本式重油専焼缶（大）8基、同（小）2基、主機:艦本式タービン4基/4軸、出力:152,000hp、速力:36.5ノット、航続力:14ノットで7,673浬、兵装:15.5cm60口径三連装砲5基、12.7cm40口径連装高角砲4基、25mm連装機銃4基、13mm連装機銃2基、61cm三連装魚雷発射管4基、装甲:舷側100mm（弾薬庫部140mm）、甲板35～60mm、主砲塔25mm、搭載機:水偵3機、乗員:930名

最上型巡洋艦は15.5cm三連装砲を20.3cm連装砲に換装して太平洋戦争に臨んだ。
写真は1943年（昭和18年）に撮影された「熊野」。

最上型巡洋艦（改装後）
基準排水量:12,400トン、公試排水量:14,112トン、水線幅:18.92m、吃水:6.09m、速力:34.735ノット、航続力:14ノットで7,000～7,500浬、兵装:20.3cm50口径連装砲5基、12.7cm40口径連装高角砲4基、25mm連装機銃4基、13mm連装機銃2基、61cm三連装魚雷発射管4基、乗員:896名
※上記以外の要目は竣工時に準じる。

米海軍は20・3㎝砲への換装を知っていた…?

『ジェーン年鑑』での表記は以後、1939年版では写真は変化したが、記載内容は特に変わらなかった。だが1941年版では、機銃数が12挺と正確な数値に変わったほか、正しくは無いが舷側装甲が51㎜という表記が追加されており、また解説文では利根型が別型であることが判明したため、利根型が「最上」「三隈」の経験を元にした改型云々の記載が消えている。これが戦前における『ジェーン年鑑』最後の解説となった。

一方、米海軍では、1941年になると自前の情報源から新規情報を得ていたようで、開戦直後の同年12月29日に陸軍省名で出された「日本海軍艦艇識別帳（FM30-58）」では、全長や排水量は『ジェーン年鑑』と同様で、艦型図も同年鑑の図を元にしたものが掲載されている。

しかし要目面では、主砲は8インチ（20・3㎝）砲10門装備と正確な記載がなされ、空中から見た識別模型の写真も8インチ連装砲塔装備型に切り替えられていた。これは今まで通説で言われていた「開戦前には米側は本型の主砲換装を感知していなかった」という話とは違い、本型の主砲の8インチ砲への換装を米側がこの時点で既に察知していたことを示すものだ。そして、本型の重巡への改装が米側に知られたことは、これより後に重巡となっていることが確認された利根型と共に、戦時計画における米海軍の重巡整備にも影響を及ぼすこととなった。

なお、開戦前時点の米英両海軍における本型の評価は、米海軍では主砲数はブルックリン級同様だが、排水量と速力が言われる通りであれば、防御力を抑制せざるを得ないため、総じてブルックリン級に劣る艦と見なしていたようだ。

また英海軍では、紙上ではより大型のサザンプトン級の砲力が最上型に劣ることに艦隊から不満が出たことに対して、設計側からはサザンプトン級が防御力、船体強度、釣り合い、燃料搭載量、満載状態での最高速力及び砲のプラットホームとしての安定性という点で勝ると強調された、という話が残っており、最上型は概ね〝そういう案配の艦〟と見られていたのだろう。

太平洋戦争開戦後の最上型

太平洋戦争開戦後、第一段作戦で南方進攻作戦に投じられた最上型は各種の任務に当たった。その中で1942年3月1日のバタビア沖海戦では、「最上」「三隈」の両艦が、逃げ道を失った豪軽巡「パース」と米重巡「ヒューストン」と交戦する。「最上」「三隈」はこの際、被雷により戦闘能力を失い、総員退艦を始めた「パース」に止めの砲弾（水中弾）と魚雷を撃ち込み、「パース」沈没後に脱出を諦めた「ヒューストン」とも砲火を交わして、同艦に水中弾を含む主砲弾の命中弾を与えて戦闘不能、総員退艦に追い込んでいる。その姿は、「パース」「ヒューストン」乗組の豪海軍及び米海軍の将兵にとって、恐怖と絶望の対象となった。

一方、ミッドウェー海戦で米海兵隊機及び米空母機の攻撃を受けて大破炎上（後に沈没）した「三隈」の最期の有名な写真は、同海戦での勝利を示す一葉として、アメリカの戦意高揚に大きく貢献することにもなる。後のサマール沖海戦の駆逐艦「ジョンストン」と「熊野」、スリガオ海峡海戦の「最上」と米艦隊の戦闘など、様々な局面で登場する艦でもあることから、現在も妙高型、高雄型の両型ほどではないにせよ、最上型は海外の軍艦や戦史のファンには相応に知名度がある艦となっている。

ミッドウェー海戦後に出された1942年（昭和17年）10月の識別帳では、基本的な要目は以前と同様だが、舷側装甲が63㎜に変わるなど、情報のアップグレードが図られた。

興味深いのは機関性能で、燃料搭載量は「熊野」の実際値（2360トン）に近い2400トンとされている。航続力は15ノットで1万浬／33ノットで2800浬とされており、前の数値は「最上」の公称値（改装前で、14ノットで7673浬）と旧海軍資料に基づく「熊野」の燃料消費率からの計算値（16ノットで約1万2000浬）との中間ぐらい、後の数値も、30ノットで3600浬を発揮できるとした「熊野」の数値から考えれば妥当で、相応に信憑性があるとも見なせるものだ。また、同資料には、主砲換装は1939年以降に実施されたという表記があり、これについては概ね正確な情報を掴んでいたことが伺える。

この後、マリアナ沖海戦後の1944年（昭和19年）7月20日に発行された「日本海軍の統計一覧（ONI－222J）」では、元日本軍勢力圏内の拠点への進攻作戦で得られた資料を元にして、本型のデータも大きく改正される。

これに拠れば、全長201・2m、幅19・8mと船体規模は実感より若干大型となり、排水量も基準1万4000トンと実艦より大きくされていた。兵装面も主砲は変わらないが、何故か高角砲は12㎝連装高角砲と誤まった情報となり、25㎜機銃の装備数も12挺のままとされている。魚雷兵装は61㎝魚雷搭載に改められる一方で、発射管数は「53㎝三連装型4基から四連装型4基16門に換装」とされて、実艦より過大となった。装甲は舷側は以前と同様で、甲板部が38㎜～51㎜、バーベットが10㎜とされるなど、やはり実艦とはほど遠いものだった。一方でバルジの付与により、水中防御は優良と評された。機関出力は最大15万馬力と実艦に近い数値となる一方で、速力は計画最大33ノット、許容最大34ノットと、艦のサイズが実艦より大型とされた影響か、やや低速と捉えられていた。

これらの情報から考えれば、最上型は「重巡として充分な砲力と強力な雷装、他の重巡に近い対空兵装を合わせ持つ艦であり、装甲防御は弱体だが、艦が大型でバルジも持つため水中防御は優良で、速度も重巡として相応の性能がある」という艦となるはずで、この時期にはそれなりに強力な重巡と見なされていたとものと思われる。

レイテ沖海戦で残る3隻が全て失われた後の終戦直前の昭和20年（1945年）6月に発行された「日本海軍（ONI－222J）」の「喪失艦区分」の最上型の項目では、「『最上』は後部に飛行機搭載用の甲板を設置している」との注記が記された。ただし、これについて、米側の詳しい追記等はなされていない。そしてこれが、戦時中に出された本型最後の情報となった。

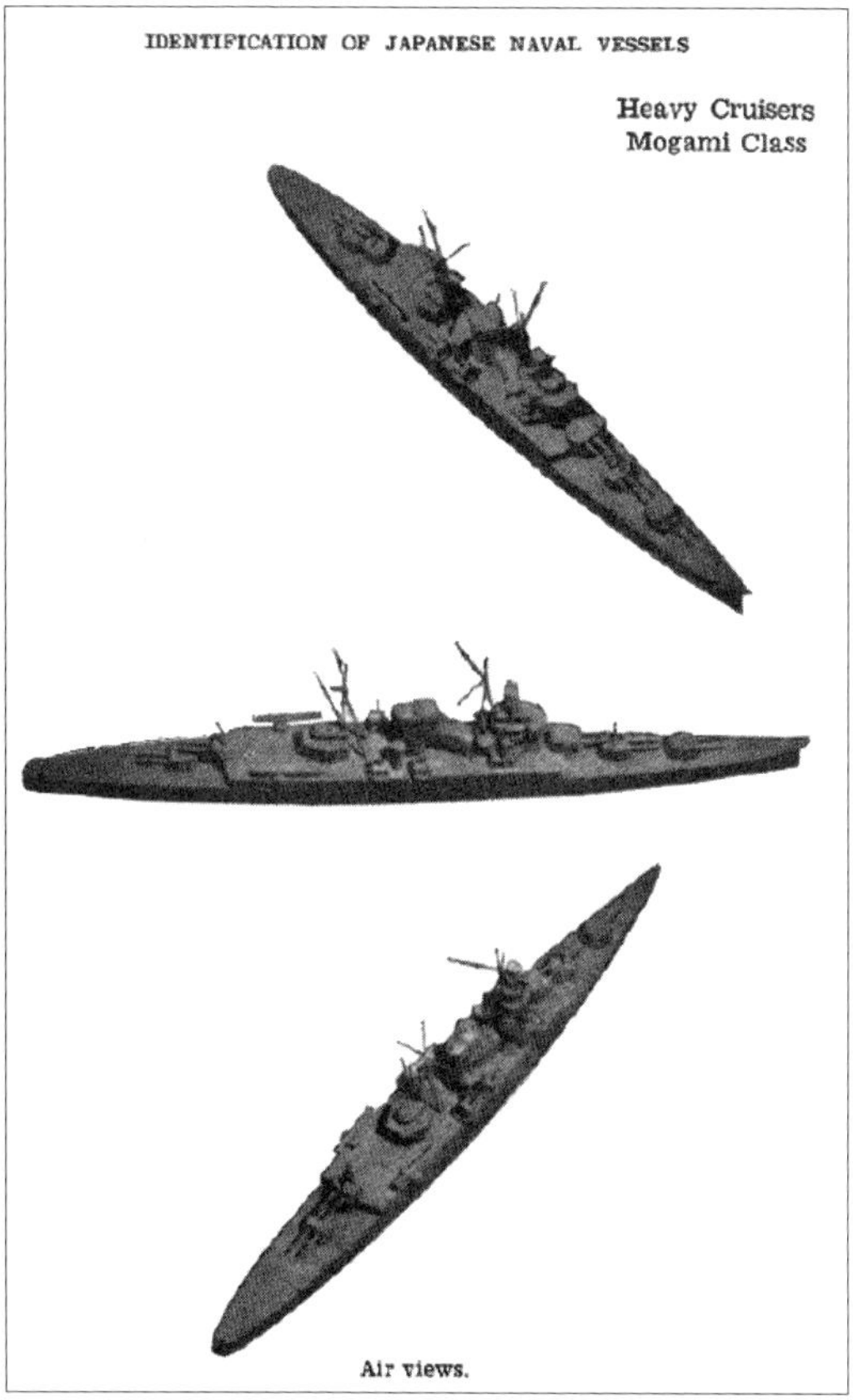
IDENTIFICATION OF JAPANESE NAVAL VESSELS

Heavy Cruisers
Mogami Class

Air views.

IDENTIFICATION OF JAPANESE NAVAL VESSELS

Heavy Cruisers
Mogami Class
(4 ships)

MOGAMI
MIKUMA
SUZUYA
KUMANO

Description: Displacement: 8,500 tons (standard).
Length: 639¾ feet (over-all).
Beam: 59.75 feet.
Draft: 14.75 feet.
Speed: 33 knots.

Guns: 10—8-inch.
8—5-inch AA.
6—machine guns.

Torpedo tubes: 12—21-inch (tripled, above water).

Aircraft: 4.　Catapults: 2.

1941年12月29日発行、「日本海軍艦艇識別帳（FM30-58）」に掲載された最上型識別模型の俯瞰図（上）と諸元表（下）。俯瞰図には連装砲塔が描かれ、諸元表には8インチ（20.3cm）砲10門と記載されている。

ミッドウェー海戦で「最上」と衝突、その後、米機の攻撃により大破した2番艦「三隈」。この戦闘の結果、米側が最上型重巡の主砲換装を把握したという説明がなされることもある。

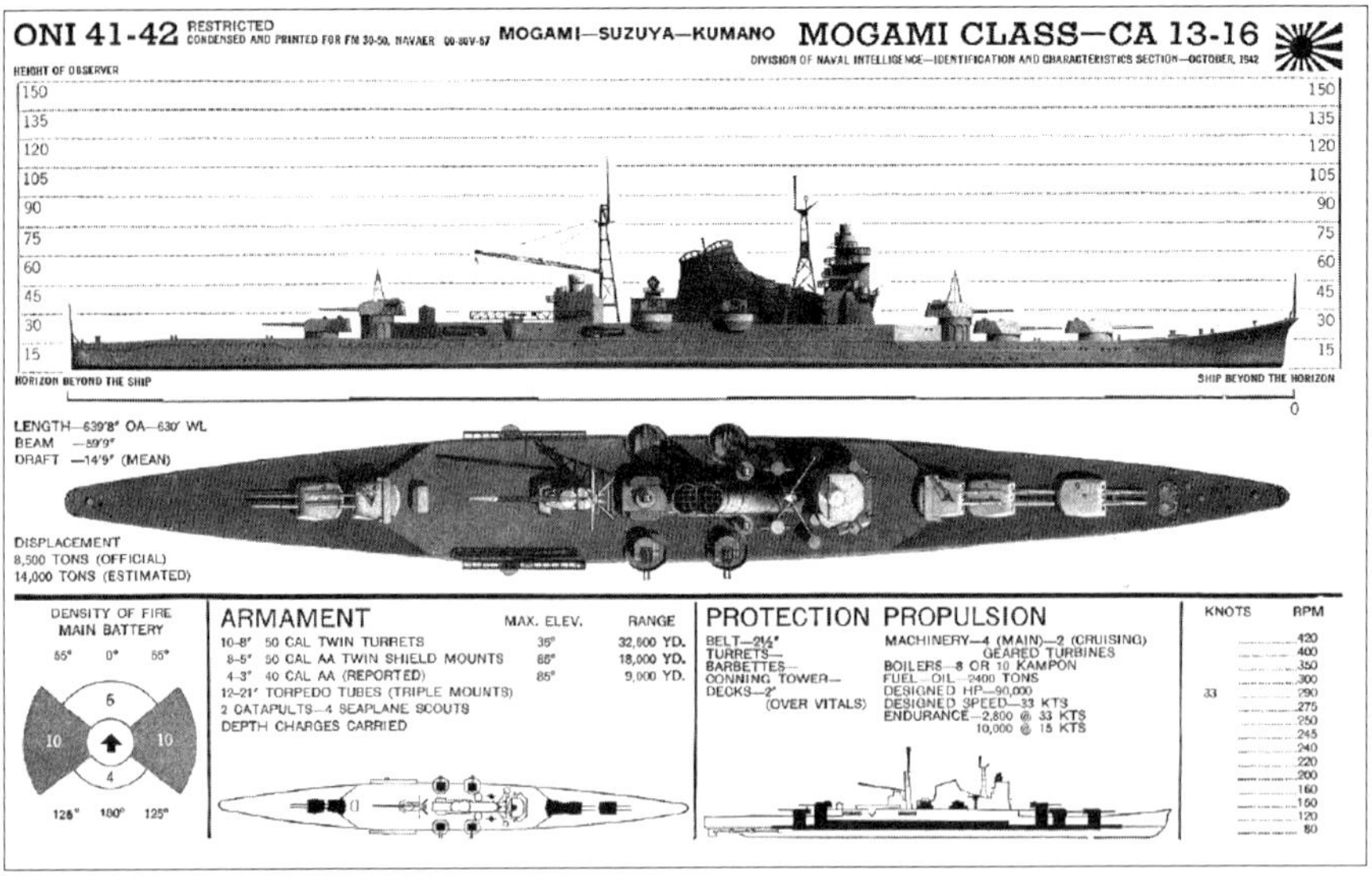

1942年発行の艦艇識別帳（ONI41-42）における最上型重巡洋艦（CA）の頁で、舷側装甲は2 1/2インチ（63mm）との記載が見える（実艦は100mm）。燃料搭載量は2,400トンで、概ね実艦に近い航続性能が把握されている。

MOGAMI CLASS

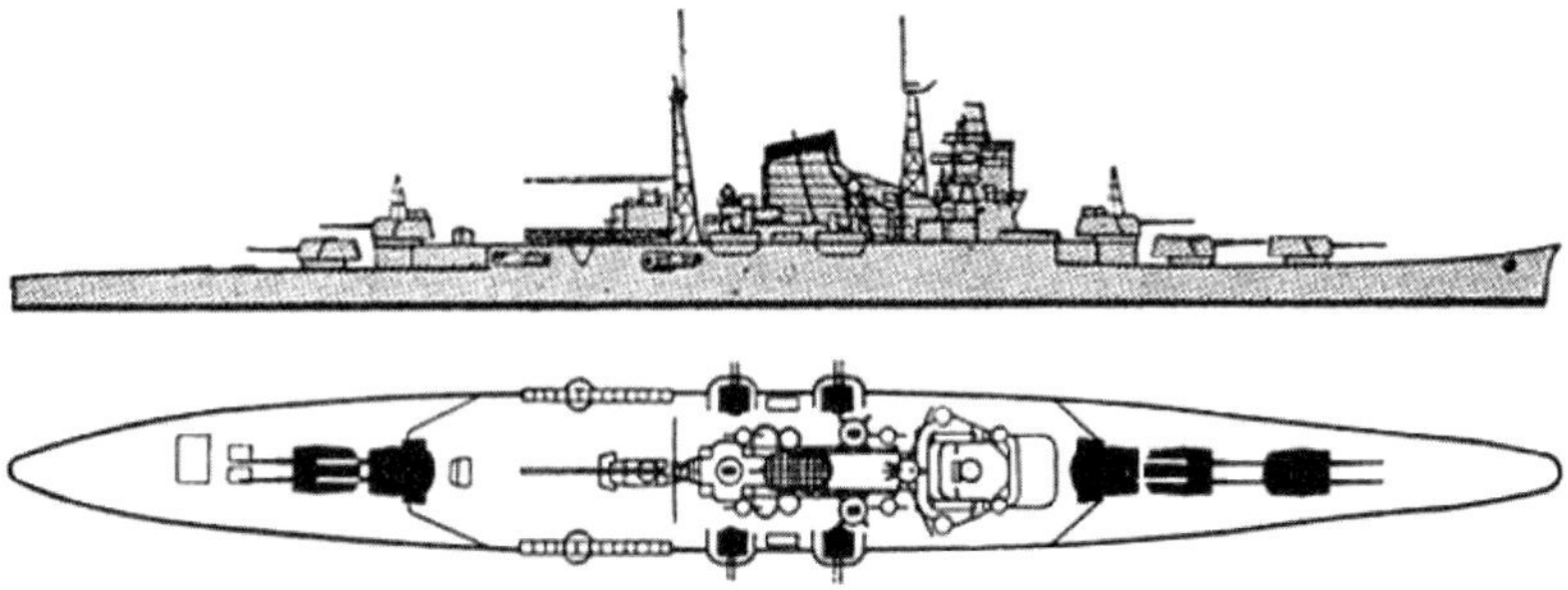

I. SHIP INFORMATION:

No.	Name	Be-gun	Comp	Mod	Off Men
CA13	MOGAMI	10/31	7/35	37–38	900
CA15	SUZUYA	12/33	/36	37–38	900
CA16	KUMANO	4/34	10/37	37–38	900

II. HULL:

Displacement: 14,000 tons (stand.);
Length: 660′0″ (oa); ..′..″ ( );
Beam: 65′0″;
Draft: 19′0″ (mean) ..′..″ (max.).

III. ARMAMENT:

No.	Cal.	Mark	Elev.	Range (yds.)	Ceil. (ft.)	Proj. Wt.
10	8″/50	3	45°	30.6	.....	254#
*8	4″.7/50	10	85°	19.4	25.0	45#

Director control for above batteries.
12 25 mm AA
**16 24″ T. T. 16 re-loads Speed .... Rge ....
2 catapults; 4 scout observation planes.

IV. PROTECTION

***2½″..″ Belt (amids); ..″..″ (ends) ..″ Upper Belt; ..″ Second. Battery; 2″–1½″ Decks; 1″ ..″ Bulkheads; ..″ Turret; ..″ Barbette; ⅝″ Shield;
W. T. Integrity: Good (bulges).
Damage Contr.: ------------------------
Splinter Prot.: ------------------------

V. PROPULSION:

	Speed (knots)	Endur-ance	H. P.	R. P. M.
Designed:	33.0	--,---	90,000	290
Full:	34.0	--,---	150,000	---------
Max. Sust:	---.--	--,---	---,---	---------
Cruising:	18.0	--,---	---,---	---------
Econ:	---.--	--,---	---,---	---------

Drive: Turbines, geared; Screws: 4.
Fuel: Oil; Capacity: --,--- tons (max.).

VI. REMARKS:

*May be 45 caliber.
**Original T. T. battery believed changed from 4 triple 21″ T. T. mounts to 4 quadruple 24″ T. T. mounts.
***Actual thickness may be greater.
MIKUMA (CA14) of this class a war loss. Class was originally armed with 15—6″.1 guns in triple turrets. MOGAMI developed serious structural defects during first trials, necessitating considerable reconstruction; reported (without confirmation) rebuilt recently to resemble TONE Class without any after turrets.

1944年7月発行の「日本海軍の統計一覧（ONI-222J）」における最上型のデータ。実際には高角砲は12.7cm連装4基8門、機銃は「最上」が60挺（三連装14基、単装18基）、「鈴谷」が50挺（三連装8基、連装4基、単装10基）、「熊野」が56挺（三連装8基、連装4基、単装16基）であった。魚雷兵装は三連装4基12門である。

利根型重巡・〝幻の航空巡洋艦〟

最上型の改型（?）
米英が見た利根型重巡

海外では計画当初より、「利根」「筑摩」の両艦は最上型の同型艦として整備されると報じられていたが、実艦就役後の1939年（昭和14年）になると、利根型は最上型の性能改善型であろうという推測情報が流れるようになった。

これを示しているのが1939年版の『ジェーン海軍年鑑』の記載で、最上型と同型の項目で扱われる「利根」「筑摩」両艦は、排水量こそ最上型と同格（8500トン）とされるが、垂線間長は最上型の190・5mに対して187・2m、船体幅は18・2mに対して19・2mに変わり、兵装は主砲が15・5cm砲12門（三連装砲塔4基）に減少するが、高角砲の12・7cm連装高角砲4基（8門）と雷装の53・3cm三連装発射管4基（12門）は変わらず、同等の防御と航空艤装（カタパルト
2基と水偵4機）を持つ艦として扱われている。

このような船体及び主兵装減少を含む改正がなされたと報じられた背景には、『ジェーン年鑑』の注記で「『最上』と『三隈』両艦の就役後の実績で判明した不具合の改正を図るため」と書かれたように、最上型が就役後に性能改善工事の実施やむなきに至り、改型の鈴谷型ではその改正の内容を建造中に取り入れて改正を行ったと、英米で考えられていたことがあった。

だがしかし、この推測は完全に間違っていたことが間もなく判明する。利根型が南支方面で活動を実施し、また、紀元二六〇〇年記念の観艦式に参加した1940年には、本型についても一定の情報が取得できたらしく、利根型について「艦の前方に主砲を集約し、艦後部を飛行作業甲板を含む航空艤装に充てた航空巡洋艦」であるという報が出るようになった。実際、その翌年となる19

４１年版の『ジェーン年鑑』でも、砲兵装や雷装は以前と同様だが、主砲兵装は前甲板に集約された航空巡洋艦として掲載がなされている。

ただしその情報の確度は高くなく、掲載図では、主砲の配置は三番／四番砲塔が後方繋止であるのは正しいが、二番砲塔と三番砲塔が同一の高さに配されている。また、煙突後方に大型の格納庫にも見える大型の構造物があり、その上に後檣と大型の航空機揚収クレーンが配されているなど、「似てはいるが、各部に相違がある」程度のものに過ぎなかった。

また、肝心の航空艤装も、記載自体はカタパルトの２基装備と水偵６機搭載という記載はまあ近いものと言えるが、飛行機作業甲板及び同部と艦載機収容位置となる後甲板部を繋ぐ傾斜部の形状、両甲板部の軌条配置は全く異なるなど、正確とは言い難いものだった。蛇足ながら、この版では１９３９年版にはなかった速力表記も追加されており、本型も最上型と同じで機関出力９万馬力で33ノットの発揮が可能として扱われている。

一方、米軍が１９４１年12月に出した「日本艦艇識別帳（ＦＭ30－58）」では、水偵搭載数が４機に減少していることを除けば、その要目値は基本的に『ジェーン年鑑』と同じとされている。

最上型については、主砲換装の情報記載やそれに基づく識別用模型の掲載が行われているにも関わらず、利根型については『ジェーン』のものを元にした艦容図が掲載されているなど、この時期において、米海軍も利根型に関する詳細情報を掴めていなかったことを窺わせる。

太平洋戦争中の利根型に関する情報取得

太平洋戦争開戦後も、米海軍では利根型の情報をなかなか掴むことができなかったが、１９４２年後半になると、南太平洋海戦の際に撮影された「筑摩」の映像から、主砲が20・3㎝連装砲塔４基装備であることが確認されるなど、艦容及び要目等について、以前よりは確度の高い詳細情報を把握できるようになっていた。

これを受けて、1943年4月になると米海軍では、「日本艦艇識別帳（ONI 41‐42）」の中で、識別用の模型写真を含めた利根型に関する情報を掲載するに至っている。それによれば、基準排水量1万2000トン、全長200・6m、全幅19・8mと、主砲が20・3㎝砲8門搭載とされた兵装面を含めて、それなりの精度がある要目が記されている。一方、主砲以外の兵装で、（?）付きで7・6㎝高角砲8門搭載の可能性が示されたことや、装甲厚（舷側63㎜、甲板51㎜）と機関出力及び速力（以前と同様）は、原型と考えられていた最上型と同様で、燃料搭載量も同等（2400トン）扱いされたことを含めて、各部に不正確な情報も掲載されていた。

航空艤装についても、その記載は従前同様であり、図版の飛行機作業甲板から後甲板部の描写が、実艦とはかけ離れたものなのも同様だった。また、細部が分かる写真が入手できていなかったこともあり、艦型図や識別模型の形状は艦橋部分を含めて、全般的に「似てはいるが何かおかしい」というものが掲載されている。

なお、戦時中に「利根（Tone：英語読みなら通常は「トーン」になる）」の艦名が一般的なアメリカ人には読みづらいことを受けて、「読み辛いならトニー（Tone(y)）読みでも良し」との指示が出されていた。これは1942年12月に出された日本重巡の外見的特色を示した「ONI 41‐42」の追記情報の中で、「前部に主砲4基を集約していて、後部にスキーの斜面（のごとき構造物）がある」と記された本型の艦名表記からも確認できる（ただし、艦名の公式表記はあくまで「Tone」で、書類等の記載はこちらで行われている）。

この後も本型の詳細な情報は中々得られなかったことが、マリアナ沖海戦直後に出された「日本海軍に関する統計的情報（ONI 222J）」の内容から把握できる。「主砲は当初15・5㎝砲12門だったが、20・3㎝砲8門に換装された」という、本型では正しくない情報も付記されており、船体サイズが以前と同様なのにも関わらず、基準

「利根」は昭和13年（1938年）11月20日、「筑摩」は昭和14年（1939年）5月20日に竣工。太平洋戦争前、英米にもたらされた本型の情報は限られていたことが、『ジェーン海軍年鑑』や米海軍の識別帳から窺える。

利根型重巡洋艦（竣工時）
基準排水量:11,213トン、公試排水量:13,320トン、全長:201.60m、最大幅:19.40m、吃水（平均）:6.23m、主缶:ロ号艦本式重油専焼缶8基、主機:艦本式タービン4基4軸、出力:152,189hp、速力:35.55ノット、航続距離:18ノットで約6,930浬、兵装:20.3cm50口径連装砲4基、12.7cm40口径連装高角砲4基、25mm連装機銃6基、61cm三連装魚雷発射管4基、カタパルト2基、装甲厚:舷側100mm、甲板35mm、主砲塔25mm、搭載機:水偵6〜8機、乗員:869名

1942年（昭和17年）5月27日、戦艦「比叡」から撮影したとされる重巡「利根」。利根型は当初、最上型の性能改善版の巡洋艦と考えられていたが、太平洋戦争前には英米でも艦姿が確認され、主砲兵装を前部に集約し、後部にカタパルトや水偵を搭載した航空巡洋艦と考えられるようになった。

排水量が実艦より3000トン以上大きい1万4500トンとされている。兵装関係でも、高角砲は以前の12・7㎝連装砲から12㎝50口径（恐らく45口径砲）連装高角砲装備となり、雷装も61㎝魚雷の存在が確認されたこともあって、従前は61㎝三連装発射管4基装備だったが、四連装発射管4基（16門）に強化されたなど、以前よりも要目関係の情報確度はむしろ低下したとも言える記載となってしまった。

艦容図の精度は上がったが、以前と同様に細部が異なる図が二枚並べて掲載されており、これは本型の外形について、なお信頼のおける情報を米海軍が得ていなかったことを窺わせる内容となっている。

なお、本資料では艦の詳細については記載がないが、装甲は水線および甲板は従前と同じ記載で、砲塔シールド部の装甲が10㎜と過小評価されたように、甲板部を除いて概ね重巡としては弱体と見なされていた節が窺えるが、水中防御は「良好」と評価されたことや、燃料搭載量が3000トンと実艦より多くなり、航続力が全速で3300浬、10ノット巡航で1万6000浬とされるなど、かなりの航続力を持つ艦と認識されてもいた。

「ハイブリッド」艦利根型の最終評価

レイテ沖海戦の際、サマール沖海戦で護衛空母部隊が水上戦闘において、至近で本型に相まみえたことで、本型の形状についてより一層正確な情報が得られることになった。

このためもあり、1945年6月に発行された「日本海軍（ONI 222-J）」に掲載された本型の図版は、以前に比べれば大分形状に正確性が増したものが掲載されている。その一方で本型の正確な要目情報はなお得られなかったようで、要目は前年7月に出されたものがそのまま掲載されていた。

この資料には本型に関する米側の評価も記載されており、それによれば、本型は最上型として計画されたものを、主砲をすべて前部甲板に収めて、後甲板部を水偵の発艦及び回収、収容のための区画に割り当てて、航空機の運用能力の強化を図ったもので、その結果「巡洋艦の後部火力という高い代償を引き換えとしている」としている。その一方で、防御力の面では要目同様に「最上型と同様」だが、主砲の集中配置の結果、恐らくは主砲弾薬庫部に装甲を追加装備しており、この面では最上型より優れた面があると見なしている。

その一方で、本型のように「主砲の射界と砲数を犠牲にして、少数の搭載機数増大を図る」ことについて、やや否定的な文言で示されていることは、米海軍では日本海軍の航空機運用能力を優先した「航空巡洋艦」や「航空戦艦」を高く評価していなかった節が窺える。実際、1944年末には、米海軍のプラット大将（退役）が、米海軍がこのような艦を建造しない理由として、「ハイブリッド艦は同種の単能艦に能力的に劣る」旨の内容の「日本の失敗作・ハイブリッド型軍艦」という文章を「ニューズウィーク」紙に寄稿しており、これは米海軍の考えを裏付けるものとも思われる。

この時期の本型の評価例としては、米国で1944年・45年に出た半公刊資料で、「貧乏人向けのジェーン年鑑」とも評される「THE ENEMIES' FIGHTING SHIPS」記載の文章もある。これに曰く、「最上型の主砲塔1基を撤去すると共に、砲配置を前甲板に集約するという、海軍の設計としては通常とはかけ離れた設計をした」本型は、「水上機の運用を容易にし、約8機かそれ以上を搭載可能」「弾火薬庫防御が原型より優良」「船体幅を増やして兵装を減少したことで、最上型4隻のようなトップヘビーから免れ、航洋性能は優良」等、各種の利点を得たことを認めていた。しかし、その主砲配置の結果、「ただ1発の15・2㎝ないし20・3㎝砲弾が弾薬庫に命中すれば、全砲が使用不能となる」可能性があることを指摘していることを含めて、「巡洋艦」としては設計面に問題があると捉えている。これは先述の資料やプラット大将の寄稿文と同様であり、総じて「航空機運用艦として有力で、艦の性能も悪くないようだが、巡洋艦としての戦闘力はいかがか」とも取れる、余り芳しくない評価と言えよう。

これらの資料から見て取れる、「ハイブリッド」艦である利根型に対する芳しいとは言い難い評価が、米側での本型の最終評価となっている。しかし、戦後は独特の艦容を持つこれらの巡洋艦が、太平洋戦争の諸海戦で有用に働いたことが米側の研究で知られるようになったこともあり、近年ではその実力については、相応に正当な評価がなされるようにもなっている。

＊　＊　＊

以下は蛇足だが、戦時中の『ジェーン海軍年鑑』でも、本型に関する情報のアップデートは続けていた。1942年版で本型の主砲が20・3㎝砲8門であることが把握され、表記が変更されたというのはあったが、最後の1944‐45年版でも、戦時中の対空機銃増備等については不正確な情報が追加されただけで、図版も三番砲塔繋止位置が低められたが繋止方向が逆となり、その他の点では1941版と大差ないものがそのまま使用され続けていた。

これから見て、最後まで『ジェーン』の編集部（及び情報の主たる提供元の英海軍）では、米海軍ほどに本型に関する情報は得られていなかったものと推察できる。

また、「THE ENEMIES' FIGHTING SHIPS」では、「津軽型」もしくは「つうかく型」とした改利根型とする航空巡洋艦の想像図を出しているが、これは戦前報じられた軽巡の新造計画が誤解されたことと、米側が把握した利根型及び改装後の最上型や伊勢型の艦容から想像した仮想艦だった。

これの同型艦名が、「阿蘇」を除くと、「矢矧」や「平戸」「宗谷」等の米海軍が既に別艦で使用されていることを把握していたものだったのも、あくまで仮想艦だったことが影響したようである。

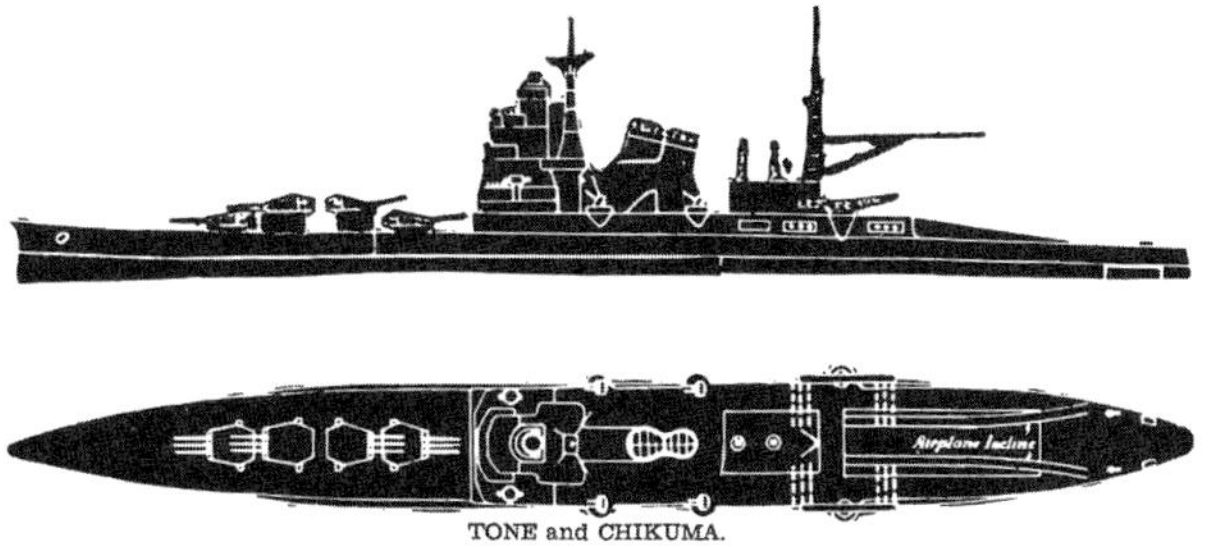

TONE and CHIKUMA.

Heavy Cruisers (recent construction).

Heavy Cruisers
TONE, CHIKUMA

TONE
CHIKUMA
Description: Displacement: 8,500 tons.
Length: 614¼ feet (between perpendiculars).
Beam: 63 feet.
Draft: 14¾ feet.
Speed: 33 knots.
Guns: 12—6.1-inch.
8—5-inch AA.
12—machine guns.
Torpedo tubes: 12.
Aircraft: 4.

1941年の「日本艦艇識別帳（FM30-58）」に掲載された利根型の艦容図および諸元表で、同時期の『ジェーン海軍年鑑』と同様のものが掲載されている。艦容図には二番砲塔と三番砲塔が同じ高さ（実際は二番砲塔のみ高い）、煙突後方に格納庫らしい構造物があるなど、実艦と異なる部分が散見される。

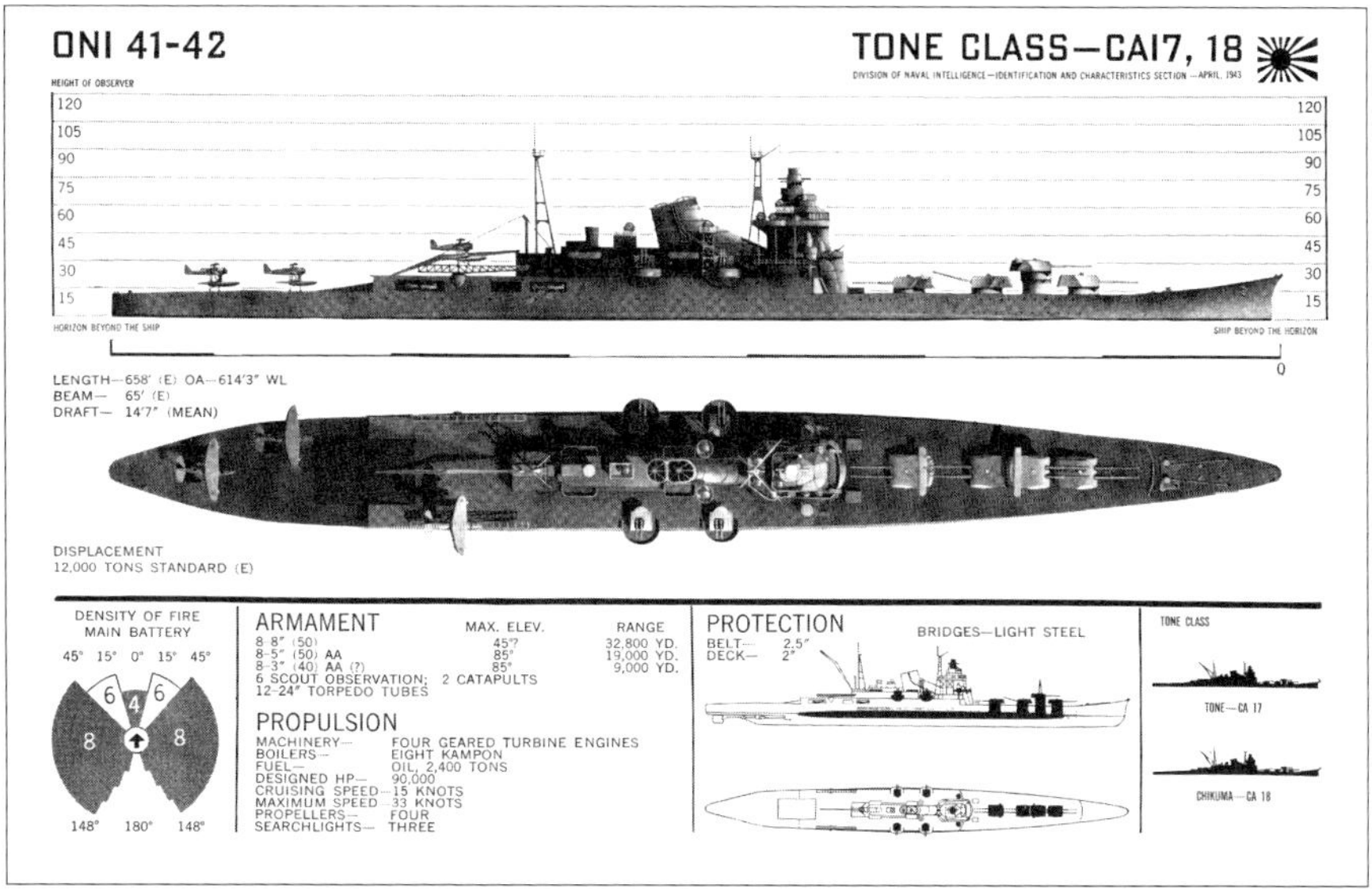

1942年発行「日本艦艇識別帳（ONI41-42）」に掲載された利根型の艦容図。南太平洋海戦（1942年10月26日）で大破した「筑摩」の写真が撮影されたこともあって、従前の図より正確となっているが、航空艤装の面では実艦と異なる部分が見られる。

ONI 222-J • CONFIDENTIAL
Division of Naval Intelligence

HEAVY CRUISERS

TONE CLASS

Two designs of the TONE Class heavy cruiser have been revealed through photographs. Note difference in location of secondary batteries and variation in superstructure detail.

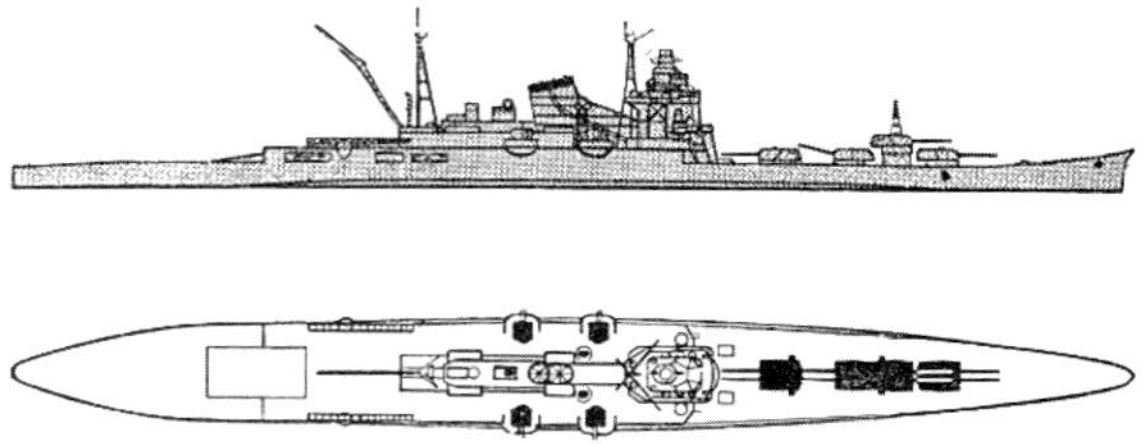

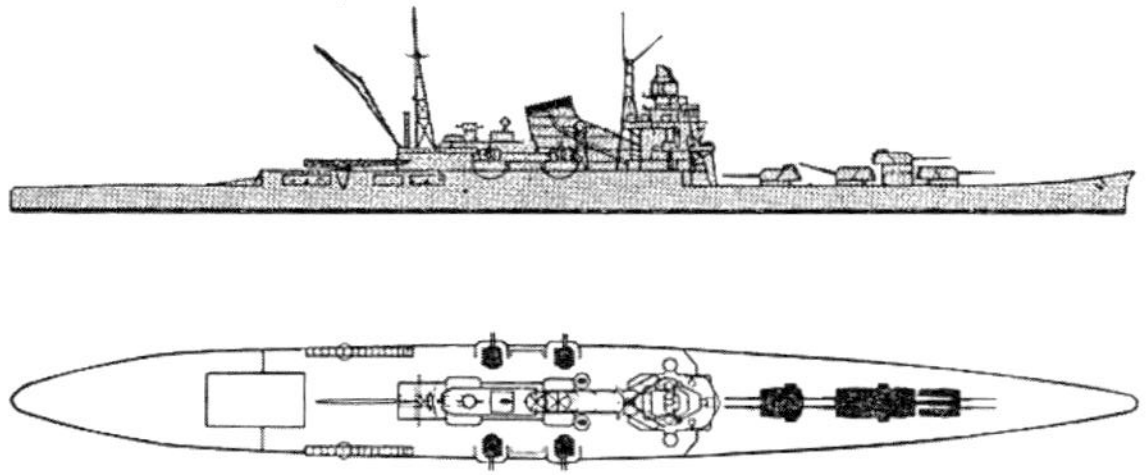

I. SHIP INFORMATION:

No.	Name	Be-gun	Comp	Mod	Off M
CA17	TONE	12/34	11/38	37–38	900
CA18	CHIKUMA	10/35	3/39	-----	900

II. HULL:

Displacement: 14,500 tons (stand.);
Length: 658′0″ (oa); --′--″ ( );
Beam: 65′0″;
Draft: 18′0″ (mean); --′--″ (max.).

III. ARMAMENT:

No.	Cal.	Mark	Elev.	Range (yds.)	Ceil. (ft.)	Proj. Wt.
8	8″/50	3	45°	30.6	-----	254#
*8	4.″7/50	10	85°	19.4	25.0	45#

Director Control for above batteries.
-- -- mm;
**16 24″ T. T. 16 re-loads Speed---- Rge--;
2 catapults; 6 scout observation planes.

IV. PROTECTION:

2½″--″ Belt (amids); --″--″ (ends);
--″ Upper Belt; --″ Second. Battery;
2″--″ Decks; --″--″ Bulkheads;
2″ Turret; --″ Barbette; ⅜″ Shield;
W. T. Integrity: Good.
Damage Contr.: ------------------------------
Splinter Prot.: ------------------------------

V. PROPULSION:

	Speed (knots)	Endur-ance	H. P.	R. P. M.
***Designed:	33.0	--,---	90,000	----------
Full:	----	--,---	--,---	----------
Max. Sust:	----	3,300	--,---	----------
Cruising:	----	--,---	--,---	----------
Econ:	10.0	16,000	--,---	----------

Drive: Turbines, geared; Screws: 4;
Fuel: Oil; Capacity: 3,000 tons (max.).

VI. REMARKS:

*May be 45 caliber.
**Original T. T. battery believed changed from 4 triple 24″ T. T. mounts to 4 quadruple 24″ T. T. mounts.
***H. P. is probably higher.
Whole main battery mounted forward. Reported that main battery originally consisted of 12—6.″1 guns in triple turrets.

1944年6月のマリアナ沖海戦後に発行された「日本海軍に関する統計的情報（ONI 222J）」掲載の利根型艦容図。上構の細部が異なる図が二つ併載されており、米海軍が本型の外形に関して、信頼のおける情報を得られていなかったことが確認できる。

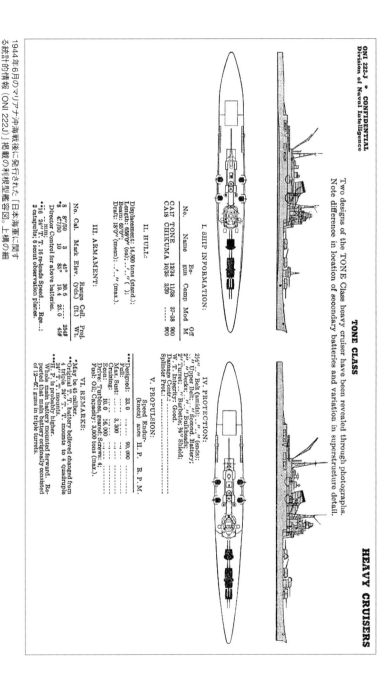

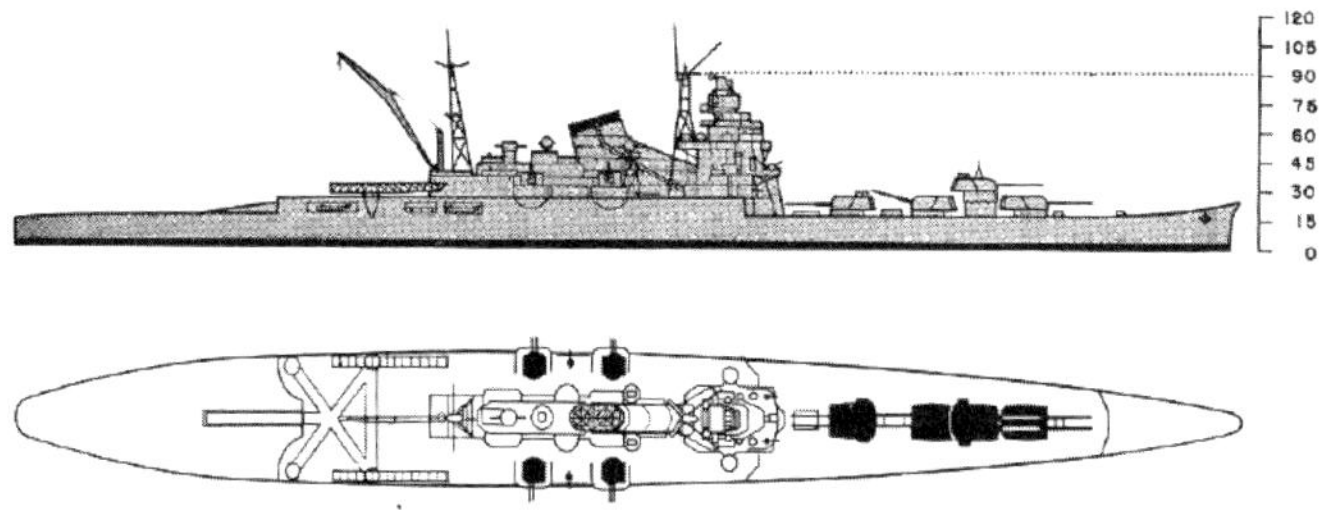

1945年6月発行「日本海軍（ONI 222J）」に掲載された利根型の頁。主砲を前部集約し、後部に航空兵装を搭載した本型について、主砲の門数減少と後部射界の制限と搭載機の増大が釣り合わないとして、ネガティブな評価が下されている。

CA—Heavy Cruisers—TONE Class

CA 17—TONE

Begun—December 1934
Completed—November 1938
Modernized—1937–38
Complement—880

Dimensions

Displacement: 14,500 tons (stand.).
Length: 658′ 0″ (oa).
Beam: 65′ 0″.
Draft: 18′ 0″ (mean); ..′, ..″ (max.).

Armament

No.	*Cal.*	*Mark*	*Elev.*	*Range (yds.)*	*Ceil. (ft.)*	*Proj. (lbs.)*
8	8″/50	3	42°	31, 100	......	254
*8	4.7″/50	10	85°	19, 400	25, 000	45

Director control for above batteries.
**16 24″ TT; 16 reloads;
2 catapults; 6 scout observation planes.

Protection

2½″ Belt (amidships); ..″ (ends);
..″ Upper Belt; ..″ Secondary Battery;
2″ Decks; ..″ Bulkheads;
2″ Turret; ..″ Barbette; ⅜″ Shield.
Splinter Protection:..................................
Watertight Integrity: Good.
Damage Control:..................................

Propulsion	*Speed (knots)*	*Endurance (miles)*	*HP*	*RPM*
***Designed:	33. 0	......	90, 000	....
Full:	......	......	......	....
Max. Sust.:	......	3, 300	......	....
Cruising:	......	......	......	....
Economical:	10. 0	16, 000	......	....

Drive: Turbines, geared; Screws: 4.
Fuel: Oil; Capacity: 3,000 tons (max.).

Notes

*May be 45 caliber.
**Original TT battery believed changed from 4 triple 24″ TT mounts to 4 quadruple 24″ TT mounts.
***HP is probably higher.

Remarks

There is reason to believe that these cruisers were initially planned as MOGAMI Class units. In order to devote the entire after portion of the hull to aircraft launching, recovery, stowage, and servicing purposes, the main battery was concentrated forward on a proportionally longer forecastle. Lack of stern fire in a cruiser is a tactical liability, and appears to be a high price to pay for the modest increase in ship-borne aircraft. The same willingness to sacrifice main battery fire power and fields of fire for the sake of a few additional planes is reflected in the new light cruiser OYODO and in the wartime reconstruction of the ISE Class of battleships.

Protection is presumably the same or better than in the MOGAMI Class. The concentration of the main battery may have permitted the fitting of additional internal armor to the 8″-gun magazines. Blisters were fitted to at least one unit of this class.

Like the MOGAMI's, the TONE Class cruisers were given Japanese light cruiser names, and may therefore have undergone the same change in main battery caliber from 6.1″ to 8″ guns.

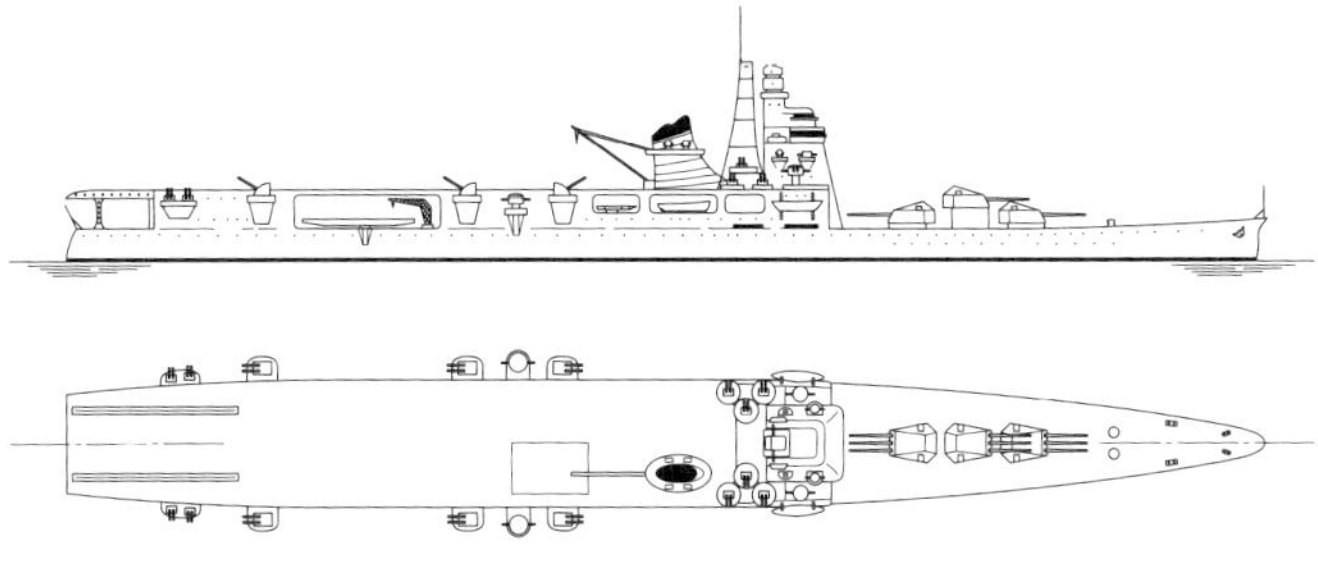

「THE ENEMIES' FIGHTING SHIPS」に「Tugaru（津軽）型」または「Tukaku（つうかく）型」として掲載されている、改利根型航空巡洋艦の想像図。利根型と同様に艦前部に集中配置した主砲と、艦後部の飛行甲板を含む本格的な航空艤装が描かれている。

図版／おぐし篤

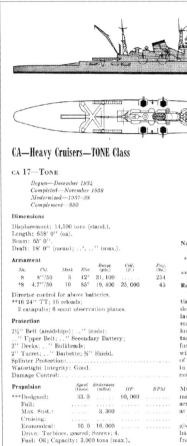

五五〇〇トン型軽巡洋艦

『ジェーン海軍年鑑』に見る五五〇〇トン型軽巡の情報

日本海軍が、第一次大戦時の欧州方面での海戦でその必要性が認められた軽巡洋艦という艦種について、最初の天龍型に続き、より大型の五五〇〇トン型の整備を開始したことは、これの二型式目となる長良型の整備が継続されていた１９１８年（大正7年）には、既に海外で知られるようになっていた。

竣工前に日本側から出されていた五五〇〇トン型の情報は限られたもので、既に球磨型の艦名記載がある１９１９年（大正8年）発刊の『ジェーン年鑑』の記載でも、艦の規模は全長１５２・4ｍで幅は15・1ｍ、兵装として14㎝砲7門と魚雷発射管4門を持ち、最高速力33ノットと、全長や発射管数の数値を意図的に誤解させた節のある数値が出されているのみだった。

だが、これらの艦に関する情報は、主力艦等とは異なって、機密保持の度合いがいまだ緩かったようだ。

五五〇〇トン型系列の第1艦となる「球磨」が竣工した年に発刊された１９２０年（大正9年）版の『ジェーン年鑑』では、「多摩」の公試中の写真が添えられたが、それを参考に描かれたと思われる艦容図は煙突に傾斜が付いている等の間違いがあった。要目等も雷装や機関を含めて色々誤解はあったものの、依然全長として出されていた数値は垂線間長であり、全長は約１６３・1ｍ、幅は14・2ｍと船体規模は概ね正確な数値となっている。砲装も14㎝砲の搭載数と配置が概ね正確であるなど、相応に情報が得られていたことが窺える内容となっている。

さらに長良型及び川内型の就役が進んだ１９２4年（大正13年）発刊の『ジェーン年鑑』では、

五五〇〇トン型の三型各型の排水量は５５００トン～５５７０トン、船体規模は以前の記載と同様、兵装は高角砲が８cm40口径砲２～３門、雷装が53・３cm連装発射管４基とされ、長良型及び川内型に航空艤装が設置されたことが記されたほか、水線装甲厚も最厚で63㎜表記となるなど、兵装等で見られた以前の誤記は概ね修正された格好となった（ただし、長良型以降で採用された61cm型魚雷は、日本海軍がこれを重大機密として情報秘匿を図ったことから、海外ではこれらの艦への搭載は確認されていない）。

また、速力の33ノット表記は以前と同様だが、機関出力は9万馬力、主機械の型式はパーソンズ式もしくはブラウン・カーチス式、艦本式で、主缶12基のうち2缶ないし4缶は混焼式であることが明記されていた。さらに五五〇〇トン型の公試時、機関にトラブルが生じていて、計画性能発揮に努力がなされているという事実に基づく記載もあり、これらの点を考慮すれば、五五〇〇トン型の情報については、相当の確度を持つものが英米に流れていたと思われる。

英米における戦前の五五〇〇トン型の評価

このように正確な情報が流れていたこともあり、五五〇〇トン型については、早期に英米の両海軍で評価が概ね定まることとなった。

特に英国では、五五〇〇トン型の計画段階で英のC／D級巡洋艦を参考にしたことが、その艦容からも窺えることもあり、「砲装がD型相当であることを含めて、戦闘能力は概ねC／D型巡洋艦に相当する艦で、一方でこれらの艦より高速である」という正鵠を得た評価がなされている。

また、米国でも英国に準ずる評価となり、その中で「戦闘力及び速力を含めて、総じてより大型の我がオマハ級の方が勝る」と考えられている。兵力整備面では、五五〇〇トン型が合計14隻整備されたことは、日本海軍に前衛部隊及び主力部隊を構成する有力な巡洋艦兵力をもたらしたとも考えられており、これはオマハ級軽巡の整備が10隻で終わった米海軍で、艦隊作戦上の懸念材料と見做された。

この後も1928年版や1931年版等の『ジェーン年鑑』を見ていけば、1923年版では、球磨型とそれ以降の艦の二型分類だったものが、日本側での分類同様に三型に分類されるようになったことを含めて、英米で五五〇〇トン型の情報は相応に得られていたことが確認できる（ちなみに、海外式の型式呼称は球磨型／名取型／神通型だった）。

舷側装甲の値が、追記された司令塔の装甲厚と同じ51㎜とされたことや、川内型の缶数が16基と不正確になる等もあったが、各型の基準排水量が計画排水量通りの数値とされ、航続距離は「15ノットで約6000浬程度（実際の成績は14ノットで6000浬程度）」、燃料搭載量が石炭350トンを含む混載で1850トン（実艦は重油1260トン+石炭340~350トン）と報じられたように、それなりの確度を持つ情報が得られていたことが窺える。

艦の外見変化についても、球磨型の概要側面図は書き直されなかったが、川内型については滑走台の装備を含む艦橋形状の変化や、後部発射管室は開放式ではなく天蓋があり、側面に開口部が設けられるといった改正が行われているのが把握できる新たな図が作成されて掲載されたように、この面でも情報更新が進められているのが窺える。

五五〇〇トン型は中国方面等への派遣任務が多い艦であったこともあり、カタパルト及び水偵の搭載を含む各部の外見の変化が把握されている。

これは1936年に米海軍が出した日本海軍艦艇の識別史料にある五五〇〇トン型各型の模型が、それなりの確度があるものであったことからも把握できる（この史料では、艦の大きさの数字の細かい部分を四捨五入したため、艦の幅が14・3mとやや大きくなる等もあった）。

だが、外見からは分からない各種の装備変遷や、汽缶の重油専焼化を含む機関等の改正についての詳細情報は得られていなかった節も窺え、これは『ジェーン年鑑』の1939年版でもなお8㎝高

大正期に建造された五五〇〇トン型軽巡は近代化改装の結果、太平洋戦争においても水雷部隊の主力の一翼として活躍を見せた。写真は1937年（昭和12年）、海軍兵学校の練習艦だった頃の「大井」で、第一グループの球磨型（5隻）に分類される。

球磨型軽巡洋艦（新造時）
基準排水量:5,100トン、常備排水量:5,500トン、全長:162.15m、最大幅:14.17m、吃水:4.80m、主缶:ロ号艦本式専焼缶（大）6基、同（小）4基、同混焼缶2基、主機:技本式タービン4基/4軸、出力:90,000馬力、速力:36ノット、航続力:14ノットで約6,000浬、兵装:14cm50口径単装砲7基、8cm40口径単装高角砲2基、53cm連装魚雷発射管4基、一号機雷48発および五号機雷64発（球磨、多摩は五号機雷150発）、搭載機:水偵1機、乗員:450名（竣工時定員）

五五〇〇型軽巡の第二グループ、長良型（6隻）。球磨型との違いは魚雷兵装と航空兵装で、魚雷が従来の六年式53cm魚雷から八年式61cm魚雷へ換装され、水偵用の滑走台が竣工時から設けられている。写真は1935年（昭和10年）の「阿武隈」で、艦橋前の滑走台は撤去されて艦後部にカタパルトが設けられている。

長良型軽巡洋艦（新造時）
基準排水量:5,170トン、常備排水量:5,570トン（公表値）、兵装:61cm連装魚雷発射管4基、九三式機雷56個、搭載機:水偵1機（滑走台1基）、乗員:450名（計画）
※上記以外の要目は球磨型と同一。

第三グループの川内型（3隻）は重油消費量を低減すべく、主缶の重油専焼缶を減らして重油・石炭混焼缶を増やしている。この結果、煙突は3本から4本に変更された。写真は竣工（1924年4月29日）前に公試運転を実施する「川内」。

川内型軽巡洋艦（新造時）
基準排水量:5,195トン、常備排水量:5,595トン、全長:162.15m（「那珂」は162.46m）、主缶:ロ号艦本式専焼缶8基、同混焼缶4基、主機:パーソンズ式タービン（「神通」はブラウンカーチス式）4基/4軸、速力:32.25ノット、兵装:61cm連装魚雷発射管4基、九三式機雷56個、搭載機:水偵1機（滑走台1基）、乗員:446名
※上記以外の要目は球磨型と同一。

角砲の装備や、燃料で石炭の表記が続いていることなどから明らかだ。その一方で、この時期に五五〇〇トン型の公試時の機関運転の情報が伝えられたのか、「6万4500馬力で33ノットを発揮した」という情報から、機関出力の表記が7万馬力へ下方修正され、また、燃料搭載量も石炭300トン（神通型）ないし350トン（他二型）を含めて約1500トンへ減少させられるなどの変化が生じた。この時期の新情報として、航続距離は10ノットで8500浬という数値も出ている。

最高速力の表記は33〜33・4ノットとされているが、度重なる改修で速力の低下していた五五〇〇トン型ではむしろ正確と言える数字となったため、この面では新造時より情報が正確性を増すという皮肉な結果を生んでいる。

英米の両海軍ではこれら三型の巡洋艦が改修を重ねているのは外型から把握していたが、五五〇〇トン型に対応する英のC／D級や、米のオマハ級といった艦の旧式化が進んでいたこともあり、日本のこれらの艦も、彼らの艦と同様、上海事変や支那事変時における中国沿岸作戦での護衛任務や艦砲射撃支援任務を実施したことが見られるように、現役にはあるものの艦隊作戦の第一線兵力から除かれつつあり、間もなく艦齢に達して姿を消すであろうと思われていた。同時に水雷戦隊旗艦の任務は、五五〇〇トン型に代わって最上型やそれ以降の軽巡が務めるものと、英米では考えられていた。

太平洋戦争開戦後の五五〇〇トン型の評価

以降、これらの艦に関する情報は、1941年版の『ジェーン年鑑』や太平洋開戦直後の同年12月に米陸軍省が発行した『日本海軍艦艇識別帳』において、以前の『ジェーン年鑑』と同様の表記が行われていることからも分かるように、特に新情報は得られていないことが窺える（少々脱線すると、昭和12年7月にローマ字の正式な記載がヘボン式から訓令式に改められたことで、この時期以降、『ジェーン年鑑』では神通型の表記を「Jintsu」から「Zintu」に改めている。対して、米海軍資料では以後も旧来のヘボン式表記を使い続けていることが先の資料から窺えるが、その後間もなく資料が得られたのか、日本式の川内型表記に変わっている)。

だが、戦争が始まると、旧式化したと思われていた五五〇〇トン型軽巡は、日本海軍の第一線兵力として広範囲に使用されていることが把握される。そして、スラバヤ沖海戦や一連のガダルカナル島を巡る海戦に参加した米英の駆逐艦乗員からは、水雷戦隊旗艦として活動していた五五〇〇トン型が、駆逐艦主砲を上回る有効射程と駆逐艦撃退に必要充分な威力と門数がある主砲の砲装を備え、駆逐艦主砲ではそう簡単には倒せない装甲と艦のサイズを持つものとして、総じて難敵と見なされることになった。

このような情勢もあり、米海軍もこの古い艦の情報収集を継続して実施しており、1942年11月に出された「艦艇識別帳(ONI41‐42)」では、球磨型の水線長が161・3mであること、機関出力の記載が旧来の9万馬力に戻されたことや、名取型と川内型の航続力が10ノットで8500浬／7800浬、33ノットで1500浬／1300浬と名取型の方が長いとされたことに加え、機雷の搭載量は各型80発、名取型では爆雷24発搭載の記載がある等、様々な追記がなされていった。

ただし、球磨型と他の二型では水線装甲厚及び水線装甲配置が異なるとされたことや、全型の甲板装甲が倍近い厚みになっている等、少なからぬ誤記も見受けられる。

1944年7月に出された「日本海軍に関する統計的情報(ONI222‐J)」では、各型の機関出力が7万馬力に戻り、さらに航続力は全型10ノットで8400浬、33ノットで1450浬に統一されるなど、誤記はさらに多くなっていた。

特に兵装面では、全艦が61㎝魚雷発射管への換装を実施しているだけでなく、川内型は恐らく四連装型発射管2基に代えたとしつつ、名取型の中にはこれを2基追加して発射管数が16門に強化された艦が存在することにされるなど、その傾向がより強くなっていた。

川内型の水密抗堪性（水中防御）は1万トン級の大型重巡と同様の評価を受けており、これは恐らく一連のソロモン方面における戦例から、五五〇〇トン型の戦闘抗堪性がそれなりに評価されていたことを窺わせるものと言える。また、1942年8月以降の61cm四連装魚雷発射管6基装備の状態は、球磨型の一部が重雷装艦として改装されたことが把握されていたのを窺わせる表記で、興味深い点だ。

その後これらの艦については、レイテ沖海戦後、重雷装艦のデータから53・3cm発射管の表記が消えたという変化はあったが、米海軍では1945年春には五五〇〇トン型は全て失われたと判定したこともあり、1944年7月に出された評価が五五〇〇トン型に対する戦時中の総じての最終評価となっている。ちなみに米海軍は、「五十鈴《いすず》」の防空巡洋艦改装については把握していなかったようだ。

一方、戦時中は特に新しい情報を出せていなかった『ジェーン年鑑』だが、終戦時期には米海軍が既に喪失判定をしていた「北上」について、1944-45年版で、艦の情報こそ竣工時のままだったが、なお残存艦として掲載を続けていた。このため、これだけは米海軍資料より正確な情報を提供したと言える。

戦後、正確な情報が得られた海外において、三型は改めて竣工時点で英のC／D級の両型に相当する戦闘能力を持つ艦であると再評価された。また、戦時中まで継続した各種の改修により、太平洋戦争時にも水雷戦隊旗艦として、また各種夜戦でも有用に使用できる艦であり、その戦闘能力については、戦時中の英米の「駆逐艦を撃退するのに充分な攻防力を持つ」「案外と沈み難い」というものがそのまま伝わり続けたことで、相応の評価がなされている状態にある。

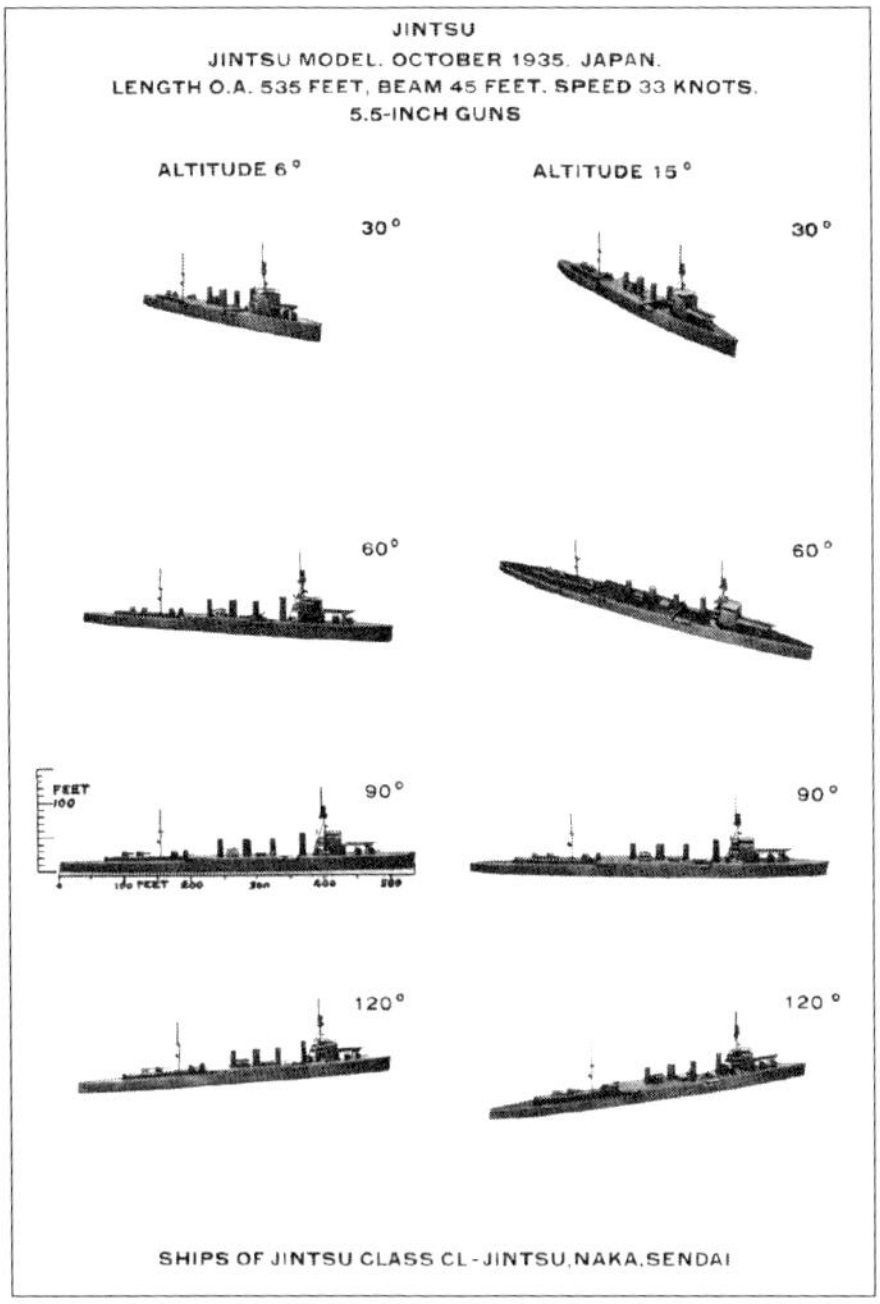

1936年・米海軍発行の日本海軍艦艇識別史料に掲載された「神通型」(川内型)の模型図。艦橋前に設置された滑走台や四本煙突など細部の特徴が反映されており、本型を含む五五〇〇トン型について、米側での情報取得が進んでいたことが窺える。

1942年11月発行「艦艇識別帳」(ONI41-42)掲載の球磨型軽巡。水線長は529フィート(161.239m)と記載されている(実艦は158.53m)。甲板(水平)装甲の厚みは2インチ(50.8mm)とあるが、実艦は最大28.6mmである。

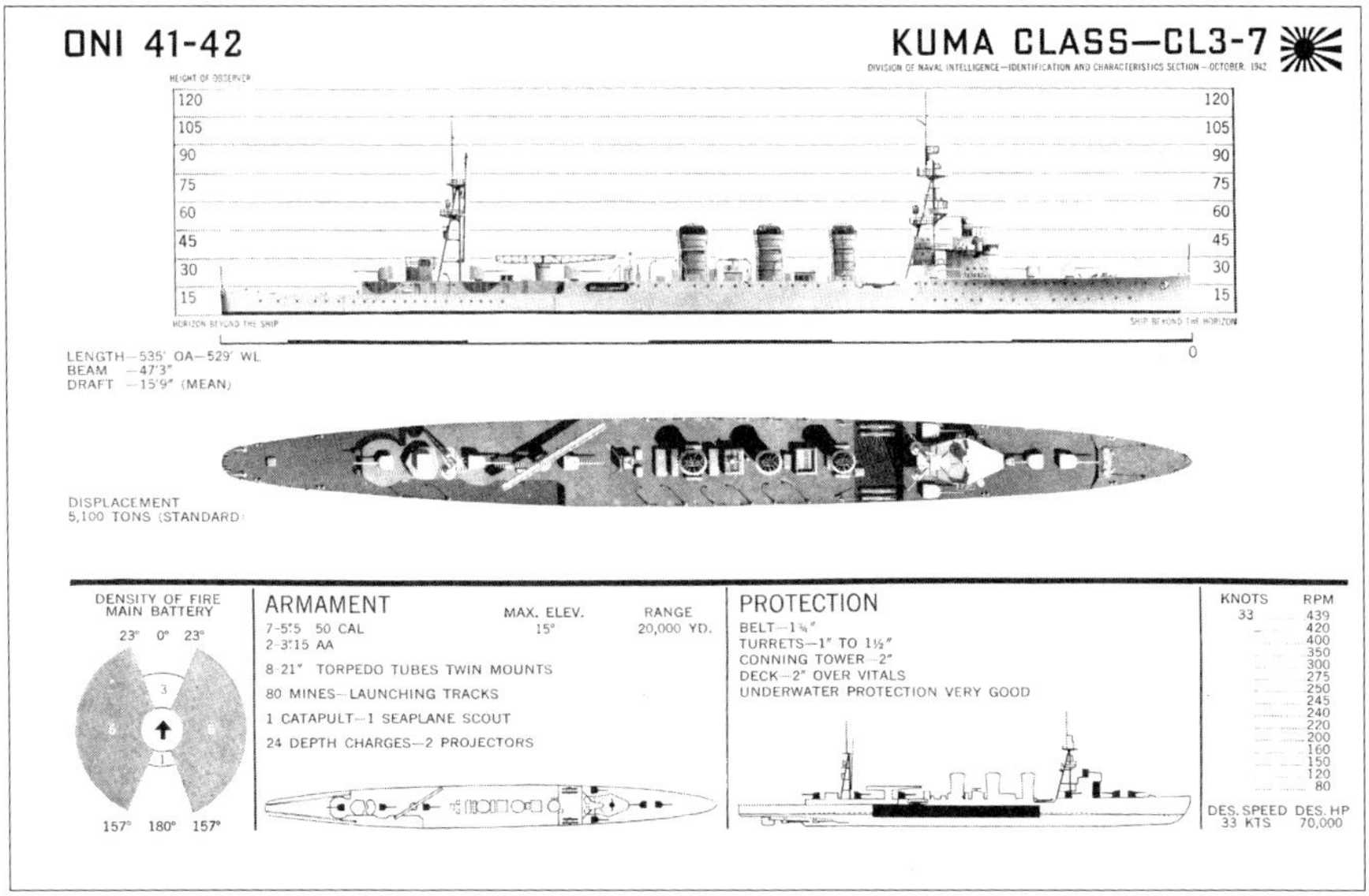

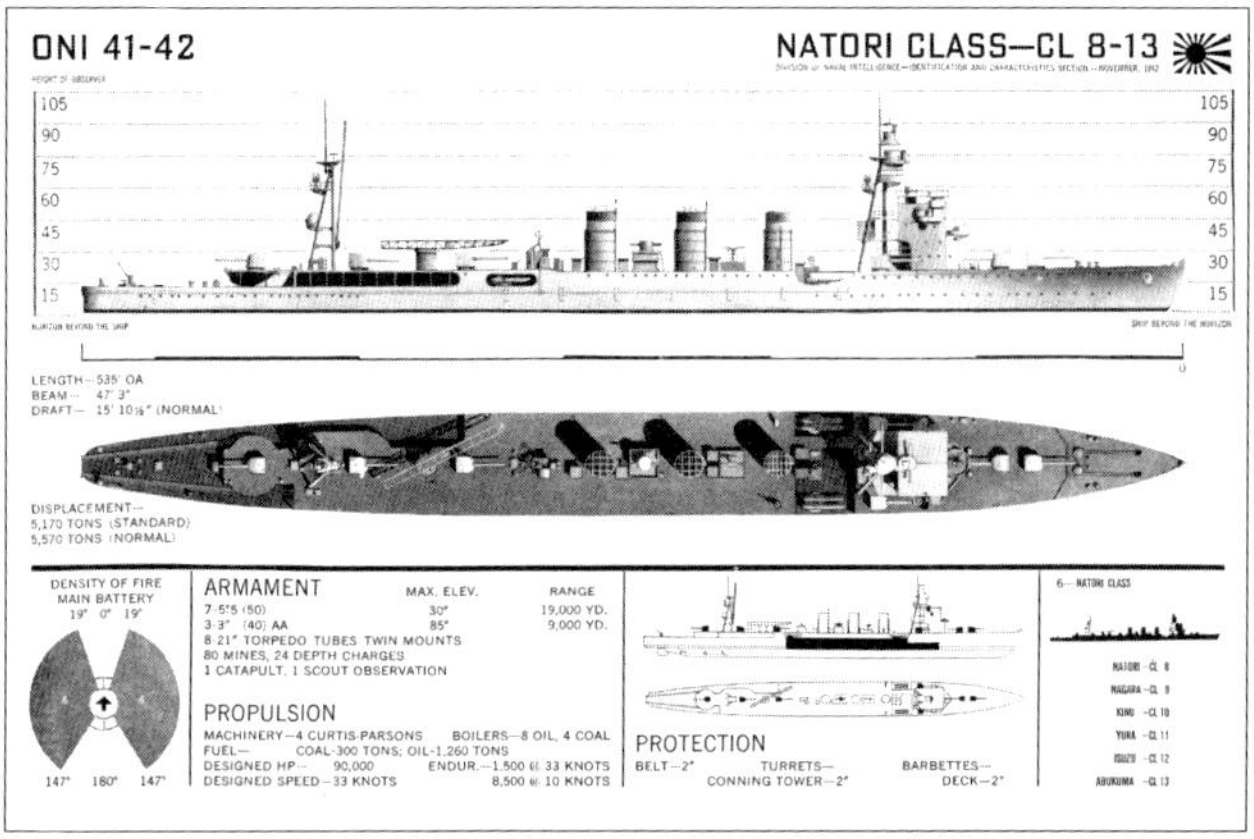

1942年11月発行「艦艇識別帳」(ONI41-42)掲載の「名取型」こと長良型。舷側装甲厚は球磨型が1 3/4インチ(44.45㎜)だったのに対し、本型は2インチ(50.8㎜)となっているが、実際には両型および川内型とも63.5㎜(25.4㎜+38.1㎜)であった。

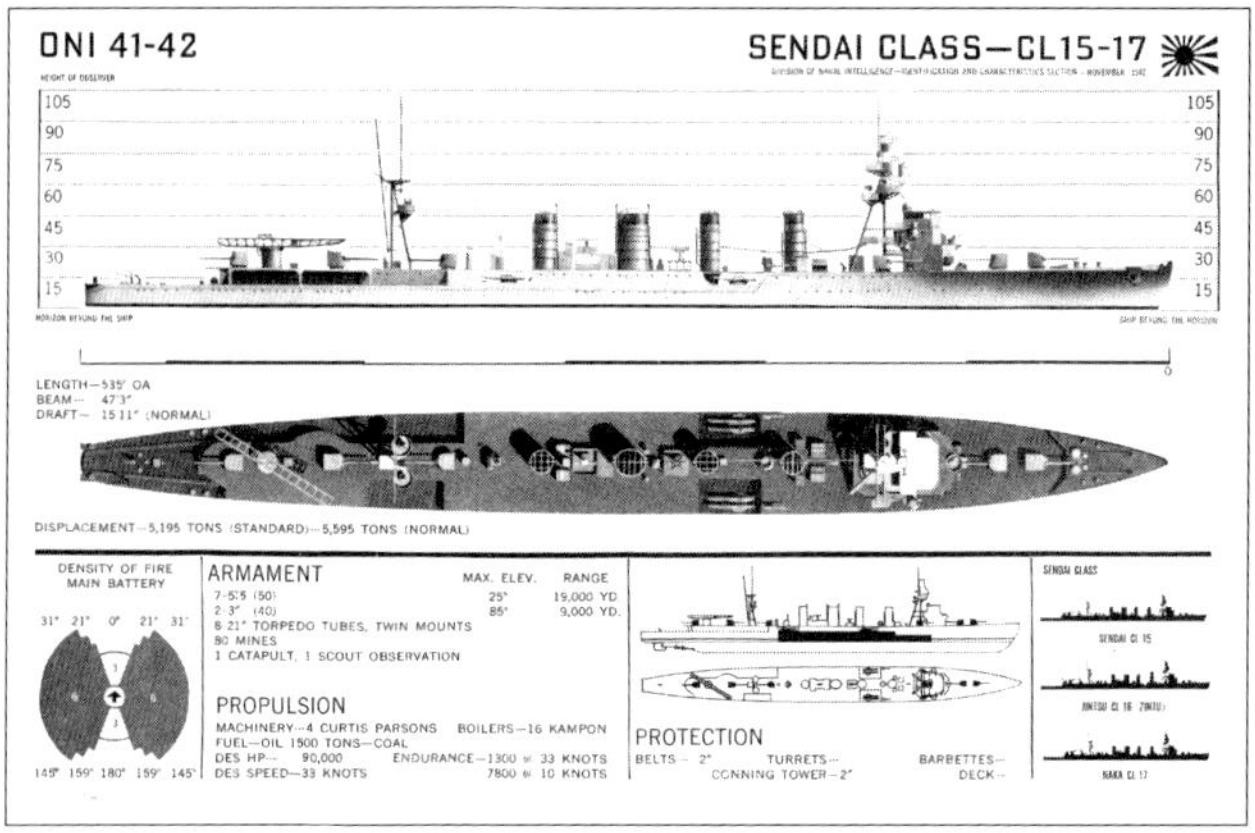

上図と同じくONI41-42に掲載された川内型軽巡の頁。長良型と同一条件で航続距離が短いとされているが、実艦は主缶の構成の変更により重油および石炭の搭載量が異なるものの、両型ともに14ノットで6,000浬の航続力を発揮した。

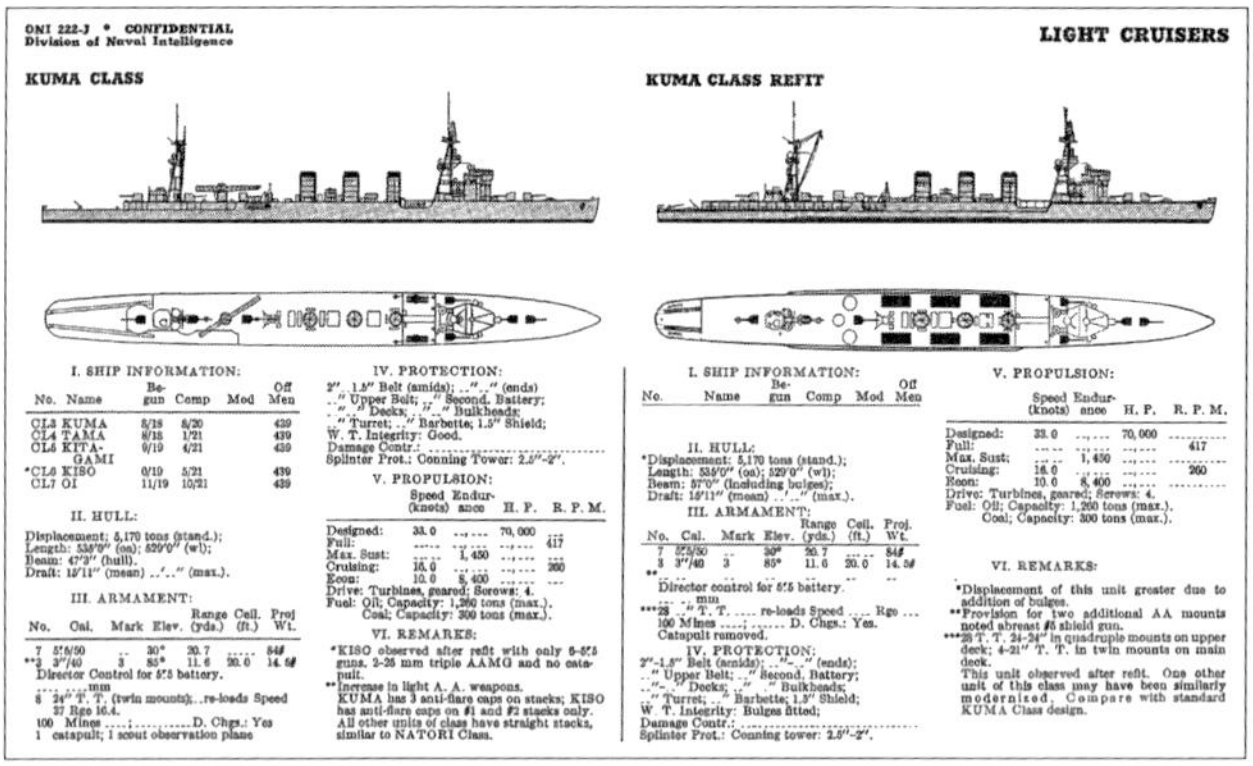

1944年7月発行「日本海軍に関する統計的情報」(ONI222-J)掲載の球磨型軽巡。魚雷兵装は24インチ(61㎝)魚雷発射管8門とする誤記が見られる。また、本型の一部の艦が24インチ魚雷発射管28門を搭載するよう改装された(実際の重雷装艦は61㎝魚雷発射管40門)ことが把握されている。

LIGHT CRUISERS

NATORI CLASS

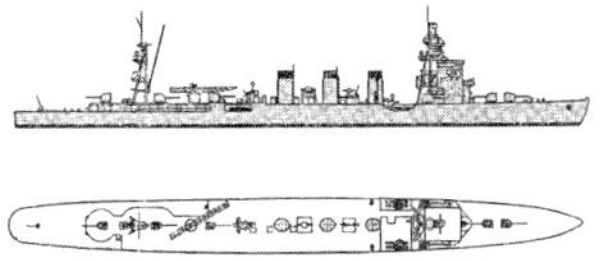

I. SHIP INFORMATION:

No.	Name	Be-gun	Comp	Mod	Off M
CL8	NATORI	12/20	9/22	1935	450
CL9	NAGARA	9/20	4/22	1933	450
CL10	KINU	1/21	11/22	1934	450
CL11	YURA	5/21	3/23	1935	450
CL12	ISUZU	8/20	8/23	.....	450
CL13	ABU-KUMA	12/21	5/25	1935	450

II. HULL:

Displacement: 5,170 tons (stand.);
Length: 535'0" (oa); 529'0" (wl);
Beam: 47'3";
Draft: 15'11" (mean) ..'.." (max.).

III. ARMAMENT:

No.	Cal.	Mark	Elev.	Range (yds.)	Ceil. (ft.)	Proj. Wt.
7	5".5/50	.....	30°	20.7	.....	84#
3	3"/40	3	85°	11.6	20.0	14.5#

Director Control for 5".5 battery.
6　25 mm (reported).
16　24" T. T. (twin mounts) ..re-loads Speed 37 Rge 16.4.
100　Mines ....; ...... D. Chgs.: Yes.
1 catapult; 1 scout observation plane.

IV. PROTECTION:

2"-1.5" Belt (amids); .." .." (ends);
.." Upper Belt; .." Second. Battery;
.." .." Decks; .." .." Bulkheads;
.." Turret; .." Barbette; 1.5" Shield;
*W. T. Integrity: Good.
Damage Contr.: ....
Splinter Prot.: No Conn. Tower fitted.

V. PROPULSION:

	Speed (knots)	Endur-ance	H. P.	R. P. M.
Designed:	33.0	..,...	70,000	....
Full:	.....	.....	..,...	....
Max. Sust:	.....	1,450	..,...	....
Cruising:	.....	.....	..,...	....
Econ:	10.0	8,400	..,...	....

Drive: Turbines, geared; Screws: 4.
Fuel: Oil; Capacity: 1,260 tons (max.).
Fuel: Coal; Capacity: 300 tons (max.).

VI. REMARKS:

*Bulges fitted to some units.

NATORI CLASS REFIT

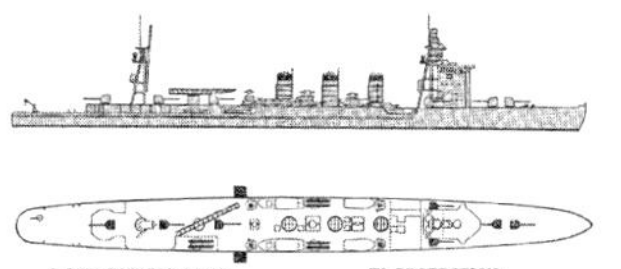

I. SHIP INFORMATION:

No.	Name	Be-gun	Comp	Mod	Off Men

II. HULL:

Displacement: 5,170 tons (stand.);
Length: 535'0" (oa); 529'0" (wl);
Beam: 47'3";
Draft 15'11" (mean) ..'.." (max.).

III. ARMAMENT:

No.	Cal.	Mark	Elev.	Range (yds.)	Ceil. (ft.)	Proj. Wt.
7	5".5/50	.....	30°	20.7	....	84#
3	3"/40	3	85°	11.6	20.0	14.5#

Director control for 5".5 battery.
*8　25 mm.
**16 .." T. T. 16 re-loads　Speed 37; Rge 16.4.
... Mines ....; ......D. Chgs. Yes.
1 catapult; 1 scout observation plane.

IV. PROTECTION:

2"-1.5" Belt (amids); .." .." (ends);
.." Upper Belt; .." Second. Battery;
.." .." Decks; .." .." Bulkheads;
.." Turret; .." Barbette; 1.5" Shield;
W. T. Integrity: ....;
Damage Contr.: ....;
Splinter Prot.: No conn. tower fitted.

V. PROPULSION:

	Speed (knots)	Endur-ance	H. P.	R. P. M
Designed:	33.0	..,...	70,000	....
Full:	.....	..,...	..,...	....
Max. Sust:	.....	1,450	..,...	....
Cruising:	.....	..,...	..,...	....
Econ:	10.0	8,400	..,...	....

Drive: Turbines, geared; Screws: 4.
Fuel: Oil; Capacity: 1,260 tons (max.).
Fuel: Coal; Capacity: 300 tons (max.).

VI. REMARKS:

*Represents increase in light A. A. weapons.
**8-21" torpedo tubes in twin mounts and 8-24" in 2 quadruple mounts.
Torpedo battery increased during recent refit. Original torpedo battery 8-21" tubes in twin mounts. Compare with standard NATORI Class design for changes in location of torpedo tubes.
Other units of this class may be similarly refitted.

「日本海軍に関する統計的情報」(ONI222-J)掲載の「名取型」。魚雷兵装は21インチ(53.3㎝)連装発射管4基8門から24インチ(61㎝)四連装発射管2基8門に換装したとしており、一部は同4基16門を装備したと記している。

LIGHT CRUISERS

SENDAI CLASS

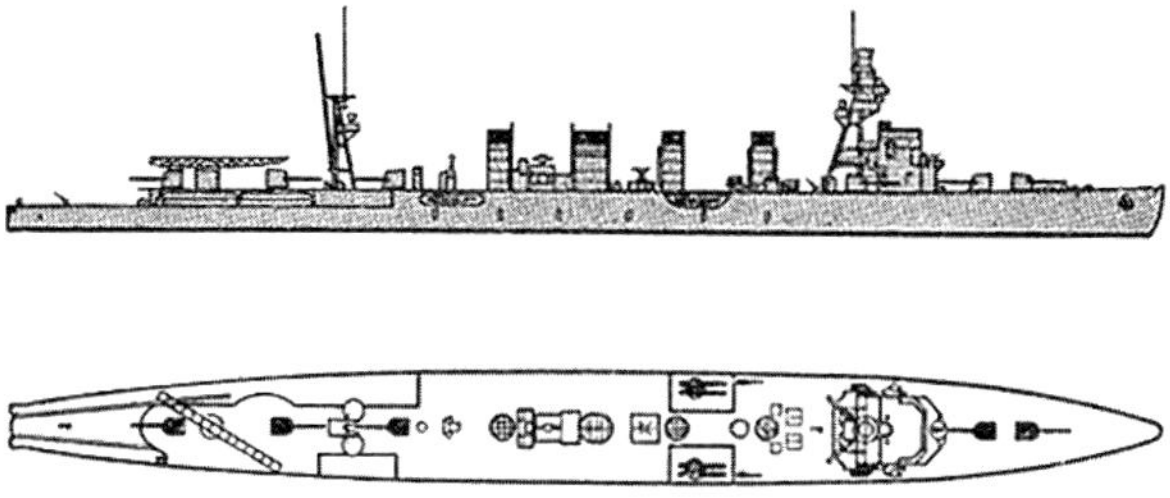

I. SHIP INFORMATION:

No.	Name	Be-gun	Comp	Mod	Off Men
CL15	SENDAI	2/22	4/24		450
CL16	JINTSU	8/22	7/25		450
CL17	NAKA	6/22	11/25		450

II. HULL:

Displacement: 5,195 tons (stand.);
Length: 535'0" (oa); 529'0" (wl);
Beam: 47'3";
Draft: 15'11" (mean) ..'.." (max.).

III. ARMAMENT:

No.	Cal.	Mark	Elev.	Range (yds.)	Ceil. (ft.)	Proj. Wt.
7	5".5/50	.....	30°	20.7	.....	84#
*3	3"/40	3	85°	11.6	20.0	14.5#

Director Control for 5".5 battery.
.. ... mm;
**8　24" T. T. 8 re-loads Speed 37 Rge 16.4.
100 Mines ....; ......D. Chgs.: Yes.
1 catapult; 1 scout observation plane.

IV. PROTECTION:

2"-1.5" Belt (amids); .." .." (ends);
.." Upper Belt; .." Second. Battery;
.." .." Decks; .." .." Bulkheads;
.." Turret; .." Barbette; 1.5" Shield;
W. T. Integrity: Good;
Damage Contr.: ....
Splinter Prot.: No Conn. Tower fitted.

V. PROPULSION:

	Speed (knots)	Endur-ance	H. P.	R. P. M.
Designed:	33.0	..,...	70,000	....
Full:	.....	.....	..,...	....
Max. Sust:	.....	1,450	..,...	....
Cruising:	.....	..,...	..,...	....
Econ:	10.0	8,400	..,...	....

Drive: Turbines, geared; Screws: 4.
Fuel: Oil; Capacity: 1,260 tons (max.).
Coal; Capacity: 300 tons (max.).

VI. REMARKS:

*A. A. batteries have probably been increased.
**Original T. T. battery believed changed from 4 twin 21" T. T. mounts to 2 quadruple 24" T.T.mounts. Drawing show original T. T. battery.

同じく、1944年7月発行のONI222-Jにおける川内型軽巡の頁。機関の出力7万hp、速力33ノットは実艦より低い(実艦は9万hp／35.25ノット)が、ソロモン方面の水上戦で「沈みづらい艦」との印象を受けたためか、水中防御を高く評価している。

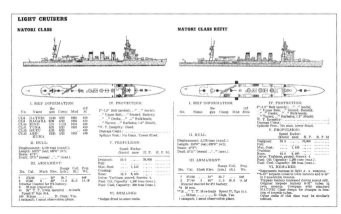

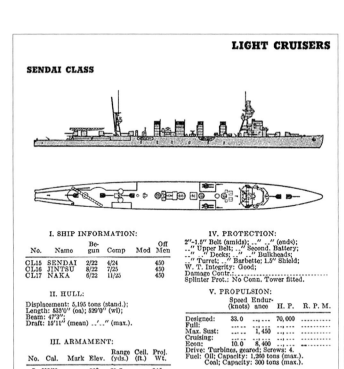

「夕張」・阿賀野型・「大淀」・香取型

軽巡「夕張」

『ジェーン年鑑』では「夕張」竣工年の1924年版で、基準排水量3100トン、水線装甲51㎜、主兵装は14㎝砲6門、53・3㎝発射管4門と、当時軍機だった61㎝魚雷の項目を除けば、相応に正しい要目が把握されており、不明瞭ながら写真を入手していたこともあって、概ね正確な図版が掲載されていた。それだけに日本独特の設計艦であることが注目を集めたようで、同年鑑の1926年から1933年版まで、本艦に「特記事項」として、下記のような解説が付けられている。

「この艦は3100トン（後に公称の「2890トン」に改訂）の排水量で、（五五〇〇トン型の）球磨型及び名取型の巡洋艦と概ね同等の速力と攻撃力の付与を目指した、日本海軍の造船官による驚くべき試みと言える。現在、この艦は水雷戦隊の嚮導《きょうどう》艦（旗艦）として活動している。現存する他の巡洋艦とは全く異なる外観を持つ」

これに加えて、当時『ジェーン年鑑』編集長だったオスカー・パークスが、後年「その写真を初めて見た時は、全くショックだった」「『夕張』の詳細な情報が英海軍省に報じられるにつれて、英国の造船官にセンセーションを巻き起こした」と語ったことや、当時各国の新聞で「日本の新型軽巡恐るべし」等の記事が出たこと、登場後に米英の海軍協会誌で「夕張」に範を取ったような艦の提案がなされたことから、戦後の日本国内では「『夕張』は海外で高い評価を受けていた」というのが通説となり、これが現在まで続いている。

実際のところ、日本独自設計の巡洋艦の嚆矢の艦として、「夕張」が海外で大きな注目を集めたのは間違いのない事実だった。ただし、艦型が小型なことから、Cruiser-Destoryerとして「超駆逐艦」的な扱いを受けることもあった本艦の戦時中の評価は、〝貧乏人のジェーン年鑑〟こと「THE ENEMIES' FIGHTING SHIPS」に曰く、「この艦齢の嵩《かさ》んだ艦達は（この評価は天龍型と一括して語られた）、航続力が極めて短いだけでなく、対空兵装が貧弱という欠点がある。また、（舷側・甲板共に部分的に防御されているだけと同著では評していた）五五〇〇トン型軽巡と同様に装甲が弱体で、特に甲板防御はこれらの艦より弱体でもある。さらに索敵用航空機を持たない」とするなど、あまり高いものとはされていない。

一方、米海軍が１９４４年７月に発行した「日本海軍に関する統計的概要（ＯＮＩ－２２２Ｊ）」では、本艦の要目として全長１４１・１ｍ、幅12ｍ、基準排水量２８９０トン、兵装として14㎝砲６門、７・６㎝高角砲１門、61㎝魚雷発射管４門を持ち、機関出力５万７０００馬力で最高速力33ノット、巡航10ノットで航続力７７００浬等の数字が並んでいる。航続力が過大な感もあるが、改装前の本型の要目に近い性能を持つと見なされていたことが分かる。さらに、船体部51㎜、砲塔とバーベット部は38㎜の装甲を持ち、水中防御は並程度されるなど、防御面は実艦より過大な評価がなされており、総じて見れば「小型巡洋艦としては、相応の攻防能力を持つ艦」と、民間のものより高い評価を受けていたことが窺える。

なお、注記には「試作艦として設計された本艦の設計は、その多くが後の日本重巡各型の設計の礎となっている」とあり、この面でも正しい評価がなされていたことは、注目すべき点だろう。

謎の小型巡洋艦（超駆逐艦）

米陸軍及び米海軍の公式発表によれば、１９４４年初頭までに日本の軽巡は全滅に近い損害（16隻）が発生していることになっていたが、なお南東方面等の作戦で日本軽巡が活発に活動しているのは、その代替が何かしらの形で行われているという類推を産むことになった。

「THE ENEMIES' FIGHTING SHIPS」の記載によれば、「ある海軍関係の専門家による」として、

２９００トン型の「夕張」が14㎝砲６門を装備していることを根拠として、開戦後に排水量が当初の予測（２０００トン）より大型の２５００トンから２８００トン程度とも見られるようになった陽炎《かげろう》型駆逐艦は、「夕張」の設計を元にした14㎝連装砲塔３基搭載の小型軽巡ではないかという憶測を記している。また、陽炎型の個艦解説の中では、注記として嚮導駆逐艦の陽炎型は２０００トン型の13㎝砲６門艦と２２００トン型の13㎝砲８門搭載艦としているほか、14㎝砲６門搭載の小型軽巡と言える２５００～２８００トン型の整備が行われており、14㎝砲装備型は軽巡の大きな損失に伴う兵力不足を補うべく、「１９４３年以降、配備が行われつつある」とするなど、その存在を確定事項としていた。

　だが、この「ぼくの考えた超駆逐艦」は、恐らく『ジェーン年鑑』が把握していた「照月《てるづき》型」（２５００トン、12・７㎝砲８門）や島風型（２２００トン、12・７㎝砲６門）等の情報と、戦時中に日本海軍が水雷戦隊旗艦に駆逐艦を充当したことなどが歪曲されて伝わったことに端を発すると思われ、当然ながらその存在は確認されることなく、戦後に完全な誤報と判明して忘却の彼方に消えてしまった。

阿賀野型軽巡

日本海軍が五五〇〇トン型軽巡の代替となる軽巡の整備を開始したことは、戦前の段階ですでに海外でも知られていた。ただし、それは７０００トン～９０００トン級の15・５㎝砲12門搭載で34ノットを発揮可能という、戦前に民間レベルで流布していた利根型重巡に類似する艦であると類推されていた。

　この五五〇〇トン型代替の軽巡の実態が米海軍をしてもなかなか掴めなかったことは、マリアナ攻略後にまとめられた「日本海軍に関する統計的概要（ＯＮＩ・２２２Ｊ）」の阿賀野型の記載からも窺い知ることができる。

　これによれば、排水量６０００トン、全長１６７・６ｍ、幅15・１ｍと、艦のサイズは当たらずも遠

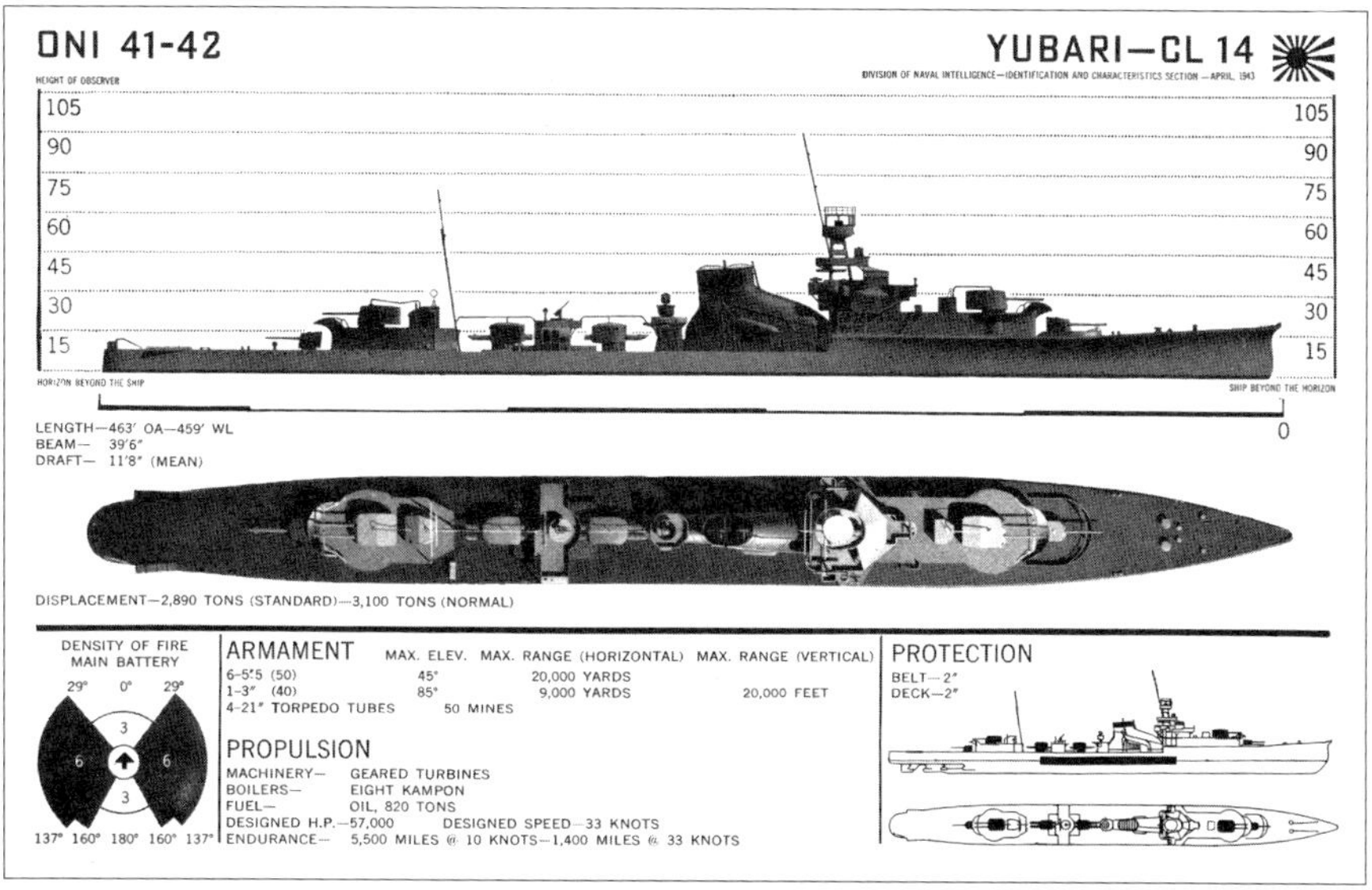

ONI 41-42

YUBARI—CL 14

DIVISION OF NAVAL INTELLIGENCE—IDENTIFICATION AND CHARACTERISTICS SECTION—APRIL, 1943

HEIGHT OF OBSERVER

105 90 75 60 45 30 15

HORIZON BEYOND THE SHIP

SHIP BEYOND THE HORIZON

0

LENGTH—463′ OA—459′ WL
BEAM— 39′6″
DRAFT— 11′8″ (MEAN)

DISPLACEMENT—2,890 TONS (STANDARD)—3,100 TONS (NORMAL)

DENSITY OF FIRE
MAIN BATTERY

29° 0° 29°
6 3 6 3
137° 160° 180° 160° 137°

ARMAMENT

	MAX. ELEV.	MAX. RANGE (HORIZONTAL)	MAX. RANGE (VERTICAL)
6-5″5 (50)	45°	20,000 YARDS	
1-3″ (40)	85°	9,000 YARDS	20,000 FEET
4-21″ TORPEDO TUBES	50 MINES		

PROPULSION

MACHINERY— GEARED TURBINES
BOILERS— EIGHT KAMPON
FUEL— OIL, 820 TONS
DESIGNED H.P.—57,000 DESIGNED SPEED—33 KNOTS
ENDURANCE— 5,500 MILES @ 10 KNOTS—1,400 MILES @ 33 KNOTS

PROTECTION

BELT—2″
DECK—2″

1942年10月に米海軍が発行した「日本海軍艦艇識別帳」(ONI41-42)に掲載された「夕張」。基準排水量2,890トン、全長141.1m、幅12mという規模に加え、兵装も実艦に則った記載がなされているが、魚雷の口径は53.3cm(実際は61cm)となっている。また、1934年半ばまでに実施された8cm高角砲の撤去は反映されていない。

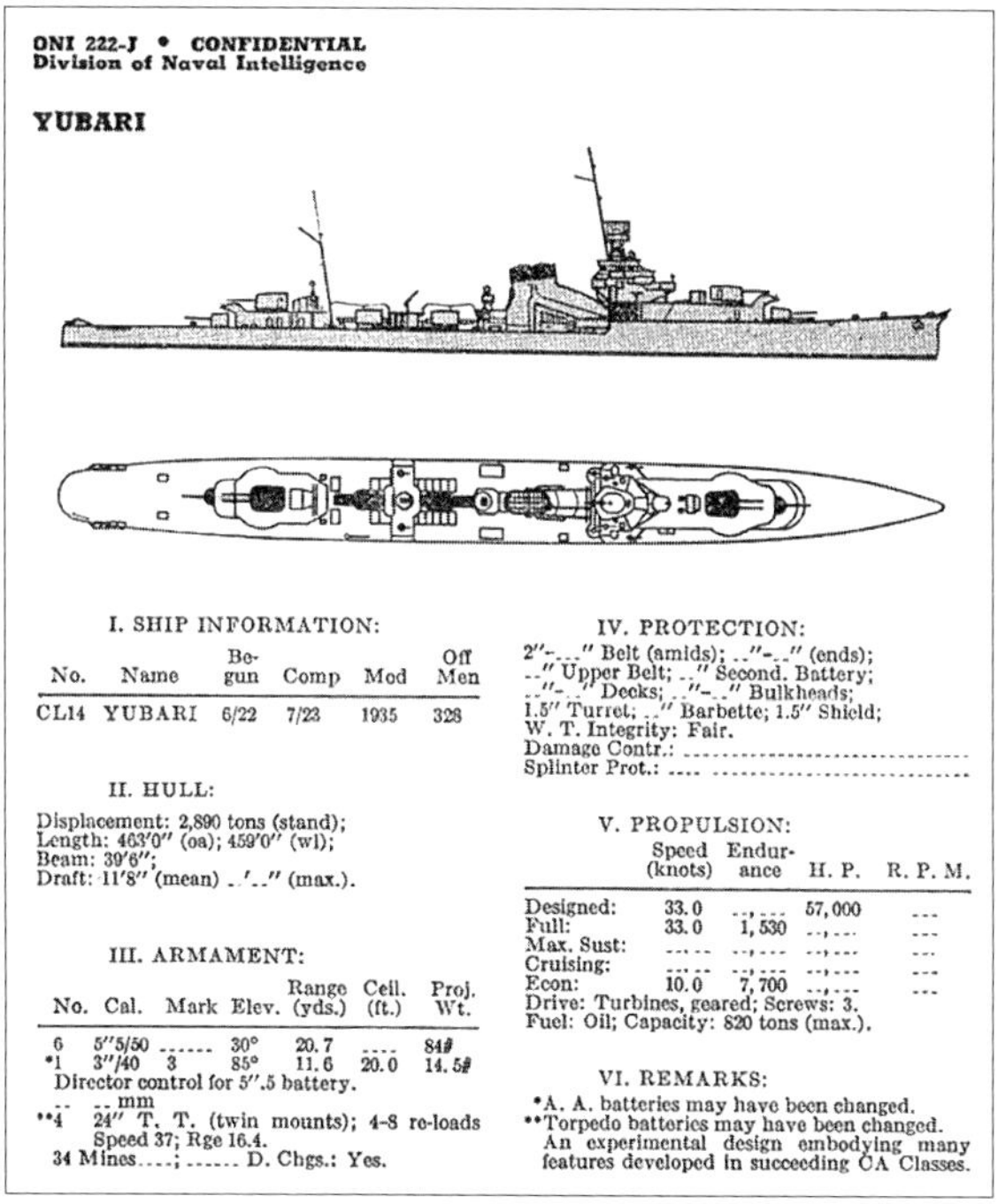

ONI 222-J • CONFIDENTIAL
Division of Naval Intelligence

YUBARI

I. SHIP INFORMATION:

No.	Name	Be-gun	Comp	Mod	Off Men
CL14	YUBARI	6/22	7/23	1935	328

II. HULL:

Displacement: 2,890 tons (stand);
Length: 463′0″ (oa); 459′0″ (wl);
Beam: 39′6″;
Draft: 11′8″ (mean) ..′..″ (max.).

III. ARMAMENT:

No.	Cal.	Mark	Elev.	Range (yds.)	Ceil. (ft.)	Proj. Wt.
6	5″5/50	......	30°	20.7	....	84#
*1	3″/40	3	85°	11.6	20.0	14.5#

Director control for 5″.5 battery.
.. .. mm
**4 24″ T. T. (twin mounts); 4-8 re-loads Speed 37; Rge 16.4.
34 Mines....; ...... D. Chgs.: Yes.

IV. PROTECTION:

2″-...″ Belt (amids); ..″-..″ (ends);
..″ Upper Belt; ..″ Second. Battery;
..″-..″ Decks; ..″-..″ Bulkheads;
1.5″ Turret; ..″ Barbette; 1.5″ Shield;
W. T. Integrity: Fair.
Damage Contr.: ....
Splinter Prot.: ....

V. PROPULSION:

	Speed (knots)	Endurance	H. P.	R. P. M.
Designed:	33.0	..,...	57,000	---
Full:	33.0	1,530	..,...	---
Max. Sust:	.....	..,...	..,...	---
Cruising:	.....	..,...	..,...	---
Econ:	10.0	7,700	..,...	---

Drive: Turbines, geared; Screws: 3.
Fuel: Oil; Capacity: 820 tons (max.).

VI. REMARKS:

*A. A. batteries may have been changed.
**Torpedo batteries may have been changed.
An experimental design embodying many features developed in succeeding CA Classes.

1944年7月・米海軍発行「日本海軍に関する統計的概要」(ONI-222J)に掲載された「夕張」。航続距離は10ノットで7,700浬と記載され、実際の14ノットで5,000浬(計画)／3,310浬(実際)より過大だった。一方、速力は33.0ノットと、実際の35.5ノット(計画)／34.78ノット(公試全力・改装前)より低い数値となっている。なお、同書が発行された時点で「夕張」はすでに沈没している(1944年4月28日に沈没)。

からずとはいえ、兵装は15・5㎝連装砲3基、10㎝単装高角砲2門、61㎝四連装発射管1基と不正確な記載がなされ、装甲防御や速力(30ノット超表記)及び航続力は概ね未記載であった(同資料では阿賀野型の同型艦は「能代《のしろ》」「矢矧《やはぎ》」の他に航空巡洋艦型の「大淀」があるとされ、「大淀」は15・5㎝三連装砲塔2基を前部集中搭載とするなど、ある程度正しい情報が記されていたことは興味深い。ただし、この「大淀」の情報が阿賀野型での不正確な情報記載に影響した感もある)。

1945年6月発行の「日本海軍(ONI-222J」でも、同型艦名から「大淀」が抜けて「酒匂《さかわ》」の名が記されていることと、10㎝高角砲の装備数が4門に変わったのを除けば、大きな変更点はないところから見て、終戦まで本型絡みの正確な情報は掴めずに終わったと見るべきだろう(ちなみに、この資料が発行された時点で、いまだ米海軍では「矢矧」の喪失が確定してなかったようで、同型艦名になお「矢矧」の名前がある)。

その中で本型は「本型以前の最後の軽巡である「夕張」の発展型というより、青葉型重巡の小型版として設計された」と見なされ、「元来8門搭載艦として計画されたと推測されるが、航空兵装か雷装の装備の都合で後部の砲塔1基が犠牲となった」とされている。防御面では、青葉型と同等の装甲防御と、より進化した水中防御を持つものと推定され、実艦より有力と見なされる点が興味深い。ただし総じての評価は、「現用の小型及び中型巡洋艦の中でも砲力が低い」「空母部隊の護衛艦としては、米のアトランタ級や英のダイドー級の方がはるかに有用」と、あまり芳しいものではなかった。

蛇足ながら、『ジェーン年鑑』1944-45年版では、「酒匂」と「大淀」を同型艦として掲載しており、排水量等の要目記載は米海軍資料に準ずるが、水線部/甲板部共に51㎜の装甲を持つとするとの独自記載もあった。ただし、15・5㎝砲6門搭載と書きつつ、添付図版が三連装3基となっているのは、先の「大淀」の情報を誤解したものと推察される。

軽巡洋艦「大淀」

先述のように、当初「大淀」は阿賀野型の改型と見られていたが、レイテ沖海戦以後の艦容の把握と、日本側情報の収集の進展もあって、1945年6月の「日本海軍（ONI-222J）」では、完全な別型扱いとして項目が分けられた。

同資料によれば、本艦は全長189m、幅17・1m、兵装として艦前部に15・5cm砲連装砲2基、舷側部に10cm連装高角砲4基を持ち、艦後部には紫雲もしくは瑞雲を4機搭載・運用可能な格納庫を含む航空艤装を持つ、基準排水量は1万トンに達する大艦で、37ノットを発揮可能な高速艦でもあると見なされるなど、これまた当たらずといえども遠からずの要目が記されている。

設計面では阿賀野型を元にしつつ、利根型重巡に類した形態での航空巡洋艦化が図られた艦と類推されており、その中で最上型が搭載していた15・5cm三連装砲塔の再利用や、新型水偵の運用のために他艦より大型のカタパルトを持つこと、防御配置は阿賀野型を元にすると思われるが、恐らく同型よりは重防御と類推されるなど、実態に沿った興味深い記載や推察もなされていた。だが、以前の伊勢型や利根型の記事で記したように、これらの艦と同様、後部に主砲火力を指向できないことが欠点と見なされている。

香取型練習巡洋艦

米海軍では1942年中に香取型の情報を取得しており、1943年春の資料では艦の規模は全長137・8m、全幅15mで、兵装として14cm連装砲2基、12・7cm連装高角砲1基、53・3cm連装発射管2基（ただし、図版では三連装型2基装備）を持ち、最高速力18ノットを発揮可能な基準排水量6000トンの艦として扱っている。

1944年7月の「日本海軍に関する統計的概要（ONI-222J）」でも記載に大きな変更は生じなかったが、「ディーゼル主機のみで14ノットでの航走が可能（実際は最大13・5〜14ノット程度）」と、何かしら日本側からの情報を得たと思われる記載がなされる一方で、甲板部に51㎜、砲塔に38㎜の装甲を持ち、水中防御は並といった防御面での過大評価など、各部に追記がなされている。以後、終戦まで本型の情報は概ねこのままとされた。

この時期、米海軍は本型を「第二線任務で使用される」練習巡洋艦（CL（T））であり、戦時の任務としては巡洋艦としての任務（護衛?）のほか、艦隊旗艦として使用されていると、概ね正確な情報を記している。その一方で1944‐45年版の『ジェーン年鑑』でも、「47㎜対空砲」という誤記を除けば、要目及び運用共に米海軍の認識と概ね変わらない情報が記されていた。

一方、例の「THE ENEMIES' FIGHTING SHIPS」では、本型は「元は練習艦と敷設艦を兼務する敷設巡洋艦」として整備され、現在は極東水域での護衛任務に従事しているという、誤解に基づく記載がなされている。

LIGHT CRUISERS

AGANO CLASS

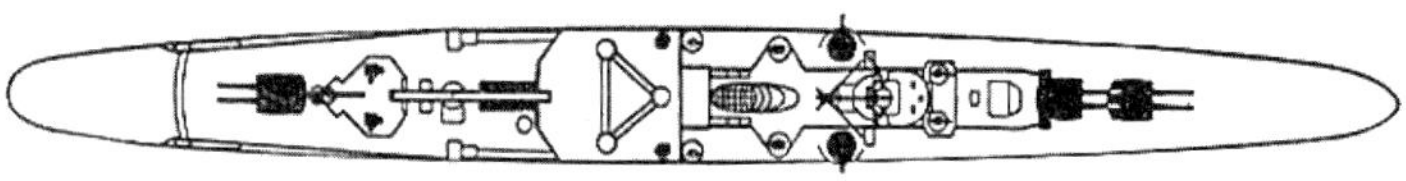

I. SHIP INFORMATION:

No.	Name	Be-gun	Comp	Mod	Off Men
CL21	AGANO	-----	/42	------	-----
CL22	OYODO	-----	42–43	------	-----
CL23	NOSHIRO	-----	42–43	------	-----
CL24	YAHAGI	-----	42–43	------	-----

II. HULL:

Displacement: 6,000 tons (stand.);
Length: 550′0″ (oa); --′--″ (   );
Beam: 49′6″;
Draft: --′--″ (mean) --′--″ (max.).

III. ARMAMENT:

No.	Cal.	Mark	Elev.	Range (yds.)	Ceil. (ft.)	Proj. Wt.
6	6″1/50	-----	45°	27.0	-----	------
2	3″9/	-----	85°	-----	-----	------
**14	25 mm or 40 mm.					
**4	24″ T. T. (quadruple mount) ----re-loads					

Speed------ Rge----
Mines: (?) ----D. Chgs.: Yes.
1 catapult; 2–3 scout observation planes.

IV. PROTECTION:

--″---″ Belt (amids.); --″---″ (ends);
--″ Upper Belt; --″ Second. Battery;
--″---″ Decks; --″---″ Bulkheads;
--″ Turret; --″ Barbette; --″ Shield;
W. T. Integrity: ------------------------------
Damage Contr.: ------------------------------
Splinter Prot.: ------------------------------

V. PROPULSION:

	Speed (knots)	Endur-ance	H. P.	R. P. M.
Designed:	30.-plus	--,---	--,---	----------
Full:	--.--	--,---	--,---	----------
Max. Sust:	--.--	--,---	--,---	----------
Cruising:	--.--	--,---	--,---	----------
Econ:	--.--	--,---	--,---	----------

Drive: Turbines, geared; Screws: ---
Fuel: Oil; Capacity: --,--- tons (max.).

VI. REMARKS:

*OYODO is believed to be a variation of this design, with two triple turrets forward, a centerline catapult and provision for aircraft stowage aft. See silhouette on page 12.

**Data on A. A. and T. T. are minimum figures.

1944年7月発行の「ONI-222J」に掲載された阿賀野型軽巡の頁。排水量6,000トン（実際は基準排水量6,651トン）、全長167.6m（実際は174.50m）、幅15.1m（実際は15.20m）との記載がなされている。兵装は15.5cm連装砲3基、10cm単装高角砲2門、61cm四連装発射管1基とされており、実際（15.2cm連装砲3基、8cm連装高角砲2基、61cm四連装発射管2基）と異なる面が見える。

JAPANESE NAVAL VESSELS

CL

同じく「ONI-222J」に掲載された軽巡のシルエット図で、川内型と阿賀野型、“阿賀野型の同型艦の航空巡洋艦型”とされた「大淀」が記載されている。

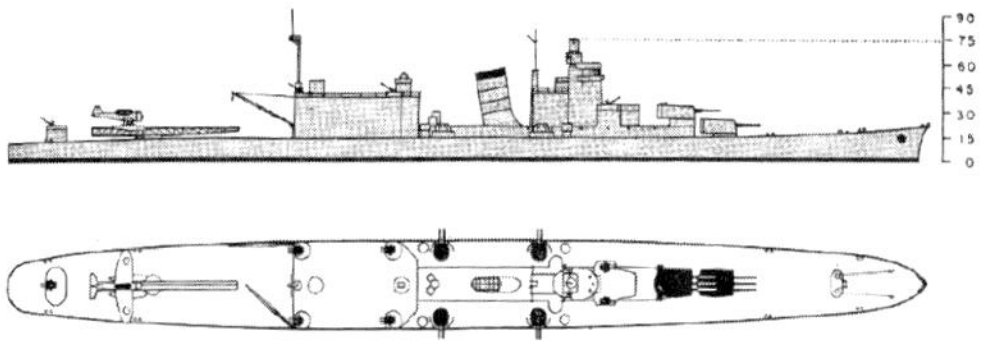

CL—Light Cruisers—OYODO

CL 22—OYODO

Completed—1942–43
Complement—776

Dimensions

Displacement: 10,000 tons (stand.).
Length: 615'–620' 0" (oa).
Beam: 56' 0".

Armament

No.	Cal	Mark	Elev.	Range (yds.)	Ceil. (ft.)	Proj. (lbs.)
*6	6.1"/50	....	45°	29,200	....	....
**8	3.9"	....	85°	....	....	....

16 25 mm AA in 4 triple and 2 twin mounts;
1 catapult;
4 NORM 11 planes (Shiun "Purple Cloud"); Type 14 scout observation planes.

Propulsion

Speed: 37 knots (max.).

Notes

*Carried in two triple mounts.
**Carried in four twin mounts.
Reported fitted with search radar, possibly fire-control radar and radar search receiver.
Originally believed to be a unit of AGANO Class.
Data provisional.

Remarks

In essence, this ship appears to be a modified AGANO Class light cruiser. Following the TONE pattern, her main battery is concentrated forward and the after portion of the ship is devoted to ship-borne aircraft. The tactical handicap imposed by lack of stern fire is even more accentuated in vessels of this type than in 8"-gun cruisers or capital ships. The main battery disposition in triple turrets may indicate utilization of the triple 6.1"-gun mounts originally fitted in the MOGAMI Class. Protection is presumably similar to that of the AGANO's, although main battery magazine armor may be heavier.

OYODO mounts a center-line catapult aft, which is larger than the standard cruiser catapult. It is believed that the type plane carried necessitates the use of the larger catapult.

1945年6月発行の「日本海軍」(ONI-222J)では、「大淀」は阿賀野型の同型艦でないとされ、別項目で記載がなされた。要目は基準排水量1万トン(実際は8,164トン)、全長189m(実際は192.00m)、幅17.1m(実際は16.60m)と実際とやや異なり、兵装は15.5cm連装砲2基(実際は同三連装2基)は異なるものの、10cm連装高角砲4基は正しい。水偵搭載数は4機(計画6機/連合艦隊旗艦改装後は2機)、速力37ノット(実際は計画35.0ノット/公試35.199ノット)との記載もなされている。

TRAINING CRUISERS

KATORI CLASS

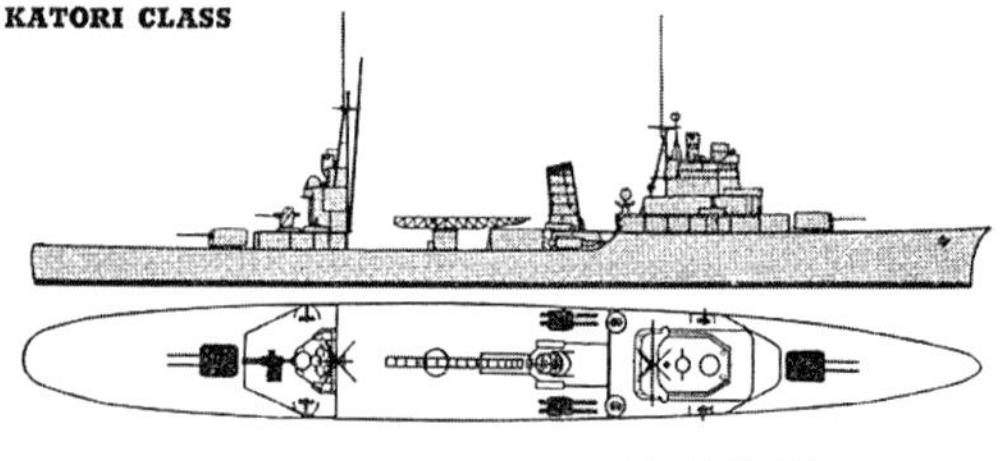

I. SHIP INFORMATION:

No.	Name	Begun	Comp.	Mod.	Off. Men
CL(T)1	KATORI	/38	4/40		
CL(T)2	KASHIMA	/38	5/40		
CL(T)3	KASHII	/38	/41		

II. HULL:

Displacement: 6,000 tons (stand.);
Length: 452' 0" (oa); 440' 0" (wl);
Beam: 49' 3";
Draft: ..'..." (mean) 19' 8" (max.).

III. ARMAMENT:

No.	Cal.	Mark	Elev.	Range (yds.)	Ceil. (ft.)	Proj. Wt.
4	5".5/50	.....	30°	20.7	.....	84#
2	5"/40	89	85°	15.26	33.0	63#

Director control for both batteries

.. .. mm;
4 21" T. T. (twin mounts) ..re-loads Speed.. Rge ....
*.. Mines ....;
1 catapult, 1 scout observation plane

IV. PROTECTION:

.."..." Belt (amids); .."..." (ends);
.." Upper Belt; .." Second. Battery;
2".." Decks; ..".." Bulkheads;
1.5" Turret; .." Barbette; 3/8" Shield;
W. T. Integrity: Fair.
Damage Contr.: ....
Splinter Prot.: Bridge, Control Stations.

V. PROPULSION:

	Speed (knots)	Endurance	H. P.	R. P. M.
Designed:	18.0	..,...	8,000	....
**Full:	.....	..,...	..,...	....
Max. Sust:	.....	..,...	..,...	....
Cruising:	.....	..,...	..,...	....
Econ:	.....	..,...	..,...	....

Drive: Geared Turbines; Screws: 2.
Fuel: Oil; Capacity: tons (max).

VI. REMARKS:

*Probably fitted for minelaying.
**Full speed may exceed 18 knots.
Reported to have Diesel cruising installation with 14 knots maximum speed.
Officially rated as "Training Ships" and so employed during peace time.
During the war have been used as cruisers and administrative flagships.

1944年7月発行の「ONI-222J」掲載の香取型。Trainingの意味するTが付与されたCL(T)の艦種記号が用いられているほか、「平時には練習巡洋艦、戦時には巡洋艦および艦隊旗艦となる」旨が記載された。要目では基準排水量6,000トン(実際は5,830トン)、全長137.8m(実際は133.50m)、幅15m(実際は16.7m)と記され、兵装は14cm連装砲2基、12.7cm連装高角砲1基、53.3cm連装発射管2基と正確なデータが載っている。

第四章

駆逐艦・その他小艦艇

Destroyer

ワシントン条約により主力艦の保有量で劣勢に立たされたことは、日本海軍の駆逐艦整備にも影響をもたらし、大型かつ重武装で個艦能力の高い特型（吹雪型）駆逐艦が設計・建造された。本型の登場は英米に衝撃をもって迎えられ、その戦備計画にも影響を及ぼしている。さらに日本海軍は、特型につらなる艦隊型駆逐艦を揃えて太平洋戦争へ突入した。本章ではこれら駆逐艦に加え、種々の小艦艇に関する英米側の評価等について解説する。

昭和11年（1936年）撮影の駆逐艦「潮」。特型（吹雪型）のうち、特Ⅱ型／綾波型と称される第二グループに分類される。

初出一覧

特型駆逐艦	ミリタリー・クラシックス VOL.70
初春型・白露型・陽炎型・夕雲型・「島風」	同　VOL.72
秋月型・松型・峯風型・神風型・睦月型駆逐艦	
甲型・乙型・丙型・丁型海防艦・敷設艦「沖島」	書き下ろし

特型駆逐艦

特型駆逐艦の登場とその衝撃

１９２０年代前半、日本海軍が「より大型で砲力を強化した駆逐艦を整備する見込み」という情報は英米にも伝わっていたが、その詳細は把握されていなかった。それだけに、海外では「吹雪型《ふぶき》」と紹介された特型駆逐艦の情報が伝えられた時には、各国海軍に大きな衝撃を与えた。

特型が竣工を始めた１９２８年に出された『ジェーン年鑑』を見ると、特型についての情報は、排水量は１７００トンと日本側の公表値が出されているが、船体長や船体幅、吃水等の情報は無い。兵装も12cm砲連装砲3基（6門）、53・3cm三連装魚雷発射管3基（9門）、機銃2挺と正しいものとは言えず、艦型図も兵装配置からして間違っているという状況であることから、この時期、海外では特型の詳細は判明していなかったことが窺える。

だが、この時点ですでに、各国の海軍ではこの日本の新鋭駆逐艦は、艦型図から優れた外洋航行能力を持つと予測された。さらに上構配置から射撃指揮装置の搭載が予測されたことで、要目上の砲装より、他国の駆逐艦に比べて砲力優位を持つことが予想されるなど、総じて同時期の他国の駆逐艦と比べて、一線を画する能力を持つ艦となると推測された。この新型駆逐艦の登場は日本を仮想敵とする英米の両海軍には大きな衝撃となり、これへの対処を検討する必要性を生じさせることにもなった。

ロンドン条約の締結と日本の大型駆逐艦への対処

特型駆逐艦の登場時期には、すでにワシントン条約で制限外とされた巡洋艦以下の艦艇の総量保有制限を設ける必要が各国で認められていたこともあり、1927年のジュネーブ軍縮会議を経て、1930年にはこれを定めたロンドン条約が英米日の三国で締結される。

同条約では駆逐艦の総保有枠は英米の10に対して日本は約7とされた。また、砲装上限を5・1インチ（13㎝）、排水量上限は1850トン（これは当時公表されていた特型の常備排水量でもある）とし、保有枠の16％は（嚮導《きょうどう》型扱いで）この排水量上限で建造可能とするが、それ以外の艦は基本1500トンを上限とするという個艦制限も設けられた。

同条約の締結時期には、英米でも特型駆逐艦のより詳細な情報が得られていたことが、1931年版の『ジェーン年鑑』の要目表がより正確な記載となっていたことからも窺える。それによれば、艦のサイズは全長112m、幅10・4m、吃水3・3m、排水量は基準排水量1700トン（満載1850トン）とされ、兵装は12・7㎝（何故か5・1インチ砲との記載もあるが）50口径砲6門（連装砲塔3基）、53・3㎝三連装魚雷発射管3基（9門）、対空機銃2挺、艦本式の汽缶とパーソンズ式のタービンを組み合わせた機関の出力は5万馬力で、最高速力は35ノットに達するとされている。また、これらの情報に合わせて、日本側からの公表写真を含めて、艦容が明確に分かる写真が少なからず入手できたこともあって、改めてこの日本の大型駆逐艦が、全海象下での良好な航洋性能を持ち、有力な砲装と射撃指揮機構の搭載により、英米の駆逐艦を上回る強大な火力を持つ艦であることが確実視された。

日本を仮想敵とする英米の両海軍では、「Heavy Destroyer」とも呼称されたこの日本の大型駆逐艦に対して、当然ながら対処を行う必要が生じた。このうち英海軍では、特型の対抗として、まず12㎝砲10門搭載の嚮導駆逐艦等が検討されていたが、これは同時期に対抗艦として考慮されていたフランスの大型駆逐艦に砲力で打ち負ける恐れがあるとされたため、排水量2570トンで14㎝砲5門を搭載する小型軽巡洋艦案が俎上《そじょう》に上がる。

だが1934年になると、最上型巡洋艦に対抗する大型巡洋艦の整備に注力する必要から、小型の嚮導型軽巡の整備は放棄されてしまい、改めて嚮導駆逐艦の検討が行われ、特型を上回る砲力を持つトライバル級駆逐艦として整備が実施されることになった。

一方、米海軍では、1932年以降に開始された新型駆逐艦の建造においては、日本の主砲6門艦に対抗可能な砲力付与が望まれており、その主力となる1500トン型では、12・7cm5門の搭載が望まれるとともに、1933年からは日本駆逐艦より砲力に勝る12・7cm砲8門装備の嚮導型駆逐艦の整備が並行して行われることになった。

だが、英米両海軍の嚮導駆逐艦整備は、「保有枠の16%」というロンドン条約の制限内で実施せざるを得ないため、特型に対抗可能な大型駆逐艦の整備は13隻が限度で、日本が保有していた嚮導型扱いの特型駆逐艦24隻に匹敵する兵力量を確保することができなかった（日本の特型駆逐艦の兵力量は、ロンドン条約下における駆逐艦の総保有排水量枠の38・7%にも達する！　なお、トライバル級が16隻整備となったのは、第二次ロンドン条約を日本が批准しなかったため、兵力拡大が可能となったことによる）。

そして同時に、他の英米の駆逐艦兵力の大半の艦は特型に砲力で劣るという問題を覆すこともできなかった（英艦は12cm砲4～5門。米の1500トン型の大半は12・7cm両用砲4門）。この結果、英米の両海軍では駆逐艦の火力劣勢が懸念され続けることになり、太平洋戦争時には深刻な問題として再燃することとなった。

特型駆逐艦の以後の評価

1936年米海軍発行の「日本艦艇識別帳」では従前の『ジェーン年鑑』の数値がそのまま記載されているように、特型の新規情報は中々掴めなかったようだが、1937年発行の『ジェーン年鑑』では、全長が113・2m、幅10・3m、吃水約3mと船体サイズが若干変更されたほか、汽缶の表記は艦本式4基とされ、以前は正しかった出力

基準排水量1,680トンの船体に12.7cm砲6門、61cm魚雷発射管9門を搭載した特型駆逐艦（吹雪型駆逐艦）。24隻が建造され（うち4番艦「深雪」は戦前に喪失）、太平洋戦争に投入されて米英海軍と脅威となった。昭和16年（1941年）10月下旬に撮影された第二十駆逐隊所属の特型駆逐艦で、左から「狭霧」「天霧」「朝霧」。

特型駆逐艦（新造時。括弧内は特Ⅲ型の諸元）
基準排水量:1,680トン、全長:118.0m（118.5m）、水線幅:10.4m、吃水:3.2m、主缶:ロ号艦本式重油専焼水管缶4基（3基）、主機:艦本式オールギヤードタービン2基/2軸、出力:50,000馬力、最大速力:38.0ノット、航続力:14ノットで4,500浬（同5,000浬）、兵装:12.7cm50口径連装砲3基、7.7mm単装機銃2基（12.7mm単装機銃2基）、61cm三連装魚雷発射管3基、乗員:219名（233名）

建造期間が長期にわたった吹雪型は建造途上で改正が加えられており、当初の吹雪型（特Ⅰ型）の主砲を、最大仰角を75度に上げたB型砲に換装した綾波型（特Ⅱ型）、艦橋を大型化、主缶に空気余熱器を採用して搭載数を4基から3基とした暁型（特Ⅲ型）に分類される。写真は1936年（昭和11年）3月24日、公試運転中の暁型「電（いなづま）」。

表記が4万馬力に変わるとともに、速力を34ノットとする改訂がなされている。この改訂された機関出力は明らかな誤値であったが、速力は第四艦隊事件後の大改正による排水量増大により、34ノット程度にまで低下していたため、逆に正しい表記となる皮肉が生じている（この他に『ジェーン年鑑』には、「響」が「日本で最初の鋲接不使用（全溶接構造）での建造艦」という明らかな誤解による記載もなされていた）。

この時期になると、『ジェーン年鑑』ではローマ字の表記を日本がヘボン式から訓令式に改めたことを受けて、「吹雪」の英文字表記が「Fubuki」から「Hubuki」に改められた。

また、特型各艦の外見的特徴に合わせて、同年版では（a）響型、（b）天霧型、（c）東雲《しののめ》型（1939年版以降はaとbが逆になった）に分類している。この、特型を外見別に三形式に分ける分類は、後に米海軍も追随して以後の識別帳等で使用するようになった。なお、「深雪《みゆき》」の喪失（1934年＝昭和9年6月に沈没）は、1936年発行の米海軍識別帳では記載が無く、1937年版の『ジェーン年鑑』には記載されていることから、1936～1937年（昭和11年～12年）時期に海外で一般に知られるようになったものと類推される。

以後、『ジェーン年鑑』では終戦まで特型の情報更新はなされておらず、開戦直後に米陸軍省が発行した「日本艦艇識別帳」でも、響型、天霧型、東雲型各型の情報として、従前の『ジェーン年鑑』と同じものが記されていることから、米軍でも太平洋戦争の開戦時までは特型に関する情報を得られていなかったものと推察される。

太平洋戦争の開戦後になると、米海軍は日本の大型駆逐艦と交戦した自軍の駆逐艦から、強大な砲力と雷装を持つ日本の大型駆逐艦との戦闘では、「四本煙突型（駆逐艦）では相手にならない」「1500トン型でも砲力を含めて、戦闘能力は日本の大型駆逐艦に大きく劣っている」等の悲鳴とも言うべき戦訓報告を受け取ることになる（ちなみに英海軍でも、太平洋戦争初期の海戦での戦訓で、駆逐艦の砲力劣勢を認めている)。

仇敵たる特型駆逐艦の情報収集は確実に進むようになり、1942年10月発行の識別帳(ONI41-42)では、新たな情報を含めて吹雪型に属する三型についての情報が記載された。それによれば、兵装は旧来の情報と同様だが、搭載する砲塔は高角対応がなされていて仰角85度を取ることが可能と記され(A型砲塔は元より、B型砲塔としても過大だが)、爆雷の搭載数は14発という情報が付与された。機関関係も旧来と同じ情報が記されるとともに、従前は400トン台から500トンまで各種あった燃料搭載量が500トンに統一され、航続力は15ノットで4700浬、34ノットで1100浬と、巡航航続力は過大だが、そう外れてもいない数値が付されるようになっていた。

この後、さらに要目の精査が行われ、1944年7月発行の「日本海軍に関する統計的情報一覧(ONI-222J)」に記載された吹雪型の情報は、艦のサイズ等は排水量が基準1800トンとなった以外は特に変化ないが、兵装面では砲装が高角化がなされているという情報は誤りとされたようで、砲塔の最大仰角が45度に改められた。また、対空機銃の装備も改められて25㎜機銃4挺とされたのに加え、日本海軍の61㎝魚雷の存在が確認されたことを受けて、雷装が61㎝三連装魚雷発射管装備とされるなど、より実艦に近い情報が記されている。機関関係は燃料搭載量が450トンに減少する一方で、航続力は15ノットで6000浬、31ノットで1420浬と、巡航状態での航続力の過大評価がさらに進んだ格好となった。

なお、この時期の米の駆逐艦乗りによる特型を含む日本の大型駆逐艦の評価は、米側の装備と戦術の改善もあって、以前のように手も足も出ないというようなことはなく、充分に勝てる相手と考えられるようにはなっていたが、なお強敵であると認識されてもいた。

特型駆逐艦に対する最終的な評価

米海軍の特型に関する最終的な評価は、194

5年6月発行の「日本海軍（ONI-222J）」の吹雪型の項目で記されている。これに記載された要目は、1944年7月の資料から特に変わっていないが、対空火力増備のために二番砲を外した状態の艦容を示した図が掲載され、その状態での兵装が12・7㎝連装砲塔2基、25㎜機銃7挺、13㎜機銃2挺、61㎝三連装魚雷発射管3基であるなどの追加情報が記されている。

この資料で特筆すべきは、艦についての解説部分で、これによれば「吹雪型は日本駆逐艦建造の転換点となった艦」であると共に、「初の近代的な艦隊型駆逐艦と言える本型の設計は、連装砲塔の採用、シールド付きの発射管装備、背の高い全金属製の艦橋の採用をはじめとして、同世代の全世界の駆逐艦設計を牽引したとも言える」ものとされた。また、「その竣工後にイタリア、英国、フランス、そして米国の駆逐艦設計と建造に影響を与えた」という賛辞が記されている点も注目すべきである。

それに続いて、「日本の駆逐艦で最も強力な12・7㎝砲装を搭載した艦」で、「(以前の駆逐艦と異なり）長い船首楼を復活させた」こと、「以後の日本駆逐艦は、一型式を除いた全型が本型の設計を元にしている」ことなども示されており、これらの記載は特型が軍艦史の中で「竣工時期の常識を破る革新的な設計がなされた高性能駆逐艦」として、当時から海外で高い評価を受けていたことを示すものと言える。

戦後はこの米側の評価ほどではないとも言えるが、海外でも特型が技術面において、軍艦史上で特筆すべき艦であると見なされている。一方、戦闘能力では「対空能力や対潜能力が低い」面もあって、太平洋戦争の激烈な海空戦で戦うには不向きな面もあると見なされることもあるが、太平洋戦争初期に英米の駆逐艦では対抗困難とも言われたように、有力な水上戦闘能力を持つ艦であるという評価は変わりなく、太平洋戦争中期までの水上戦闘で大きな戦績を残した艦でもあると認識されている。

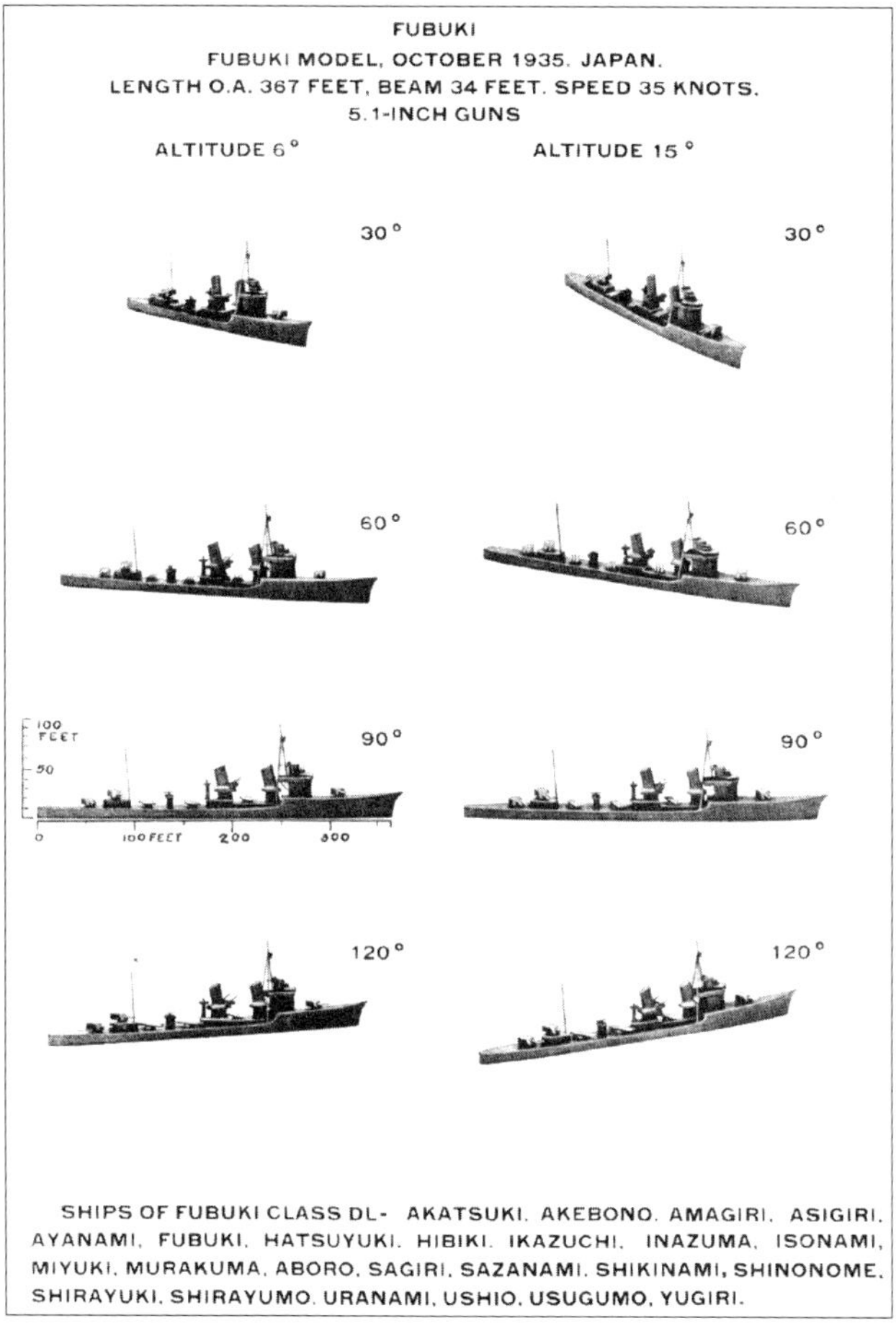

1936年・米海軍発行「日本艦艇識別帳」の吹雪型の記載。艦容は概ね把握されており、強力な火力と高い航走能力は脅威と捉えられていた。なお、同型艦リストには昭和9年（1934年）6月29日に沈没した「深雪（MIYUKI）」の名前が見える。

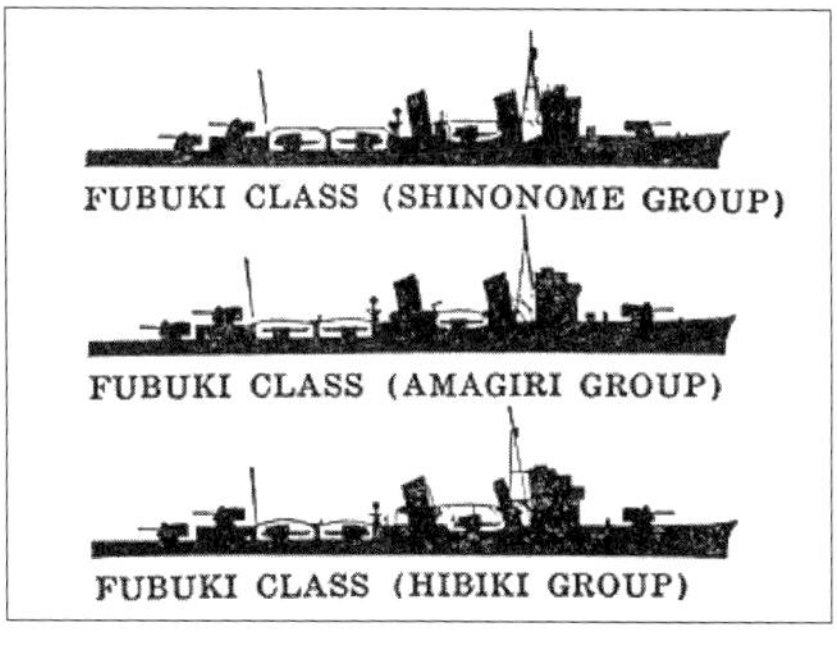

吹雪型各タイプの識別用シルエット図。東雲型（SHINONOME GROUP）、天霧型（AMAGIRI GROUP）、響型（HIBIKI GROUP）に分けられ、特Ⅱ型＝天霧型での主砲塔換装やお椀型缶室吸気口の採用、特Ⅲ型＝響型の大型化した艦橋、細くなった前部煙突が反映されている。

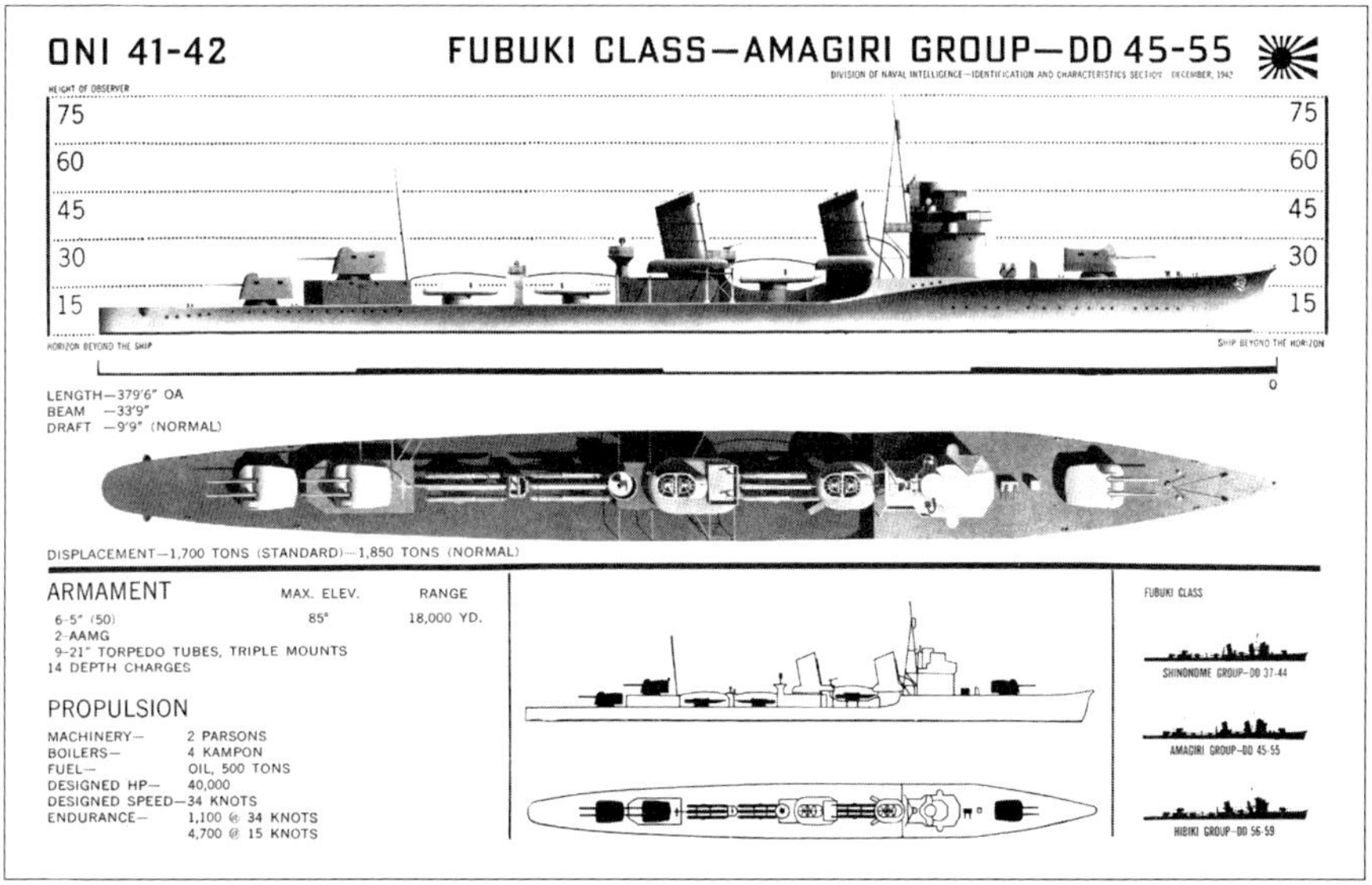

ONI 41-42

FUBUKI CLASS—AMAGIRI GROUP—DD 45-55

DIVISION OF NAVAL INTELLIGENCE—IDENTIFICATION AND CHARACTERISTICS SECTION DECEMBER, 1942

LENGTH—379'6" OA
BEAM —33'9"
DRAFT —9'9" (NORMAL)

DISPLACEMENT—1,700 TONS (STANDARD)—1,850 TONS (NORMAL)

ARMAMENT

	MAX. ELEV.	RANGE
6-5" (50)	85°	18,000 YD.
2-AAMG		
9-21" TORPEDO TUBES, TRIPLE MOUNTS		
14 DEPTH CHARGES		

PROPULSION

MACHINERY— 2 PARSONS
BOILERS— 4 KAMPON
FUEL— OIL, 500 TONS
DESIGNED HP— 40,000
DESIGNED SPEED—34 KNOTS
ENDURANCE— 1,100 @ 34 KNOTS
4,700 @ 15 KNOTS

1942年10月発行、「日本艦艇識別帳」(ONI41-42)の吹雪型の頁。5インチ (12.7㎝)50口径砲の最大仰角 (MAX ELVE.)85度とされているが、実際は特I型のA型砲塔が40度、特II型から採用されたB型砲塔が75度だった。

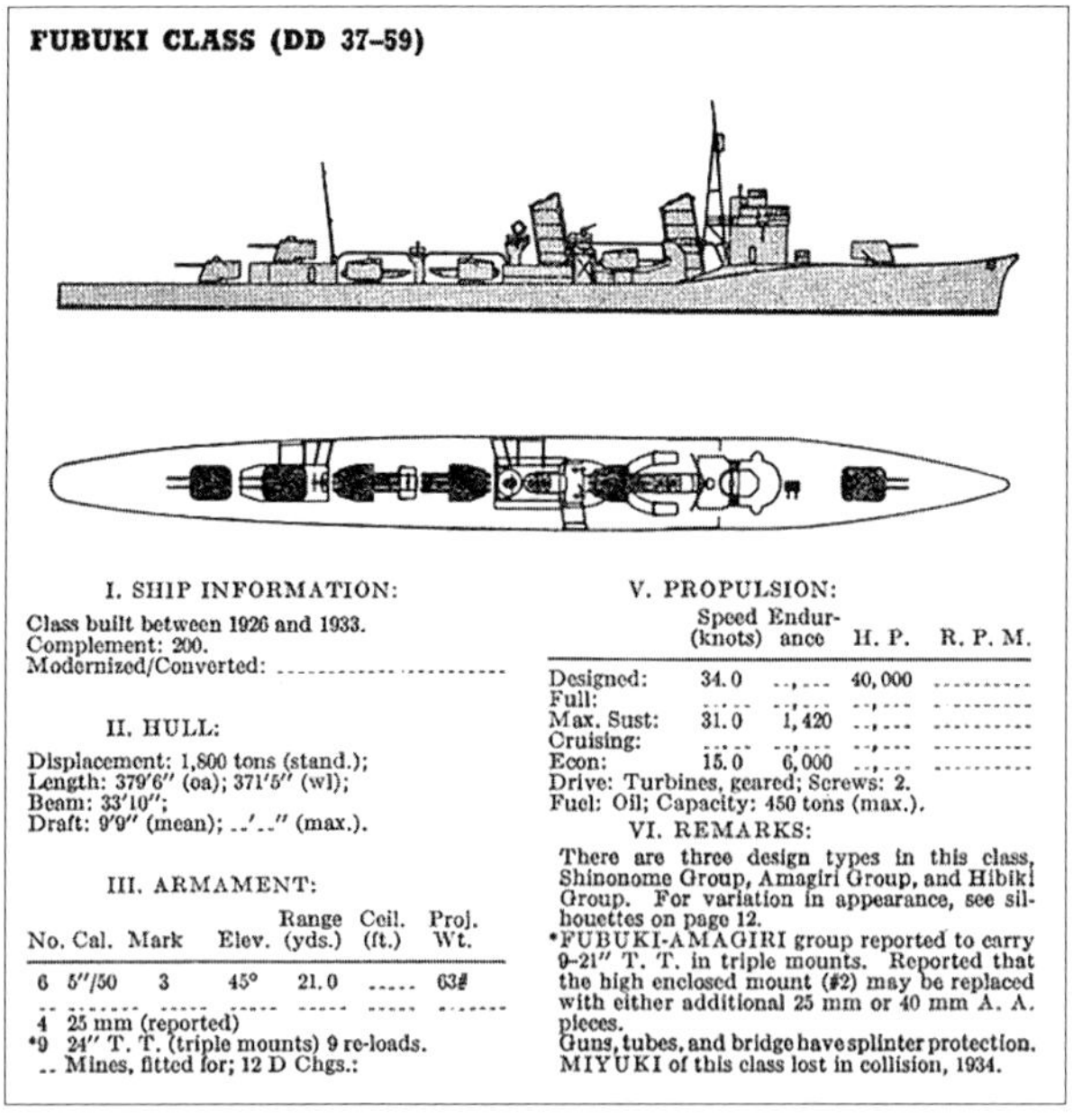

FUBUKI CLASS (DD 37-59)

I. SHIP INFORMATION:

Class built between 1926 and 1933.
Complement: 200.
Modernized/Converted: ______________________

II. HULL:

Displacement: 1,800 tons (stand.);
Length: 379'6" (oa); 371'5" (wl);
Beam: 33'10";
Draft: 9'9" (mean); ..'..'' (max.).

III. ARMAMENT:

No.	Cal.	Mark	Elev.	Range (yds.)	Ceil. (ft.)	Proj. Wt.
6	5"/50	3	45°	21.0	.....	63#
..	....	.....	.....	.....	.....	....
4	25 mm (reported)					
*9	24" T. T. (triple mounts) 9 re-loads.					
..	Mines, fitted for; 12 D Chgs.:					

V. PROPULSION:

	Speed (knots)	Endurance	H. P.	R. P. M.
Designed:	34.0	..,...	40,000	....
Full:	.....	..,...	..,...	....
Max. Sust:	31.0	1,420	..,...	....
Cruising:	.....	..,...	..,...	....
Econ:	15.0	6,000	..,...	....

Drive: Turbines, geared; Screws: 2.
Fuel: Oil; Capacity: 450 tons (max.).

VI. REMARKS:

There are three design types in this class, Shinonome Group, Amagiri Group, and Hibiki Group. For variation in appearance, see silhouettes on page 12.
*FUBUKI-AMAGIRI group reported to carry 9-21" T. T. in triple mounts. Reported that the high enclosed mount (#2) may be replaced with either additional 25 mm or 40 mm A. A. pieces.
Guns, tubes, and bridge have splinter protection.
MIYUKI of this class lost in collision, 1934.

1944年7月発行「日本海軍に関する統計的情報一覧」(ONI-222J)の吹雪型の頁。本型の機関出力/速力表記は1930年代当初、5万hp/35ノットとされていたが、1937年以降には4万hp/34ノットに改訂され、その状態が続いていた。実艦は5万hp/37～38ノットだったが、第四艦隊事件後の改装により34ノット程度に速力が低下した(「電」の場合、37.5ノットから34.5ノットへ低下)ことから、誤記が実状に合致する結果となっている。

DD—Destroyers

FUBUKI Class

Class built between 1926 and 1933
Complement—228

AMAGIRI GROUP

DD 52　Ushio

HIBIKI GROUP

DD 56　Hibiki

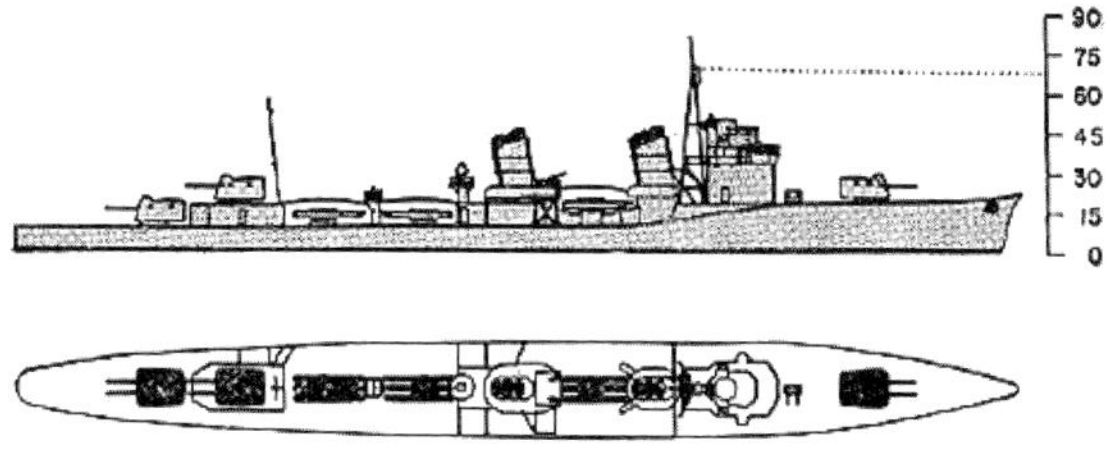

Dimensions

Displacement: 1,800 tons (stand.).
Length: 392′ 0″ (oa); 376′ 6″ (wl).
Beam: 34′ 8″.
Draft: 9′ 9″ (mean); 10′ 8″ (max.).

Armament

No.	Cal.	Mark	Elev.	Range (yds.)	Ceil. (ft.)	Proj. (lbs.)
6	5″/50	3	45°	21,000	......	63
....	....	......	.....	......	....	....

4 25 mm (reported);
9 24″ TT (triple mounts); 9 reloads;
.. Mines, fitted for; 12 depth charges.

Propulsion

	Speed (knots)	Endurance (miles)	HP	RPM
Designed:	34.0	......	40,000	....
Full:	......	......	......	....
Max. Sust.:	31.0	1,420	......	....
Cruising:	......	......	......	....
Economical:	15.0	6,000	......	....

Drive: Turbines, geared; Screws: 2.
Fuel: Oil; Capacity: 450 tons (max.).

Notes

There are two design types in this class: Amagiri Group and Hibiki Group.

AMAGIRI (Refit)

One unit of Amagiri Group was photographed after refit in November 1943. The armament changes for this unit are listed below.

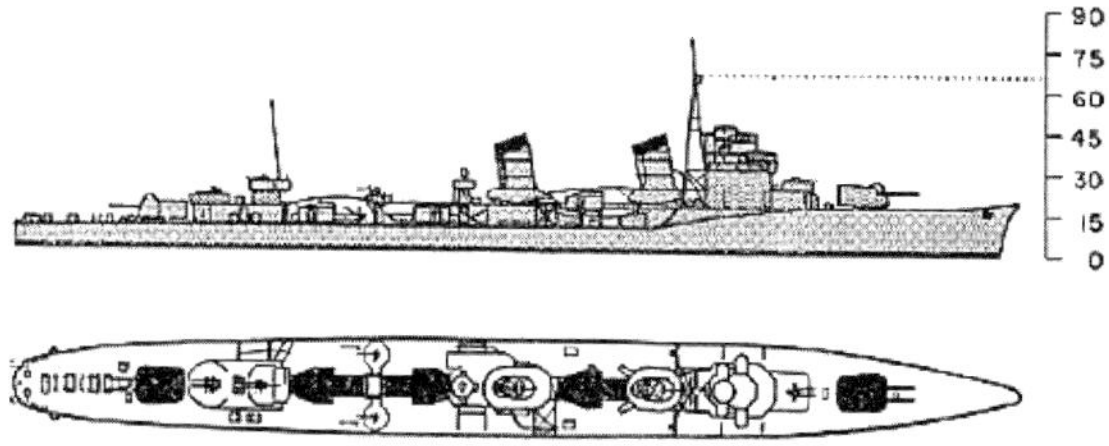

AMAGIRI REFIT

Armament

No.	Cal.	Mk.	Elev.	Range (yds.)	Ceil. (ft.)	Proj. (lbs.)
4	5″/50	3	45°	21,000	..	63

*7 25 mm AAMG;
2 13 mm AAMG (singles);
9 24″ TT (triple mounts).

*In two twin mounts and one triple mount. (triple mount may be 40-mm).

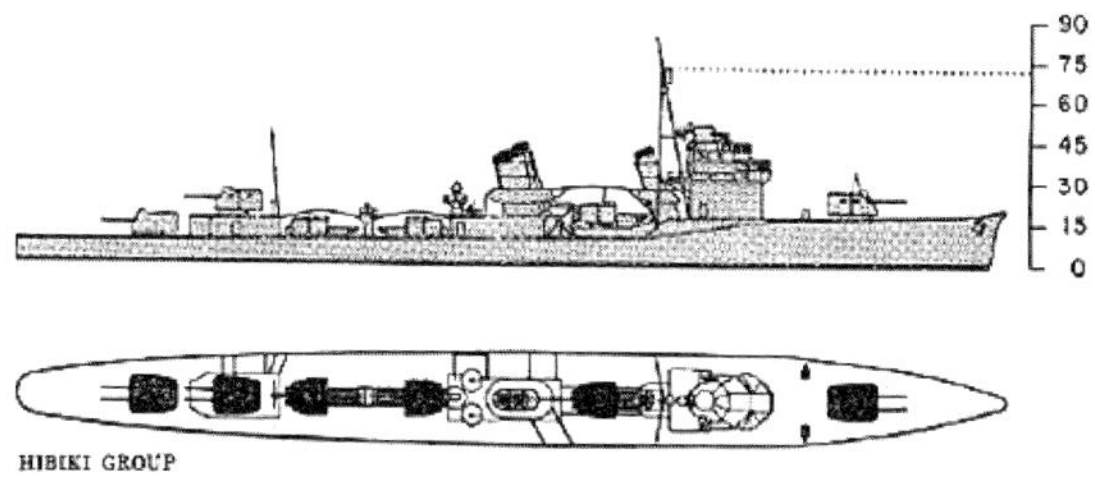

HIBIKI GROUP

1945年6月発行「日本海軍」(ONI-222J)に掲載された吹雪型の情報。「天霧型」の図では二番主砲塔が撤去され、対空機銃が25mm機銃7基（三連装1基、連装2基）、13mm単装機銃2基に増備されたとしている。なお、実艦の機銃数は「潮」(最終時)を例に取ると、25mm機銃21挺（三連装4基、連装1基、単装7基）、13mm単装機銃6挺であった。

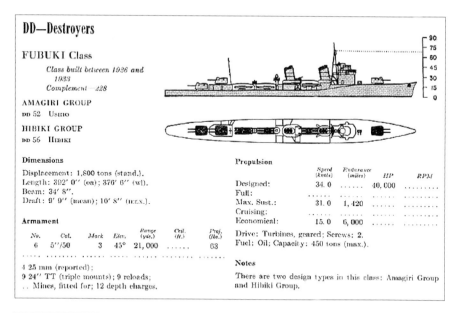

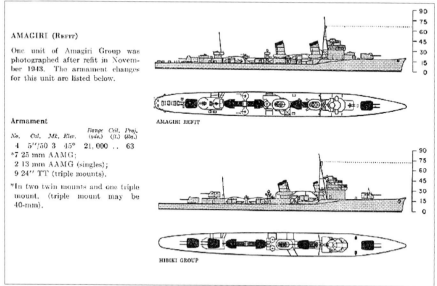

初春型・白露型・陽炎型・夕雲型・「島風」

初春型と「時雨《しぐれ》型」（白露型）

1932～1933年頃、日本海軍がロンドン条約の制限下で、特型駆逐艦に続く新型駆逐艦の整備を進めていることは、各国で周知の事実になっており、1933年版の『ジェーン海軍年鑑』でも、当時海外で「有明型」と呼称されていた新型駆逐艦の情報を報じている。

だが、革新的な特型駆逐艦の後となる艦として、各国から注目を集めていたこの艦については、日本側から竣工後に初春型の脚色した要目と竣工時の公表写真が出るまで得られなかったようで、先の『ジェーン年鑑』でも、排水量1378トン、全長103m、幅9・9mで速力34ノットという要目以外は、兵装を含めて情報は記されていない。

初春型の登場後、日本の公式情報に接した英米の両海軍では、当初出された要目の排水量1368トンに対して、砲塔型式の12・7cm砲5門と53・3cm三連装魚雷発射管3基搭載という、排水量に比しての強兵装ぶりに驚くことになったが、同時に米英両海軍の造船官からは、直ちに「これは明らかに復原性に問題を抱えている艦だ」という評が出ている。果たせるかな、1934年（昭和9年）4月に水雷艇「友鶴」が転覆したことを受けて、初春型が性能改善工事の対象となったとの報が伝えられたことと、改装後に以前とは大きく変化した本型の写真が出されたことで、その予測が当たっていたことが米英の両海軍で認識された。

ちなみに、初春型が「復原性不良で設計を改めた」ことは、1937年版の『ジェーン年鑑』において、初春型の項目で「水雷艇『友鶴』の転覆を受けて改装が実施され、主砲配置の変更および雷装の減少が図られた」旨が特記されていたように、海外では一般的に報じられている。そして、この設計に起因する日本艦艇の醜態が伝えられたことは、太平洋戦争の開戦前に、米英海軍の水兵が日本艦艇の実力を下に見る大きな要因の一つに数えられることともなった。

１９３７年になると、初春型への改正を当初から織り込んだ改正型で、魚雷発射管を53・３㎝三連装発射管２基から四連装型２基として雷装を強化した白露型（米英での呼称は「時雨型」が一般的）も、海外でその姿が知られるようになっていた。

その出自もあって艦の規模と性能が近い初春型と白露型は、海外では準同型艦扱いされることも多かった。１９３７年版の『ジェーン年鑑』では、両型は全長１０２・９ｍ（初春型）／１０２・２ｍ（時雨型）、幅９・９ｍ（初春型）／９・６ｍ（時雨型）と船体サイズには若干の差異があるとされるが、基準排水量は共に１４００トンで、機関出力は初春型が３万７０００馬力、時雨型が３万８０００馬力と若干の相違があるが、速力は34ノットで変わらないとされた。兵装面も、共に両用砲化された可能性がある砲塔型式の12・７㎝砲５門を持つが、雷装は前者が53・３㎝三連装発射管２基で、後者は四連装２基に強化されたという相違があるとされている。

このような要目を見た戦前の米海軍では、両型は紙面上の砲数と雷装は他国の駆逐艦と同等程度だが、砲塔砲の装備と特型駆逐艦に類する射撃指揮装置を持つだけに、強大な対水上火力と有用な対空火力を併せ持つ艦ではないかと推測しており、これは米海軍が同格となる一連の１５００トン型に５インチ（12・７㎝）砲５門を何とか搭載しようと努力をする大きな理由ともなった。

ただ、米海軍も両型について『ジェーン年鑑』以上の情報は特に持たなかったのか、太平洋戦争の開戦当初に出された独自の識別資料では、なぜか一番古い『ジェーン年鑑』の情報を元に両型のデータと艦型図を掲載するという椿事も生じた。

開戦後も米海軍では両型に関する詳細な情報は掴めなかったようで、１９４４年７月20日発行の「日本海軍に関する統計情報」（ＯＮＩ‐

222J）でも、基準排水量1400トン、全長104・8m（初春型）／104m（時雨型）、幅9・9m（初春型）／9・7m（時雨型）等、速力の34ノット表記を含めて、相変わらず正確とは言い難い要目の数値が並んでいる。

兵装面では、搭載する12・7cm砲には基本的に高角砲としての能力はないという正確な情報も記載された。一方、雷装については、酸素魚雷の存在が認識されたことを受け、「時雨型」の2基装備の四連装発射管を61cm型に記載を改め、「日本の駆逐艦で最初に61cm（24インチ）魚雷を搭載された」ものとして、それに合わせて初春型でも旧来の53・3cm三連装発射管を61cm四連装発射管2基に換装したという誤解が生じている。また、この初春型の兵装改正により、以後、この両型は「初春−時雨型」として、同一型式扱いともなった。

同型扱いとなった時期、これらの要目と戦時中の戦闘報告により、両型は「米の1500トン型と同等以上の砲力と、米英の駆逐艦を凌駕する強大な雷装を持つ」水上戦闘能力の高い型式であると評される一方で、他の日本駆逐艦の同様に、対空戦闘能力と対潜戦闘能力の低い艦とも見なされるようになっており、この評価は以後、終戦まで変わらなかった。

朝潮型と陽炎《かげろう》型

朝潮型駆逐艦は当初、白露型と同様の中型駆逐艦として計画されたが、最終的に条約失効を見越して、特型駆逐艦と同様の大型駆逐艦として整備された。

本型について海外では、実艦が竣工しはじめた1937年の時点で、先の「中型駆逐艦」という情報に基づいた要目が伝えられている。その内容は、基準排水量1500トン、全長108・5m、幅10・2mと、初春型／「時雨型」より若干大型で、兵装は12・7cm砲6門、53・3cm四連装魚雷発射管2基と一層の強化を図りつつ、機関を3万9000馬力と若干強化して速力34ノットを維持するというものであった。

だが、朝潮型の写真が公表されると、その艦容

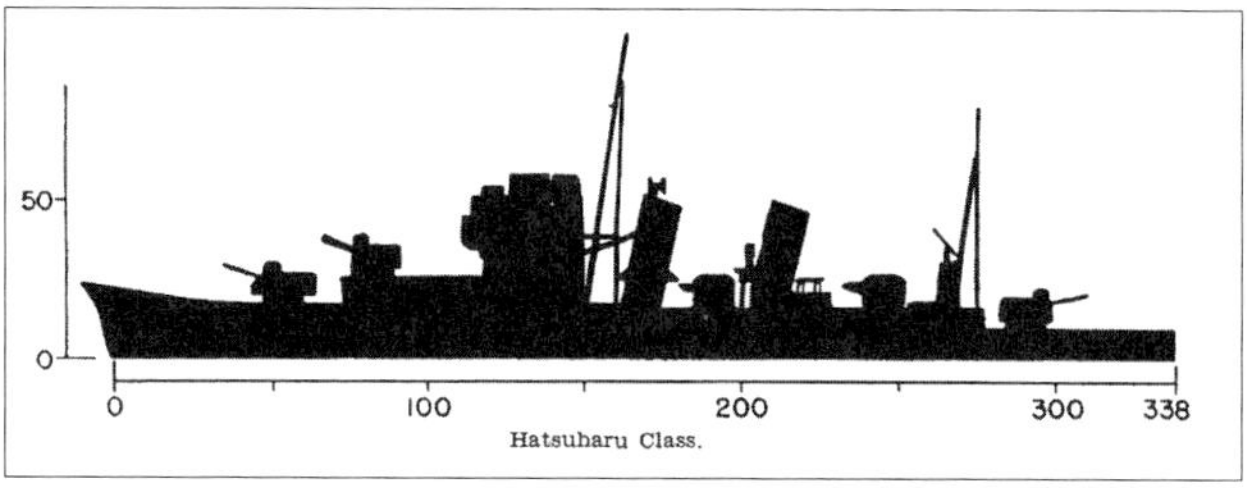

HATSUHARU
NENOHI
HATSUSHIMO
WAKABA
ARIAKE
YUGURE

Description: Displacement: 1,368 tons.
Length: 338 feet.
Beam: 33 feet.
Draft: 8¾ feet (mean).
Speed: 34 knots.
Guns: 5—5-inch dual purpose.
2—AA machine guns.
Torpedo tubes: 6—21-inch.

戦前の艦艇識別帳に見られる初春型のシルエット図および諸元表。実際の初春型は、基準排水量1,400トン、全長109.5m、幅10m、速力36.5ノット。兵装は12.7cm連装砲2基+単装砲1基（計5門）、61cm三連装魚雷発射管3基9門である（改装前）。

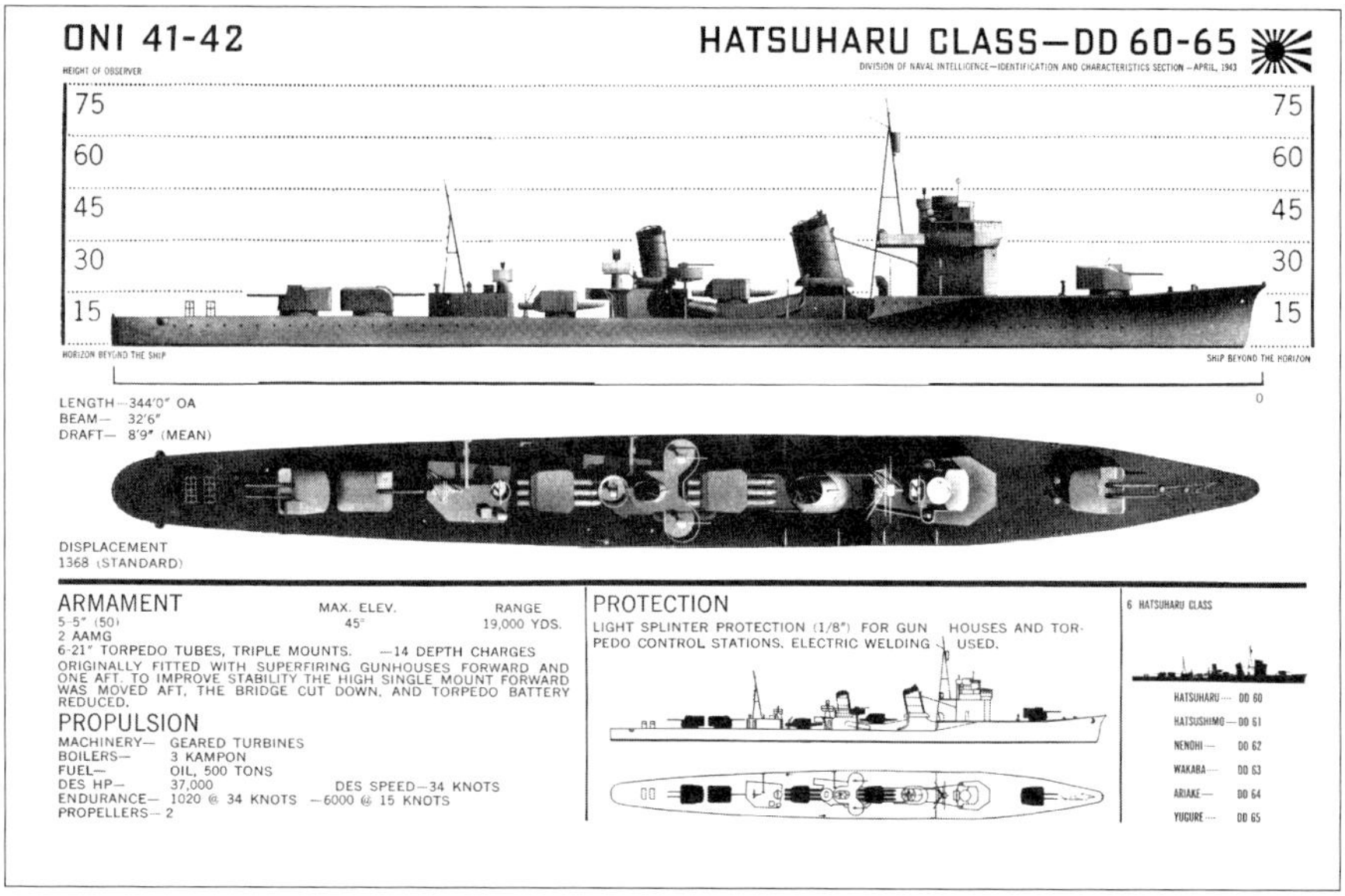

太平洋戦争初期の艦艇識別帳『ONI 41-42』の初春型の艦型図。実際の初春型は復原性改良工事を経て、基準排水量約1,700トン、速力33.27ノット（いずれも「子日」）、兵装は12.7cm連装砲2基+単装砲1基（計5門）、61cm三連装魚雷発射管2基6門となった。

を見た米英側で、朝潮型は「時雨型」から発展した艦だが、より大型で、特型駆逐艦と同等の兵装と排水量を持つ艦ではないかという疑惑が生じるようになる。

実際、1939年度の『ジェーン海軍年鑑』では、朝潮型の要目は以前と同様だったものの、朝潮型に続いて整備されることが報じられており、朝潮型の準同型艦ではないかと予測された陽炎型について、以下のような大型駆逐艦としての要目が記載されている。すなわち、基準排水量2000トン、全長110m、朝潮型と同等の兵装を積み、一層の機関強化を図って（4万5000馬力）、速力36ノットを発揮するというものだった。なお、『ジェーン年鑑』1941年版では陽炎型について、これに加えて幅が10・7mという情報と、「写真募集」としつつ、「艦容は朝潮型に似ている」との追加表記がなされた。

米海軍はこの陽炎型の情報を未確認情報として扱ったのか、1941年12月10日に出した日本艦艇識別帳である「日本海軍艦艇（FM30-58）」では、陽炎型を朝潮型の同型艦として扱い、その要目も、以前の朝潮型の公表値をそのまま使用している。

一方で、1939年に整備を検討していた米の新型駆逐艦では、未確認の陽炎型の数値を参考としつつ、朝潮型や陽炎型が特型駆逐艦に相当する兵装と性能を持つことを前提として、その検討作業が行われている。その中で、陽炎型に対抗する新型駆逐艦とするには、以前の1500トン型では達成できなかった兵装と速力の要求を両立させる必要があるとして、大型駆逐艦の計画が容認されることになり、これがフレッチャー級以降の「大型艦隊型駆逐艦」の整備に繋がることにもなった。

なお、開戦年の1941年に刊行された『米国海軍の艦艇と航空機』の第2版で、「フレッチャー級は陽炎型への回答となる大型駆逐艦」として紹介されたように、この米海軍の大型駆逐艦整備が日本の朝潮型／陽炎型の対抗であることは、当時から内外で一般的に認識されていた。

開戦後、連合国側では、朝潮型と、その略同型

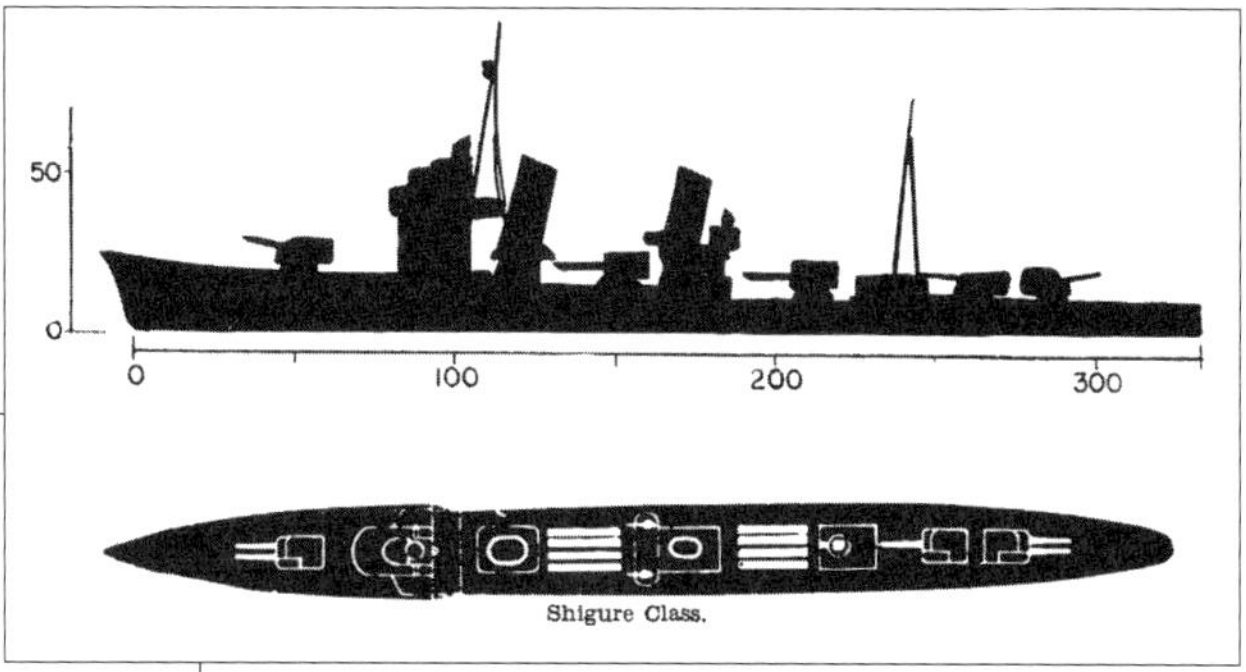

SHIGURE
SHIRATSUYU
MURASAME
YUDACHI
HARUSAME
SAMIDARE
YAMAKAZE
SUZUKAZE
KAWAKAZE
UMIKAZE

Description: Displacement: 1,368 tons.
Length: 335.5 feet.
Beam: 31.75 feet.
Draft: 9.25 feet (mean).
Speed: 34 knots.
Guns: 5—5-inch dual purpose.
2—AA machine guns.
Torpedo tubes: 8—21-inch (quadrupled).

戦前の艦艇識別帳に見られる、米側呼称「時雨型」のシルエット図および諸元表。実際の白露型は、基準排水量1,685トン、全長110m、幅9.9m、速力34ノット。兵装は12.7cm連装砲2基＋単装砲1基（計5門）、61cm四連装魚雷発射管2基8門である。

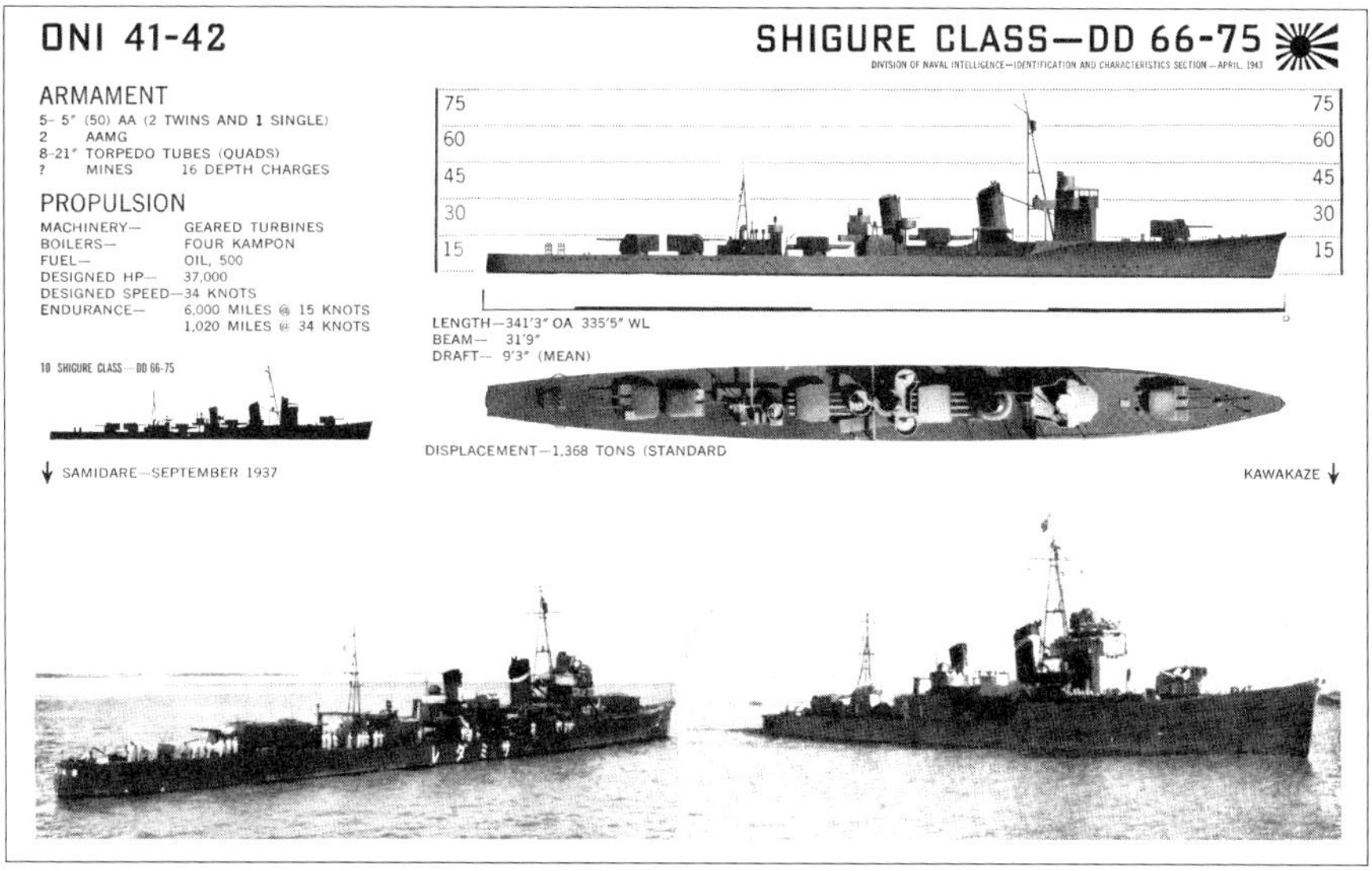

艦艇識別帳『ONI 41-42』に掲載された「時雨型」の艦型図。12.7cm砲5門を搭載する初春型・「時雨型」（白露型）の存在により、米海軍は同時期に計画・建造していた1,500トン級駆逐艦（ベンソン級・グリーブス級）に5インチ＝12.7cm砲5門を搭載するなど、その戦備に影響を与えている。

と見なされた陽炎型は、特型駆逐艦と共に日本の大型駆逐艦の代名詞として扱われた。１９４２年末以降、米海軍では、この要目が類似した両型を「朝潮－陽炎型」として同一型扱いとするようにもなり、以後、終戦までこの扱いが続いた。

１９４４年7月20日発行の「日本海軍に関する統計情報」の中では、両型は排水量こそ実艦より小型だが（基準排水量１６５０トン）、開戦後の情報取得により「時雨型」と同様に61㎝四連装魚雷発射管2基を搭載することが確定したことから、兵装面ではほぼ実艦通りの記載内容となった。速力も計画34ノット（出力3万８０００馬力）、最大機関出力5万４８００馬力で最大速力35・８ノットと、実艦により近い要目表記がなされるようになっており、以後、終戦まで「朝潮－陽炎型」の要目には特に変化は生じなかった。

また、１９４５年6月発行の「日本海軍（ＯＮＩ－２２２Ｊ）」では、「初春型および白露型に似ているが、砲装を『吹雪型』と同様とした」ことや、「後部の高位置にある砲塔（二番砲塔）は対空機銃に置き換えられた」等の正確な追加情報が加えられた。

ちなみに、両型の能力は戦時中を通じて、ほぼ同様の兵装を持つ特型駆逐艦と同様と見なされており、戦争末期には強大な水上戦闘能力を持つ一方で、対空／対潜能力に難があると評価されていたのも同様だった。

夕雲型と「島風」

１９４４年12月発行の識別帳において、竣工時期が１９４４年以降とされたことが示すように、連合軍側で夕雲型（米軍呼称では「高波型」）の存在が知られたのは、秋月型より遅い１９４４年以降のことだった。「高波型」は１９４４年7月20日に出された「日本海軍に関する統計情報」の表記が示すように、基本的に「朝潮－陽炎型」の拡大改良型として扱われており、その要目は基準排水量２０００トン、全長１１６・４ｍ、幅10・4ｍで、機関出力は4万５０００馬力、速力36ノットと実艦に近く、兵装も61㎝四連装魚雷発射管

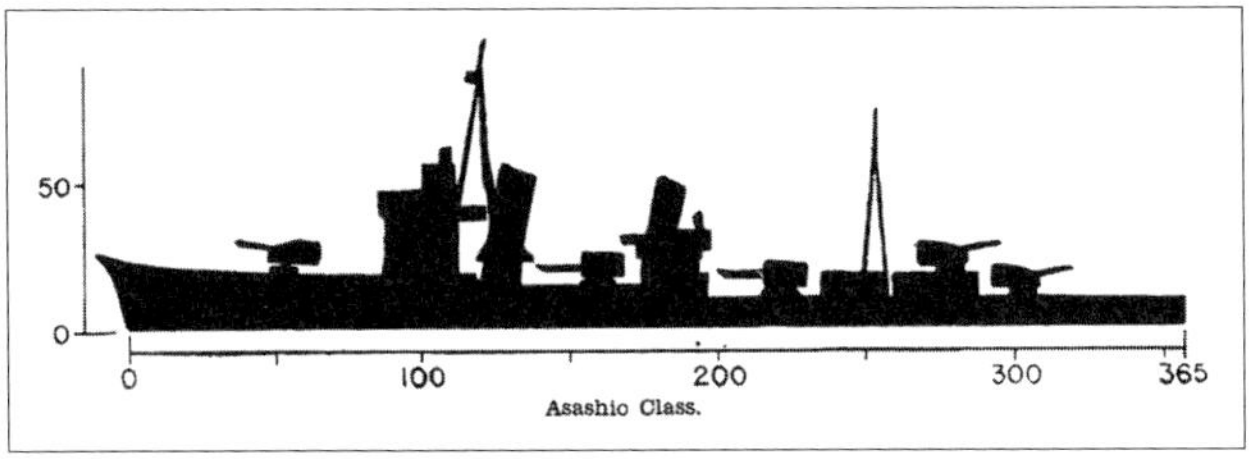

ASASHIO	NATSUGUMO	HATSUKAZE
ARASHIO	KASUMI	NATSUSHIO
OSHIO	ARARE	YUKIKAZE
MICHISHIO	KAGERO	ISOKAZE
ASAGUMO	SHIRANUHI	HAYASHIO
YAMAGUMO	KUROSHIO	AMATSUKAZE
MINEGUMO	OYASHIO	TOKITSUKAZE

Description: Displacement: 1,500 tons.
Length: 356 feet.
Beam: 33 feet.
Draft: 9 feet.
Speed: 34 knots.
Guns: 6—5-inch dual purpose (paired).
2—AA machine guns.
Torpedo tubes: 8—21-inch (quadrupled).

戦前の艦艇識別帳に掲載された、朝潮型のシルエット図と諸元表。実際の朝潮型は、基準排水量2,000トン、全長118m、幅10.4m、速力35.0ノット（機関出力は5万馬力）。兵装は12.7cm連装砲3基6門、61cm四連装魚雷発射管2基8門であった。

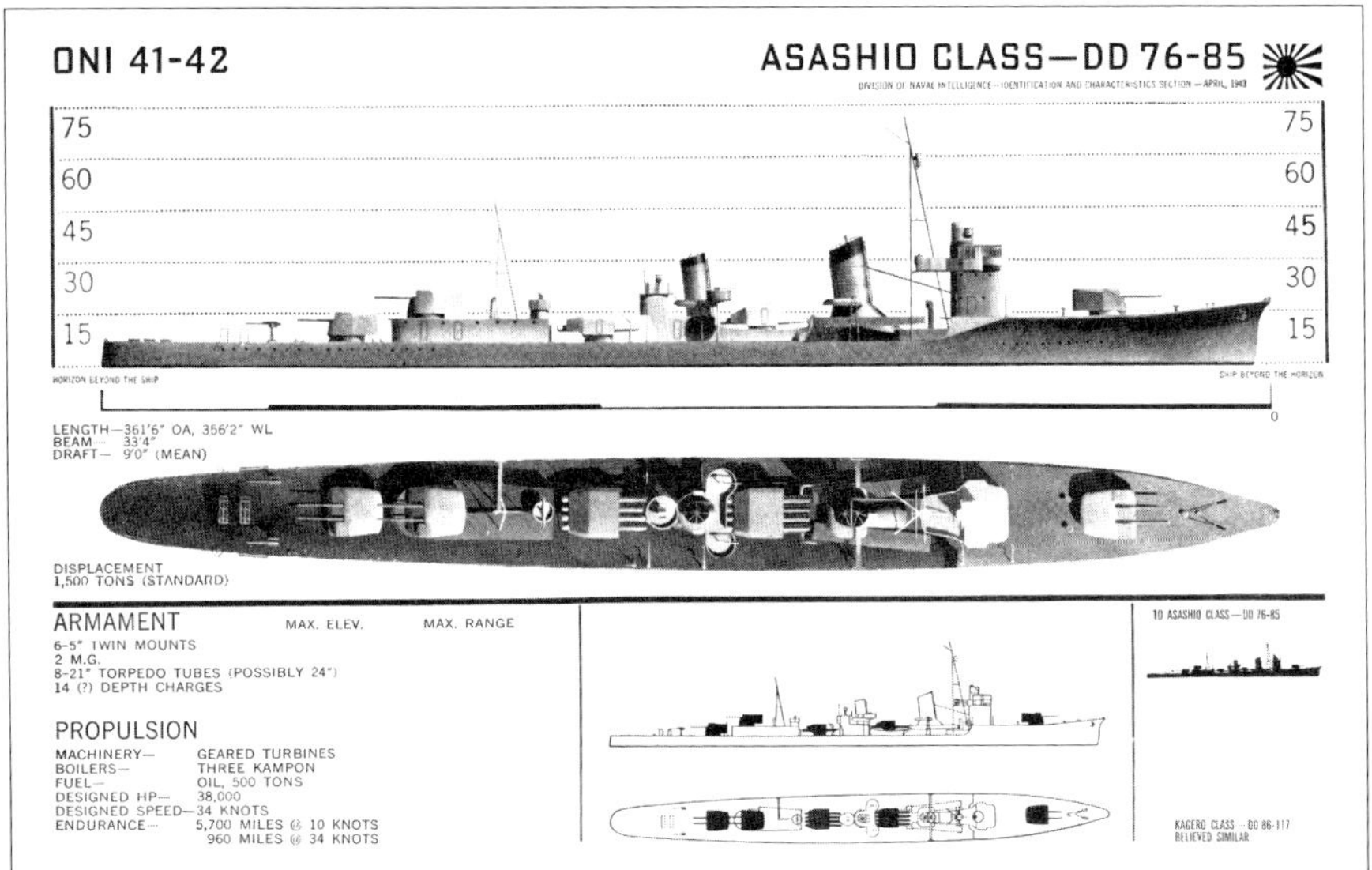

艦艇識別帳『ONI 41-42』掲載の朝潮型。次級の陽炎型は同等の性能を持つ略同型と見なされている。強力な兵装を搭載する大型駆逐艦である本型の存在は、米海軍のフレッチャー級駆逐艦（基準排水量2,100トン、全長114.75m、幅12.02m、速力36.5ノット、12.7cm砲5門、53.3cm五連装魚雷発射管2基10門）の計画に影響を与えた。

2基、最大仰角85度で対空戦闘能力を持つ12㎝連装両用砲3基を装備するとされるなど、砲の口径を間違う等はあるが、備砲の高角対応を含めて相応に確度の高いものが記載されている。

「高波型」も、特型駆逐艦に連なる型式の艦とされる一方で、「実艦の写真で確認された」との記載がある備砲の高角対応によって艦の評価も以前の日本駆逐艦から若干変わっており、1945年6月に出された「日本海軍」に曰く、「革新的な両用砲の装備により、以前の日本駆逐艦よりこの面で改善がなされた」とされたように、「高波型」は以前の日本駆逐艦と同様に強大な水上戦闘能力を確保しつつ、一定の対空火力増強を果たした艦であるとされている。

ただし、同資料で「艦名に『霜』が付くグループでは、以前の日本駆逐艦と同様、砲塔1基を外して近接対空火器を増備しているため、いまだ対空火力には不満があるようだ」との記載があるように、主砲高角化による対空能力改善に限りがあることも把握されていた。

「高波型」と同時期に米側で存在が確認された島風型については、「高波型」より大型の艦として（基準排水量2100トン、全長125m、幅10・9mと表記）、砲装は同型と同様だが、充実した機銃装備や61㎝五連装魚雷発射管3基という強大な雷装を持ち、一層の高速化（37ノット）を図った艦として扱われている。

このような要目もあって、島風型は以前の日本駆逐艦より強大な魚雷攻撃力を持つと共に、他の面では「高波型」と同等の能力を保持している艦であると判断していたようだ。なお、1945年6月時点でも米側では「島風」以外の本型の存在を確認できていなかったが、「高波型」に続いて主力駆逐艦として整備が続けられていると考えられたことから、終戦時までその扱いを消していない。

秋月型・松型・峯風型・神風型・睦月型駆逐艦 甲型・乙型・丙型・丁型海防艦・敷設艦「沖島」

秋月型駆逐艦

ガダルカナル島戦の時期の写真解析によりその存在が知られて、「謎の駆逐艦1号型（DD Unknown-1 Class）」として情報が出された秋月型では、当初は文書情報が得られず、写真の解析により要目の類推を行う形が取られている。1943年春に本型の要目として、基準排水量2300トン、12・7cm連装両用砲塔4基、53・3cmもしくは62・2cm三連装魚雷発射管1基を持ち、34ノットを発揮可能との誤りが多いものが出されたのは、このような事情があったためだ。

一方で「照月《てるづき》型」との型式名称が付与された1944年7月になると、その要目は全長132・6m、幅11・6m、10・2cm（12・7cmの可能性あり）連装両用砲（最大仰角85度）、61cm四連装魚雷発射管1基を搭載すると、艦の規模と兵装面は肯首できなくはないが、基準排水量は以前と同様、計画速力40ノットと誤記も少なくないものへと変わっている。この要目が以後、本型の要目として終戦時まで報じられ続けたことは、戦時中に得られた本型の情報が限定的かつ誤りが多かったことを示している。

その中で「（対空を主務とする両用目的の）小型巡洋艦の代用艦」と米側から見做された本型は、「兵装は雷装が弱体なことを含めて、英のトライバル級に近い」「設計は試作巡洋艦の『夕張』に近い」艦であり、設計面では上構配置が前後の高角砲の射界確保を考慮している等の特色を持つとされた。戦闘能力の面も、搭載する高初速かつ長射程の新型両用砲が、水上砲戦時に米の駆逐艦や防空巡洋艦をアウトレンジできる能力を持つことを含めて、対空／対水上戦闘力に秀でる艦であり、時には「最良の日本駆逐艦」との高評価も受けている。ただし、対潜能力は他の日本駆逐艦同様で、優良とは言い難いと見做されてもいた。

松型駆逐艦

　１９４４年7月発行の「日本海軍の統計的情報（ＯＮＩ‐２２２Ｊ）」にその名称がないところから、松型の存在が知られたのは、エンガノ岬沖海戦（１９４４年10月25日）での米側の航空写真解析により、新型駆逐艦と判定された際のことと推測される。

　本型に関する一定の情報が判明したのは比島戦終了後の捕獲文書解析の後のことで、１９４５年6月の「日本海軍（ＯＮＩ‐２２２Ｊ）」には護衛駆逐艦扱いで艦型図と共に各種情報が記載された。その要目は基準排水量１０００トン、全長97・5～１００・5ｍ、幅10・1ｍ、計画速力27～28ノット（最大30ノットとの誤記もある）、兵装には12・7㎝高角砲3門と61㎝四連装魚雷発射管1基、25㎜機銃を三連装型3基と数量不明の単装機銃を搭載するほか、2基の爆雷投射機と爆雷投下軌道を持ち、爆雷１２０発を搭載するという、概ね正確なもので、この時点でかなり精度の高い情報を米側が入手したことが窺える。

　その総評は、大量建造に適した設計であることや、最高速力30ノットという情報が正しければ、相応の高温高圧缶と小型の高出力機関の搭載が推測されることが設計上の特色として挙げられるほか、戦闘能力の面でも許容できる砲兵装と強力な雷装を持つことにより、総じて米英の護衛駆逐艦に相当するという相応の評価がなされていた。

峯風型・神風型・睦月型駆逐艦

　特型以前の一等駆逐艦となるこれら三型の駆逐艦については、戦前米英でも速力以外（英米側資料では34ノット表記）は概ね正確な情報が伝わっており、それを受けて、これら各型は概ね英国の第一次大戦型駆逐艦である改W型及び嚮導《きょうどう》型のシェイクスピア級に近い能力を持つ艦と見做されて

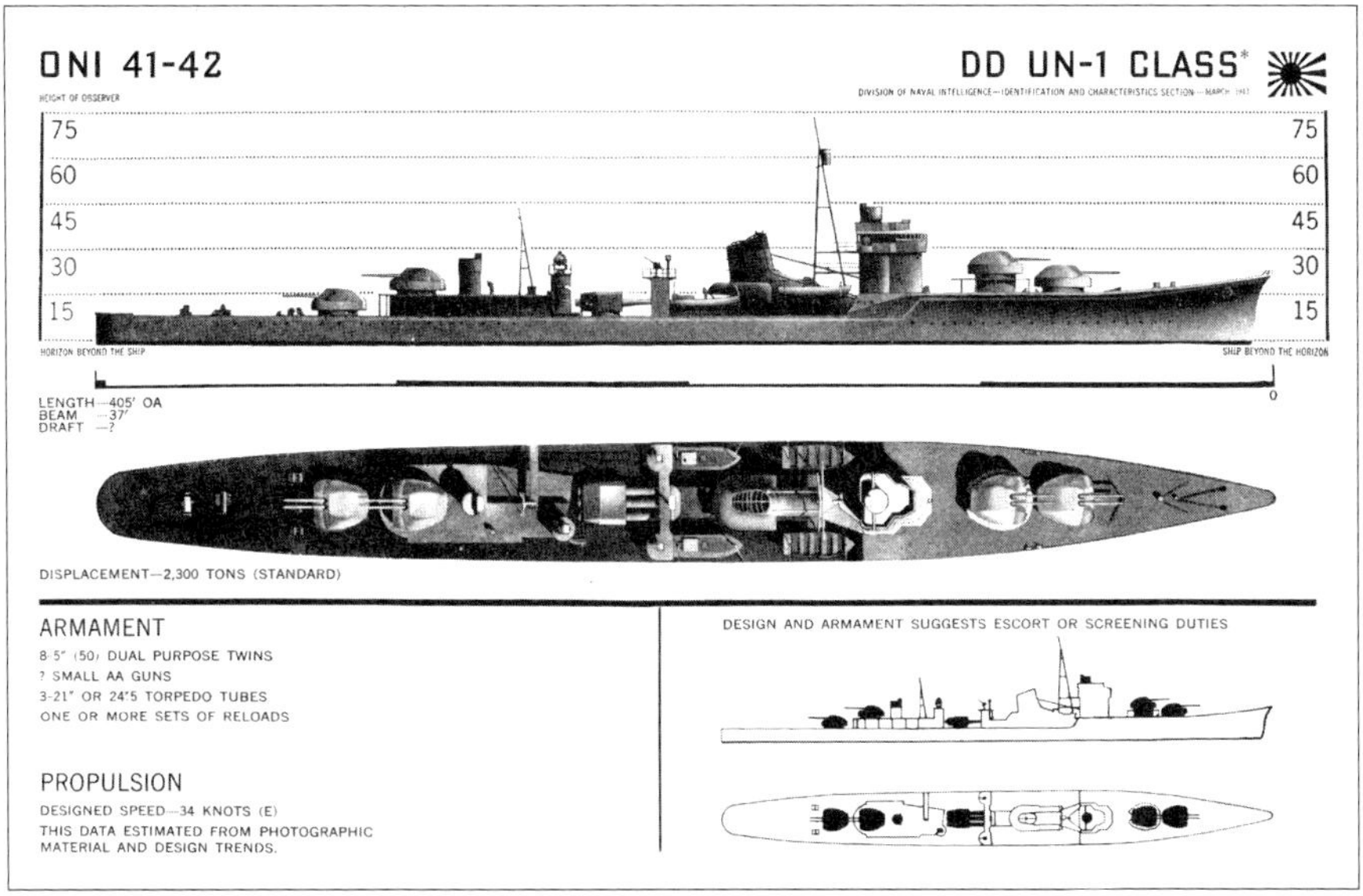

ONI 41-42

DD UN-1 CLASS*

DIVISION OF NAVAL INTELLIGENCE—IDENTIFICATION AND CHARACTERISTICS SECTION—MARCH 1942

HEIGHT OF OBSERVER

75 60 45 30 15

HORIZON BEYOND THE SHIP

SHIP BEYOND THE HORIZON

LENGTH—405′ OA
BEAM —37′
DRAFT —?

DISPLACEMENT—2,300 TONS (STANDARD)

ARMAMENT

8-5″ (50) DUAL PURPOSE TWINS
? SMALL AA GUNS
3-21″ OR 24″5 TORPEDO TUBES
ONE OR MORE SETS OF RELOADS

PROPULSION

DESIGNED SPEED—34 KNOTS (E)
THIS DATA ESTIMATED FROM PHOTOGRAPHIC MATERIAL AND DESIGN TRENDS.

DESIGN AND ARMAMENT SUGGESTS ESCORT OR SCREENING DUTIES

1942年10月発行の「日本艦艇識別帳」(ONI41-42)に掲載された「謎の駆逐艦1号型（DD Unknown-1 Class)」。実際の秋月型は、基準排水量2,700トン、全長134.20m、幅11.60m、速力33.0ノット。兵装は10cm65口径連装高角砲4基（計8門)、25mm連装機銃2基、61cm四連装魚雷発射管1基である（竣工時）。

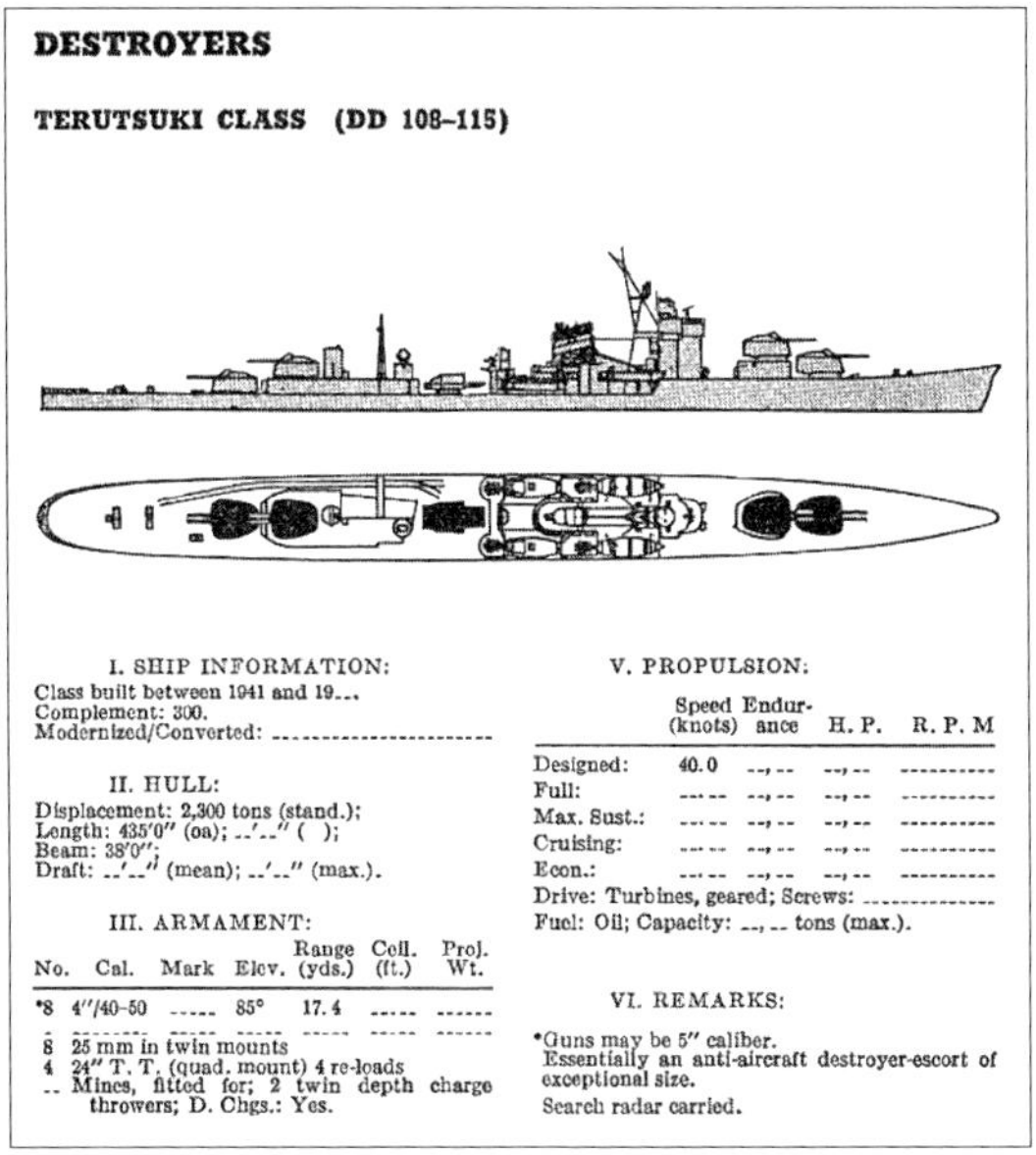

DESTROYERS

TERUTSUKI CLASS (DD 108–115)

I. SHIP INFORMATION:

Class built between 1941 and 19...
Complement: 300.
Modernized/Converted: ....

II. HULL:

Displacement: 2,300 tons (stand.);
Length: 435′0″ (oa); ..′..″ ( );
Beam: 38′0″;
Draft: ..′..″ (mean); ..′..″ (max.).

III. ARMAMENT:

No.	Cal.	Mark	Elev.	Range (yds.)	Ceil. (ft.)	Proj. Wt.
*8	4″/40-50	-----	85°	17.4	-----	------
-	--------	-----	-----	-----	-----	------
8	25 mm in twin mounts					
4	24″ T. T. (quad. mount) 4 re-loads					
..	Mines, fitted for; 2 twin depth charge throwers; D. Chgs.: Yes.					

V. PROPULSION:

	Speed (knots)	Endurance	H. P.	R. P. M
Designed:	40.0	--,--	--,--	----------
Full:	--.--	--,--	--,--	----------
Max. Sust.:	--.--	--,--	--,--	----------
Cruising:	--.--	--,--	--,--	----------
Econ.:	--.--	--,--	--,--	----------

Drive: Turbines, geared; Screws: ....
Fuel: Oil; Capacity: ..,.. tons (max.).

VI. REMARKS:

*Guns may be 5″ caliber.
Essentially an anti-aircraft destroyer-escort of exceptional size.
Search radar carried.

1944年7月発行「日本海軍の統計的情報」(ONI-222J)の「照月型」駆逐艦の頁。艦の規模や外形は概ね正確だが、基準排水量（実艦の2,700トンに対して2,300トン）や速力（実艦の33ノットに対して40ノット）は不正確だった。主砲の長10cm高角砲は仰角85度、射程17,400ヤード（約15.9km）とされている。実艦の90度、19.5kmより低い評価だが、1945年の識別帳では射程2万ヤード（約18.3km）と報じられている。

いた（蛇足ながら、戦前の『ジェーン年鑑』等の民間資料では、峯風型は通例「秋風型」と表記されていた）。

戦時中にこれらの艦の要目は戦争中を通じて大きく変わることは無かったが、1944年初頭になると、一番艦齢の古い峯風型については、艦の老朽化により要目上の速力発揮不能（30ノット以下と推測された）の艦が出ており、これらの艦は駆逐艦としては第一線を離れて一部の備砲と発射管を撤去して、護衛や輸送、掃海等の各種任務に従事しているとの、実態に即したとも言える推測も行われており、これに合わせて「日本海軍の統計的情報（ONI－222J）」では「護衛駆逐艦改装」とも言うべき改装艦の艦型図も出された。また、その後の情報収集進展もあり、1945年6月の「日本海軍（ONI－222J）」では、神風型でもこの「護衛駆逐艦改装」が実施されたとの正しい記載が見られる。

なお、これら各型を含む日本の旧式駆逐艦については、艦首部のタートルバックと艦橋前のウェルは艦艇識別における有力な外見的特色と捉えられており、米海軍の日本艦艇識別帳でも、これを強調した絵と「艦首のタートルバックと直立型の煙突」が特徴とする注記が記されていた（258ページ参照）。

甲型・乙型海防艦

戦時中の日本海軍の対潜護衛艦の主力となった海防艦については、戦前には海外では起工時に予定艦名が伝えられたものはあったが、日本側が艦種通知をしなかったこともあり、測天型敷設艇に連なる敷設艦（敷設艇）として整備がなされていると見なされていた（開戦前には「占守《しむしゅ》」の写真が入手できていた節もあるが、これが測天型より大型で強武装の艦であることなどは把握されなかったようである）。

開戦後も海防艦の情報は中々得られず、敷設艦扱いの表記が続いた。その中で1943年後半に測天型と占守型の情報が混交したらしく、測天型は12㎝砲3門と対空機銃を搭載する排水量720

DD—Escort Destroyers

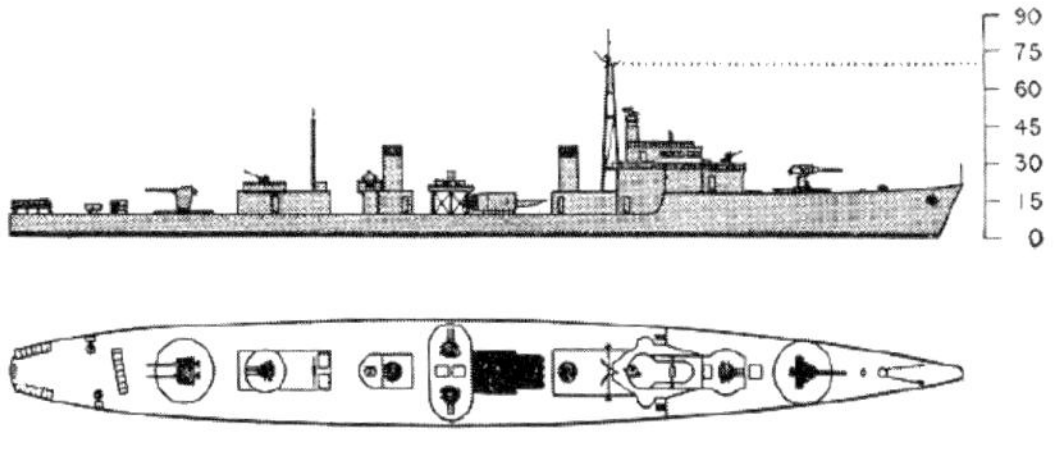

MATSU Class

Class built between
1943 and 19..
Complement—200–210

Momo	Yanagi	Susuki
Momi	Hagi	Sumire
Ume	Fuji	Hasu
Take	Aoi	Enoki
Sugi	Kiku	Kaede
Tsubaki	Katsura	Kashi
Hinoki	Hashi	Keyaki
Kaya	Sakura	Kiri
Kashiwa	Maki	Nara
Tachibana	Kusu	Tsuta

Dimensions

Displacement: 1,000 tons (stand.).
Length: 320′ 0″ 330′ 0″ (oa.).
Beam: 33′ 0″.
Draft:

Armament

No.	*Cal.*	*Mark*	*Elev.*	*Range (yds.)*	*Ceil. (ft.)*	*Proj. (lbs.)*
3	5″/40	89	85°	15, 000	35, 000	45

12 25 mm AAMG (triple mounts);
Additional 25 mm and 13 mm AAMG (single mounts); disposition unknown;
4 24″ TT (quadruple mount); ...... reloads
Depth Charge Racks.
Depth Charge Throwers: 2.
Number of Depth Charges: 120 (max.).

Propulsion

	Speed (knots)	*Endurance (miles)*	*HP*	*RPM*
Designed:	27–28	......	......	....
Full:	30	......	......	....
Max. Sust.:	......	......	......	....
Cruising:	18–20	......	......	....
Economical:	......	......	......	....

Drive: ......: Screws: ...... ;
Fuel: ...... Capacity: ..... tons (max).

Notes

Fitted with Mark II, Model II, two-horn type radar for surface search.
Reported to carry fixed and directional RSR antennae.

Remarks

First of Japan's war-built escorts of the destroyer type are the rather numerous units of the new MATSU Class. They mark an unusual departure from conventional Japanese torpedo craft design and reflect an attempt to counter the aerial threat to convoys and small warships. Bearing the names given 20–30 years ago to "second-class destroyers," they probably were intended to fulfill analogous functions in the present Japanese fleet. In general fighting value they are in the same bracket with the British World War II "Hunt" series of small escort destroyers, and rate somewhat above the American DE or "destroyer escort."

Their outboard features suggest simplified construction for mass production; the long, low bridge is apparently dictated by war experience and follows a similar trend in other major navies. It has been reported that these ships are powered with geared turbines for a speed of 30 knots. The wide spacing of their stacks indicates separated fire rooms, a measure employed to reduce the effect of damage to their propelling plant. They share this feature with recent American destroyers and German Schichau torpedo-boat designs of the past. On an estimated standard displacement of around 1,000 tons and for a speed of 30 knots, a shaft output of some 20,000 HP. would be required. Assuming this estimate to be correct, the small stacks fitted in the MATSU would call for high pressure boilers. High pressure boilers, together with high capacity turbines and reduction gears, are items absorbing considerable industrial war potential on a mass production basis. Their estimated beam of 33 feet should make these ships rather stable gun platforms, unless they are overloaded with their present armament.

While their close-defense weapons appear to be adequate for units of this type, the MATSUs' main battery is definitely makeshift. Four or six 4″ dual-purpose guns in twin mounts, as mounted in the British "Hunt's," would have been far more effective. Availability and expediency probably dictated the selection of the guns and mounts actually fitted. According to reports, no director fire-control system is fitted, only pointer fire, with range and deflection figures transmitted by telephone from the bridge. As in some of the "Hunt's" and American DE's, a single nest of four torpedo tubes is mounted. These tubes house the powerful Type 93, 24″ torpedo.

1945年6月の「日本海軍」(ONI-222J)に掲載された松型駆逐艦の頁。実際の松型は、基準排水量1,262トン、全長100.00m、幅9.35m、速力27.8ノット。兵装は12.7cm40口径連装高角砲1基、同単装1基（計3門）、25mm三連装機銃4基、同単装8基または12基、61cm四連装魚雷発射管1基である（竣工時）。また、爆雷投射機と爆雷投下軌道各2基と爆雷36発を搭載した。

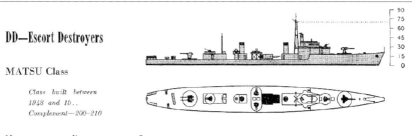

トンの敷設艦（敷設艇）で、開戦後も継続して一定数の整備が行われているとの情報が、当時の民間情報として出されている。

だが、その後の米軍進攻進展により日本側の情報の収集が進むようになると、米側では測天型と占守型は別型であり、後者は「当初は敷設艦だったが、航洋型護衛艦の必要から装備を改めて」大洋作戦用の護衛艦として整備されていると認識されるようになった。これに伴い、占守型（及び同型扱いの国後《くなしり》型）は、対潜艦艇のフリゲート（PF）へと艦種変更が行われている。

以後、終戦までの期間に、甲型（乙型）に属する海防艦で米側が存在を確認できたのは、占守型（国後型）と御蔵型の両型のみだった。「日本海軍の統計的情報（ONI - 222J）」の占守型の要目は、基準排水量1000トン、全長77・7m、幅9・1mと、排水量こそ過大だが艦のサイズは概ね実艦に即したもので、艦型図も割と正確なものが出ている。ただし、速力は16ノットとより低く見積もられ、兵装も12㎝砲3門以外は未記載であるなど、占守型／国後型の両型について得られた情報が限られていたことを窺わせる内容となっている。

一方、占守型と異なり、当初は対潜用の「航洋型砲艦」と認識されて、後にフリゲート扱いになった御蔵《みくら》型は、米側で本型と筑紫型測量艦が混同されたことから、その要目は排水量1500トンで全長83・8m、幅10・7mで速力16ノット、兵装は12㎝連装高角砲2基、40㎜連装機銃2基を搭載とする、実艦とかけ離れたものとなっており、艦型図もまた「筑紫」の写真を元にして作成されたため、実艦と整合しないものが付与される格好となった。

比島戦後の情報取得もあり、1945年6月の「日本海軍（ONI - 222J）」では、占守型は排水量が900トン、速力が19・7ノットとされたことを含めて、要目が竣工時に近いものとなる等の情報修正がなされた。だが、御蔵型はこの時期も情報が得られなかったようで、要目は以前のままとされており、また、乙型海防艦の主力的存

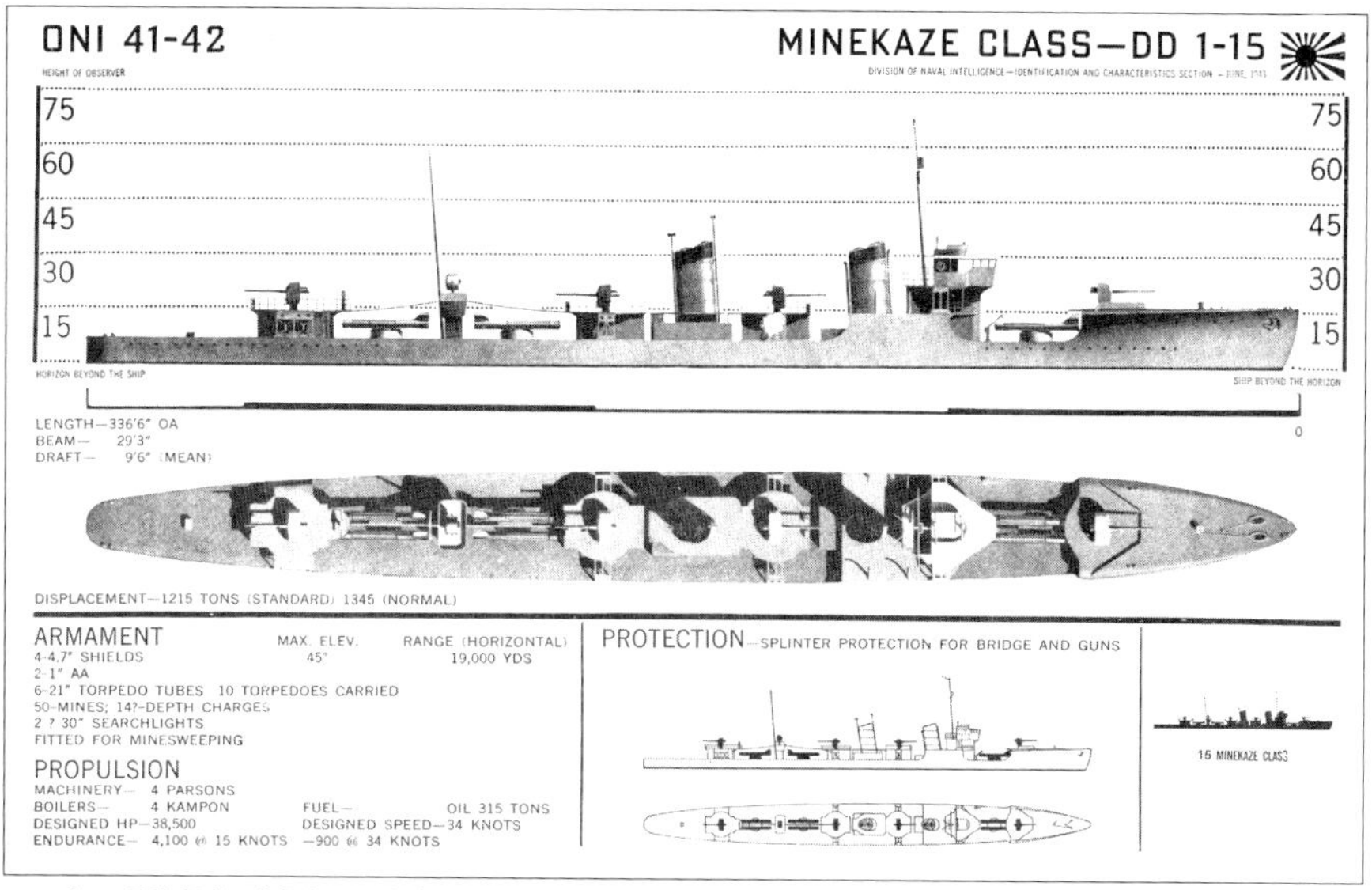

1942年10月発行「日本艦艇識別帳」(ONI41-42)掲載の峯風型。諸元は基準排水量1,215トン、全長336フィート6インチ(102.57m)、幅29フィート3インチ(8.92m)と正確、兵装も4.7インチ(12㎝)単装砲4門、21インチ(53.3㎝)魚雷発射管6門と実艦に沿ったものだ。

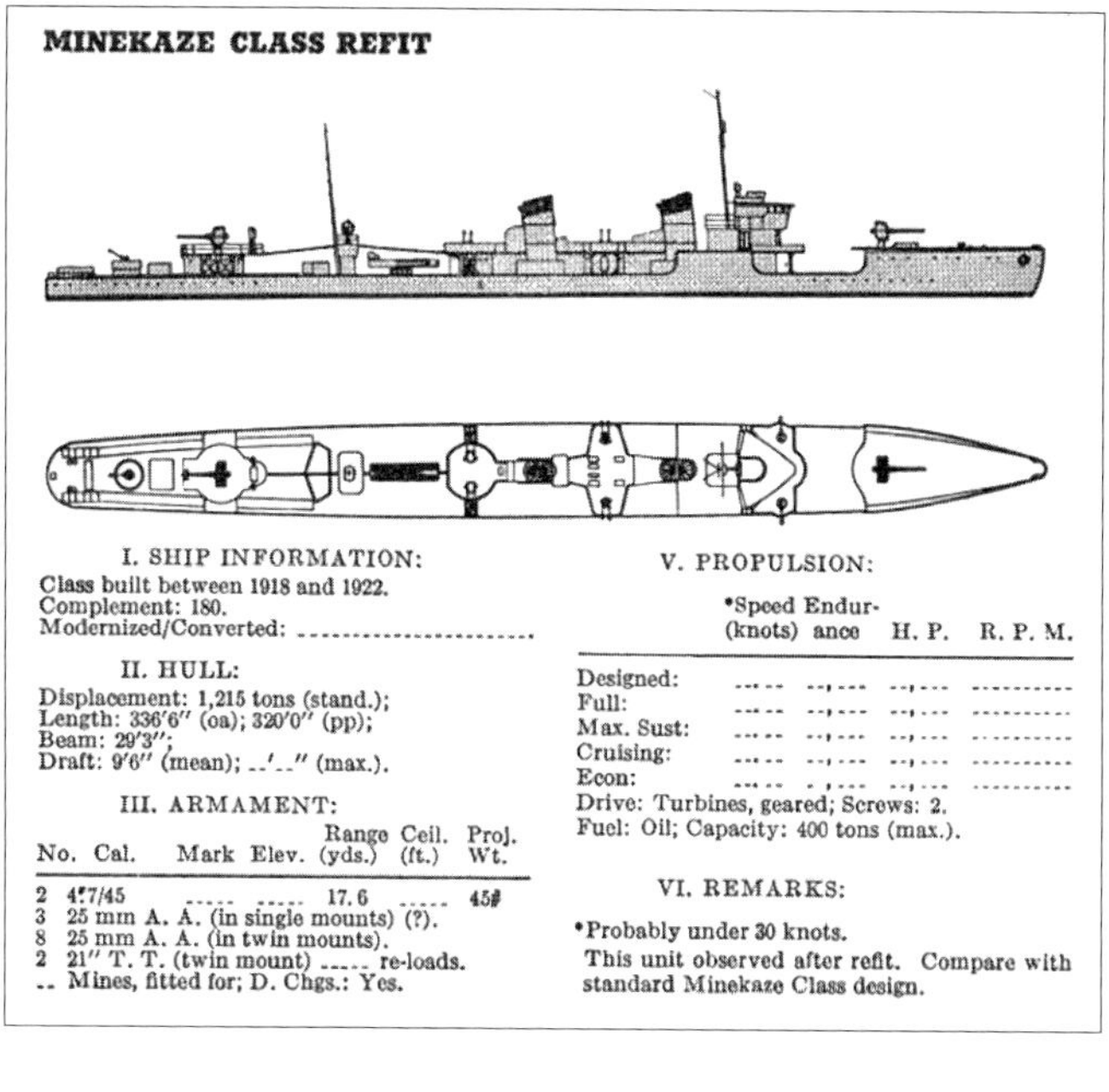

MINEKAZE CLASS REFIT
I. SHIP INFORMATION:
Class built between 1918 and 1922.
Complement: 180.
Modernized/Converted: ----------------------
II. HULL:
Displacement: 1,215 tons (stand.);
Length: 336'6" (oa); 320'0" (pp);
Beam: 29'3";
Draft: 9'6" (mean); --'--" (max.).
III. ARMAMENT:
No. Cal. Mark Elev. Range (yds.) Ceil. (ft.) Proj. Wt.
2 4"7/45 ----- ----- 17.6 ----- 45#
3 25 mm A. A. (in single mounts) (?).
8 25 mm A. A. (in twin mounts).
2 21" T. T. (twin mount) ----- re-loads.
-- Mines, fitted for; D. Chgs.: Yes.
V. PROPULSION:
*Speed (knots) Endurance H. P. R. P. M.
Designed:
Full:
Max. Sust:
Cruising:
Econ:
Drive: Turbines, geared; Screws: 2.
Fuel: Oil; Capacity: 400 tons (max.).
VI. REMARKS:
*Probably under 30 knots.
This unit observed after refit. Compare with standard Minekaze Class design.

1944年7月発行の「日本海軍の統計的情報」(ONI-222J)掲載の、「護衛駆逐艦改装」峯風型。12㎝単装砲2門と53.3㎝連装魚雷発射管2基を撤去し、対空機銃と爆雷兵装を追加した姿で、実際に峯風型八番艦「汐風」、十番艦「夕風」が同様の改装を実施している(ただし、「汐風」「夕風」は三番砲を残し、四番砲を撤去した)。

在だった日振《ひぶり》型・鵜来《うくる》型については、艦型が類似する丙型及び丁型海防艦と情報が混交したのか、戦時中に米側ではその存在を確認していない。

ちなみに、この資料では占守型には特に解説が付与されていないが、御蔵型には「乾舷が高く、幅広の船型を採用したことで航洋性に秀でる」艦であり、誤解に基づく評価ではあるが、総じての能力は「同格の英米の最良の護衛艦艇に相当する」ものと、それなりに高い評価がなされていたことが窺える記載がある。

なお、民間レベルでは海防艦の情報はより限られていたようで、1944‐45年版の『ジェーン年鑑』では、排水量1000トンで12cm砲4門を持つ「御蔵」「宮古」「佐渡」及びその同型艦が、敷設艦扱いだが英のフリゲートに相当する艦であると報じられているだけで、写真等も出された形跡がない。

丙型・丁型海防艦

米側で丙型（一号型）と丁型（二号型）の存在が確認されたのは比島戦時のことだが、これらの艦について相応の情報が得られたのは1945年春以降のこととなる。

先述の「日本海軍（ONI‐222J）」では、一号型は排水量800トン、全長67・1mで幅8・5mと、実艦に近い要目が記載されたが、二号型は全長79・2m、幅9・4mで排水量1000トンと実艦より大型扱いとなり、兵装は共に砲兵装として12cm高角砲2門、機銃兵装は25mm機銃18挺と13mm機銃5挺、対潜兵装として爆雷投射機12基と爆雷300発を搭載するとされるなど、実艦と同等以上の強兵装艦とされた。さらに、機関の種別は実艦のディーゼル（一号型）と蒸気タービン（二号型）が逆になった上に、実艦より高出力であると類推されたことで、実艦より6～7ノット優速な24ノットを発揮可能との過大評価がなされている。

かくして、米側では一号型及び二号型について、当時の英米の護衛駆逐艦及びフリゲート各級に近い性能を持つ有力な対潜艦艇として認識されるこ

PF 1-16 SHIMUSHU CLASS

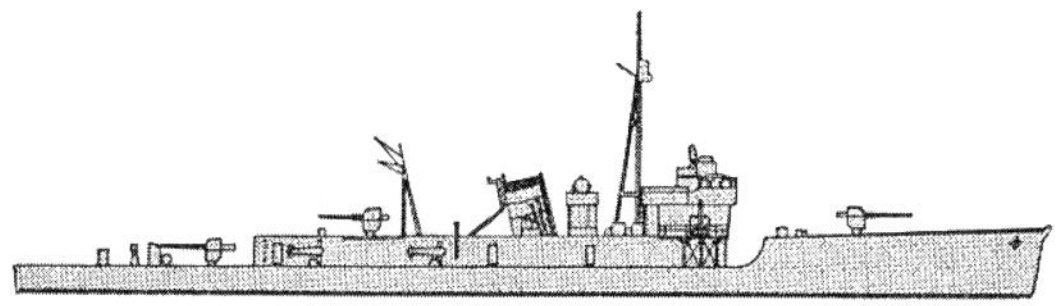

I. SHIP INFORMATION:

Class built between 1939 and 19...
Complement: ....
Modernized/Converted: ....

II. HULL:

Displacement: 1,000 tons (stand.);
Length: 255′ 0″ (oa); --′--″ ( );
Beam: 30′ 0″;
Draft: --′--″ (mean); --′--″ (max.).

III. ARMAMENT:

No.	Cal.	Mark	Elev.	Range (yds.)	Ceil. (ft.)	Proj. Wt.
3	4″7/50	-----	-----	19.4	-----	45#
--	--------	-----	-----	-----	-----	------

-- --mm.
-- --″ T. T. .... re-loads.
-- Mines, fitted for; ---- D. Chgs.:............

V. PROPULSION:

	Speed (knots)	Endurance	H. P.	R. P. M.
Designed:	16.0	--,---	--,---	----------
Full:	--.--	--,---	--,---	----------
Max. Sust:	--.--	--,---	--,---	----------
Cruising:	--.--	--,---	--,---	----------
Econ:	--.--	--,---	--,---	----------

Drive: ----; Screws: 2.
Fuel: ----: Capacity: --,--- tons (max.).

VI. REMARKS:

Formerly rated as minelayers.
Data provisional.

1944年7月発行「日本海軍の統計的情報」(ONI-222J)に「占守型フリゲート(PF)」として掲載された占守型（甲型）海防艦。実艦の要目は、基準排水量860トン、全長77.72m、幅9.1m、速力19.7ノット、兵装は12cm45口径単装砲3基、25mm連装機銃2基だった。

PF 17-24 MIKURA CLASS

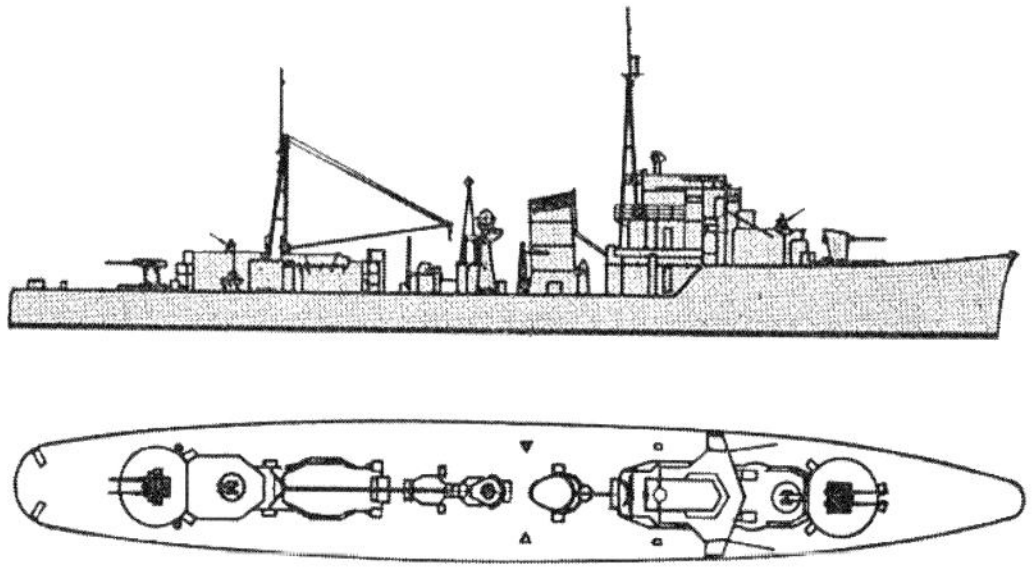

I. SHIP INFORMATION:

Class built between 1942 and 1944.
Complement: ....
Modernized/Converted: ....

II. HULL:

Displacement: 1,500 tons (stand.);
Length: 275′ 0″ (oa); --′ --″ ( );
Beam: 35′ 0″;
Draft: --′ --″ (mean); --′ --″ (max.).

III. ARMAMENT:

No	Cal.	Mark	Elev.	Range (yds.)	Ceil. (ft.)	Proj. Wt.
*4	4″7/	-----	-----	-----	-----	------
--	------	-----	-----	-----	-----	------

**2 40 mm AA (in twin mount).
-- --″ T. T. ....re-loads.
-- Mines........................D. Chgs.

V. PROPULSION:

	Speed (knots)	Endurance	H. P.	R. P. M.
***Designed:	16.0	--,---	--,---	----------
Full:	--.--	--,---	--,---	----------
Max. Sust:	--.--	--,---	--,---	----------
Cruising:	--.--	--,---	--,---	----------
Econ.	--.--	--,---	--,---	----------

Drive: ----; Screws: 2.
Fuel: ----; Capacity: --,--- tons (max.).

VI. REMARKS:

*May be 4″7/50 guns; disposed in two twin mounts, one forward and one aft. Forward mount fitted with shield, after mount open.
**Six AAMG of unknown caliber are mounted forward of bridge.
***Speed may be around 20 knots.
This class previously referred to as the PG (E)-1 Class.

同じく「日本海軍の統計的情報」(ONI-222J)に「御蔵型フリゲート(PF)」として掲載された御蔵型（乙型、後に甲型）海防艦。実艦の要目は基準排水量940トン、全長78.8m、幅9.1m、速力19.5ノット、兵装は12cm45口径連装高角砲1基、同単装砲1基、25mm連装機銃2基。

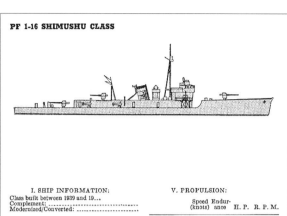

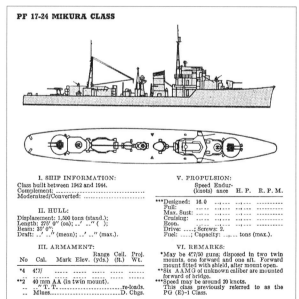

となり、この実艦より高性能艦とする評価は上記の御蔵型のものと共に終戦まで続くことになる。

ただし、実際に対戦した米潜水艦の艦長からは、日本の海防艦は総じて爆雷兵装は評価できるが、電測・水測兵装の能力は低く、甲型も速力性能は不足だが、より低速の丙型・丁型は米潜に追いつけないこともあって、あまり高い評価を受けていない。

この他に、一号型を元にして、より劣る対潜兵装を持つ護衛駆逐艦型の「艦名不詳一号型」が存在するとの誤解も生じており、これも終戦まで訂正されることなく終わっている。

敷設艦「沖島《おきのしま》」

日本海軍が新造整備した大型敷設艦である「沖島」は、建造が条約体制勢下の時期に行われたこともあり、『ジェーン年鑑』の1939年版の段階で、全長117・8m、幅15・7mで、基準排水量は4400トンと実艦よりやや大型とされたが、最高速力20ノットで兵装は14㎝連装砲2基（4門）、機銃4挺を持つなど、実艦に近い性能把握がなされていた。

本艦は1942年5月に喪失に至るが、米側では喪失情報が戦争末期まで得られなかったこともあり、「日本海軍の統計的情報（ONI‐222J）」でも本型の情報を記載している。この時までに準同型艦の「津軽」の情報が混交したのか、排水量は以前と同様だが、全長は123・4mと実艦より若干大きい数値の表記がなされている。ちなみに、米側では「津軽」という艦名の敷設艦が存在することは把握していたが、これを米側では改沖島型ではなく初鷹型敷設艦（急設網艦）と誤解しており、この結果、沖島型の同型艦の存在を確認できぬままに終戦を迎えている。

蛇足ながら本型は、要目が香取型練習巡洋艦に類似するためか、例の『THE ENEMIES' FIGHTING SHIPS』では本艦を香取型と同じ「敷設巡洋艦」として扱っており、そのためか同書の艦の解説部分では「船体重要部には25㎜～51㎜の装甲を持つ」という明らかな誤記もなされている。

PF—Frigates

KAIBOKAN No. 1 Class

Built—1944–45
Complement—131

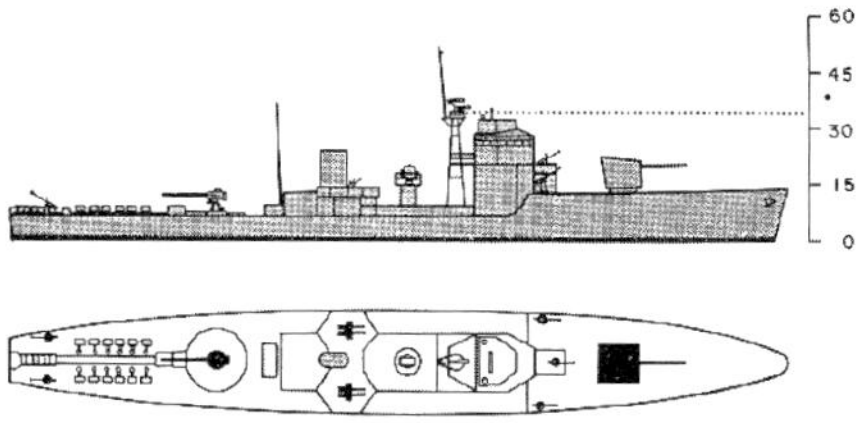

KAIBOKAN Nos. 1, 3, 9, 13, 17, 19, 23, 25, 27, 29, 31, 35, 37, 39, 41, 43, 45, 47, 49, 51, 53

Dimensions

Displacement: 800 tons (stand.)
Length: 220′ 0″ (oa).
Beam: 28′ 0″.
Draft: 11′ 0″.

Armament

No.	Cal.	Mark	Elev.	Range (yds.)	Ceil. (ft.)	Proj. (lbs.)
2	4.7″	......	....	......	......	......

12 Depth Charge Throwers;
Number of Depth Charges: 300.

Propulsion

	Speed (knots)	Endurance (miles)	HP	RPM
Designed:	14. 0 (est.)	......	......	....
Full:	24. 0 (est.)	......	......	....
Max. Sust.:	....	......	......	....
Cruising:	....	......	......	....
Economical:	....	......	......	....

Drive: Diesel; Screws: 2.
Fuel: ....; Capacity: ......

Notes

Units of this class are designated by odd numbers.
Fitted with radar, RSR, and sonar equipment.
Hydraulic steering with single-balanced rudder.
This class was formerly called PF–UN–2 Class.
DE–UN–1, with an over-all length of 260′ is believed to be a variation of this design.

Remarks

The three classes, KAIBOKAN No. 1, DE–UN–1, and KAIBOKAN No. 2, appear to be the closest Japanese approach to the mass-produced American destroyer-escort (DE) and frigate (PF). Judging by the position of the stacks in these three classes, the KAIBOKAN No. 2 appears to be steam driven, while the other two classes are undoubtedly fitted with internal combustion engines. It is impossible to determine in what precise order these designs were evolved. It is possible that the KAIBOKAN No. 2 design, being steam driven, may have been the first to be built. The DE–UN–1 design is conceivably a conversion to Diesel propulsion of the KAIBOKAN No. 2.

KAIBOKAN No. 1 Class, designed for internal combustion engines, is the smallest of the three classes. This reduction in length could have been effected to facilitate rapid production. A Diesel plant requires considerably less space and would be readily adaptable to the smaller design.

1945年6月発行「日本海軍」(ONI-222J)にフリゲートとして掲載された第一号型（丙型）海防艦。実艦の要目は、基準排水量745トン、全長67.5m、幅8.4m、速力16.5ノット、兵装は12cm45口径単装高角砲2基、25mm三連装機銃2基、三式迫撃砲1基、三式爆雷投射機12基、爆雷投射軌道1基、爆雷120発。

PF—Frigates

KAIBOKAN No. 2 Class

Built—1944–45
Complement—141

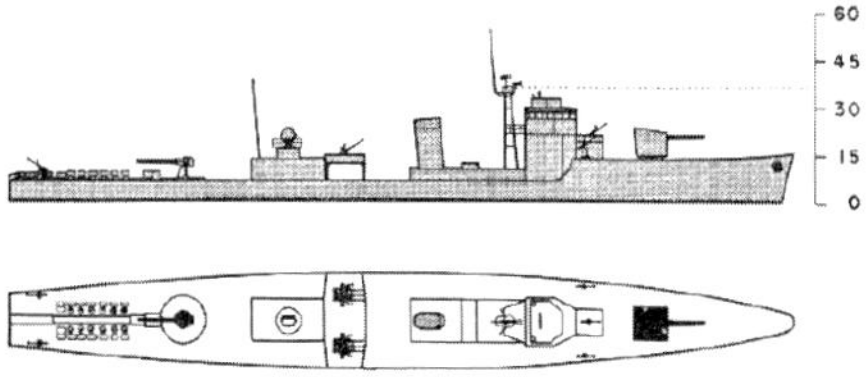

KAIBOKAN Nos. 2, 4, 6, 8, 12, 14, 16, 18, 22, 26, 30, 32, 34, 36, 38, 40, 42, 44, 46, 48, 50, 52, 54, 56, 112, 130

Dimensions

Displacement: 1,000 tons (stand.).
Length: 260′ 0″ (oa).
Beam: 31′ 0″.
Draft:

Armament

No.	Cal.	Mark	Elev.	Range (yds.)	Ceil. (ft.)	Proj. (lbs.)
2	4.7″	....	....	......	......	......

6 25 mm in triple mounts
5 13 mm in single mounts;
12 Depth charge throwers;
Number of Depth charges carried: 300.

Propulsion

Maximum Speed: 24 knots (est.).
Steam driven.

Notes

Units of this class are designated by even numbers.
This class was formerly called PF–UN–1 Class.

Remarks

This class is the "stack forward" version of the KAIBOKANS. It is estimated that these are 40 feet longer than KAIBOKAN No. 1 Class, but mount the same armament, and are steam driven.

同じく「日本海軍」(ONI-222J)に掲載された第二号型（丁型）海防艦。実艦は基準排水量740トン、全長69.5m、幅8.6m、速力17.5ノットで兵装は第一号型と同じだが、米側では艦の規模と速力、機銃の数および爆雷搭載量を過大に評価していた。

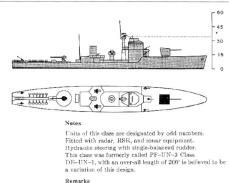

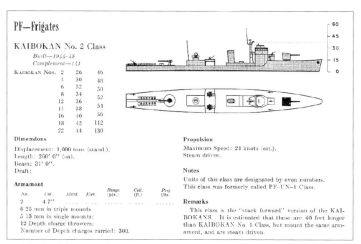

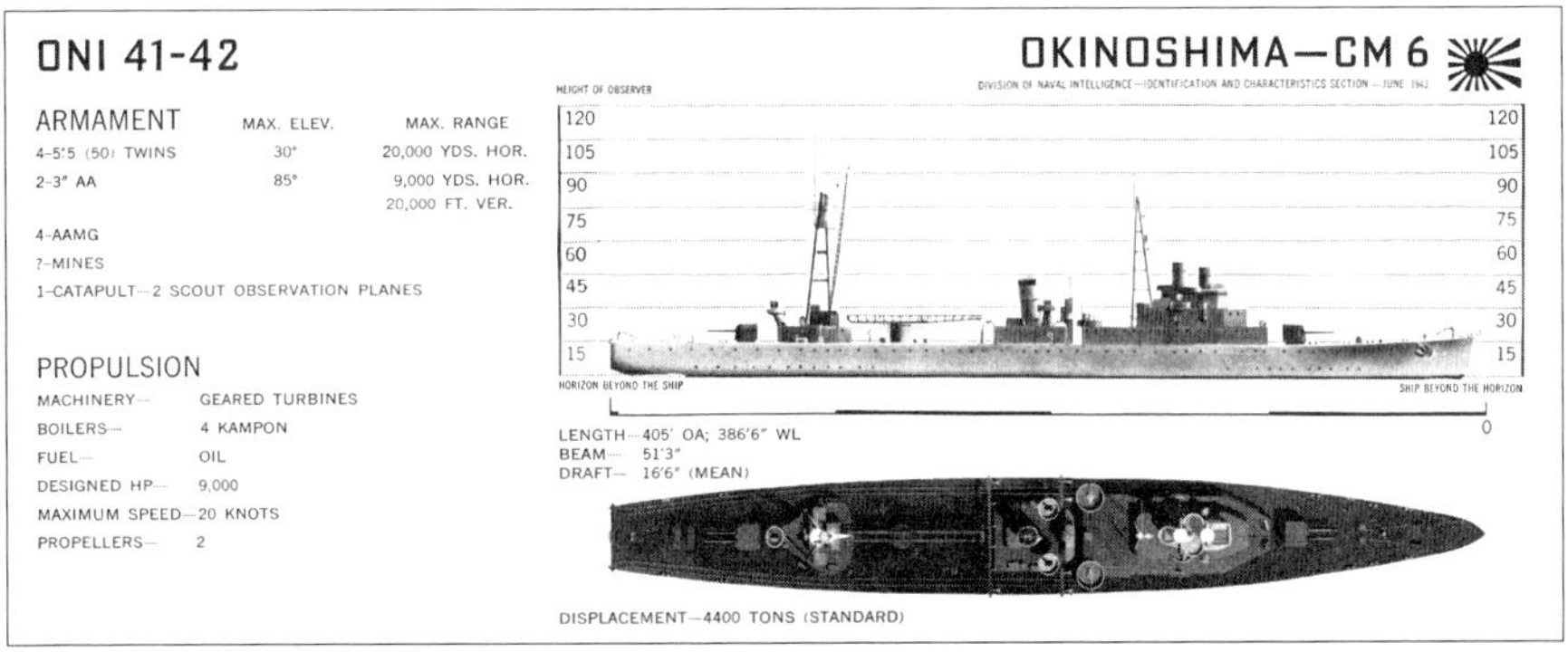

「日本艦艇識別帳」(ONI41-42)掲載の敷設艦「沖島」。実艦の要目は、基準排水量4,290トン、全長124.50m、幅15.74m、吃水5.49m、速力20.0ノット、兵装は14cm50口径連装砲2基、8cm単装高角砲2基、13mm連装機銃2基。

CM-6 OKINOSHIMA

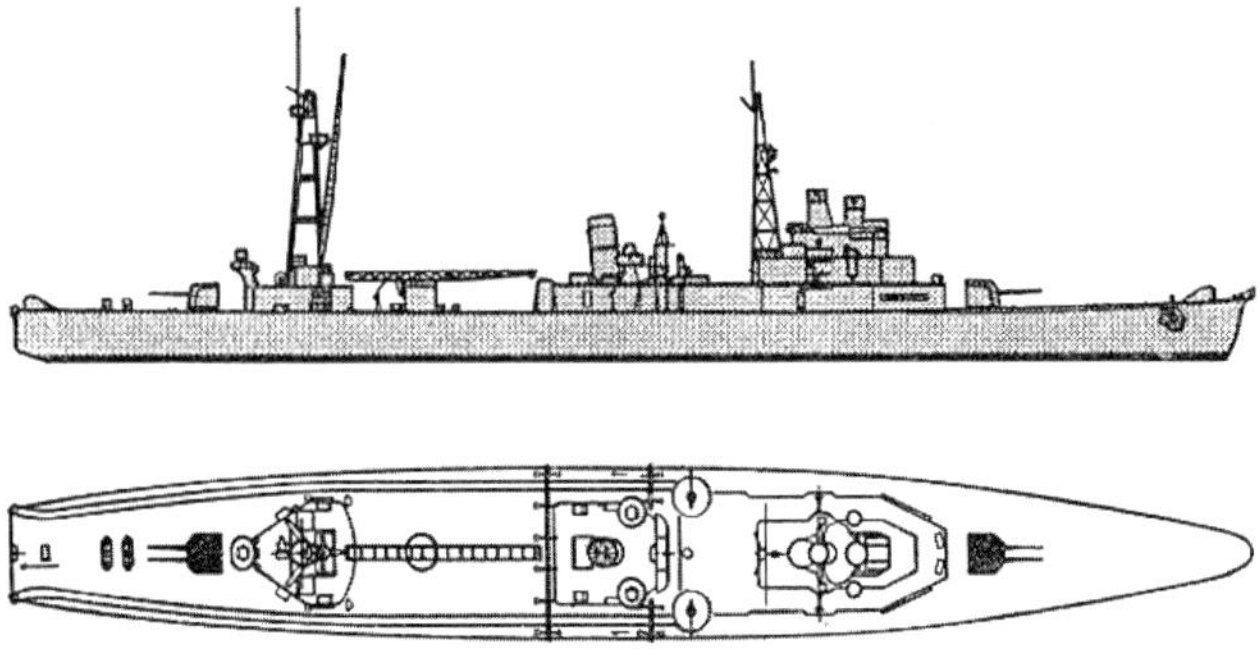

I. SHIP INFORMATION:

Built between 1934 and 1935.
Complement: ....
Modernized/Converted: ....

II. HULL:

Displacement: 4,400 tons (stand.);
Length: 405′ 0″ (oa); 386′6″ (wl);
Beam: 51′ 6″;
Draft: 16′ 8″ (mean); --′--″ (max.).

III. ARMAMENT:

No.	Cal.	Mark	Elev.	Range (yds.)	Ceil. (ft.)	Proj. Wt.
4	5″.5/50	-----	30°	20.7	-----	84#
2	3″/40	3	85°	11.6	20.0	14.5#

-- --mm.
-- --″ T. T. .... re-loads.
-- Mines .... D. Chgs.
1 catapult; 2 scout observation planes.

V. PROPULSION:

	Speed (knots)	Endurance	H. P.	R. P. M.
Designed:	20.0	--,---	9,000	---------
Full:	--.--	--,---	--,---	---------
Max. Sust:	--.--	--,---	--,---	---------
Cruising:	--.--	--,---	--,---	---------
Econ:	--.--	--,---	--,---	---------

Drive: Turbines, geared; Screws: --.
Fuel: --; Capacity: --,--- tons (max.).

VI. REMARKS:

One or more units of the same or similar design may exist.

1944年7月発行の「日本海軍の統計的情報」(ONI-222J)掲載の「沖島」。要目の一部に準同型艦「津軽」との混交が見られるが、兵装や艦形図の巨大な後檣、2基の機雷投下軌道(「津軽」は4基)といった特徴は「沖島」のものだ。なお、「沖島」は1942年5月12日、米潜水艦の雷撃によりブカ島方面で沈没している。

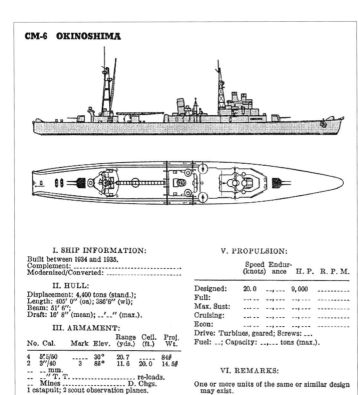

第五章

潜水艦

Submarine

米英では日本海軍が建造した潜水艦に関する情報取得が試みられたが、潜水艦という兵器の特性上、その性能把握は難しく、より正確かつ詳細な情報が得られたのはマリアナ諸島攻略により米軍が日本海軍の資料を獲得した後だった。また、終戦間際に戦力化された潜特型（伊四百型）など「潜水空母」は米海軍を刺激し、その技術調査と評価が精力的に行われるとともに、一部は戦後に計画された米潜水艦の設計に影響を及ぼしたとも言われる。

昭和17年（1942年）4月頃、ペナン島における伊号第十潜水艦。新巡潜型の巡潜甲型（伊九型）の二番艦として建造された。

初出一覧

海大型・巡潜型・新巡潜型	ミリタリー・クラシックス VOL.71
新海大型・潜特型・巡潜甲型改二・潜高型	同 VOL.73

海大型・巡潜型・新巡潜型

第一次大戦終結から戦間期における日本潜水艦に関する情報の変遷

第一次大戦が終わった段階で、ドイツ潜水艦の活躍等に刺激を受けた日本海軍が、潜水艦隊の拡充を進めていることは、英米を含む主要海軍国で既に把握されていた。この時期にはまだ、日本は潜水艦の独自設計能力および建造技術を自国で完全に確立していなかったが、第一次大戦後にはドイツからの賠償艦取得を含めて、海外からの各種技術の取得を貪欲に進めて、自国内での必要な技術確立を図りつつあることも認識されていた。

だが、『ジェーン海軍年鑑』の1924年版に「現在建造が進んでいる日本の新型潜水艦各型に関する詳細情報はほとんど得られていない」と書かれたように、戦間期における日本の潜水艦の情報取得は基本的に困難なことも確かだった。

その中でも1920年代中期には、日本海軍では海軍独自の設計艦として、「海軍型（Kaigun Type）」と呼ばれる1500トン級の一等潜水艦（海大型）と700〜800トン級の二等潜水艦（海中型）の整備が行われていることが海外で察知されていた。

このうち二等潜水艦は、シュナイダー系列に所以する海中型のほか、ヴィッカーズ社の技術指導を受けて、三菱が建造する一連のL型潜水艦の整備が進められていることが認識されていた（900〜998トン：L1型〜L3型は三菱・ヴィッカーズ型、L4型は三菱型と呼称された）。また、一等潜水艦については、第一次大戦後にドイツから得た情報及び技術を元にして、「川崎建造艦」と呼ばれた巡潜型／機雷潜等の諸艦が、川崎造船所で建造されていることも把握していた。

このような状況を考慮しつつ、それからやや時代が下がった1931年版の『ジェーン年鑑』を

海大四型（伊百六十二型）の伊号第六十一潜水艦。開戦前の1941年（昭和16年）10月2日に特設砲艦との衝突事故で沈んだ。（写真／Kanda1010031）

海大四型（伊百六十二型）
排水量（基準／水中）:1,635トン／2,300トン、全長:97.70m、幅:7.80m、吃水:4.83m、軸馬力（水上／水中）:6,000hp／1,800hp、速力（水上／水中）:20.0ノット／8.5ノット、航続距離（水上／水中）:10ノットで10,800浬／3ノットで60浬、発射管　53cm魚雷発射管4門（艦首）・2門（艦尾）、魚雷搭載数:14本、備砲:12cm単装高角砲1基、7.7mm機銃1基、安全潜航深度:60m、乗員:58名

海大六型a（伊号百六十八型）の伊号第六十八潜水艦。1942年（昭和17年）5月20日に伊第百六十八潜水艦へ改名された。

海大六型a（伊百六十八型）
排水量（基準／水中）:1,400トン／2,440トン、全長:104.70m、幅:8.20m、吃水:4.58m、軸馬力（水上／水中）:9,000hp／1,800hp、速力（水上／水中）:23.0ノット／8.2ノット、航続距離（水上／水中）:10ノットで14,000浬／3ノットで65浬、発射管:53cm魚雷発射管4門（艦首）・2門（艦尾）、魚雷搭載数:14本、備砲:10cm単装高角砲1基、13mm機銃1基、7.7mm機銃1基、安全潜航深度:70m、乗員:68名

巡潜三型（伊七型）の伊号第八潜水艦。第二次大戦中、遣独潜水艦作戦で日独間の往復に成功したことで知られる。

巡潜三型（伊七型）
排水量（基準／水中）:2,231トン／3,583トン、全長:109.30m、幅:9.10m、吃水:5.26m、軸馬力（水上／水中）:11,200hp／2,800hp、速力（水上／水中）:23.0ノット／8.0ノット、航続距離（水上／水中）:16ノットで14,000浬／3ノットで60浬、発射管:53cm魚雷発射管6門（艦首）、魚雷搭載数:20本、備砲:14cm連装砲1基、13cm連装機銃1基、安全潜航深度:100m、乗員:100名

巡潜乙型（伊十五型）の伊号第二十六潜水艦。空母「サラトガ」撃破（1942年8月31日）、軽巡「ジュノー」撃沈（同年11月13日）の戦果を挙げた。

巡潜乙型（伊十五型）
排水量（基準／水中）:2,198トン／3,654トン、全長:108.7m、幅:9.30m、吃水:5.14m、軸馬力（水上／水中）:12,400hp／2,000hp、速力（水上／水中）:23.6ノット／8.0ノット、航続距離（水上／水中）:16ノットで14,000浬／3ノットで96浬、発射管:53cm魚雷発射管6門（艦首）、魚雷搭載数:17本、備砲:14cm単装砲1基、25cm連装機銃1基、安全潜航深度:100m、乗員:94名

見ると、中々に興味深いものがある。

これによれば、英米で日本潜水艦の一等潜水艦には「川崎建造艦」の巡潜型と機雷潜型、試作艦2隻（伊五十一潜／伊五十二潜）を含めて、整備予定の一型式を含む「海軍型」4型式（海大一型／二型／三型／五型の各型）と、そして何故か「三菱型」扱いとなった海大四型の各型式があるとされている。そして二等潜水艦は、「海軍型」（海中一型〜四型）、二型に大別される「三菱型」および「三菱・ヴィッカーズ型」、また、機雷潜と誤解された特中型を指す「川崎型」と、なお艦籍にあった「川崎・ローレンチ型」（呂一型）の合計4型が就役中として扱われている。

これらの艦の要目に関する情報は、燃料搭載量は把握されていない、もしくは過大評価されている艦が少なくなく、このため、海大型がすべて1万6000浬以上の航続距離を持つと推測されるなど、明らかな誤解も散見されるが、大部分の艦については、艦の規模や兵装面では当たらずともそれなりの数字が記載され、概ね正確な機関出力が把握されていたこともあって、各艦の速力表記も海大三型が水上19ノット、水中9／10ノットとされたことを含めて、それなりの確度がある数字が並んでいる。

これらの記載を見れば、海外でもこの時期までは、日本潜水艦について相応の確度のある情報が取れていたことが窺えよう。

1930年代末から太平洋戦争開戦まで

だがこの後、日本の新型潜水艦の情報取得は、より難度が高いものとなっていった。

これはロンドン条約締結後の漸減作戦構想の見直しに伴い、潜水艦への要求が大きく変化した後の、1939年版の『ジェーン年鑑』を見れば明らかだ。この時期の日本の大型潜水艦は米戦艦に対する戦術的機動性の優位を取るため、水上高速性能の付与に腐心しているが、同年版の『ジェーン年鑑』に掲載された新型艦各型にはそのような記載は無く、機関関係及び速力は以前の艦に準じたものが記されているに過ぎなかった。

その中でも巡潜型の二型までは、それなりの情報が記載されており、「試作型」とされた伊五潜のカタパルト装備後の写真が掲載されるなど見るべき点もある。だが、この時期、巡潜型の最新鋭艦だった巡潜三型については、兵装等はそれなりの内容の情報が記載されているものの、巡潜二型より全長が12m以上大型化したとされる一方で、排水量は巡潜二型と大差ない数値とされるなど、不正確な表記も多く見受けられる。

また、㊂計画で甲乙丙の三型式が整備された新巡潜型についても、伊九潜以降の16隻全艦が同型とされたのに加え、詳細な要目は一切なしという、情報が取れていないのがよく分かる表記がなされている。

その一方で、「航洋型」こと「海軍型」（海大型系列）で新たに加わった海大五型と六型のうち、前者は首肯できる要目が記されており、要目差から「伊68型」と「伊71型」に分けて表記された後者も、艦の規模や兵装は概ね正確なものが記載されていた。ただし、海大六型の速力表記は先述のように不正確で、またこの両型を含むすべての海大型で航続力が過大評価されていたのは、以前と同様であった。

同年鑑の1941年版では、新巡潜型に属する15隻のうち、5隻は「伊16型」として整備されているという新情報の記載がなされた点は、注目すべきところだ。ここで掲載された「伊16型」の性能表記は、水上速力表記が20ノットと低くされているのを除けば、比較的信頼できる情報に当たったようで、艦の規模および兵装面では近い数字が出ており、そのためもあって「伊16型」が「過去に建造された日本海軍最大の潜水艦」という表記もなされている（実際には甲型の方が大きいのだが）。

一方で伊六潜以降の他の巡潜型は「改伊5型」にまとめられ、その中で伊七潜以降の各艦は、本来なら新巡潜型の甲型／乙型となる艦を含めて、基本的に巡潜三型に準ずる艦とされるなど、情報が不正確なのは相変わらずだった。

対して「海軍型」は「伊71型」に準じた新型艦

（海大七型／新海大型）13隻が追加建造の予定とされた以外、特に追加情報はなく、他の「機雷潜型」「沿岸型」も特に追加された項目はなかった。

太平洋戦争開戦後の日本潜水艦に関する情報取得

太平洋戦争開戦時点で、主敵となった米海軍にしても、日本海軍の潜水艦について『ジェーン年鑑』以上の情報を有していたわけではなかった。これは１９４１年12月29日に出された「日本艦艇識別帳（ＦＭ30‐58）」の中で、海大四型と海大五型を同型とする、巡潜一型改から巡潜三型までをすべて同型艦とする等の誤解が生じていることを除けば、要目等の表記が基本的に『ジェーン年鑑』の数値と同様であったことから窺える。

ただし、外形面の把握については、誤解もあったが、より詳細に行われており、その面での努力が払われていたことが窺われる。なお、戦前の米海軍資料では、「海軍型」等の『ジェーン年鑑』式の型式表記等を使用する例があったが、混乱を避けるためか、同資料では「伊ＸＸ型（Ｉ‐xx Class）」「呂ＸＸ型（Ｒｏ‐xx Class）」表記とされ、これは以後の資料でも継承されている。

この後も潜水艦関係の情報が不正確な状況は中々改善されなかったが、日本軍占領地への米軍反攻が始まった１９４３年末以降から改善を見せるようになり、かつて第六艦隊（先遣部隊）司令部があったクェゼリンの攻略後から約２カ月を経た１９４４年４月13日に発行された「日本海軍の潜水艦（ＯＮＩ‐２２０Ｊ）」および「日本海軍潜水艦の搭載装備（ＯＮＩ‐２２０ＪＥ）」で大きな改善を見る。

この両資料では、巡潜一型から新巡潜型の甲型／丙型まで、概ね肯首できる艦の規模と兵装の記載がなされた。また、機関関係の要目も巡潜一型と二型以外の巡潜型のディーゼル主機の出力表記が相変わらずおかしいものの、速力、水上航続力の表記は何故か概ね実艦に近い表記がなされるなど、かなり正確性が増した数値が並んでいる。

海大型も、六型後期艦の潜航深度増大が把握さ

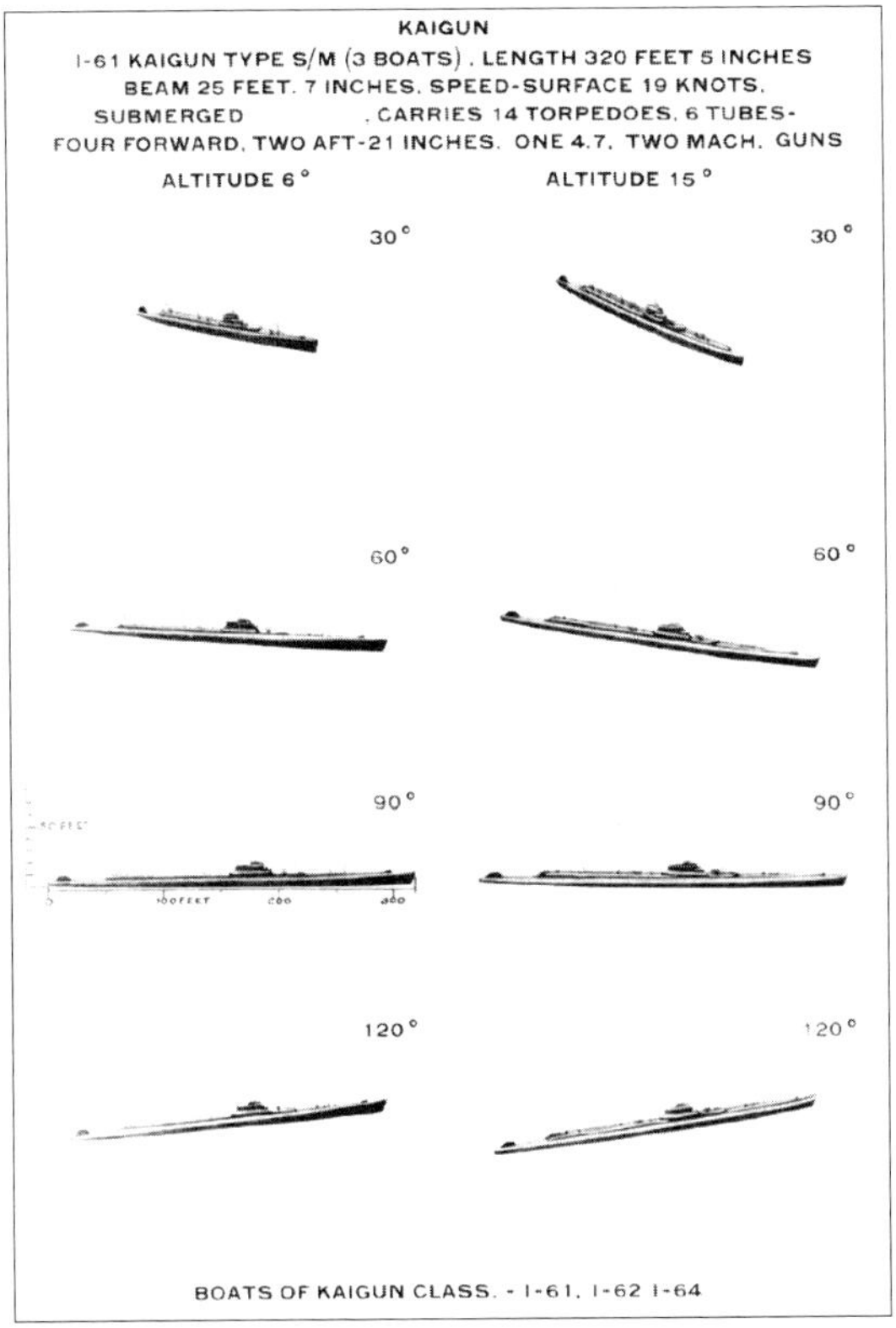

戦前の米海軍識別表に見られる、「海軍型」伊61（海大四型）の資料。諸元は当時の『ジェーン年鑑』と共通で、全長320フィート5インチ（約97.7m）、幅25フィート7インチ（約7.80m）はいずれも正しい数値で、水上速力19ノット（実際は20ノット）もほぼ正鵠を射ている。ただし、航続距離は実艦の10ノットで10,800浬（水上）に対し、16,000浬としている。

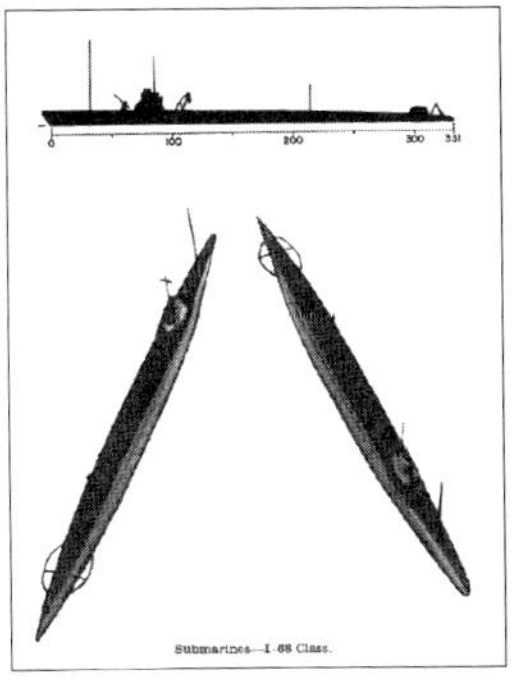

I-68
I-69
I-70

Description: Displacement: 1,400 tons.
Length: 331 feet.
Beam: 27 feet.
Draft: 13 feet.
Speed: 20 knots, surface.
9 knots, submerged.
Guns: 1—4-inch.
1—machine gun.
Torpedo tubes: 6—21-inch.

1941年12月29日発行「日本艦艇識別帳」（FM30-58）に見られる「伊68型」（海大六型a）。排水量1,400トンは正確で、全長331フィート（約100.89 m）、幅29フィート（約8.23m）、兵装は概ね正しい。ただし、水上速力は20ノット（実艦は23ノット）としている。

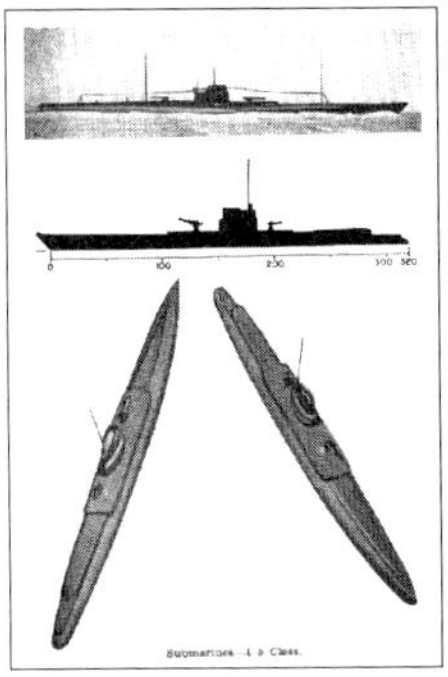

I-5—1,955 tons.
I-6—1,900 tons.
I-7—1,950 tons.
I-8—1,950 tons.

Description: Displacement: as above.
Length: 320 feet (last two, 357 feet).
Beam: 30 feet.
Draft: 15 feet.
Speed: 17 knots, surface.
9 knots, submerged.
Guns: 2—5-inch on I-5 and I-6.
2—5.5-inch on I-7 and I-8.
Each ship has 2 AA machine guns.
Torpedo tubes: 6—21-inch.

1941年12月29日発行「日本艦艇識別帳」（FM30-58）に見られる「伊5型」。「伊5型」として一型式にまとめられているが、実際には、伊五が巡潜一型改、伊六が巡潜二型、伊七と伊八が巡潜三型として建造された。水上速力はまとめて19ノットと記載されているが、実際には巡潜二型で21.3ノット、巡潜三型で23.0ノットを発揮可能で、相違が見られる。また、排水量（水上）も巡潜二型の1,900トンは正しいものの、巡潜一型改の2,080トン（1,955トンと記載）、巡潜三型の2,231トン（1,950トンと記載）は過小に評価している。

れていないことや、新型艦の機関出力表記が相変わらずな点を除けば、速力表記を含めてそれなりに頷ける数値と情報が記載されている。さらに、機雷潜や呂号各型も㈣計画以降で整備された中型や小型等の新しい艦まで、同様に相応の内容の情報が記されていた。

この資料の発行時には、日本潜水艦の設計関連資料や、公試時の資料に基づく運動性能等の資料も入手できていたようで、「日本海軍潜水艦の搭載装備（ONI‐220JE）」の中では、これらに関する考察もなされている。それによれば、日本潜水艦の設計は「第一次大戦後に入手したドイツ潜水艦の情報を元にしており」、「他国の新型潜水艦に比べると、居住区画が狭くて南洋方面での運用に適さない面があり、司令塔や発令所の配置も劣る面がある」といった指摘がなされている。船体は大半の艦で複殻式が採用されており、一部の艦を除けば鋲接構造で建造されていることから、溶接構造を用いる米やドイツの潜水艦に比べて爆雷攻撃時の抗堪性が低く、過大な燃料漏れを起こすことや、船体損傷が生じやすいとも評された。

運動性の評価では、ドイツのⅦ型Uボートとの比較が行われており、その中で日本潜水艦はⅦ型に比べて急速潜航秒時が大きく劣るのに加えて、潜没時の沈降率も伊号の場合でⅦ型の約半分、旧式の呂号は約6割程度に過ぎないとし、これは実際に日本潜水艦と交戦した対潜艦艇からの報告からも裏付けられるとしている（実のところ、これは日本海軍でも㈡計画までの伊号で大きな問題と見なされていた点だった）。水中での旋回率も伊号はⅦ型の半分、呂号の大半は伊号同程度に悪いとされた（これは㈣計画で整備された海大七型ですら、艦の規模が近い米のバラオ級より旋回率が大きく劣っていたように、戦時中の日本の潜水艦の共通した欠点とも言える問題だった）。「呂一〇〇型（小型）を除けば」基本的に水中運動性能が低いことと、続いて記された「安全深度が米独の潜水艦に劣る（圧壊深度はこの限りにあらず）」ことが欠点という厳しい評価は、いずれ

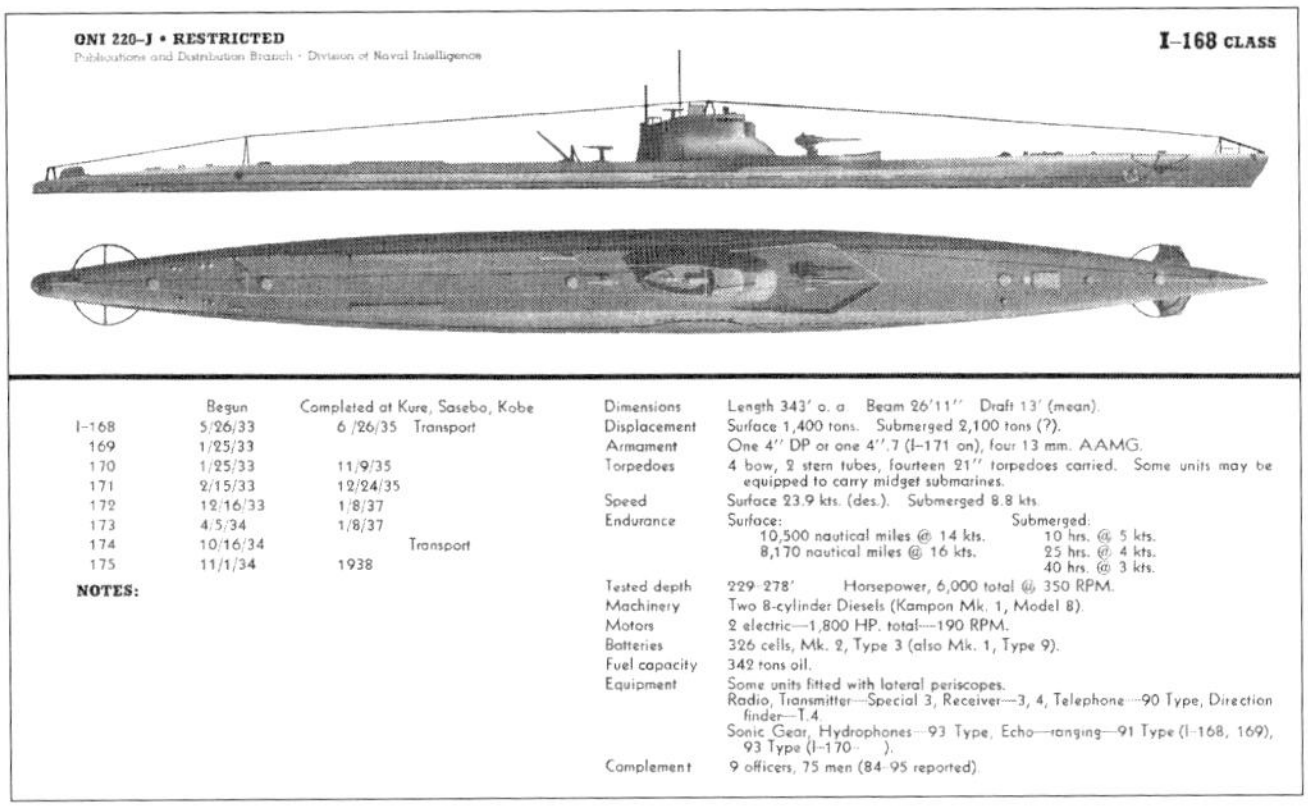

ONI 220-J • RESTRICTED
Publications and Distribution Branch • Division of Naval Intelligence

I–168 CLASS

	Begun	Completed at Kure, Sasebo, Kobe	
I–168	5/26/33	6/26/35	Transport
169	1/25/33		
170	1/25/33	11/9/35	
171	2/15/33	12/24/35	
172	12/16/33	1/8/37	
173	4/5/34	1/8/37	
174	10/16/34		Transport
175	11/1/34	1938	

NOTES:

Dimensions	Length 343′ o. a. Beam 26′11″ Draft 13′ (mean).
Displacement	Surface 1,400 tons. Submerged 2,100 tons (?).
Armament	One 4″ DP or one 4″.7 (I–171 on), four 13 mm. AAMG.
Torpedoes	4 bow, 2 stern tubes, fourteen 21″ torpedoes carried. Some units may be equipped to carry midget submarines.
Speed	Surface 23.9 kts. (des.). Submerged 8.8 kts.
Endurance	Surface: 10,500 nautical miles @ 14 kts. 8,170 nautical miles @ 16 kts. Submerged: 10 hrs. @ 5 kts. 25 hrs. @ 4 kts. 40 hrs. @ 3 kts.
Tested depth	229–278′ Horsepower, 6,000 total @ 350 RPM.
Machinery	Two 8-cylinder Diesels (Kampon Mk. 1, Model 8).
Motors	2 electric—1,800 HP. total—190 RPM.
Batteries	326 cells, Mk. 2, Type 3 (also Mk. 1, Type 9).
Fuel capacity	342 tons oil.
Equipment	Some units fitted with lateral periscopes. Radio, Transmitter—Special 3, Receiver—3, 4, Telephone—90 Type, Direction finder—T.4. Sonic Gear, Hydrophones—93 Type, Echo—ranging—91 Type (I–168, 169), 93 Type (I–170–).
Complement	9 officers, 75 men (84–95 reported).

1944年4月13日発行「日本海軍の潜水艦」(ONI-220J)掲載の「伊168型」(海大六型a)。機関(実艦は艦本式ディーゼル一号甲八型ディーゼル2基)や安全潜航深度229フィート(約69.8m)～278フィート(約84.7m)(実艦は70～75m)といった詳細情報は、日本側資料の入手により取得したものと推察される。

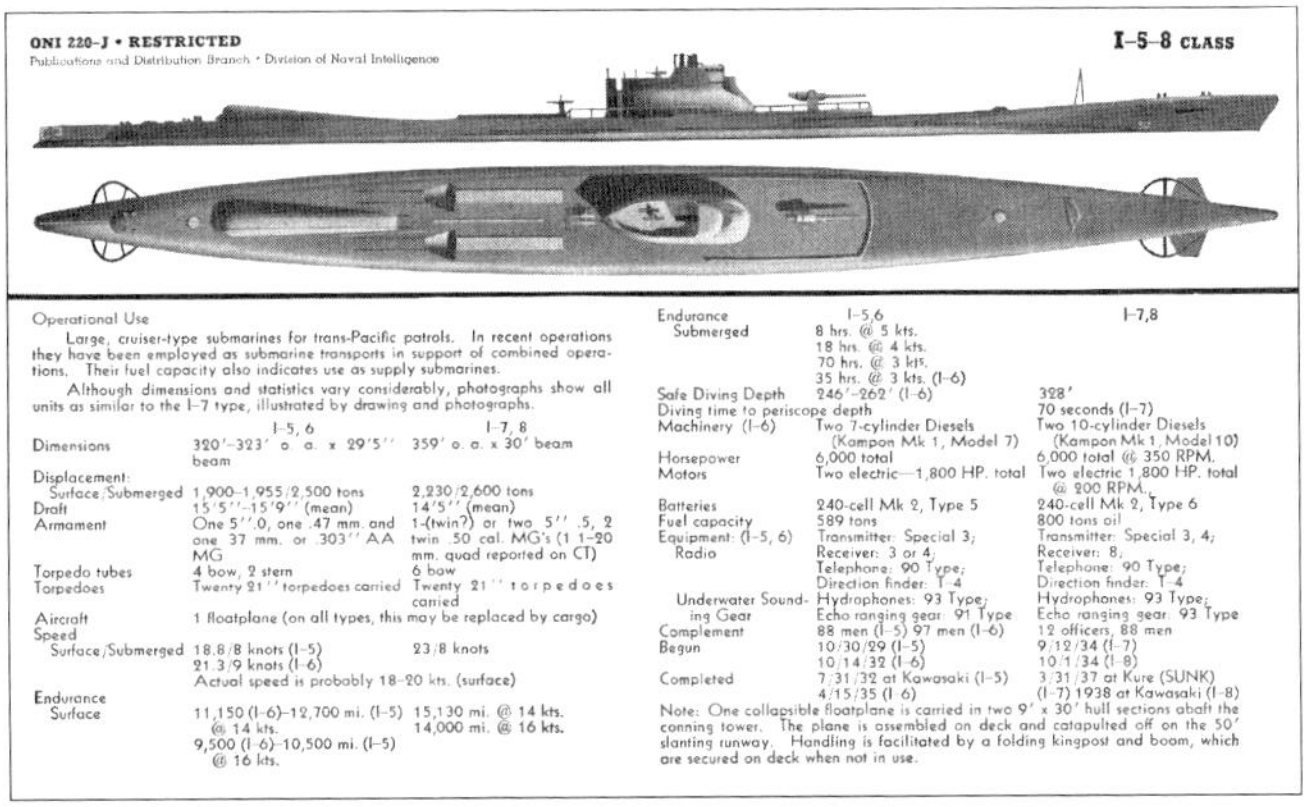

ONI 220-J • RESTRICTED
Publications and Distribution Branch • Division of Naval Intelligence

I–5–8 CLASS

Operational Use

Large, cruiser-type submarines for trans-Pacific patrols. In recent operations they have been employed as submarine transports in support of combined operations. Their fuel capacity also indicates use as supply submarines.

Although dimensions and statistics vary considerably, photographs show all units as similar to the I–7 type, illustrated by drawing and photographs.

	I–5, 6	I–7, 8
Dimensions	320′–323′ o. a. x 29′5″ beam	359′ o. a. x 30′ beam
Displacement: Surface/Submerged	1,900–1,955/2,500 tons	2,230/2,600 tons
Draft	15′5″–15′9″ (mean)	14′5″ (mean)
Armament	One 5″.0, one .47 mm. and one 37 mm. or .303″ AA MG	1-(twin?) or two 5″ .5, 2 twin .50 cal. MG's (1 1–20 mm. quad reported on CT)
Torpedo tubes	4 bow, 2 stern	6 bow
Torpedoes	Twenty 21″ torpedoes carried	Twenty 21″ torpedoes carried
Aircraft	1 floatplane (on all types, this may be replaced by cargo)	
Speed Surface/Submerged	18.8/8 knots (I–5) 21.3/9 knots (I–6) Actual speed is probably 18–20 kts. (surface)	23/8 knots
Endurance Surface	11,150 (I–6)–12,700 mi. (I–5) @ 14 kts. 9,500 (I–6)–10,500 mi. (I–5) @ 16 kts.	15,130 mi. @ 14 kts. 14,000 mi. @ 16 kts.
Endurance Submerged	8 hrs. @ 5 kts. 18 hrs. @ 4 kts. 70 hrs. @ 3 kts. 35 hrs. @ 3 kts. (I–6)	
Safe Diving Depth	246′–262′ (I–6)	328′
Diving time to periscope depth		70 seconds (I–7)
Machinery (I–6)	Two 7-cylinder Diesels (Kampon Mk 1, Model 7)	Two 10-cylinder Diesels (Kampon Mk 1, Model 10)
Horsepower	6,000 total	6,000 total @ 350 RPM.
Motors	Two electric—1,800 HP. total	Two electric 1,800 HP. total @ 200 RPM.
Batteries	240-cell Mk 2, Type 5	240-cell Mk 2, Type 6
Fuel capacity	589 tons	800 tons oil
Equipment: (I–5, 6) Radio	Transmitter: Special 3; Receiver: 3 or 4; Telephone: 90 Type; Direction finder: T–4	Transmitter: Special 3, 4; Receiver: 8; Telephone: 90 Type; Direction finder: T–4
Underwater Sounding Gear	Hydrophones: 93 Type; Echo ranging gear: 91 Type	Hydrophones: 93 Type; Echo ranging gear: 93 Type
Complement	88 men (I–5) 97 men (I–6)	12 officers, 88 men
Begun	10/30/29 (I–5) 10/14/32 (I–6)	9/12/34 (I–7) 10/1/34 (I–8)
Completed	7/31/32 at Kawasaki (I–5) 4/15/35 (I–6)	3/31/37 at Kure (SUNK) (I–7) 1938 at Kawasaki (I–8)

Note: One collapsible floatplane is carried in two 9′ x 30′ hull sections abaft the conning tower. The plane is assembled on deck and catapulted off on the 50′ slanting runway. Handling is facilitated by a folding kingpost and boom, which are secured on deck when not in use.

1944年4月13日発行「日本海軍の潜水艦」(ONI-220J)に収録された、「伊5～8型」の識別表。伊七、伊八の排水量(水上)が2,230トンと正しいものとなり、速力も水上23ノット／水中8ノットと実際の数値が記載されている。

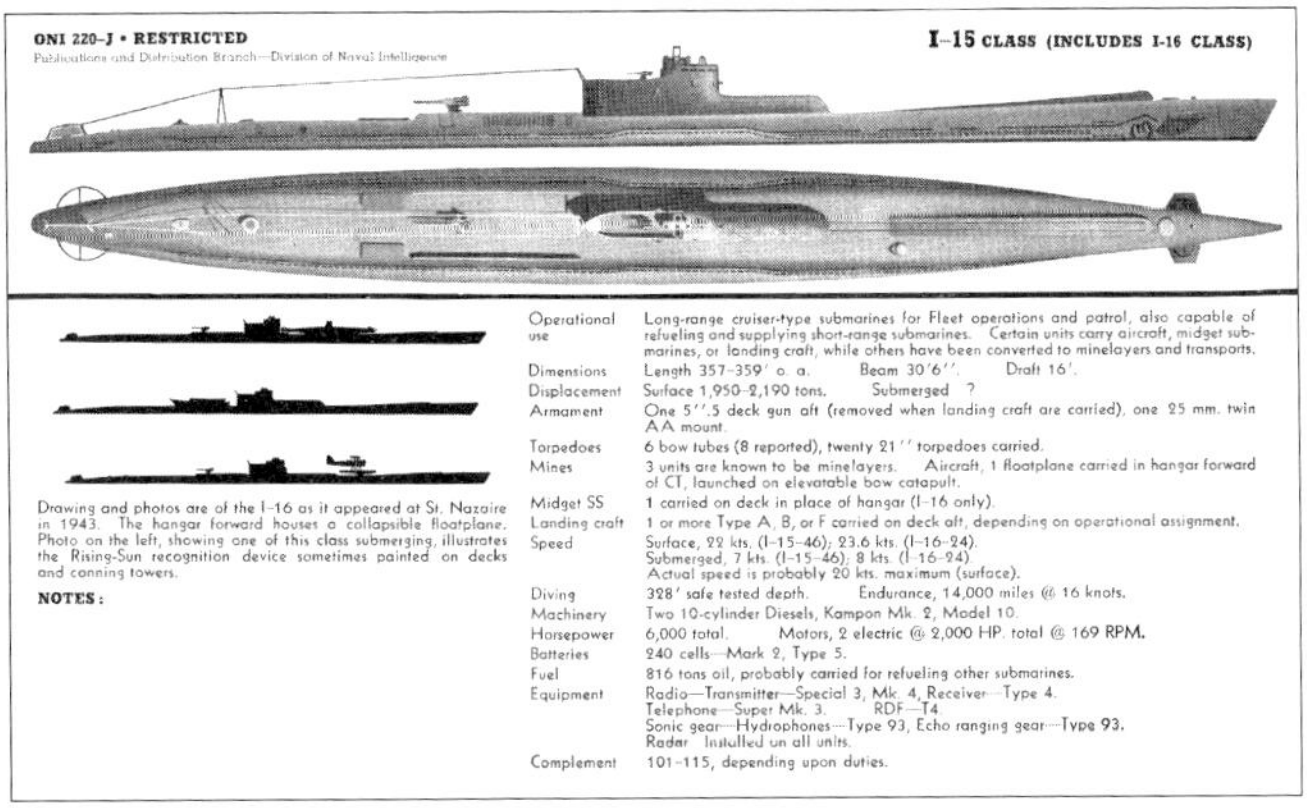

ONI 220-J • RESTRICTED
Publications and Distribution Branch—Division of Naval Intelligence

I–15 CLASS (INCLUDES I-16 CLASS)

Drawing and photos are of the I–16 as it appeared at St. Nazaire in 1943. The hangar forward houses a collapsible floatplane. Photo on the left, showing one of this class submerging, illustrates the Rising-Sun recognition device sometimes painted on decks and conning towers.

NOTES:

Operational use	Long-range cruiser-type submarines for Fleet operations and patrol, also capable of refueling and supplying short-range submarines. Certain units carry aircraft, midget submarines, or landing craft, while others have been converted to minelayers and transports.
Dimensions	Length 357–359′ o. a. Beam 30′6″. Draft 16′.
Displacement	Surface 1,950–2,190 tons. Submerged ?
Armament	One 5″.5 deck gun aft (removed when landing craft are carried), one 25 mm. twin AA mount.
Torpedoes	6 bow tubes (8 reported), twenty 21″ torpedoes carried.
Mines	3 units are known to be minelayers. Aircraft, 1 floatplane carried in hangar forward of CT, launched on elevatable bow catapult.
Midget SS	1 carried on deck in place of hangar (I–16 only).
Landing craft	1 or more Type A, B, or F carried on deck aft, depending on operational assignment.
Speed	Surface, 22 kts. (I–15–46); 23.6 kts. (I–16–24). Submerged, 7 kts. (I–15–46); 8 kts. (I–16–24). Actual speed is probably 20 kts. maximum (surface).
Diving	328′ safe tested depth. Endurance, 14,000 miles @ 16 knots.
Machinery	Two 10-cylinder Diesels, Kampon Mk. 2, Model 10.
Horsepower	6,000 total. Motors, 2 electric @ 2,000 HP. total @ 169 RPM.
Batteries	240 cells—Mark 2, Type 5.
Fuel	816 tons oil, probably carried for refueling other submarines.
Equipment	Radio—Transmitter—Special 3, Mk. 4, Receiver—Type 4. Telephone—Super Mk. 3. RDF—T4. Sonic gear—Hydrophones—Type 93, Echo ranging gear—Type 93. Radar Installed on all units.
Complement	101–115, depending upon duties.

「日本海軍の潜水艦」(ONI-220J)の「伊15型」の頁で、(伊16型を含む)としている。伊十六型(巡潜丙型)は伊十五型(巡潜乙型)の水偵搭載能力を除いて魚雷発射管を6門から8門へ強化した型式だが、本頁では発射管門数は6門ないし8門としている。また、甲標的の運用能力は「伊16型」のみが持つとしているが、実際には伊十五型の伊二十七が備砲を撤去して甲標的を搭載、攻撃作戦に参加した例がある。

も戦争後半の連合軍の対潜攻撃下で、日本の潜水艦が苦境に立たされた要因であるだけに、充分な説得力を持つ内容と言えるものだろう（この資料には言及がないが、「日本潜水艦の水中騒音対策は、米潜に比べて一年劣る」と言われたように、水中での発生騒音レベルが米潜水艦より高いことも、この時期の米側で日本潜水艦の欠点として見なされることがあった）。

この時点で、米側が日本潜水艦の情報を把握しきったわけではないのは、両資料で新巡潜型の丙型が乙型の一型式として扱われ、乙型は丙型より速力が低いとされたことや、水中航続性能について、「日本海軍の潜水艦」では最低速力での最大水中行動能力が過大に判定されているのに対して、「日本海軍潜水艦の搭載装備」ではより実艦に近い数値が記載されるなど、誤情報の記載や情報の混乱が起きていることからも明らかだ。

しかし、両資料における日本潜水艦各型の情報についてと、日本潜水艦全体の設計および技術面の考察、また運動性能等の評価については、米側が巡潜型のⅠ型系列／Ⅱ型／Ⅲ型系列および六型までの海大型について、完全では無いが日本側の一次資料を入手した上で、それに基づく根拠のあるものと言えるのもまた確かだった。

このため、両資料を元にする考察や評価には、詳細がなお不明な面があった㊂計画以降の新型艦には当てはまらない点も一部生じていたが、その内容は日本側視点でも相応の信憑性を持つと見做せるものだった。この米側が示した日本潜水艦への厳しい評価が、太平洋戦争時の日本潜水艦に対する一般的な評価として現在も伝えられ続けているのは、このような事情が大きく影響している。

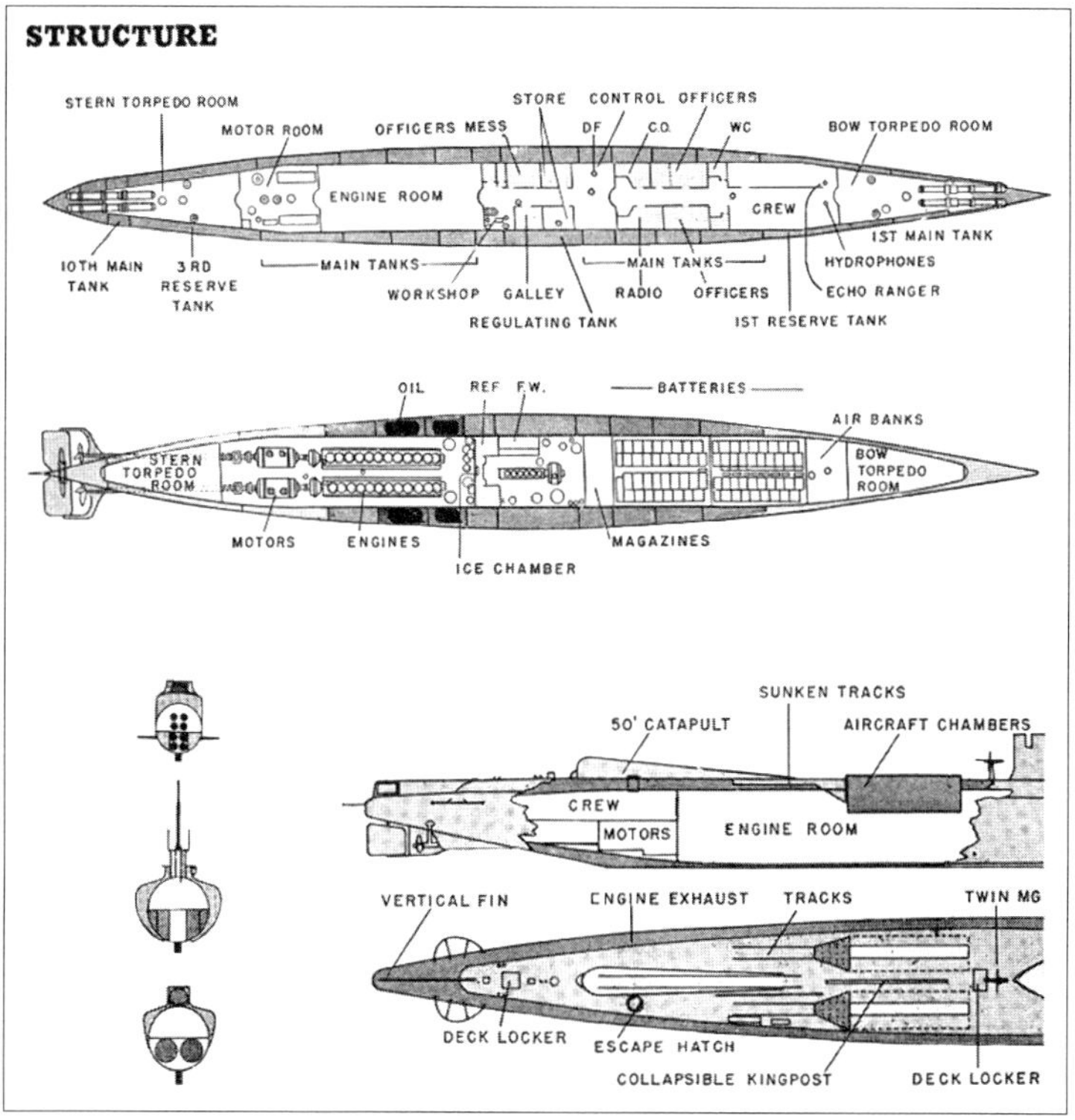

「日本海軍潜水艦の搭載装備」(ONI-220JE)に収録された、日本潜水艦の艦内配置概要図。

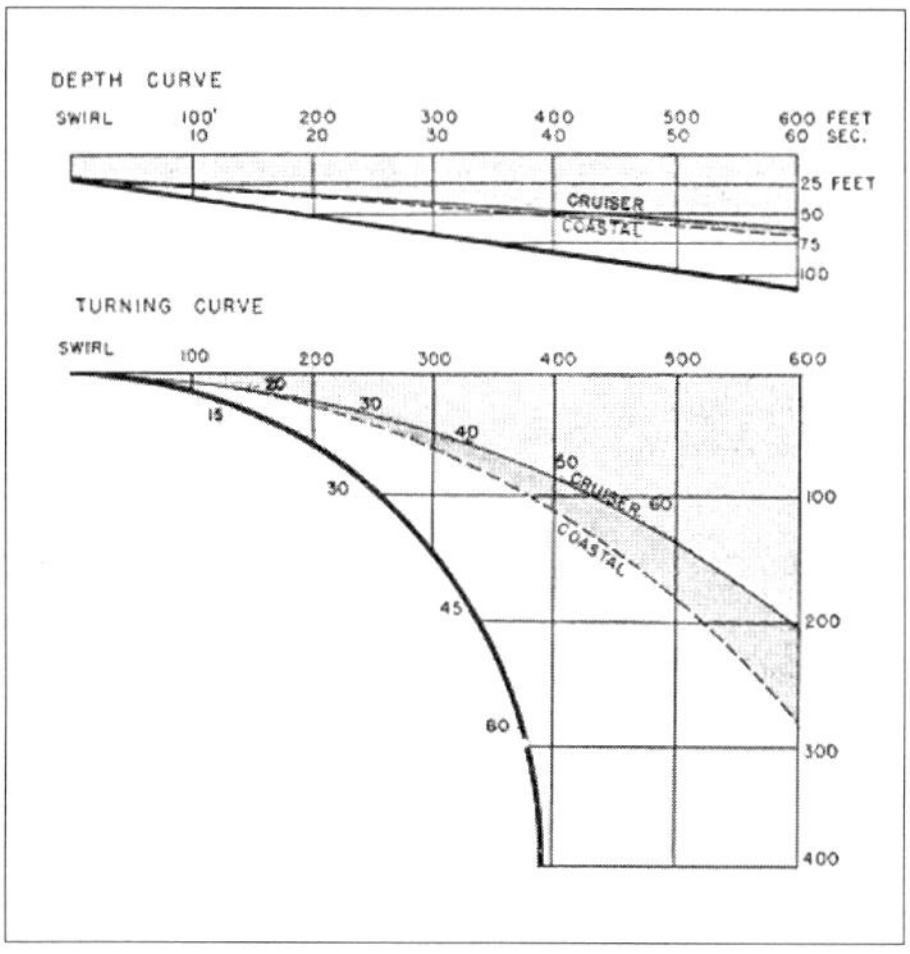

「日本海軍潜水艦の搭載装備」(ONI-220JE)に掲載された、日本潜水艦の沈降速度および旋回速度の比較図。CRUISERが伊号潜水艦、COASTALが（旧式の）呂号潜水艦、太線がUボートⅦ型を示す。伊号・（旧式の）呂号共にUボートⅦ型に見劣りするのが明白だ。ちなみに、下図の水中速力5ノット・最大舵角（30度）での旋回では、360度旋回を行うのに伊号の場合で12分、呂号の場合で10分を要すると報じられている。

新海大型・潜特型・巡潜甲型改二・潜高型

マリアナ沖海戦前後の日本海軍潜水艦の苦闘

戦時中の日本潜水艦について、相応の評価を下したと言える米海軍の公式資料「日本海軍の潜水艦（ＯＮＩ－２２０Ｊ）」が発行されてから約２カ月後の１９４４年６月中旬、マリアナ沖海戦が生起する。この戦いで一気に大損害を被った日本の潜水艦隊は（36隻中20隻を喪失）、以後も終戦まで苦しい戦いを継続していくことになる。

この時期以降の日本潜水艦の不振には、米側が作戦暗号通信の解読により潜水艦所在概略位置を把握していたことに加え、作戦行動水域の制空権確保ができずに、米側の対潜哨戒機が我が物顔で飛ぶ中での作戦実施を強要されるようになったこと、また、マリアナ沖海戦では米艦隊を捕捉するために採った「散開線」構築が、「潜水艦を１隻発見できれば、推測される散開線の線上を哨戒することで芋蔓《いもづる》式に日本の潜水艦を捕捉できる」という欠点を突かれたこと等、潜水艦の性能面よりも作戦面が大きく影響していた。

さらに、日本潜水艦は１９４４年秋頃まで有効なレーダーを持たず、対空索敵及び夜間作戦で不利になった点や、日本側でレーダー搭載が一般化した後には、これが米側の逆探（ＥＳＭ）により「闇夜の提灯」となって、米の対潜艦艇や潜水艦を日本潜水艦の位置へと誘導する一助となり、日本潜水艦の水上用電探の貧弱さ（もしくは非搭載）もあって米側に先制攻撃を許す助けとなった等の点は、この時期の日本潜水艦の弱点と見なされている。

米側による日本海軍新型潜水艦に関する情報取得

マリアナの攻略時に一層の日本海軍艦艇情報を

取得することに成功した米海軍では、1944年7月20日にそれらの内容を集約した「日本海軍に関する統計的要約（ONI‐222J）」を発行する。この中で潜水艦については、海大七型（伊百七十六型）や潜補型（伊三百五十一型）等の存在が確認されたことと共に、未確認情報として、新型の巡潜型や海大型が計画されていることを報じていた。

その後、フィリピンの奪還等、一層の情報取得の機会を得た米海軍では、1945年6月には識別帳である「日本海軍（ONI‐222J）」を発行する。潜水艦関連では、潜輸型（潜輸大型／伊三百六十一型）の存在が確認されていることと、陸軍の輸送潜水艦の㋾（三式潜航輸送艇）が捕獲されて、比較的詳細な情報が掲載されている等、目を引く点が多いが、潜補型及び潜輸型については正確な情報が得られなかったらしく、ほとんど要目面については触れられていない。

また、「日本海軍が大型の輸送を主務とする潜水艦を整備している」ことと、「以前の型の改型となる巡洋潜水艦を整備している」情報が混同して伝わったらしく、伊五十二型（巡潜丙型改／伊五十二、伊五十三）と伊五十四型（巡潜乙型改二／伊五十四、伊五十六、伊五十八）を輸送潜水艦扱いとしており、その要目は艦の排水量や全長は潜補型に近く、兵装や艦の性能は全く異なるという何を元にしたのか良く分からない記載となっている。これは、この時期でも米側が日本の艦艇情報を完全に把握できていたわけではなかったことをよく示している。

完全な新型潜水艦として「伊四百型（潜特型）」の名称が出たのも、この資料が初出となった。ただし、潜特型の情報も「新巡潜型」や「潜補型」、当時計画中の「潜丁二型（戊型）」の情報との混交が起きていたようで、排水量2500～3000トンとされたこの艦は、長距離輸送・補給作戦と（通常の）戦闘任務に従事する艦で、偵察機を恐らく搭載するとしていたように、とても正確とは言い難い情報が記載されている。

また、潜特型を補う存在として整備されるに至った新巡潜型の甲型改二（伊十三型）についても、竣工艦扱いで伊十三と伊十四があり、「伊十五／伊一（それぞれ二代目）が近日中に完成」という正確な情報も入っている一方で、艦型は旧来通りに米海軍の言う「伊9型」（伊5型の改型で、伊7型と類似の艦容を持つとされていた）とされ、要目もそれに合わせているなど、不正確な面が目立つものとなっている。

その一方で、意外なことであるが、甲型改二と潜特型について、これより正確と言える情報は『ジェーン海軍年鑑（1944‐45年版）』に掲載されている。『ジェーン』が得ていた情報は限られていたようだが、「伊400型」（1944年整備開始）については、「恐らくは試作型」としつつも、「排水量3000トン以上、全長約118・9m、水上機3機搭載」と表記すると共に、「伊14潜」については「排水量2563トン、全長114・3m、水上機2機搭載」と、相応に精度があると見なせる情報を記していた。

これは『ジェーン海軍年鑑』の編集部に、米海軍以外にそれなりの確度を持つ情報を入手できる情報源があったことを示す一例とも言えるだろう。

潜特型に対する米側からの評価

以後、米海軍はこれらの艦に関する詳細な情報を得ぬまま終戦を迎えるが、終戦から12日を経た1945年8月27日、終戦に伴い作戦行動を取り止め、日本本土へと帰還しつつあった潜特型の伊四百潜、甲型改二の伊十四潜が米側に発見され、続いて29日に伊四百一潜が発見・拿捕《だほ》されたことで、その全容を知ることになる。

洋上でこれら3艦に接した米艦の乗員が、その巨大さに仰天したという記録が残るように、これらの艦の大きさは強い印象を与えた。その一方で、横須賀に帰港の上で、米国回航の準備を始めた時（これらの艦を横須賀で米潜式の黒色塗装に変えたのは、「ニューヨークでの戦勝観艦式に、戦勝記念の戦利艦として登場させるため」と、伊十四潜の乗員は聞いたという）、米潜と比べての艦内の旧式さと、強烈な残飯の匂いが漂い、猫ぐらい

海大七型または新海大型（伊百七十六型）の一番艦、伊号第百七十六潜水艦。米軍は本型の存在を、マリアナ攻略後の日本側資料取得により確認した。

海大七型（伊百七十六型）
排水量（基準／水中）:1,630トン／2,602トン、全長:105.50m、幅:8.25m、吃水:4.60m、軸馬力（水上／水中）:8,000hp／1,800hp、速力（水上／水中）:23.1ノット／8.0ノット、航続距離（水上／水中）:16ノットで8,000浬／5ノットで50浬、発射管:53cm魚雷発射管6門（艦首）、魚雷搭載数:12本、備砲:12cm単装砲1基、25mm連装機銃1基、安全潜航深度:80m、乗員:86名

潜特型（伊四百型）の伊号第四百一潜水艦。特殊攻撃機・晴嵐3機を搭載する潜水空母で、長大な航続力と連続作戦可能日数（4カ月以上）を誇った。

潜特型（伊四百型）
排水量（基準／水中）:3,530トン／6,560トン、全長:122m、幅:12.0m、吃水:7.02m、軸馬力（水上／水中）:7,700hp／2,400hp、速力（水上／水中）:18.7ノット／6.5ノット、航続距離（水上／水中）:14ノットで37,500浬／3ノットで60浬、発射管:53cm魚雷発射管8門（艦首）、魚雷搭載数:20本、備砲:14cm単装砲1基、25mm三連装機銃3基、搭載機:特殊攻撃機 晴嵐3機、安全潜航深度:100m、乗員:157名

巡潜甲型改二（伊十三型）の伊号第十四潜水艦。潜特型の計画縮小に伴い、巡潜甲型を改造して晴嵐2機を搭載する潜水母艦として設計・建造された。

巡潜甲型改二（伊十三型）
排水量（基準／水中）:2,620トン／4,762トン、全長:113.70m、幅:11.70m、吃水:5.89m、軸馬力（水上／水中）:4,400hp／600hp、速力（水上／水中）:16.7ノット／5.5ノット、航続距離（水上／水中）:16ノットで21,000浬／3ノットで60浬、発射管:53cm魚雷発射管6門（艦首）、魚雷搭載数:12本、備砲:14cm単装砲1基、25mm三連装機銃2基、同単装1基、搭載機:特殊攻撃機 晴嵐2機、安全潜航深度:100m、乗員:108名

潜高型（伊二百一型）は水中での高速航走性能を追求し、水中での抵抗低減を企図した設計だった。終戦までに伊二百一、伊二百二、伊二百三の3隻が完成している。

潜高型（伊二百一型）
排水量（基準／水中）:1,070トン／1,450トン、全長:79.00m、幅:5.80m、吃水:5.46m、軸馬力（水上／水中）:2,750hp／5,000hp、速力（水上／水中）:15.8ノット／19.0ノット、航続距離（水上／水中）:14ノットで5,800浬／3ノットで135浬、発射管:53cm魚雷発射管4門（艦首）、魚雷搭載数:10本、備砲:25mm単装機銃2基、安全潜航深度:110m、乗員:31名

のサイズのネズミが走り回る艦内の不潔さに、米側回航員が閉口したという話が残っている。

ちなみに、この日本潜水艦の「艦内が旧式で不潔」というのは米国では意外と知られた話だったのか、SF映画の『スタートレック』の第一作が作られた時、冒頭に出てくるクリンゴン艦の内装について、特撮監督の一人だったダグラス・トランブルは、最新鋭艦で主役メカである「エンタープライズ」との対比のため、「日本の潜水艦のように旧式で、汚れた感じ」にするよう望んだという旨の回想を残している。

米側乗員による回航時には、米潜に比して「比較にならないほど挙動が鈍い」「これらの艦は艦の大きさの割に機関が弱く、舵の利きが悪いので緊急停止や回頭実施が恐ろしく難しい」「艦の構造物が巨大で、洋上航行時に風の影響を受けやすく、強風の時には極めて厄介」等、かなりの問題点が指摘された（なお、戦後の日本側からの聞き取り調査でも、「（潜特型は）大きすぎる？ その通りです」「横舵面積が不足で深度保持が難しい」等の回答を得ていたように、日本側でも潜特型の運動性には不満が持たれていた）。

艤装面でも、昇降型シュノーケルや換気システム、配電システムや圧搾空気による遠隔操作システムなど、見るべき点もあるとされたものの、全般的には米潜の方が総じて優れていると判断されている。ただ、大型潜水艦として、様々な技術的特徴を持つ潜特型は、技術的サンプルとしてしばらくは残したい艦だったようで、1隻を米艦艇として就役させることも考慮されたと言われる。

だが、ソ連がこれらの艦を検分したいと要望したことに対して、大型潜水艦の技術をソ連が入手するのを嫌った米側が処分を急いだこともあって、全艦早期に処分されてしまった。

それでも潜特型の設計は、戦後の「レギュラス」搭載型戦略巡航ミサイル潜水艦の設計の参考にされるなど、戦後に日本艦が米艦に影響を与えた数少ない例ともなっている。

潜高型に対する米側からの評価

日本海軍が艦隊決戦用の水中高速潜として期待した潜高型（潜高大型／伊二百一型）も、米側が戦時中にその存在を確認していなかった艦の一つだった。

新世代の潜水艦である水中高速潜に強い興味を持っていた米海軍は、潜高型を接収の上でハワイに回航して性能試験を行ったほか、日本における技術調査を含めて、水中高速潜用の艤装品の調査等も実施している。その中で、特徴のある水中姿勢制御方式等に興味が持たれたものの、船体設計は特徴的だが、水中高速潜としては洗練度が足りないこと、安全深度が過小で高速航行中に急激な姿勢変化が発生した場合、艦首側が容易に安全深度を超えてしまう等の問題点が指摘されている（米側からは、水中での挙動問題に加えて、設計上の安全対策の不備等もあって、「危険極まりない艦」と評価されたことがあるとも言われる）。

また、水中高速潜で使用された特D型電池の充電回数がわずか80回（米潜水艦の電池は最低でも600回）と耐久力過小な上に、充電に要する時間が過大であり、さらに大量の電池を搭載しているため、整備に難があるとされたことを含めて、各種装備にも問題があると見なされた。このためもあって、米海軍は急速にこの艦への興味を失い、ドイツの航洋型水中高速潜であるXXI型は搭載電池が消耗しきるまで各種の試験・訓練に使用されたにも関わらず、潜高型が早期に撃沈処分されたのは、このような設計や艤装に問題を抱えていた艦だったことによる。

戦後の米潜の発達に、本型は特に影響を与えていないというのが通説だ。ただし、ソ連では、戦後の水中高速潜の計画時に本型も参考例とされたとの評が、21世紀初頭に海外で出たことがある。

「くろしお」対伊百七十七潜

戦後日米の潜水艦を比較した軍事組織としては、我らが海上自衛隊もある。

海自最初の潜水艦となった旧米潜「ミンゴ」（SS‐261／ガトー級。改名して「くろしお」）

が引き渡された後、国産潜水艦設計の参考及び乗員訓練・教育等の見地から、旧日本海軍の潜水艦と米潜ではどのような差異があるか、どこに優劣点があるかについて、詳細な調査が行われている。(※)

このガトー級の同格艦で、海大型では最新艦であった海大七型に属する伊百七十七潜との比較では、日本潜水艦の方が優れている部分もあるが、総じて米潜の方が設計が合理的であり、また、日本潜水艦は装備品が故障するのを前提として予備品を積むことが艦型の大型化に影響しているが、装備の信頼性が高い米艦ではその必要が無く、これによる軽量化と艦型の小型化が可能なことが潜水艦設計で大きな利点を生じさせているなど、各部で米潜の優位性が確認された。

戦後最初の国産潜水艦である「おやしお」の設計が開始された際、「日米の設計方式・艤装方針を比較して、日米同等であれば米式を採用し、日本式を採用するのは明らかに日本式が勝る時のみ」という方針が出されたのは、海自の教育面での便宜もあるが、この調査で米式の方が設計・艤装等で優れた面が多いことが評価されたことが大きく影響している。

＊　＊　＊

前節で述べた資料の存在と、このような戦後の調査及び評価もあり、日本の潜水艦は設計を含む各種技術面で第二次大戦時の米独潜水艦に比べて総じて劣る面があるというのが、海外では定説となっている。その一方で、戦時中の日本潜水艦の象徴として扱われるようになった「潜水空母」こと潜特型については、このような大型潜水艦の整備を成功させたことを含めて、近年は米側調査による厳しい評価ではなく、より高い評価を受けるようにもなってきている。

(※)報告書の表紙に「新三菱重工　神戸造船所」とあるので、同社を調査報告の取りまとめ主務者とし、海自が報告書を受け取る形が取られたようである。

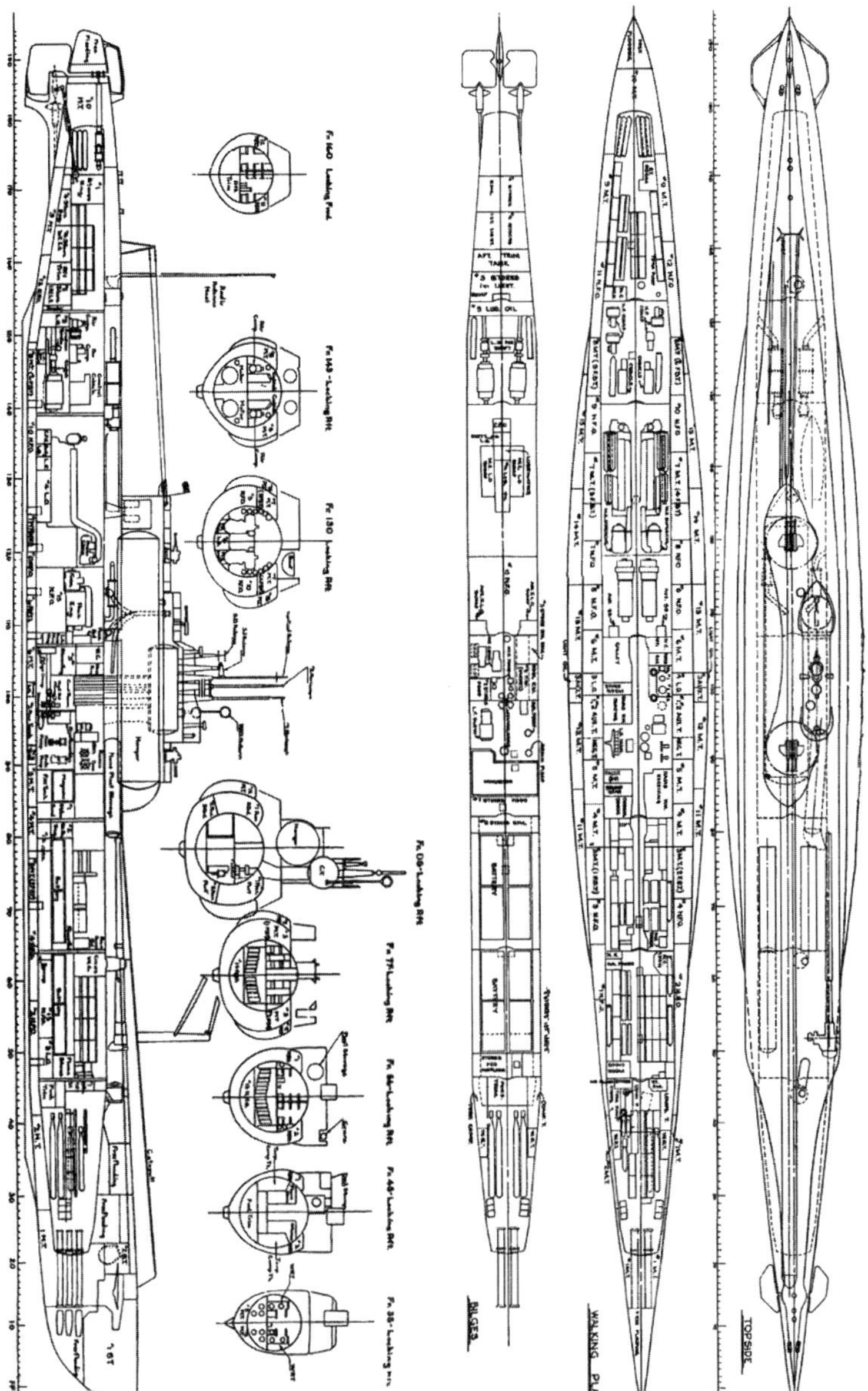

戦後の米軍調査に基づいて作成された伊十四潜の図面。艦内に特殊攻撃機・晴嵐を収容する飛行機格納筒を備え、カタパルトにより発進させる「潜水空母」である巡潜甲型改二（伊十三型）および潜特型は、米軍により詳しく調査されている。（出典／「U.S. NAVAL TECHNICAL MISSION TO JAPAN」掲載、「"INTERIGENCE TARGETS JAPAN"（DNI）OF 4 SEPT,1945／FASCICLE S-1, TARGETS S-01 AND S-05／JANUARY 1946」）

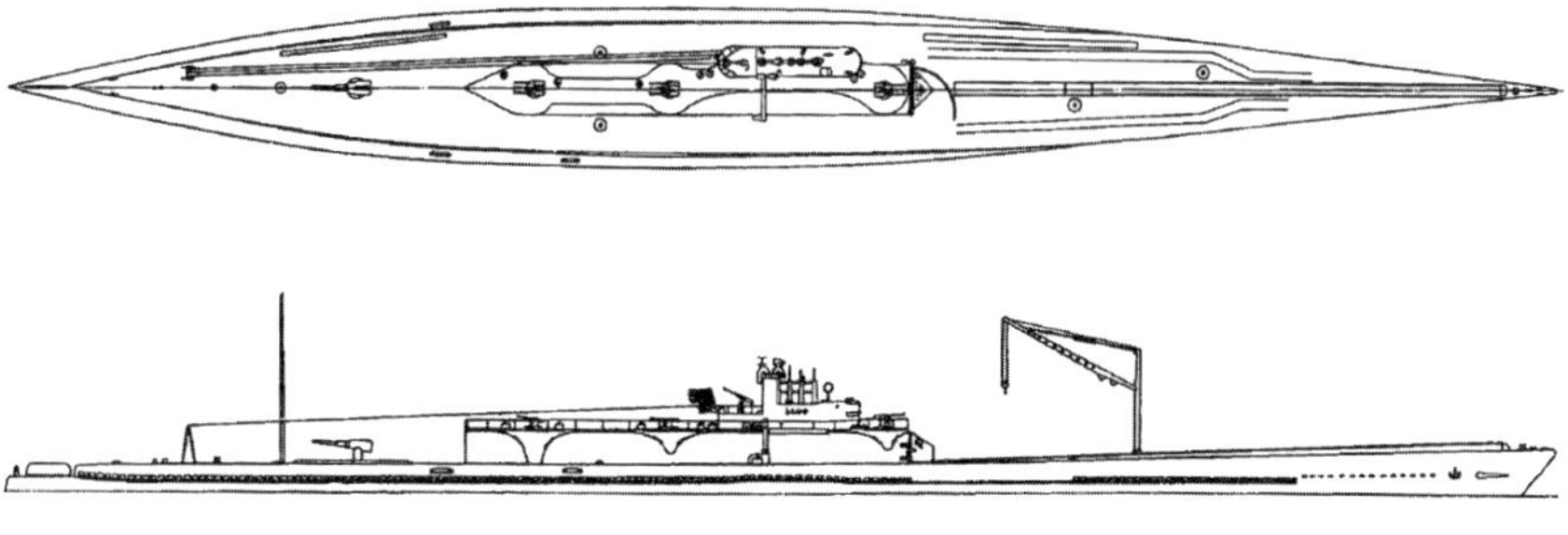

戦後の調査に基づき作成された伊四百型の図面。伊四百潜、伊四百一潜は共に1945年（昭和20年）8月29日に米軍に接収され、横須賀港に寄港、ハワイへ回航されて技術調査の対象となった。その後、両艦はハワイ沖にて実艦標的として撃沈処分されている。

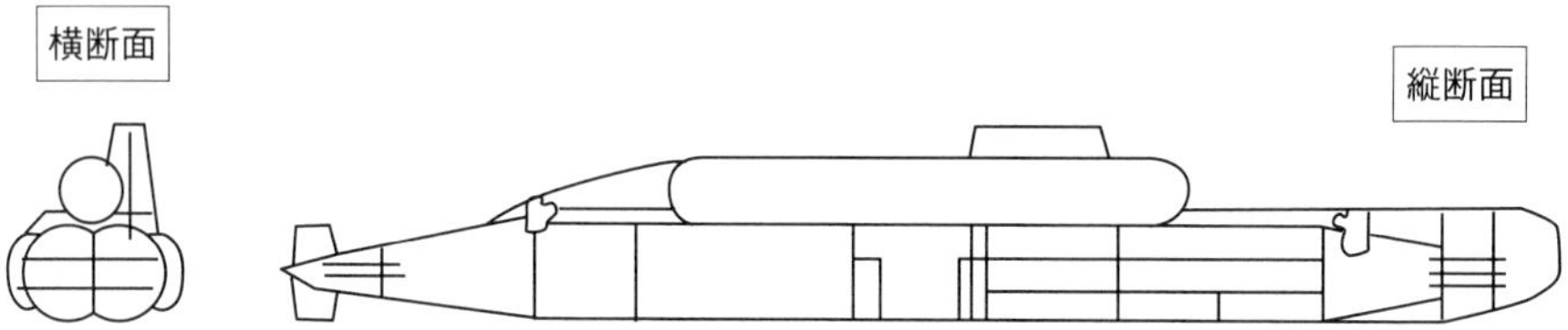

巡航ミサイル「レギュラス」を搭載する米巡航ミサイル潜水艦の断面図のスケッチ。二本の筒を並べ、横断面が眼鏡のように見える内殻を持ち、その上に円筒形のミサイル倉を備えるという設計で、これは潜特型の設計を参考としている。

(1)	(2)	(3)	(4)	(5)	(6)	(7)		(8)	(9)	(10)
	Type X No.	HP X No.	No-Type	R.P.M.	mm	(a)	(b)	Kts	m.	m.
						hrs:min	hrs:min-kts			
I - 400	22-10 X 4	400 X 2	2 - Aux.	570	260	14:00	30:00-2	3.7	1.6	2.9
I - 13	22-10 X 2	450 X 2	2 - Aux.	570	260	8:40	10:20-2	3.7	1.6	2.9
I-36,44	2-10 X 2	450 X 1	1 - Aux.	570	160	16:30	24:30-2	3.0	-	2.7
I-53,56,58	22-10 X 2	450 X 2	2 - Aux.	570	260	8:40	10:20-2	4.5	2.9	3.3
I - 351	22-10 X 2	400 X 1	1 - Aux. *1 - Main	570 300	260	14:30	18:30-2	4.0	2.9	3.6
I-361,373	23- 8 X 2	None	1 - Main	300	200	10:00	13:00-2	6.0	1.4	1.5
I - 201	Man-1 X 2	None	1 - Main	250	260	8:40	11:00-3	7.0	.3	3.3
43,46 Ro-45,50	22-10 X 2	None	1 - Main	300	260	7:00	8:20-2	6.3	.5	3.6
Ha - 101	Mid 400 X 1	None	1 - Main	415	160	5:40	17:10-2	5.0	.6	2.7
Ha - 201	Mid 400 X 1	None	1 - Main	385	160	7:40	10:00-2	7.5	.5	1.5
* This use on main engine was initial experiment for main engine application.										

戦後に米軍が調査した、日本潜水艦の水中充電装置の性能表。(1)が潜水艦の型式、(2)がエンジンの型式と搭載数、(3)がエンジン出力を示す。(7)が蓄電池の充電に要する時間で、(a)が非航行時・(b)が航行時。潜特型（I-400）では（a）が14時間、(b)が2ノットで30時間、潜高型（I-201）では（a）が8時間40分、(b)が3ノットで11時間となっている（伊二百二潜の艦長の回想によれば、同型搭載の蓄電池の最大充電電流は12時間／率。8時間／率での充電実験はなんとか成功したが、その後、同率での充電時に火災・電池焼損事故を起こした）。ちなみに、ドイツの水中高速潜であるＸＸＩ型の充電時間は、通常の停泊状態で2.5時間、6ノットでのシュノーケル航走時で6.2〜7.1時間だった（いずれも公試時記録）。

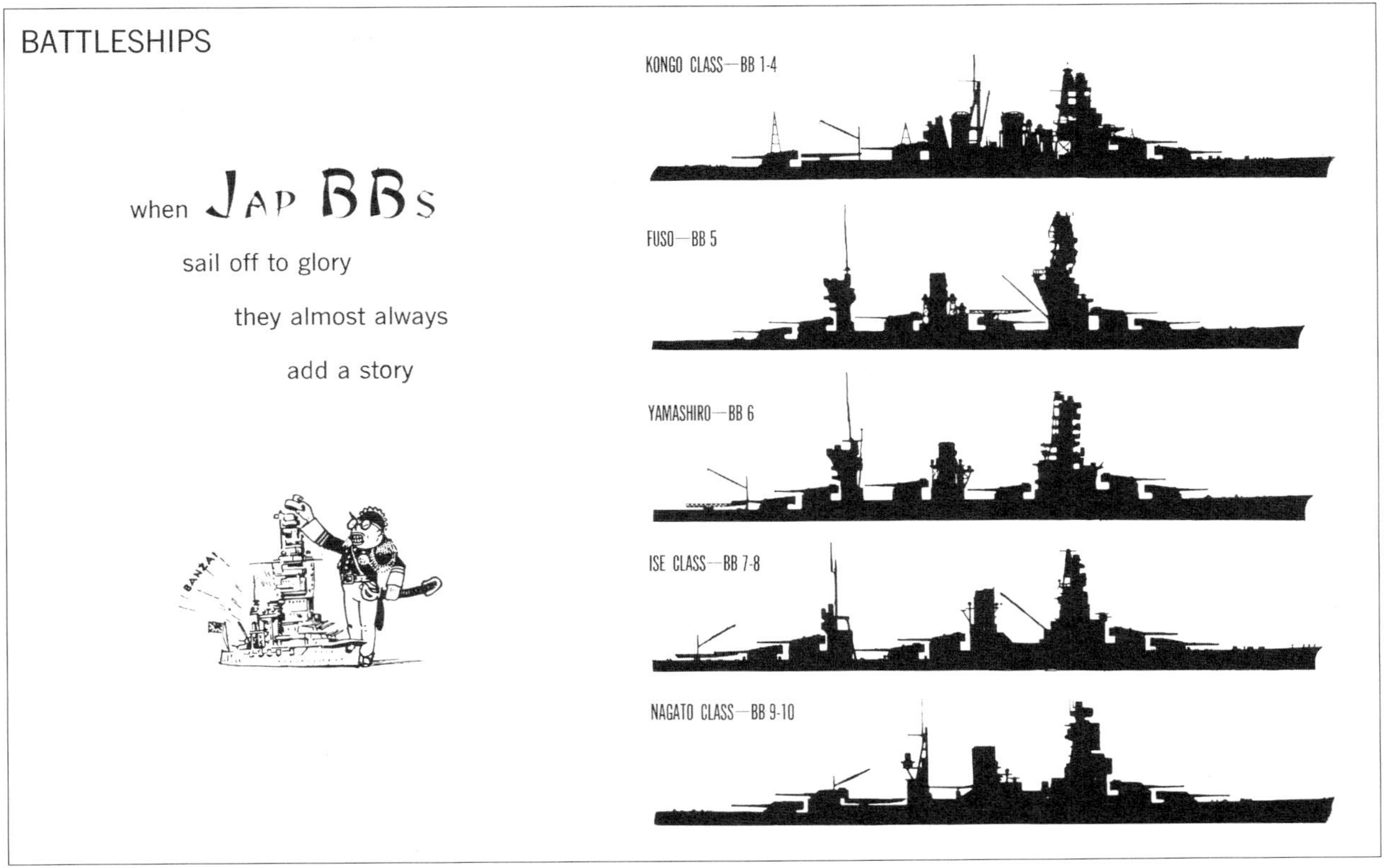
BATTLESHIPS
when JAP BBs
sail off to glory
they almost always
add a story
BANZAI
KONGO CLASS—BB 1-4
FUSO—BB 5
YAMASHIRO—BB 6
ISE CLASS—BB 7-8
NAGATO CLASS—BB 9-10

戦艦編。次々に層を重ねて背の高くなった前檣楼を揶揄するイラストが添えられている。

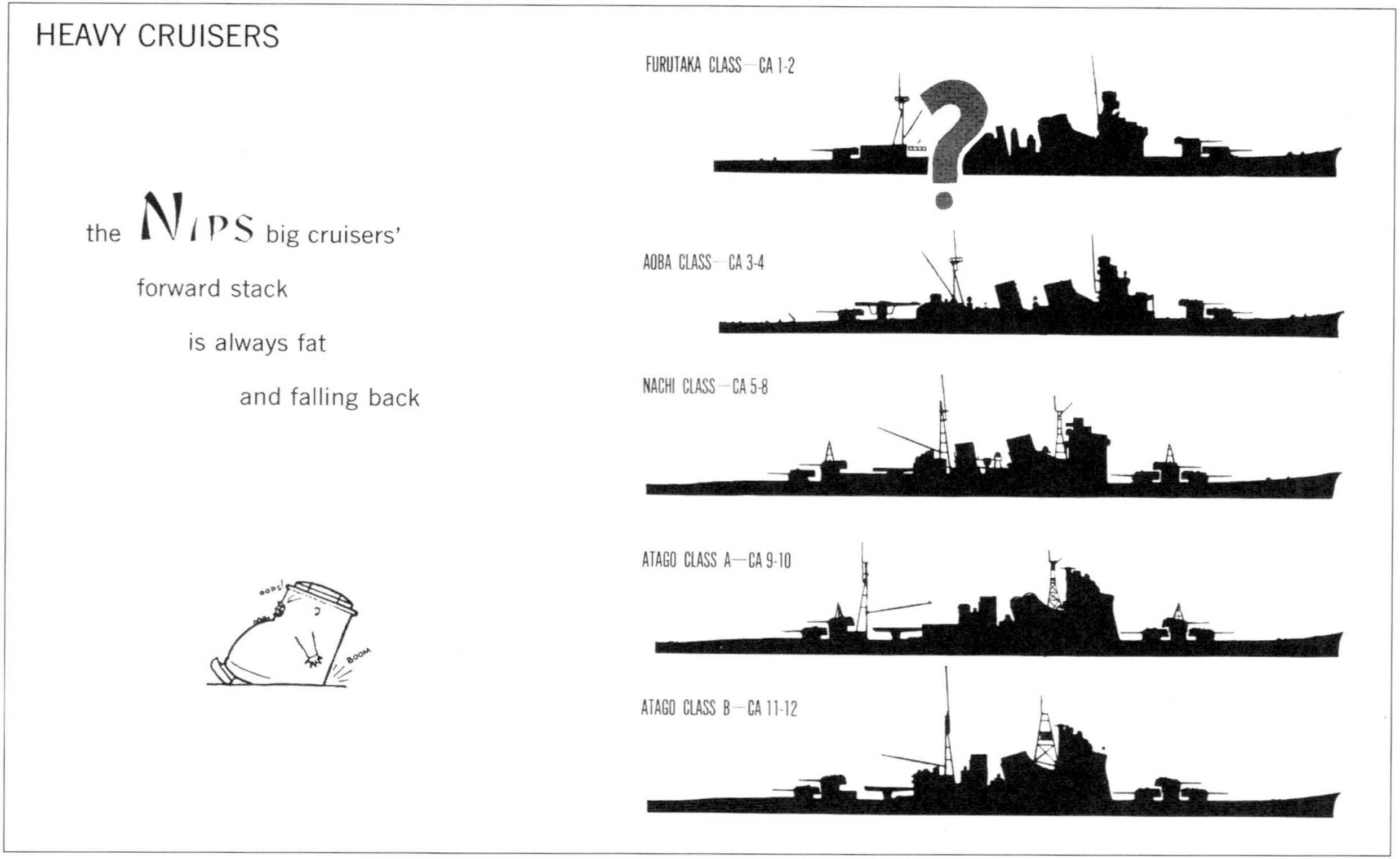

重巡洋艦（CA）編。傾斜した前部煙突（集合煙突）が特徴とされており、
腹が出て背中側に倒れたキャラクターになぞらえている。

HEAVY CRUISERS
MOGAMI CLASS—CA 13-16
TONE CLASS—CA 17-18
CHIKUMA is a TONE(Y) craft
four turrets fore, a ski-slide aft
GANGWAY

最上型と利根型重巡。普通は「トーン」と読むToneを「利根」とは読みづらいようで、

「Toney (トニー)」と呼んでも良い旨が通達されていた。

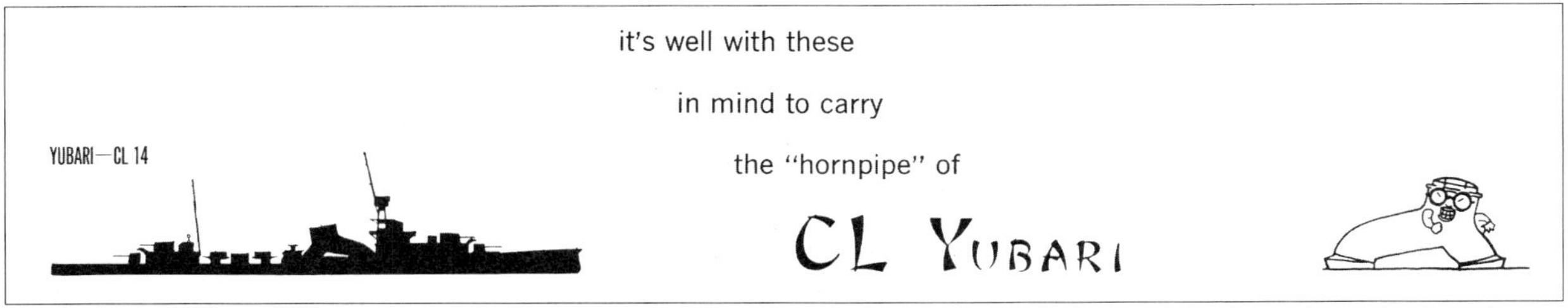
it's well with these
in mind to carry
the "hornpipe" of
CL YUBARI
YUBARI—CL 14

軽巡「夕張」の誘導煙突は、英海軍の水兵のダンス「ホーンパイプ」を想起させるとしている。

このダンスは両足を広げてジャンプしたり、片足を振り上げたりする振り付けを特徴する。

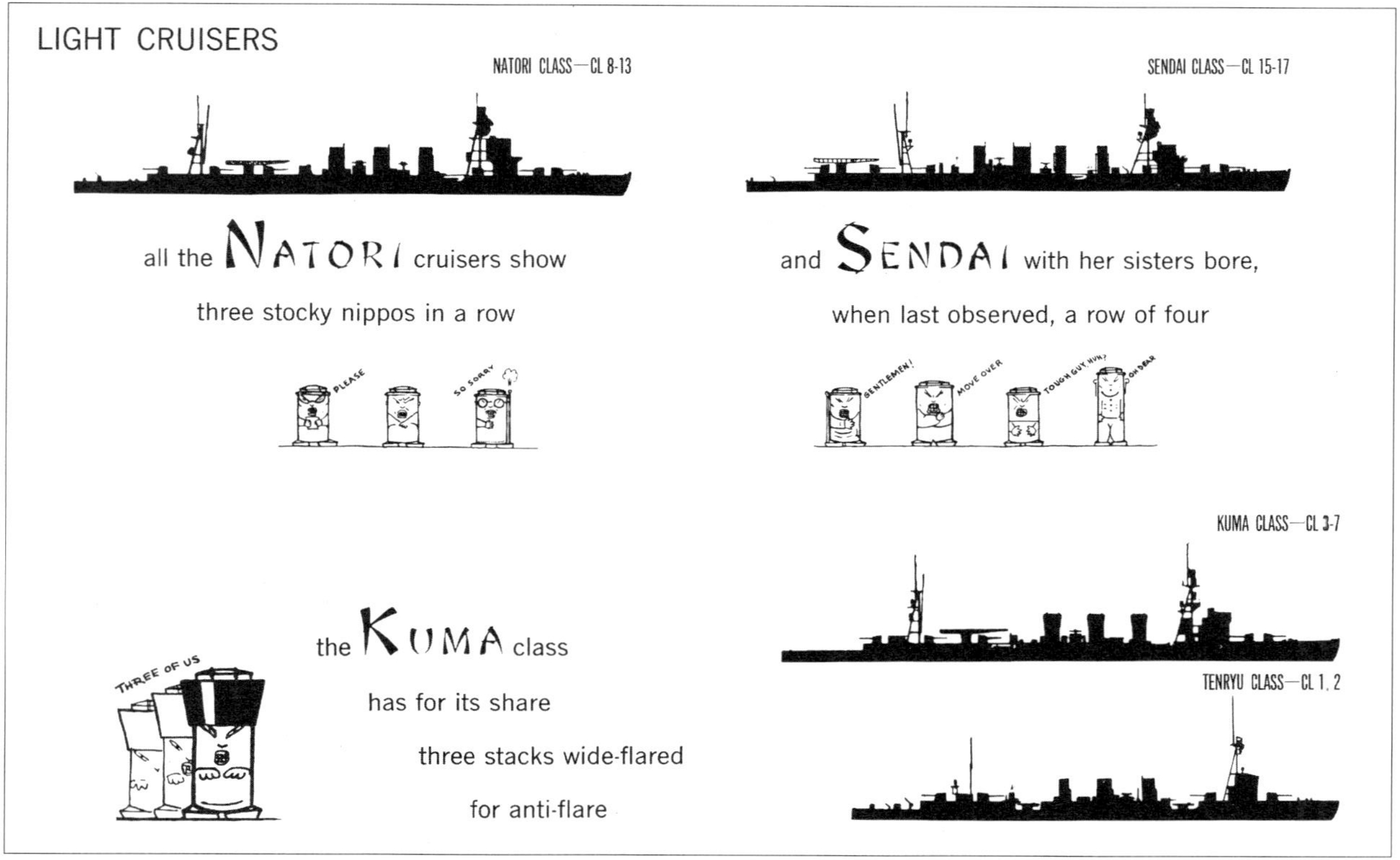
LIGHT CRUISERS
NATORI CLASS—CL 8-13
SENDAI CLASS—CL 15-17
all the NATORI cruisers show
three stocky nippos in a row
PLEASE
SO SORRY
and SENDAI with her sisters bore,
when last observed, a row of four
GENTLEMEN!
MOVE OVER
TOUGH GUY HUH?
OH DEAR
KUMA CLASS—CL 3-7
TENRYU CLASS—CL 1, 2
the KUMA class
has for its share
three stacks wide-flared
for anti-flare
THREE OF US

天龍型および五五〇〇トン型軽巡（CL）編。球磨型と「名取型」（長良型）の三本煙突、川内型の四本煙突を顕著な識別点とし、キャラクター化して強調している。

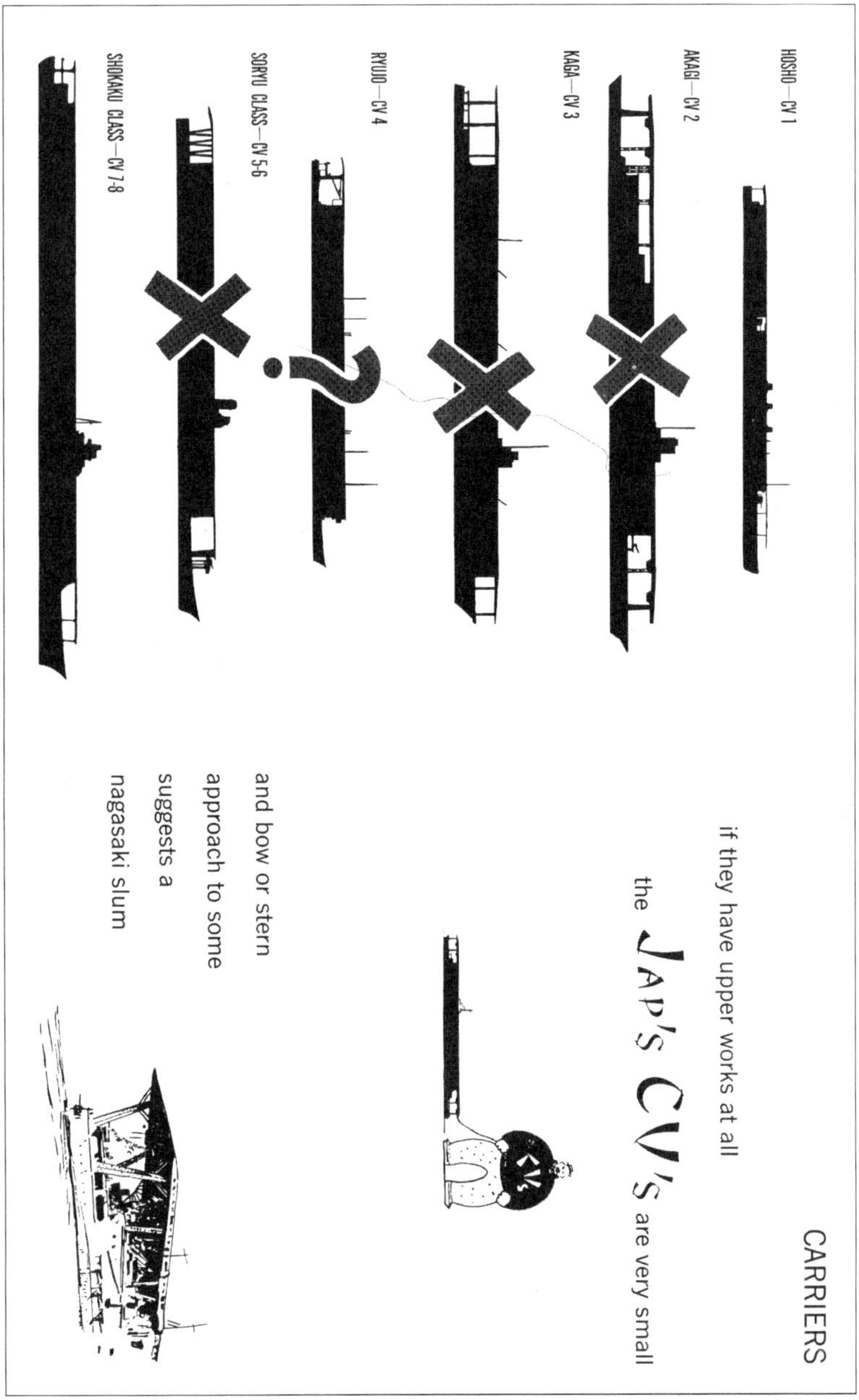
CARRIERS
if they have upper works at all
the JAP'S CV'S are very small
and bow or stern
approach to some
suggests a
nagasaki slum
HOSHO—CV 1
AKAGI—CV 2
KAGA—CV 3
RYUJO—CV 4
SORYU CLASS—CV 5-6
SHOKAKU CLASS—CV 7-8

空母編。「日本空母の上構はとても小さい」「艦首・艦尾の様相は"長崎のスラム街"を思わせる」旨が指摘されている。

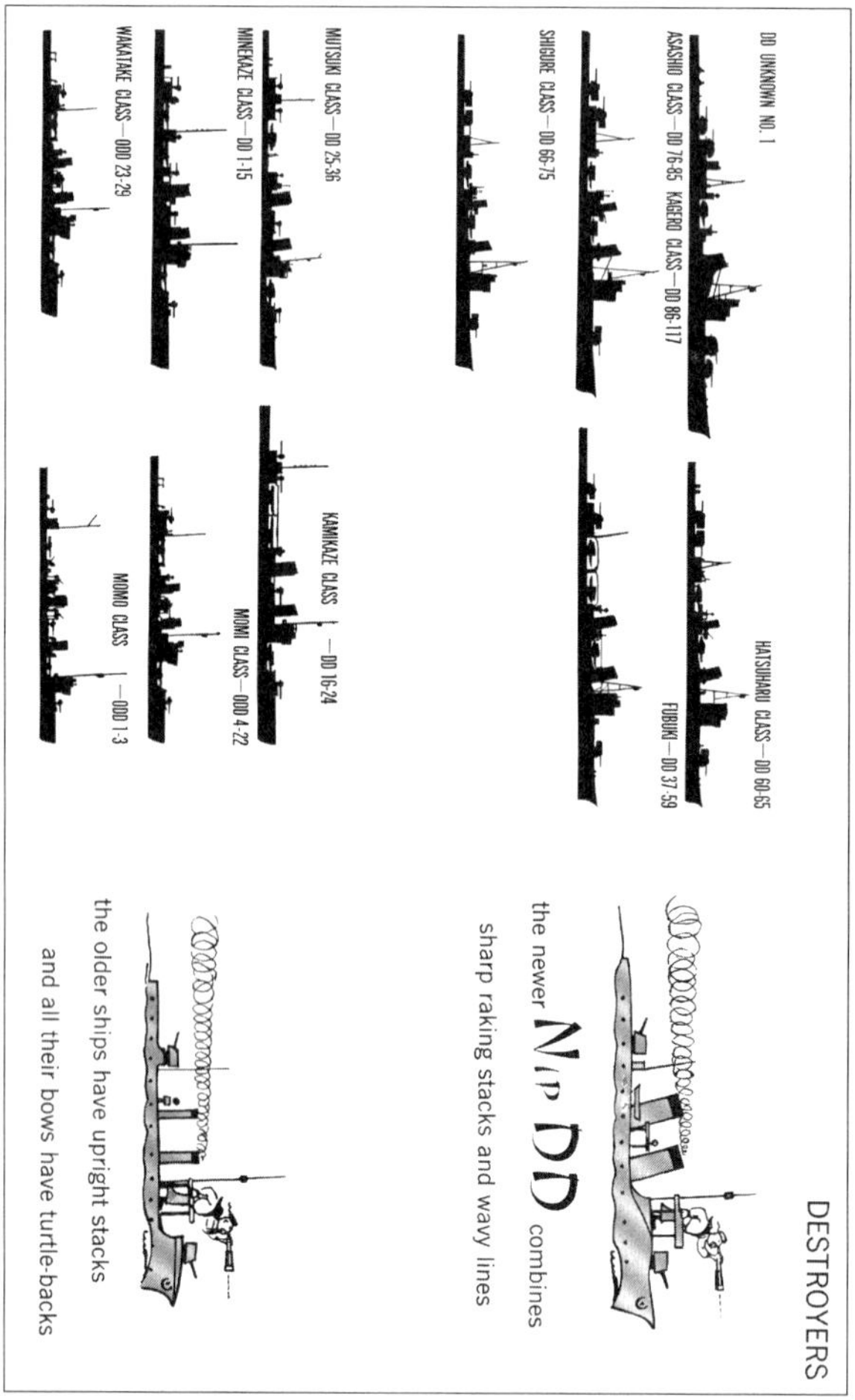

駆逐艦編。特型以降の新型駆逐艦が後方傾斜した煙突と波形船体を持つ点、峯風型・神風型・睦月型など旧式駆逐艦が直立煙突と亀甲型艦首を持つ点が指摘されている。

世界は日本海軍の軍艦をどう見たか

2023年3月15日発行
2023年7月15日 第2刷発行

著 本吉《もとよし》 隆《たかし》

装丁 くまくま団・二階堂千秋
本文DTP イカロス出版デザイン制作室
編集 ミリタリー・クラシックス編集部

発行人 山手章弘
発行所 イカロス出版株式会社
〒101-0051
東京都千代田区神田神保町1-105
mc@ikaros.co.jp (編集部)
sales@ikaros.co.jp (出版営業部)

印刷 図書印刷株式会社